"十二五"普通高等教育本科国家级规划教材
普通高等学校电气类一流本科专业建设系列教材

电力系统分析理论

（第四版）

刘天琪　邱晓燕　编著

何川　黄媛　江琴　参编

科学出版社

北京

内 容 简 介

本书针对强弱电结合的电气工程及其自动化专业需求，在内容组织上满足该专业培养计划的要求，既系统讲述电力系统有关基础理论，为后续专业课及相关工作奠定坚实基础，又突出培养学生综合运用基础知识解决工程实际问题的能力。本版结合新型电力系统发展，升级了数字化资源。

全书共 10 章，内容包括：电力系统概述，电力系统元件模型及参数计算，电力系统稳态分析（潮流计算），电力系统频率调整和电压调整，电力系统三相短路和不对称故障分析计算，电力系统稳定性分析等。为便于自学，学以致用，稳态部分有面向实际的潮流计算和频率电压调整实例，每章末附有部分习题答案，书后附有电力系统分析实际应用的小型电网规划设计提纲，以及电力系统频率调整虚拟仿真实验模块。

本书可作为高等院校电气工程及其自动化专业的本科生教材，也可供电力系统企事业单位和其他相关专业的工程技术人员和科研人员参考。

图书在版编目(CIP)数据

电力系统分析理论/刘天琪，邱晓燕编著. —4 版. —北京：科学出版社，2023.6

"十二五"普通高等教育本科国家级规划教材·普通高等学校电气类一流本科专业建设系列教材

ISBN 978-7-03-075879-8

Ⅰ.①电⋯ Ⅱ.①刘⋯②邱⋯ Ⅲ.①电力系统-系统分析-高等学校-教材 Ⅳ.①TM711

中国国家版本馆 CIP 数据核字(2023)第 109450 号

责任编辑：余 江 / 责任校对：王 瑞
责任印制：赵 博 / 封面设计：迷底书装

科学出版社 出版
北京东黄城根北街 16 号
邮政编码：100717
http://www.sciencep.com

保定市中画美凯印刷有限公司印刷
科学出版社发行 各地新华书店经销

*

2005 年 2 月第一版	开本：787×1092 1/16
2011 年 6 月第二版	印张：18 3/4
2017 年 6 月第三版	字数：480 000
2023 年 6 月第四版	2025 年 9 月第 38 次印刷

定价：69.80 元
（如有印装质量问题，我社负责调换）

前　言

本书从20世纪90年代末自编教材起步,从2005年的第一版到如今的第四版,平均6年再版一次,先后被100余所高校选用,累计销售近8万册,受到高校师生、行业工程技术人员和科研工作者的广泛好评。

电力系统是由大量元件组成的复杂大系统,其规划、设计、建设、研造、运行和管理等各环节基础理论和专业知识,是一项包括自然属性和社会属性在内的系统工程。本书是上述系统关于理论和技术的地基和平台,是全日制本科电气工程及其自动化专业核心必修课的教学用书,也是电力系统相关专业工程技术人员的参考书。

《电力系统分析理论》主要体现教育部基本专业目录和引导性专业目录精神,强弱电专业结合,适应宽口径电气工程及其自动化专业的需求,充分体现综合性和工程型两个重要特点,既系统讲述电力系统有关基础理论,为后续专业课及相关工作奠定坚实基础,又突出培养学生综合运用基础知识解决工程实际问题的能力。

2011年出版的第二版,重点呈现第一版以来取得的教育教学改革成果,增加对体系、逻辑层次的精要讲解,强化思维方法和解题思路,章节更加合理与灵活。其中发电机动态模型独立成章,附录增加了电力网规划课程设计等,全书整理为10章。2014年本书列入"十二五"普通高等教育本科国家级规划教材,受众更广。

2017年出版的第三版,巩固国家级规划教材成果,重点提升体系的科学性和完备性。顺应历史潮流而坚守经典理论,让经典教材彰显时代特征。同时尝试增加二维码新形态教材元素,涉及习题答案、文字阐释、PPT展示等,反响很好,全书仍为10章。

本次的第四版,在继续传承"优质、高效、简明、规范"以及"科学性和系统性"原则基础上,侧重两大方面提升:一是深化教材新形态,充分体现数字化和立体化;二是继续结合新时代尤其是新型电力系统发展特点迭代升级。

首先,充分利用新时代新兴教学工具。各章均增加多个知识点的微课视频和典型例题讲解视频,以及面向实际的分析讨论问题等,多元素互动,强化对关键知识点和典型算例的解读,更加生动、更便于主动思考和自学。

其次,深化学以致用理念,更贴近新型电力系统实际需求,增补、强化相关知识及应用实例,包括:第1章绪论,阐述新型电力系统的相关理论与背景支撑材料明显增多;第2章增加广义负荷模型和直流输电系统稳态模型;第3章新增三机九节点系统的电网潮流应用实例,大大提升与实际电网接轨的体验和认知能力;第4、5章增加了面向实际系统的频率调整方案和电压调节方案;第6章新增异步电动机模型等;第8章增加了中性点接地方式;附录增加电力系统频率调整虚拟仿真实验。

最后,在附录引入自主开发的国家虚拟仿真实验教学课程共享平台上线教学软件,全方位突出学以致用及主动学习,增强教与学体验。

全书由刘天琪教授负责策划和统稿,保持10章体量,第1~5章由刘天琪教授编著,第6~10章和课程设计由邱晓燕教授编著。同时,黄媛副教授主要参与第1、2章修订校正、部分例题讲解;何川副教授主要负责第3~5章应用实例的演算编写,以及频率调整虚拟仿真实验的开发和附录Ⅱ编写；江琴博士主要参与第 3 章校订、部分例题讲解、习题修订。

  本书得到国家级一流本科专业建设项目及四川大学校级重点课程的资助，得到教务处和电气工程学院的大力支持；李华强等教授提出过有益的修订建议；李保宏副教授、邱高博士参与部分微课视频的录制；各版次参与编排校对、演算新增例/习题的同学和老师有：刘辉乐、唐娟、刘群英；周思敏、吴霞、郭丽娜、陈光堂、李锐；南璐、艾青、曾红、陈科彬等；本书所列参考文献中各位作者对本书的编撰起到重要作用。在此对上述组织、单位和个人，表示衷心的感谢。

  由于作者水平有限，书中不妥之处在所难免，恳请读者给予批评指正。

作 者
2023 年 5 月于四川大学望江校园

目　录

第1章　绪论 ... 1
1.1　电力系统的发展 ... 1
1.2　电力系统的组成 ... 4
1.3　电力系统的负荷和负荷曲线 ... 14
1.4　电力系统的额定电压和额定频率 ... 17
1.5　电力系统分析课程的主要内容 ... 20
思考题与习题 ... 20

第2章　电力系统元件模型及参数计算 ... 22
2.1　系统等值模型的基本概念 ... 22
2.2　输电线路的等值电路和参数计算 ... 23
2.3　长距离输电线路的稳态方程和等值电路 ... 28
2.4　变压器的等值电路和参数 ... 33
2.5　发电机和负荷模型 ... 39
2.6　电力系统的稳态等值电路 ... 42
思考题与习题 ... 50

第3章　简单电力网的潮流计算 ... 52
3.1　潮流计算的一般概念 ... 52
3.2　网络元件的电压降落和功率损耗 ... 52
3.3　开式电力网的潮流计算 ... 56
3.4　简单闭式电力网的潮流计算 ... 61
3.5　多级电压环网的功率分布 ... 67
3.6　电力网的电能损耗 ... 71
3.7　三机九节点系统潮流计算实例 ... 77
思考题与习题 ... 80

第4章　电力系统有功功率和频率调整 ... 82
4.1　有功平衡与频率调整 ... 82
4.2　电力系统的频率特性 ... 85
4.3　电力系统的频率调整 ... 91
4.4　电力系统有功功率的最优分配 ... 99
4.5　面向实际的频率调整方案 ... 105
思考题与习题 ... 106

第5章　电力系统无功功率和电压调整 ... 108
5.1　电压调整的一般概念 ... 108
5.2　电力系统的无功功率平衡 ... 110

5.3　电力系统中枢点的电压管理 ··· 117
　　5.4　电力系统的电压调整 ··· 119
　　5.5　　面向实际的电压调整方案 ·· 137
　　5.6　频率调整与电压调整的关系 ·· 140
　　思考题与习题··· 141

第6章　同步发电机的基本方程 ·· 143
　　6.1　理想同步发电机的结构 ·· 143
　　6.2　同步发电机的原始方程 ·· 143
　　6.3　同步发电机的派克方程 ·· 148
　　6.4　各种运行方式下同步发电机的电势方程 ··· 153
　　思考题与习题··· 161

第7章　电力系统三相短路的分析计算 ·· 162
　　7.1　短路的一般概念 ·· 162
　　7.2　恒定电势源电路的三相短路 ·· 163
　　7.3　同步电机三相短路的暂态过程 ··· 167
　　7.4　同步发电机三相短路电流计算 ··· 170
　　7.5　电力系统三相短路的实用计算 ··· 174
　　思考题与习题··· 193

第8章　电力系统不对称故障的分析计算 ·· 196
　　8.1　对称分量法在不对称短路计算中的应用 ··· 196
　　8.2　电力系统各元件的序参数和各序等值电路 ··· 204
　　8.3　简单不对称短路的分析计算 ·· 213
　　8.4　不对称短路时网络中电流和电压的计算 ··· 220
　　8.5　非全相断线的分析计算 ·· 224
　　思考题与习题··· 227

第9章　电力系统稳定性基本概念和元件机电特性 ·· 230
　　9.1　稳定性的基本概念及分类 ·· 230
　　9.2　同步发电机的转子运动方程 ·· 231
　　9.3　电力系统的功率特性 ··· 233
　　9.4　自动励磁调节系统及励磁绕组的动态方程 ··· 240
　　思考题与习题··· 242

第10章　电力系统静态稳定和暂态稳定分析 ·· 243
　　10.1　简单电力系统静态稳定性分析 ··· 243
　　10.2　小干扰法的基本原理及应用 ··· 246
　　10.3　自动励磁调节器对静态稳定的影响 ·· 252
　　10.4　电力系统的暂态稳定性 ·· 259
　　10.5　发电机转子运动方程的数值解法 ··· 263
　　10.6　提高电力系统稳定性的措施 ··· 268
　　思考题与习题··· 274

参考文献 ··· 276

附录Ⅰ 课程设计——电力网规划设计 ··· 277
 Ⅰ.1 电力网规划概述 ··· 277
 Ⅰ.2 设计任务书 ·· 277
 Ⅰ.3 设计的主要内容及步骤 ·· 278
 Ⅰ.4 最优方案的技术经济计算 ··· 281
 Ⅰ.5 设计成果 ··· 283

附录Ⅱ 电力系统频率调整虚拟仿真实验 ··· 285
 Ⅱ.1 虚拟仿真实验概述 ··· 285
 Ⅱ.2 虚拟仿真实验教学目标 ·· 285
 Ⅱ.3 虚拟仿真实验步骤 ··· 285

附录Ⅲ 短路电流周期分量计算曲线数字表 ·· 288

第1章 绪 论

1.1 电力系统的发展

1.1.1 世界电力工业的发展

从1831年法拉第发现电磁感应定律,到1875年巴黎北火车站发电厂的建立,电真正进入了实用的阶段。世界上第一台火力发电机组是1875年建于巴黎北火车站的直流发电机,用于照明供电。1879年,美国旧金山实验电厂开始发电,这是世界上最早出售电力的电厂。1882年,美国纽约珍珠街电厂建成发电,装有6台直流发电机,总容量为670kW,以110V直流为电灯照明供电。经过100多年的发展,到2020年全世界年总发电量约27000TW·h。

第一座发电厂在英国伦敦建成时,输送的是100V和400V的低压直流电;同年,法国人德普列茨将直流输电电压提高到1500~2000V,输送功率为2kW,将57km外水电厂的电力输送到慕尼黑,这被认为是世界上最早的电力系统。这种直流输电系统受到了输送功率和输送距离的限制,已不能适应社会生产发展的需求。

世界发电总装机容量及年发电量

进入19世纪90年代,随着电力变压器的实际应用,昔日直流技术的地位受到交流的挑战,并被其代替。1891年在制造出三相变压器与三相异步电动机的基础上实现了三相交流输电。1891年8月25日世界上第一条三相交流高压输电线在德国投入运行。在该线始端劳奋水电厂安装了一台230kV·A、90V的三相交流发电机和一台200kV·A、95/15200V的变压器;线路末端法兰克福建造了两座13800/112V降压变压器,其中一座供慕尼黑国际电工展览会用电,另一座为74.57kW的三相异步电动机供电,输电效率为80%。最早形成的交流电力系统出现在伦敦。发电厂厂址在远离市区的伊尔福德,厂内安装了一台容量为1000kW、电压为2500V的交流发电机,通过升压变压器把电压升高到10kV,经12km的输电线送到伦敦市区四个变电站,降为2400V,再经配电变压器降为100V向用户供电。交流输电系统很快胜出的原因主要有三点:交流系统的电压水平可以很容易地转换,因而为不同电压的发电、输电和用电提供了灵活性;交流发电机比直流发电机更简单;交流电动机比直流电动机更简单、价廉。

1891年瑞士人布洛制造出第一台30kV高压油浸变压器之后,高压输电网得到迅速发展。世界用电负荷的快速增长也极大带动了发电机制造技术向大型、特大型机组发展。而由于供电范围扩大,以大型和特大型发电机组为基础建设的大容量和特大容量电厂越来越向远离负荷中心的一次能源地区发展。大容量远距离输电的需求,使电网的电压等级迅速向超、特高压发展。从20世纪50年代开始,330kV及以上超高压输电线路得到了快速发展。1952年在瑞典建成世界上第一条380kV超高压输电线路;1965年加拿大建成世界第一条735kV输电线路。随后,美国又于1969年建成765kV输电线路;1985年,苏联哈萨克的埃基巴斯图兹火电厂至乌拉尔的1150kV特高压输电线投入运行,线路长1300km,更是开创了输电电压的新纪录。

虽然交流输电系统一统天下历经了半个多世纪,而且在发电和变电方面,交流至今仍保持着明显优势。但随着现代工业和社会的发展,直流输电又日益显示出一些优于交流的特性。比如:交流系统必须考虑同步稳定性问题,直流没有此问题;大容量超远距离输电大大增加建设投资费用,而直流系统可能会节约许多投资。一般认为,当输电距离足够长时(对架空线路,一般认为交流与直流输电距离的交叉点大约是 500km,对地下或海底电缆是 40km),直流输电的经济性将优于交流输电;现代控制技术的发展,直流输电可以通过快速(毫秒级)控制换流器实现对传输功率的快速灵活控制;直流输电线路可以连接两个不同步或频率不同的交流系统等。因此,20 世纪 30 年代直流系统又东山再起,重新受到青睐,并在 50 年代中期进入工业应用阶段,不过这时已不再是直流发电机,而是采用交流发电,通过整流和逆变技术进行直流输电。1954 年,瑞典在本土与果特兰岛之间建成了世界上第一条工业直流输电线(94km 海底电缆),采用汞弧阀作为变流装置。可控硅整流元件的出现促进了高压直流输电的进一步发展。进入 21 世纪,直流输电更是进入一个新的发展时期。2010 年我国云南楚雄州禄丰县至广州增城市的云广±800kV 和向家坝至上海的向上±800kV 特高压直流输电投入运行,这是当时世界上最早建设及投运的大容量、超长距离的特高压直流输电系统。云广直流全长 1438km,额定输送容量 5000MW;向上直流全长 1907km,额定输送容量 6400MW。随后,锦屏-苏南的特高压直流长度首次突破 2000km。2014 年建成的哈密南-郑州±800kV 特高压直流输电的额定输电能力为 8000MW。目前全世界特高压电压等级最高的是昌吉-古泉的±1100kV 特高压线路。

1.1.2 中国电力工业的发展

我国的电力工业起步很早,几乎与世界同步。1879 年 5 月上海公共租界点亮了第一盏电灯,开始写下中国使用电力照明的历史,1882 年中国第一家公用电业公司在上海创办——上海电气公司。不过后来几十年一直发展缓慢。至 1949 年,全国的总装机容量仅有 1850MW,年发电量仅 43 亿 kW·h,分别位居世界第 21 位和 25 位。

新中国成立后,我国电力工业得到迅速发展。到 1978 年,全国发电装机容量已达 57120MW,比 1949 年增长 30 倍;年发电量 2566 亿 kW·h,增长近 59 倍。装机容量和发电量分别跃居世界第 8 位和第 7 位。

改革开放后,1987 年,电力装机容量达 1 亿 kW,1995 年突破 2 亿 kW。到 1996 年,全国装机容量达 2.5 亿 kW,年发电量达 11320 亿 kW·h,跃居世界第二位,成为世界电力生产和消费大国。2000 年总装机容量跨上 3 亿 kW 台阶,到 2005 年全国装机容量已达到 5 亿 kW,发电量为 24747 亿 kW·h。2006 年全国装机容量超过 6 亿 kW,发电量达到了 28344 亿 kW·h,成为世界第一大电力生产国。截至 2020 年底,中国发电装机容量达到 22.0 亿 kW,其中煤电装机容量占 49.1%,非化石能源装机占 44.8%;全年发电量 7.62 万亿 kW·h,其中煤电发电量占 60.8%,非化石能源发电占 33.9%。

2003 年 7 月 10 日,举世瞩目的长江三峡水电站首台机组正式并网发电,2009 年全部机组投运,总装机规模达到 32×70 万 kW。继长江三峡水电站后,位于川西南金沙江上的向家坝水电站(8×75 万 kW)、溪洛渡水电站(18×77 万 kW)、雅砻江锦屏水电站(14×60 万 kW)分别于 2012 年 12 月、2014 年 10 月和 2014 年 11 月全部建成投运,位于云南境内的多座大型水电站也相继建成投产,我国已形成超大规模的水电集群外送格局。

此外,核电也相继发展,20 世纪 90 年代初相继投产的秦山核电站和大亚湾核电站填补了我国核电空白,2019 年核电装机容量 409 万 kW,核电年发电量已达 3487 亿 kW·h,而且还在继续发展。

2001年全国新能源和可再生能源发电装机为360MW。2010年以后太阳能发电和风电开始了迅猛发展,截至2022年底风电装机规模达到4.3亿kW,太阳能发电装机规模达到4.9亿kW。

在制造业方面我国已经取得了突破性进展,600MW、1000MW超临界机组已经投产发电。2006年11月28日,我国首台国产百万千瓦超临界燃煤机组——浙江华能玉环电厂1号机组正式投入商业运行。标志着我国已经掌握当今世界最先进的火力发电技术,也标志着我国发电设备制造能力和技术水平迈上一个新台阶。通过引进国际先进技术,国内合作生产的300MW大型循环流化床锅炉发电设备、9F级联合循环燃气轮机、600MW级压水堆核电站和700MW三峡水轮机组等发电设备在性价比上也具有了国际竞争力。

中国发电总装机容量及年发电量

在输变电方面,1949年,35kV及以上电压等级输电线路仅有6475km。到1978年,全国330kV、220kV电网已初具规模。1982年1月河南平顶山-湖北双河-武昌500kV输变电工程投产,标志着我国开始步入超高电压时代。今天,500kV输电网络已经成为全国各大电网的主干电网。1988年,自行设计建成第一条±100kV直流高压输电工程竣工投运,该线路从浙江镇海到舟山岛,全长53.1km(其中海底电缆11km)。1989年,建成±500kV葛洲坝水电站到上海南桥的远距离超高压直流输电线路,全长1080km,实现华中与华东两大区域系统的直流联网。2003年9月,东北、华北、华中和川渝电网实现互联,南北跨距超过4600km。到2003年底,全国220kV及以上输电线路已经达到80.7万km,变电容量达到59.8亿MV·A。2005年9月26日,西北750kV输电线路正式投入运行。2010年云广和向上±800kV特高压直流输电投入运行。2010年三峡全部投运,实现了以三峡为中心的全国联网。2020年建成覆盖华北、华中、华东的交流特高压同步电网,同时建成西南大型水电基地±800kV高压直流送出工程,共同构成连接各大电源基地和主要负荷中心的特高压交直流混合电网。预计到2030年,中国将新增西南的水电和"三北"的新能源送出通道,进一步优化煤电布局,全国跨区的电力输送规模将达到4.6亿kW。预计到

1995～2019年中国220kV及以上交流输电线路长度

2050年,全国跨区电力规模将达到6.8亿kW,其中,东中部负荷中心受入电力流达到5亿kW。

1.1.3 电力系统发展简述与运行特点

由以上可以看出电力系统的发展大致经历了三代:第一代电力系统的特点是小机组、低电压、小电网,是初级阶段的电力系统发展模式。第二代电力系统的特点是大机组、超高压、大电网。其优势在于大机组、大电网的规模经济性、大范围的资源优化配置能力,以及开展电力市场的潜力。电力系统的正常操作要求快速性,如发电机、变压器、线路、用电设备的投入或退出,都应在瞬间完成,有些操作和故障的处理必须满足系统实时控制的要求。这一阶段的缺点是高度依赖化石能源,是不可持续的发展模式。第三代电力系统的特点是基于可再生能源和清洁能源、骨干电网与分布式电源结合、主干电网与局域网和微网结合,是可持续的综合能源电力发展模式。它要求采用高效节能的发、输、配电设备,电能生产与消费的规模都很大,降低一次能源消耗和输送分配时的损耗对节约资源具有重要意义。充分利用可再生能源,合理调配水、火电厂的出力,尽可能减小对生态环境的破坏和有害影响等。

第三代电力系统即新一代电力系统,是百年来第一、二代电力系统的传承和发展。从第一代电力系统到第三代电力系统发展的内在动力是电能供需的变化,对于第三代电力系统而言,其主

要驱动力是电源结构的变化。党的二十大报告指出,"加快发展方式绿色转型","积极稳妥推进碳达峰碳中和",为中国电力能源的发展指明了方向。在未来的电力系统中可再生清洁能源的占比将不断提高。风电、光伏发电等清洁可再生能源将成为主力电源,而传统的水电、气电、储能等灵活性资源将主要提供辅助服务以应对可再生能源发电的随机波动性,源-网-荷-储的灵活互动将成为电力系统的重要形态。电力系统运营的市场化使电力系统的运行方式更加复杂多变,电力传输网络必须具有更强的自身调控能力。此外,能源的互联互通将更为广泛。电力系统将与燃气系统、热力系统紧密耦合,形成以电为中心的能源互联网。未来,大电网将与微电网并存,不同层级、区域的电网的分散协调将成为未来电网的主要发展模式。随着物理信息深度融合技术的发展,将在智能电网的基础上促进电力系统与信息互联网进一步广泛融合,以互联网思维和技术改造传统电力系统,建设能源互联网,是构建新一代能源系统的关键步骤,也是新一代电力系统的发展方向。

关于分布式发电、微电网、智能电网、能源互联网的概念

电力系统的功能是将能量从一种自然存在的形式(一次能源)转换为电能(二次能源)的形式,并将它输送到各个用户。能量很少以电的形式消费,而是转换成其他形式的能,如热能、光能和机械能。电能的优点是输送和控制相对容易,效率和可靠性高。电能的生产、输送、分配和使用与其他工业产品相比有着明显不同的特点,其主要特点有:

(1) 同时性。电能不易大量储存,发电、输电、变电、配电、用电同时完成,必须是用多少,发多少。

(2) 整体性。发电厂、变电站、高压输电线、配电线路和设备、用电设备在电网中形成一个不可分割的整体,缺一不可,否则电力生产不能完成。各个孤立的设备离开了电力生产链,也就失去了存在的意义。

(3) 快速性。电能是以电磁波的形式传播,其速度为 3×10^6 m/s,当电网运行发生变化时其过渡过程十分迅速,故障中的控制更是以微秒、毫秒来计算时间。电力生产的暂态过程十分短暂。

(4) 连续性。不同用户对电力的需求是不同的,用电的时间也不一致,这就要求电力生产必须具有不间断持续生产的能力,并需要对电网进行连续控制和调节,以保证供电质量和可靠供电。

(5) 实时性。由于电能输送的快速性,因此电网事故的发展也是非常迅速,而且涉及面很大,对社会、经济的影响巨大,所以必须对电力生产状态进行实时监控。

(6) 随机性。负荷的变化是随机的、难以控制和调节的,电网设备故障和系统故障存在一定的随机性,完全做到可控是非常困难的。

1.2 电力系统的组成

1.2.1 电力系统

电能是现代社会中最重要、最方便的能源。电能具有许多优点,它可以方便地转化为别种形式的能,例如机械能、热能、光能、化学能等;它的输送和分配易于实现;它的应用方式也很灵活。因此,电能被日益广泛地应用于工农业、交通运输业以及人民的日常生活中。以电作为动力,可以促进工农业生产的机械化和自动化,保证产品质量,大幅度提高劳动生产率。另外,提高电气化程度,以电能代替其他形式的能量,也是节约总能源消耗的一个重要途径。

发电厂把别种形式的能量转换成电能,电能经过变压器和不同电压的输电线路输送并被分

配给用户,再通过各种用电设备转换成适合用户需要的别种能量。这些生产、输送、分配和消费电能的各种电气设备连接在一起而组成的整体称为电力系统。如果把火电厂的汽轮机、锅炉、供热管道和热用户,水电厂的水轮机和水库等动力部分也包括进来,就称为动力系统。采用热动能的动力系统和电力系统的简单示意图如图 1-1 所示。电力系统中输送和分配电能的部分称为电力网,它包括升压变压器、降压变压器、相关变电设备,以及各种电压等级的输电线路。电力系统和电力网的元件构成如图 1-2 所示。

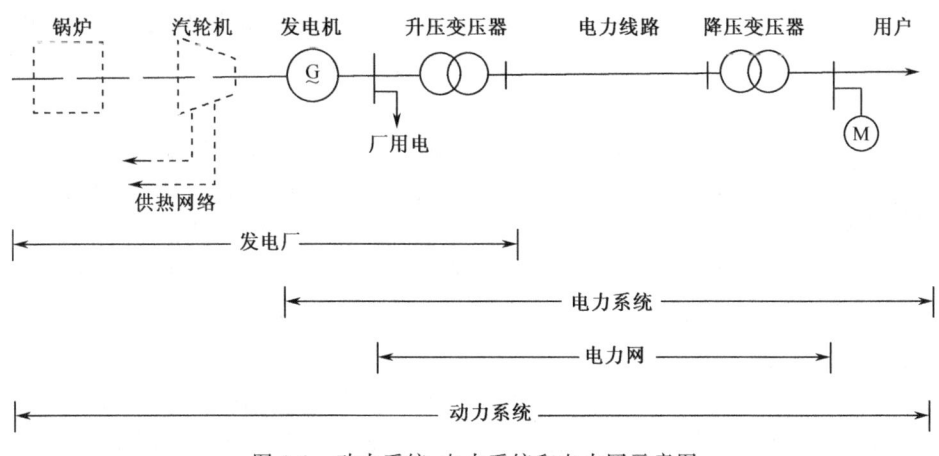

图 1-1 动力系统、电力系统和电力网示意图

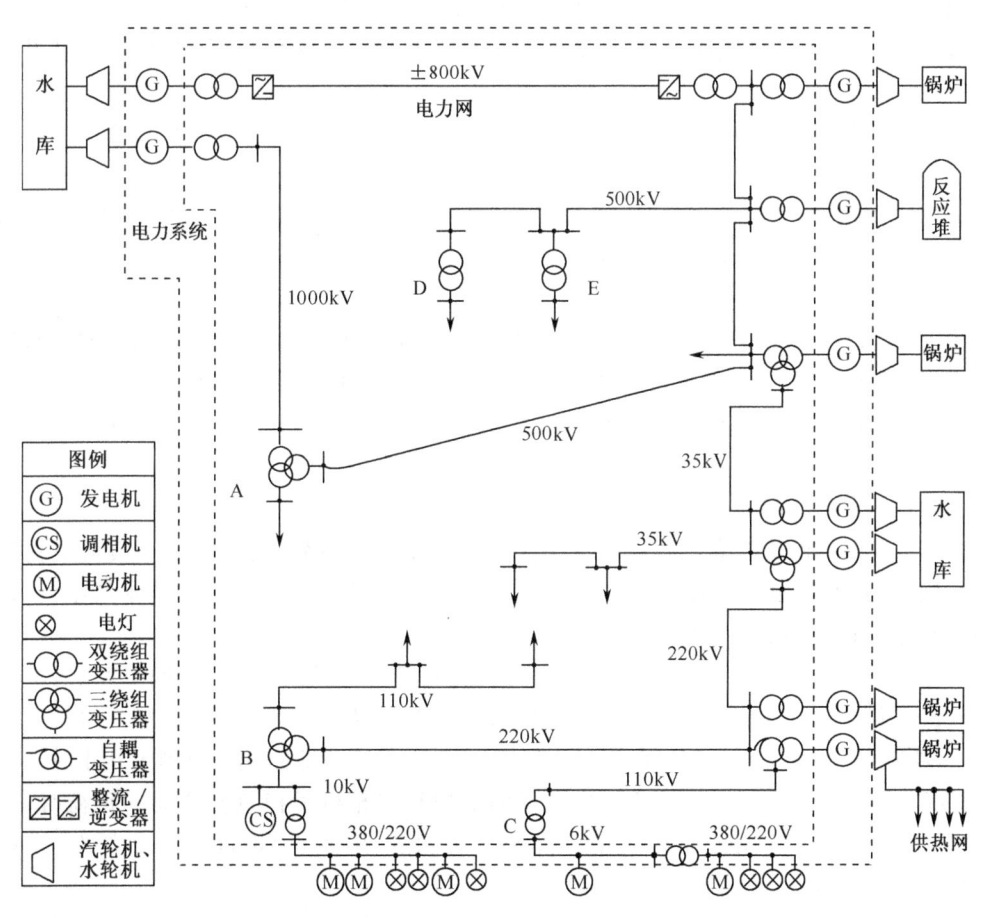

图 1-2 电力系统和电力网示意图

1.2.2 发电

发电厂是电能生产的核心，担负着把不同种类的一次能源转换成电能的任务。煤炭、石油、天然气、水力、太阳能、风能等自然界的动能资源，是能量的直接提供者，称为一次能源。电能是由一次能源转换而成的，称为二次能源。依据一次能源的不同，可分为燃烧煤、石油、天然气发电的火力发电厂；利用水能发电的水力发电厂；利用核能发电的核动力发电厂和利用其他能源发电的诸如地热发电厂、潮汐发电厂和风力发电厂等。截至2019年底，世界发电装机构成中，火力发电装机容量占比最大，煤电约占35.5%，油和气约占25.432%，水电约占15.01%，核动力发电约占9.83%，非水可再生能源发电约占12.85%。

目前，在现代电力工业中，几乎都是采用同步交流发电机，推动转子旋转的原动机主要有汽轮机、水轮机、风机。太阳能发电方式主要分为光热发电和光伏发电。光热发电是反光镜集热产生蒸汽，再利用汽轮机发电；而光伏发电则是用光电池直接把太阳能转化为电能，发电原理与传统交流发电机有所不同。燃料电池也是一种新的发电形式，它是将化学能转化为电能。

2004年和2014年世界分地区发电装机结构

发电机组由原动机、同步发电机和励磁系统组成。原动机将一次能源（化石燃料、核能和水能等）转换为机械能，再由同步发电机将它转换为电能。发电机为三相交流同步发电机。现代发电技术包括超临界和超超临界的发电技术；高效脱硫装置，循环流化床（CFBC）和整体煤气化联合循环（IGCC）等清洁煤燃烧技术；大型水电技术装备和低水头贯流机组、抽水蓄能机组制造技术；核电技术等。

电力系统中的发电厂主要有火力发电厂、水力发电厂、核能发电厂、风力发电厂和太阳能电厂等多种类型。各类电厂由于设备容量、机组规格和使用的能源不同，因而有着不同的技术经济特性。在电力系统中必须结合它们的特点以及国家的能源政策合理地确定它们的运行方式，以便提高全系统的经济性和整体社会效益。

1. 火力发电厂

火力发电厂主要由锅炉、汽轮机和发电机组成。锅炉所用的燃料为煤（油或天然气），锅炉产生蒸汽，送到汽轮机，靠蒸汽膨胀做功，将储存在过热蒸汽中的热能转变为汽轮机转子的机械能，带动同轴的发电机转子旋转发出电能。已做过功的蒸汽，经冷却后又重新回到锅炉，进行循环使用。

火力发电厂的主要特点是：

（1）火力发电厂的锅炉和汽轮机都有一个技术最小负荷，锅炉的技术最小负荷取决于锅炉燃烧的稳定性，其值为额定负荷的25%～70%，容量较大的锅炉对应较大的技术最小负荷，汽轮机的技术最小负荷为额定负荷的10%～15%。

（2）火力发电厂的锅炉和汽轮机的退出运行和再度投入不仅要多耗费能量，而且要花费时间，并且易于损坏设备。大型发电机组由冷备用（指锅炉熄火状态）到开机并带满负荷需几小时到十几小时。

2012～2019年火电装机容量增长统计表

（3）火力发电厂的锅炉和汽轮机承担急剧变动的负荷时，与投入和退出相似，既要额外耗费能量，又要花费时间。因而应尽力承担较均匀不变的负荷。

（4）火力发电厂的锅炉和汽轮机有超临界压力（锅炉蒸汽压力22.11MPa，温度为550℃）、亚临界压力(锅炉蒸汽压力16.7MPa,温度为540℃)、超高压(锅炉蒸汽压力13.8MPa,温度为540℃)、高温高压(锅炉蒸汽压力9.9MPa,温度为540℃)、中温中压(锅炉蒸汽压力3.9MPa,温度为450℃)和低温低压之分。其中,高温高压及以上设备效率高,尤其是压力大和温度高的大机组的煤耗(发一度电所消耗的标准煤)较少,但可以灵活调节的范围窄。中温中压设备效率一般,但可以灵活调节的范围较宽。低温低压设备效率最低,技术经济指标最差,而且污染也大,一般不用它们调节,当前逐步开始淘汰该类机组。

(5)热电厂(与上述火电厂不同之处是,它把已做过功的蒸汽,从中间段抽出来供给热用户,或经热交换器将水加热后,把热水供给用户)与一般的火力发电厂的区别在于其技术最小出力是由其热负荷决定的,这个技术最小出力又称为强迫功率。正因为热电厂是抽气供热,所以其效率较高。

(6)火力发电厂建设周期短,投资少,发电利用小时数高,但厂用电率高,运行费用高。

(7)火电厂对空气和环境的污染较大。

2. 水力发电厂

水力发电厂一般由水坝(或高水位的引水渠道)、水轮机和发电机组成。它是用水的势能推动水轮机旋转带动发电机发电,即把水的势能转变为电能。

水力发电厂的主要特点是:

(1)水力枢纽往往具有多项功能,如灌溉、航运、供水、养殖、防洪和旅游等,因而水电厂在运行中应按水库的综合效益来考虑安排,为满足上述功能必须放水时,应尽力安排发电,这部分功率也是强迫功率。

(2)水轮发电机的出力调整范围较宽,负荷增减速度相当快,退出运行和再度投入的耗时都很少,水电机组从静止状态到带满负荷运行只需4~5min,操作简便安全,额外消耗能量少,运行方便灵活。

(3)水电厂按其有无调节水库以及调节水库的大小或调节周期的长短分为无调节、日调节、季调节、年调节和多年调节。有调节水库水电厂的运行方式比较灵活。具体运行主要取决于水库调度所给定的水电厂耗水量。洪水季节,给定的耗水量较大,为避免无益的溢洪弃水,往往满负荷运行。枯水季节,给定的耗水量较小,为尽可能有效利用这部分水量,节约火电厂的燃料消耗,水电厂往往承担急剧变动的负荷(即调频或调峰)。

2012~2019年水电装机
容量增长统计表

(4)水电厂建厂周期长,一次投资大(主要是水库建设),但运行时不消耗燃料,运行维护人员少,厂用电率低,即发电成本低、效率高。

(5)水电厂的发电量受来水量(自然因素)影响大,故有季节性,即在丰水期可发电量多,在枯水期可发电量少。尤其是无调节水库水电厂任何时刻发出的功率都取决于河流的天然流量,受气候条件影响很大。

3. 核(原子能)电厂

核电厂是利用反应堆中核燃料裂变链式反应所产生的热能,再按火电厂的方式发电,它的原子核反应堆相当于火电厂的锅炉。反应堆中除核燃料外,并以重水或高压水等作为慢化剂和冷却剂,所以,反应堆可分为重水堆、压水堆等。

核反应堆内,铀-235在中子撞击下,原子核裂变,产生巨大的能量,且主要是以热能的形式被高压水带至蒸汽发生器,产生蒸汽,送至汽轮机。

核电厂的特点是:

(1) 电厂的一次建设投资大、运行费用小。一座1000MW的核电厂一年仅需130t的天然铀或28t的3%的浓缩铀,避免了大量的运输费用。

(2) 核电厂反应堆的负荷基本上没有限制,因此,其技术最小负荷主要取决于汽轮机,也为额定负荷的10%～15%。

(3) 核电厂的反应堆与汽轮机退出和再度投入或承担急剧变化的负荷时,也要额外耗费能量,花费时间,且易于损坏设备,因而最好带不变的负荷。

4. 风力发电场

风力发电主要是由风机和发电机组成的。它利用天然风吹转叶片(形如风轮),带动发电机的转子旋转而发电。风力发电机的风轮机多采用水平轴、三叶片结构。功率调节是风轮机的关键技术之一,目前主要有两类功率调节方式:一类是定桨距失速控制;另一类是变桨距控制。

2012～2019年风电装机容量增长统计表

风力发电机系统按照发电机运行的方式来分,主要有恒速恒频风力发电机系统和变速恒频风力发电机系统两大类。恒速恒频风力发电机系统一般使用同步式或笼式异步机作为发电机系统,通过定桨距失速控制的风轮机使发电机的转速保持在恒定的数值继而保证发电机端输出的电压幅值和频率的恒定,其运行范围比较窄。变速恒频风力发电机系统通过变桨距控制风轮机使整个系统在很大的速度范围内按照最佳的效率运行,这是当前风力发电发展的一个趋势。

风力发电的特点是:

(1) 风力发电是可再生能源、清洁能源、绿色能源,应大力提倡,但目前成本较高(2008年大型风力发电厂的成本约为0.5元/(kW·h))。随着设备技术的进步,设备及发电成本逐渐降低。

(2) 受气候影响大,无风时不能发电,它是间断电源,因而需要电网提供充足的备用容量或与其他能源互补配合。例如,与太阳能光伏发电互补;与水电以及抽水蓄能电站配合;与燃气轮机、燃料电池互补;分散安装减少影响等。

(3) 发有功时从电网吸收无功,因而需装无功补偿装置。

5. 太阳能光伏发电

太阳能光伏发电是由多晶硅太阳能电池组、控制系统、蓄电池及其逆变器等组成。它利用半导体材料(如多晶硅)的光伏效益直接将太阳能转换为电能。

采用太阳能光伏发电具有不消耗燃料、不受地域限制、规模灵活、清洁无污染、安全可靠、维护简单等优点。2008年左右的成本较高,约为2元/千瓦时,且受气候影响大,容量也不够大,但随着技术的发展,其成本也在逐步降低。到2022年我国光伏电站平均标杆上网电价为0.3～0.5元/千瓦时,展现出广阔的应用前景。

风电和光伏发电标杆上网电价　　2012～2019年太阳能发电装机容量增长统计表

除了以上几种发电形式外,还有潮汐发电、地热发电、燃料电池等。

由于目前使用的一次能源煤、石油和核燃料等都有限,并日渐枯竭,对环境也有污染。迫使人们寻找清洁、安全、可靠的新型可持续发展能源。

除常规能源和大型水力发电外的风能、太阳能、小水电、潮汐能、生物质能、地热能和氢燃料等能源资源称为可再生能源。为了减少污染,可再生能源的发展是必然趋势。虽然,目前可再生能源发电量只占总发电量的很少部分,但根据世界各国的规划,可再生能源的比重将不断加大。

在某个电力系统中,可能包含上述多种电源的几种。这些电源在电力系统中如何组合,使得在保证负荷需要的基础上,充分利用各种电源的特点,合理组合,尽力减少一次能源消耗以及对环境的污染。

在具体安排时,一般应遵循以下规则:
(1) 充分合理地利用水力资源,尽力避免弃水,强迫放水时,必须同时尽力发电。
(2) 尽力降低火力发电的单位煤耗,减少有害气体的排放。
(3) 大力发展和利用可再生清洁能源。

1.2.3 电力网

1. 电力网

电力网由输电和变电设备组成,又称为输电系统。输电设备主要有输电线、杆塔、绝缘子串等。变电设备主要有变压器、电抗器、电容器、断路器、开关、避雷器、互感器、母线等一次设备以及保证输变电安全可靠运行的继电保护、自动装置、控制设备等。通常,电网按照电压等级和承担功能的不同分为三个子系统,即输电网络、次级输电网络和配电网络,如图1-3所示。

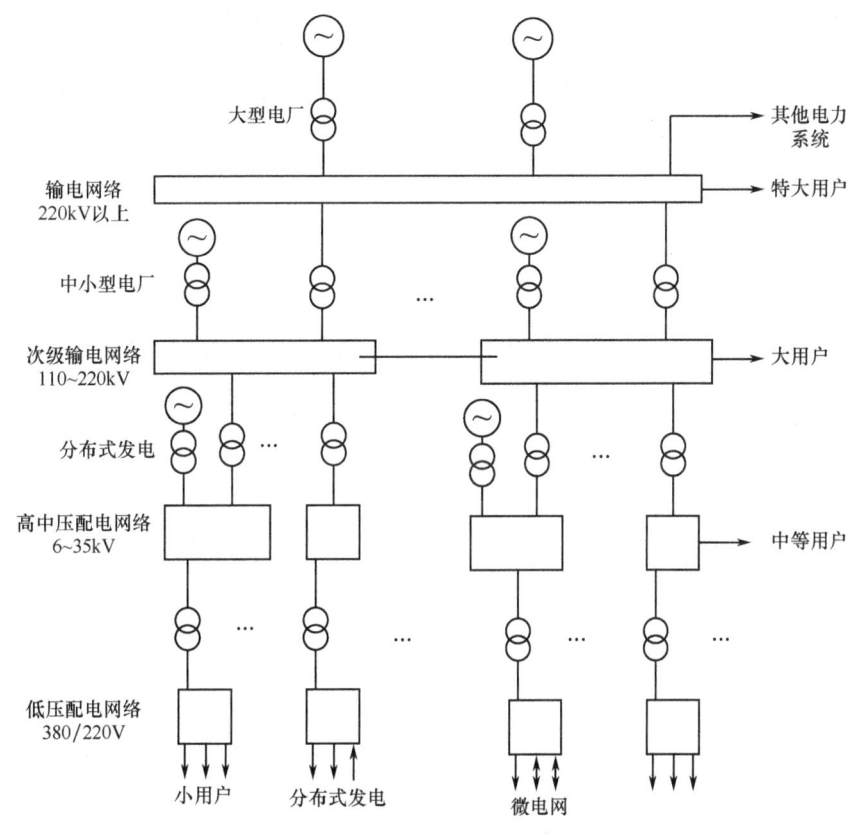

图1-3 电力网结构示意图

（1）输电网络。输电网络连接系统中主要发电厂和主要负荷中心。输电网络通常是将发电厂或发电基地（包括若干电厂）发出的电力输送到消费电能的地区，又称负荷中心；或者实现电网互联，将一个电网的电力输送到另一个电网。输电网络形成整个系统的骨干网络并运行于系统的最高电压水平。发电机的电压通常在 10~35kV 的范围内，经过升压达到输电电压水平后，由特高压、超高压或高压交流或直流输电线路将电能传输到输电变电站，在此经过降压达到次输电水平（一般为 110kV）。发电和输电网络经常被称作主电力系统（Bulk Power System）。现代电网中，输电网的特征主要是特高压、超高压、交直流输变电、大区域互联电网、大容量输变电设备、超特高压继电保护、自动装置、大电网安全稳定控制、现代电网调度自动化、光纤化、信息化等。

（2）次级输电网络。次级输电网络将电力从输电变电站输往配电变电站。通常大的工业用户直接由次级输电系统供电。在某些系统中，次级输电和输电回路之间没有清晰的界限。例如，一些超大的工业用户也有直接通过 220kV 系统供电，然后再由内部进行电力分配。当系统扩展，或更高一级电压水平的输电变得必要时，原有输电线路承担的任务等级常被降低，起次级输电的功能。现代电网中，次级输电网的特征主要是高压、局部区域内电网互联、大电网安全稳定控制辅助执行控制、无油化、城市电缆化、变电站自动化及其无人值班、地区电网调度自动化、光纤化、信息化等。

（3）配电网络。配电网络是将电力送往用户的最后一级电网，也是最复杂的一级电网。一次配电电压通常为 4~35kV。较小的工业用户通过这一电压等级的主馈线供电。二次配电馈线以 220/380V 电压向民用和商业用户供电。现代电网中，配电网的特征主要是中低压、网络复杂化、城市电缆化、绝缘化、无油化、小型化、配电自动化、光纤化、信息化等。

2. 电压变换

（1）变电站。

变电站是电力网的重要组成部分，它的任务是汇集电源、升降电压、分配电能。它的类型除了按升压、降压分类外，还可以按设备布置的地点分为户外变电站和户内变电站、箱式变电站和地下变电站等。若按变电站的容量和重要性又可分为枢纽变电站、中间变电站和终端变电站。枢纽变电站一般容量较大，处于联系电力系统各部分的中枢位置，地位重要，如图 1-2 中 A 为枢纽变电站。中间变电站则处于发电厂和负荷中心之间，从这里可以转送或抽引一部分负荷，如图 1-2 的变电站 B。终端变电站一般是降压变电站，它只负责供应一个局部地区或一个用户的负荷而不承担功率的转送，如图 1-2 的变电站 C 和 D。

变电站概况简介

（2）电压变换。

电流流过导线时将产生电压损耗和功率损耗。电压损耗与流过导线的电流成正比，功率损耗与电流的平方成正比。传输功率是电流与电压的乘积，在输送功率相同的情况下，提高电压，可减小电流。因此，远距离输电需提高电压，从而节约电网建设投资（可选较细的导线），同时提高运行的经济性（降低电压损耗和电能损耗）。当电能输送到负荷中心时，再将电压降低，以供各种用户使用。

在交流电力系统中，电压的升降由变电站的电力变压器实现。电力变压器完成升高或降低电压的同时，起到连接不同电压等级电网的作用。变压器是由两个（或两个以上）绕在同一个铁心上彼此绝缘的绕组组成，绕组间只有磁耦合，而没有电的直接联系。当一次绕组接通电源时，一次绕组中有电流流过，并在铁心中产生交变磁通，其频率与外施电源电压的频率相同。这个交变磁通同时交链一次、二次绕组,由电磁感应定律可知,在一次、二次绕组中将产生感应电动势,二次绕组的电动势即可向负荷供电,实现能量传递。一次绕组和二次绕组电动势的频率都等于磁通的交变频率,即一次绕组外施电压的频率。两侧感应电势的大小之比等于一次、二次绕组匝数之比。因此,只要改变一次或二次绕组的匝数,便可改变输出电压。即电力变压器把一种电压的交流电能变换成频率相同的另一种电压的交流电能。

变压器按相数可分为单相式和三相式,实际生产大多是三相式,但特大型变压器从运输等方面考虑,有制成单相式,安装好后再接成三相变压器组的。按每相绕组数可分为双绕组变压器和三绕组变压器,分别用于联络两个电压等级电网和联络三个电压等级电网。按线圈耦合方式可分为普通变压器和自耦变压器。电力系统中的自耦变压器一般设置有第三绕组或补偿绕组,它是一个低压绕组。高、中压绕组间存在自耦联系,低压绕组与高、中压绕组之间只有磁耦合。自耦变压器损耗小、重量轻、成本低,但其漏抗较小,使短路电流增大。此外,由于高、中绕组在电路上相通,过电压保护要求自耦变压器的中性点必须直接接地。按功能变压器可分为升压变压器、降压变压器、配电变压器等。

3. 交流输电线路

输电线路按结构可分架空线路和电缆线路两大类。由于架空线路的建造费用比电缆线路要低得多,而且便于架设和维修。因此在电力网中绝大多数的线路都采用架空线路。近年来,随着组合电器新技术的发展,以及城市现代化建设要求,大城市的配电网也将相继改为地下电缆网。输电线路按传输电能形式可分为交流输电线路和直流输电线路。

(1) 架空输电线路。

架空线路由导线、避雷线(架空地线)、杆塔、绝缘子和金具等组成,如图1-4所示。架空线路相邻杆塔之间的水平距离,称为线路的挡距。在挡距中导线的最低点和悬挂点之间的垂直距离,称为导线的弧垂。两个相邻杆塔之间挡距的大小,决定于导线的允许弧垂和对地距离,例如:对于6~10kV配电线路,挡距一般在100m以下;110~220kV输电线路,采用钢筋混凝土杆时挡距一般为150~400m,用铁塔时为250~500m。导线弧垂的大小,决定于导线的允许拉力和挡距,并随气象(如温度、覆冰等)条件的改变而变化。

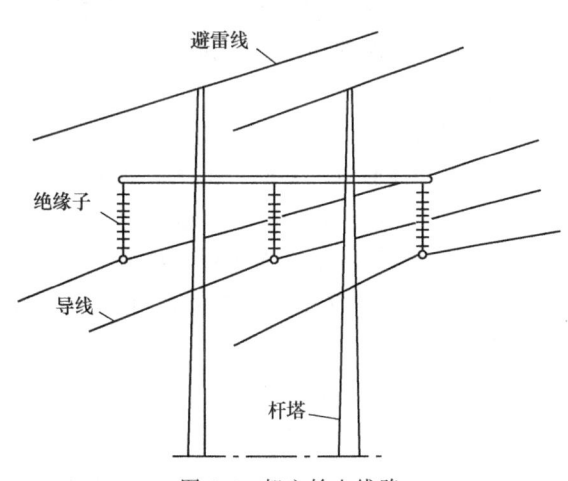

图1-4 架空输电线路

(2) 电缆线路。

电力电缆主要由导体、绝缘层和保护层三部分组成。电力电缆的导体通常采用多股铜绞线或铝绞线。根据电缆中导体数目的不同可分为单芯、三芯和四芯电缆。电缆除按芯数和导体截面形状分类外,还可分为统包型、屏蔽型和分相铅包型。统包型的三相芯线绝缘层外有一共同的铅包皮。这种电缆内部电场分布不均匀,不能充分利用绝缘强度,它只用于10kV以下的电缆。屏蔽型的每相芯线绝缘层外都包有金属带。分相铅包型的各相分别铅包。110kV及以上的线路,多采用冲油式或充气式电缆。

4. 直流输电

直流输电是将发电厂发出的交流电经过升压后,由换流设备(整流器)变换成直流,通过直流输电线路送到受电端,再经过换流设备(逆变器)变换成交流电,供给受电端的交流系统,如图 1-5 所示。需要改变输电方向时,只需让两端换流器互换工作状态即可。换流设备是直流输电系统的关键部分。早期的换流器大多采用汞弧阀,自 20 世纪 70 年代以来新建的直流输电工程已普遍应用可控硅换流元件。

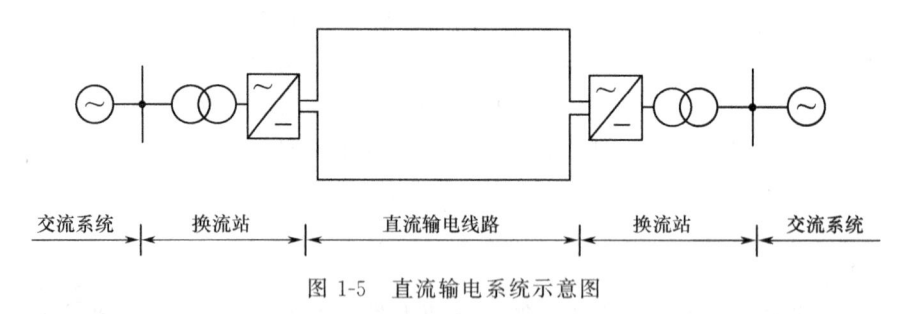

图 1-5 直流输电系统示意图

与交流输电比较,直流输电的主要优点有:

(1) 造价低。对于架空线路,当线路建设费用相同时,直流输电的功率约为交流输电功率的 1.5 倍;对于电缆线路,直流输电与交流输电功率的比值更大。

(2) 运行费用低。在输送功率相等的条件下,直流线路只需要两根导线,交流线路需要三根。所以,直流线路的功率损耗和电能损耗比交流线路约小 1/3。由电晕引起的无线电干扰也比交流线路小得多。

(3) 不需串、并联补偿。直流线路在正常运行时,由于电压为恒值不变,导线间没有电容电流,因而也不需并联电抗补偿。由于线路中电流也是恒值不变,也没有电感电流,因而也不需要串联电容补偿。这一显著优点,特别是对于跨越海峡向岛屿供电的输电线路,是非常有利的。另外,直流输电沿线电压的分布比较平稳。

(4) 直流输电不存在稳定性问题,由直流线路联系的两端交流系统,不要求同步运行。所以直流输电线路本身不存在稳定性问题,输送功率也不受稳定性限制。如果交、直流并列运行,则有助于提高交流输电的稳定性。

(5) 采用直流联络线可以限制互联系统的短路容量。由于直流系统可采用定电流控制,用其连接两个交流系统时,短路电流不致因互联而明显增大。

但直流输电存在以下缺点:

(1) 换流站造价高。直流线路比交流线路便宜,但直流系统的换流站则比交流变电站造价高得多。若计及线路造价和年运行费用等经济指标,直流输电与交流输电经济的等价距离,架空线路为 640～960km,电缆线路为 24～48km。

(2) 换流装置在运行中需要消耗无功功率,并且产生谐波。为了向换流装置提供无功功率和吸收谐波,必须装设无功补偿设备和滤波装置。

(3) 由于直流电流不过零,开断时电弧较难熄灭,因此,直流高压断路器的制造较困难。

根据上述特点,直流输电的适用范围主要有:

(1) 远距离大功率输电。

(2) 用海底电缆隔海输电或用地下电缆向负荷密度很高的大城市供电。

(3) 作为系统间联络线,用来实现不同步或不同频率的两个交流系统的互联。

(4) 用于限制互联系统的短路容量。

2012～2019年新增直流输电线路长度统计表　　新型输电技术

1.2.4 电力系统接线方式

1. 电力系统接线图

电力系统中包含大量利用不同类型能源发电的发电厂和不同大小、不同性质的电力负荷。这些发电厂的发电机与负荷通过各种电压等级的电力线路、变压器与配电设备互相连接形成庞大的电力系统。大型电力系统的连接通常以电压等级进行分层,它的结构与电压等级,电源、负荷的容量和数目,电源、负荷之间的地理位置以及可靠性等因素有关。而结构是否合理对电力系统运行的安全性、经济性、电能质量与运行管理的方便性和灵活性等均有很大影响。

电力系统的连接图通常有两种表示方式:电力系统的电气接线图与电力系统的地理接线图。电力系统电气接线图如图1-2所示。图中较详细地表示出电力系统各主要元件之间的电气联系,然而在地理接线图中则按一定比例反映出各发电厂、变电站之间的相对地理位置和各条输电线路的路径,但无法表示出各主要电气元件之间的联系,如图1-6所示。因此,这两种接线图常配合使用。

除此之外,还有详细描述发电厂和变电站内部电气设备连接的一次主接线图。

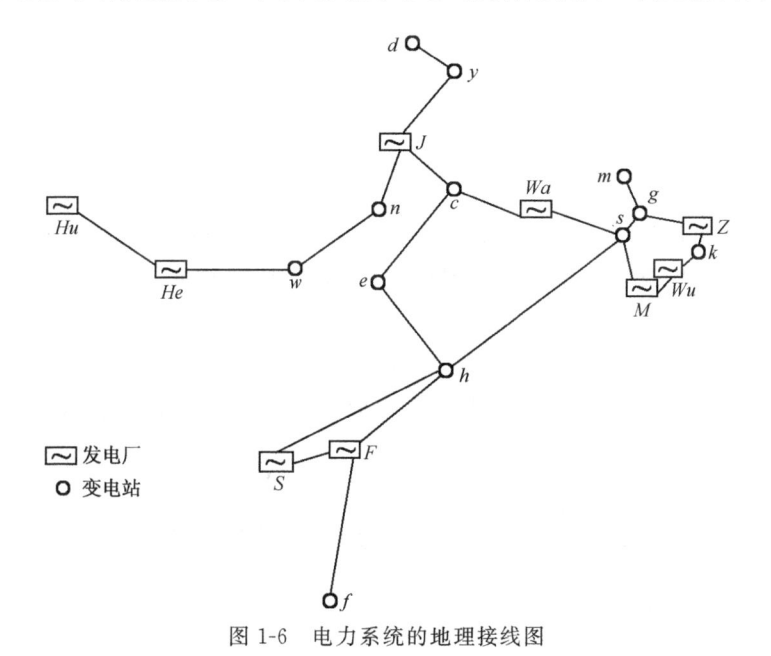

图1-6 电力系统的地理接线图

2. 电力系统接线方式

电力系统的接线方式大致分为两大类:无备用电源接线和有备用电源接线。

1) 无备用接线方式

无备用接线方式包括：单回放射式、树干式和链式网络，如图1-7所示。它的主要优点是线路结构简单、经济和运行方便；缺点是供电可靠性差。因此，这种接线方式不适用于一级负荷占比重较大的用户。若一级负荷设有单独的备用电源时，仍可采用这种接线方式。

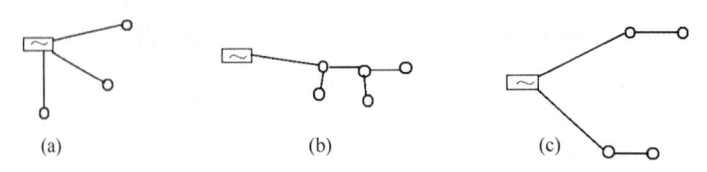

图1-7 无备用接线方式
(a) 单回放射式；(b) 树干式；(c) 链式网络

2) 有备用接线方式

有备用接线方式包括：双回放射式、树干式、链式、环式及两端供电网络，如图1-8所示。

有备用接线的双回放射式、树干式和链式网络优点是供电可靠，电压质量比较高，但所用的开关设备及保护电器等均要成倍地增加。因此，这些接线方式往往只用于一、二级负荷。环式接线供电经济、可靠，但运行调度复杂，线路发生故障切除后，由于功率重新分配，可能导致线路过载或电压质量降低。两端供电网最为常见，但此种接线方式必须有两个独立的电源。

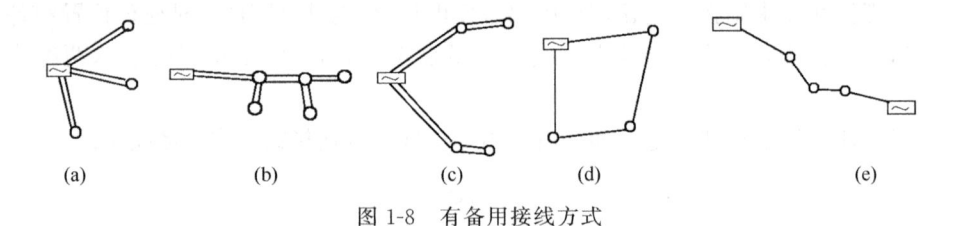

图1-8 有备用接线方式
(a) 双回放射式；(b) 树干式；(c) 链式；(d) 环式；(e) 两端供电网络

3) 开式网和闭式网

按照负荷点的供电方向又可将电力网的接线方式分为开式网和闭式网。开式网是指由单一电源点通过辐射状网络向多个负荷点供电的网络，网络中每个负荷点只有单一方向（单一电源）的供电功率，如图1-7和图1-8中的(a)、(b)和(c)所示接线方式。目前，我国大部分配电网络均为闭环设计、开环运行。因此，配电网正常运行是均为开式网的接线方式。相对而言，闭式网中每个负荷点则可有两个及以上方向（电源）馈入供电功率，如图1-8中(d)和(e)所示接线方式。

1.3 电力系统的负荷和负荷曲线

1.3.1 电力系统的负荷

电力系统的负荷就是系统中所有用电设备消耗功率的总和，也称电力系统综合用电负荷。它包括异步电动机、同步电动机、电热炉、整流设备、照明设备等。根据用户的性质，用电负荷也可以分为工业负荷、农业负荷、交通运输业负荷和人民生活用电负荷等。对于不同行业，上述各类用电设备消耗功率所占比重是不同的。表 1-1 所示是几种工业部门不同用电设备消耗功率比重的典型统计数字,有一定的代表性。

表 1-1　几种工业部门用电设备比重的统计　　　　　　　(单位:%)

用电设备	综合性中小工业	纺织工业	化学工业(化肥厂、焦化厂)	化学工业(电化厂)	大型机械加工工业	钢铁工业
异步电动机	79.1	99.8	56.0	13.0	82.5	20.0
同步电动机	3.2		44.0		1.3	10.0
电热装置	17.7	0.2			15.0	70.0
整流装置				87.0	1.2	
合计	100.0	100.0	100.0	100.0	100.0	100.0

1.3.2　负荷曲线

负荷曲线就是以曲线描述某一时间段内负荷随时间变化的规律。按负荷可分为有功功率和无功功率负荷曲线,按时间长短可分为日负荷曲线和年负荷曲线。图 1-9(a)所示的电力系统日负荷曲线描述了一天 24 小时负荷的变化情况,曲线的最大值称为日最大负荷(又称峰荷),最小值称为日最小负荷(又称谷荷)。图中虚线表示无功功率日负荷曲线。由于一天之内功率因数是变化的,因此无功负荷曲线同有功负荷曲线不完全相似,两种曲线中相应的极值不一定同时出现。为了便于计算,常把连续变化的曲线绘制成阶梯形,如图 1-9(b)所示。

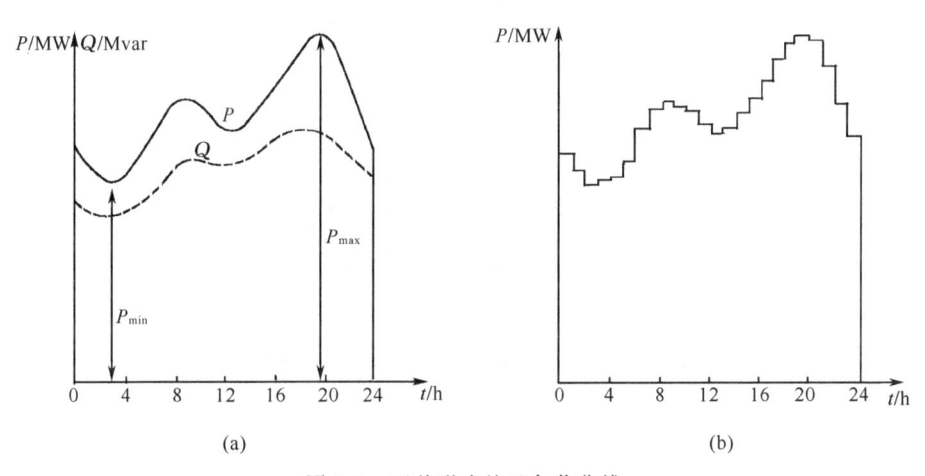

图 1-9　两种形式的日负荷曲线
(a)连续曲线;(b)整点梯形曲线

根据日负荷曲线可以计算一天的总耗电量,即

$$W_d = \int_0^{24} P \, dt \tag{1-1}$$

由此可得日平均负荷为

$$P_{av} = \frac{W_d}{24} = \frac{1}{24}\int_0^{24} P \, dt \tag{1-2}$$

为了说明负荷曲线的起伏特性,常采用负荷率 k_m 和最小负荷系数 α:

$$k_m = \frac{P_{av}}{P_{max}} \tag{1-3}$$

$$\alpha = \frac{P_{min}}{P_{max}} \tag{1-4}$$

这两个系数不仅用于日负荷曲线,也可用于其他时间段的负荷曲线。

不同行业的有功功率日负荷曲线差别很大。三班制连续生产的重工业负荷,例如,钢铁工业负荷如图 1-10(a)所示,它的负荷曲线较平坦,最小负荷系数达到 0.85。一班制生产的轻工业负荷,如图 1-10(b)所示的食品工业负荷,负荷变化的幅度较大,最小负荷仅达最大负荷的 0.13。农业加工负荷如图 1-10(c)所示,农业加工负荷每天用电仅 12 小时。

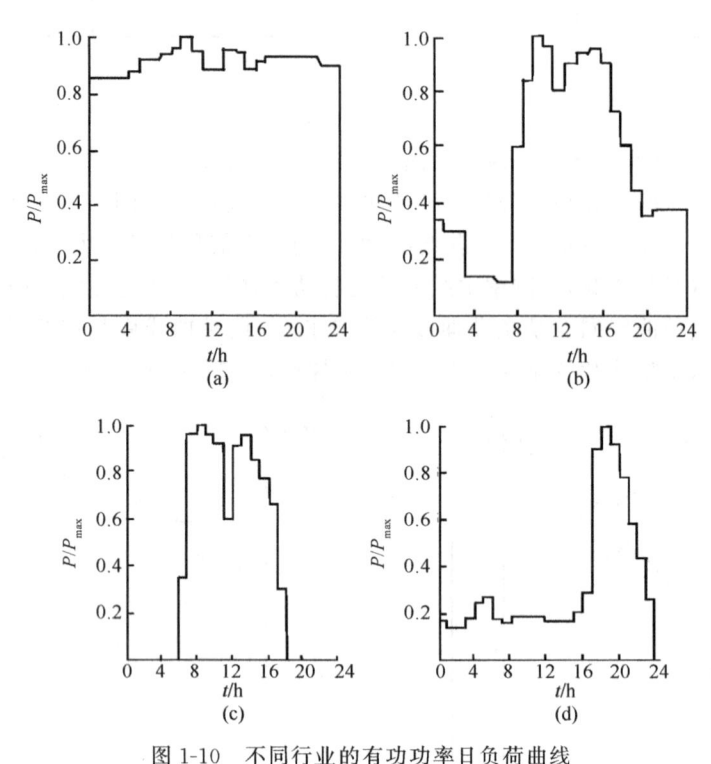

图 1-10 不同行业的有功功率日负荷曲线

(a) 钢铁工业负荷;(b) 食品工业负荷;(c) 农村加工负荷;(d) 市政生活负荷

负荷曲线对电力系统的运行有很重要的意义,它是安排日发电计划和确定系统运行方式的重要依据。

年最大负荷曲线描述一年内每月(或每日)最大有功功率负荷变化的情况,它主要用来安排发电设备的检修计划,同时也为制订发电机组或发电厂的扩建或新建计划提供依据。图 1-11 为年最大负荷曲线,其中划斜线的面积 A 代表各检修机组的容量和检修时间的乘积之和,B 是系统新增装机组容量。

在电力系统的运行分析中,还经常用到年持续负荷曲线,它按一年中系统负荷的数值大小及其持续小时数顺序排列绘制而成。例如,在全年 8760 小时中,有 t_1 小时负荷值为 P_1(即最大值 P_{max}),t_2 小时负荷值为 P_2,t_3 小时负荷值为 P_3,于是可绘出如图 1-12 所示的年持续负荷曲线。

在安排发电计划和进行可靠性估算时,常用到这种曲线。

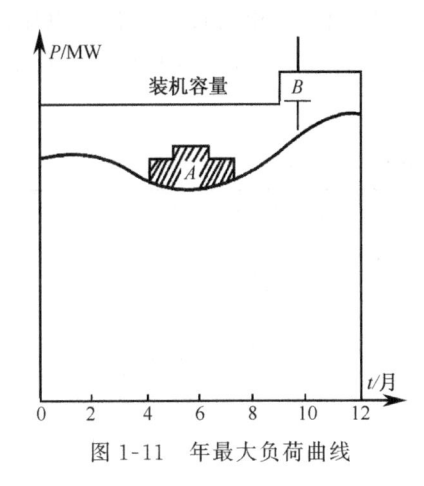

图 1-11 年最大负荷曲线

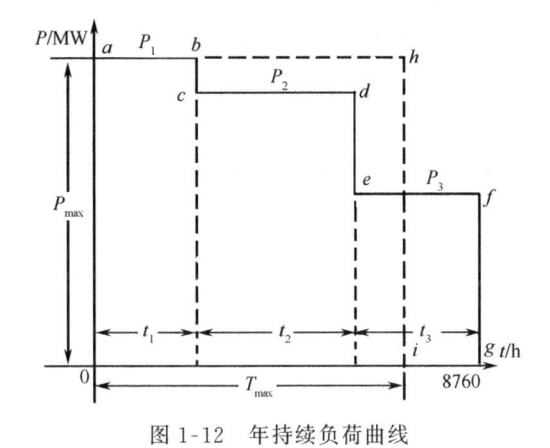

图 1-12 年持续负荷曲线

根据年持续负荷曲线可以确定系统负荷的全年耗电量为

$$W = \int_0^{8760} P \, \mathrm{d}t \tag{1-5}$$

如果负荷始终等于最大值 $P_{\max}$,经过 $T_{\max}$ 小时后所消耗的电能恰好等于全年的实际耗电量,则称 $T_{\max}$ 为最大负荷利用小时数,即

$$T_{\max} = \frac{W}{P_{\max}} = \frac{1}{P_{\max}} \int_0^{8760} P \, \mathrm{d}t \tag{1-6}$$

对于图 1-12 所示的年持续负荷曲线,若使矩形面积 $0ahio$ 同面积 $0abcdefg0$ 相等,则线段 $0i$ 即等于 $T_{\max}$。

根据电力系统的运行经验,各类负荷的 $T_{\max}$ 的数值大体有一个范围,如表 1-2 所示。

表 1-2 各类用户的年最大负荷利用小时数

负荷类型	$T_{\max}/\mathrm{h}$
户内照明及生活用电	2000~3000
一班制企业用电	1500~2200
二班制企业用电	3000~4500
三班制企业用电	6000~7000
农灌用电	1000~1500

在设计电网时,用户的负荷曲线往往是未知的。但如果知道用户的性质,就可以选择适当的 $T_{\max}$ 值,从而近似地估算出用户的全年耗电量,即 $W = P_{\max} T_{\max}$。

1.4 电力系统的额定电压和额定频率

电气设备都是按照指定的电压和频率来进行设计制造的,这个指定的电压和频率,称为电气设备的额定电压和额定频率。当电气设备在此电压和频率下运行时,具有最好的技术性能和经济效果。

为了进行成批生产和实现设备的互换,各国都制定有标准的额定电压和额定频率。我国规定,电力系统的额定频率为50Hz,也就是工业用电的标准频率,简称工频。我国制定的标准额定电压分为三类。第一类为100V以下适用于蓄电池和安全照明用具等电气设备的额定电压;第二类为500V以下适用于一般工业和民用电气设备的额定电压;第三类为1000V以上高压电气设备的额定电压,其数值列于表1-3。

表1-3 1000V以上的额定电压

用电设备额定线电压/kV	交流发电机额定线电压/kV	变压器额定线电压/kV 一次绕组	变压器额定线电压/kV 二次绕组
3	3.15*	3及3.15	3.15及3.3
6	6.3	6及6.3	6.3及6.6
10	10.5	10及10.5	10.5及11
—	13.8*	13.8	—
—	15.75*	15.75	—
—	18*	18	—
—	20*	20	—
35	—	35	38.5
(60)	—	(60)	(66)
110	—	110	121
(154)	—	(154)	(169)
220	—	220	242
330	—	330	363
500	—	500	550
750	—	750	825
1000	—	1000	1100

注:括号内为将要淘汰的电压级,带"*"号的数字为发电机专用。

从表1-3中可以看到,同一个电压级别下,各种设备的额定电压并不完全相等。为了使各种互相连接的电气设备都能运行在较有利的电压下,各电气设备的额定电压之间有一个相互配合的问题。

电力线路的额定电压和用电设备的额定电压相等,有时把它们称为网络的额定电压,如220kV网络等。

发电机的额定电压与网络的额定电压为同一等级时,发电机的额定电压规定比网络的额定电压高5%。

变压器额定电压的规定略为复杂。根据变压器在电力系统中传输功率的方向,我们规定变压器接受功率一侧的绕组为一次绕组,输出功率一侧的绕组为二次绕组。一次绕组的作用相当于用电设备,其额定电压与网络的额定电压相等。但直接与发电机连接时,其额定电压则与发电机的额定电压相等。二次绕组的作用相当于电源设备,其额定电压规定比网络的额定电压高10%,如果变压器的短路电压小于等于7.5%或直接(包括通过短距离线路)与用户连接时,则规定比网络的额定电压高5%。为了适应电力系统运行调节的需要,通常在变压器的高压绕组上设计制造有分接抽头。分接头用百分数表示,即表示分接头电压与主抽头电压的差值为主抽头电压的百分之几。对同一电压级的变压器,升压变压器和降压变压器,即使分接头百分值相同,分接头的额定电压也不同。图 1-13 所示是用线电压表示的 SF31500/220±2×2.5% 型变压器的抽头额定电压。对于 +5% 抽头,升压变压器为 242kV×1.05=254kV,降压变压器则为 220kV×1.05=231kV。

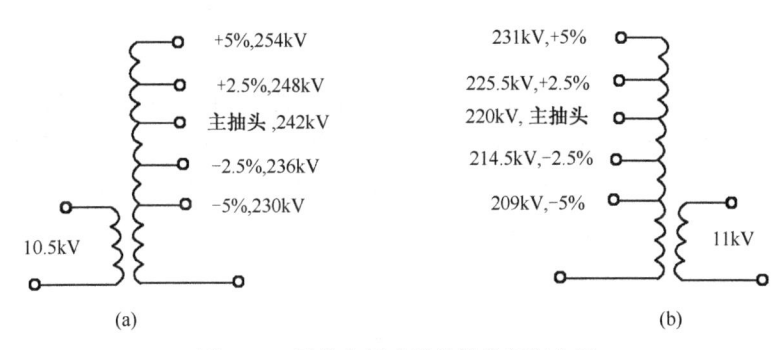

图 1-13 用线电压表示的抽头额定电压
(a) 升压变压器;(b) 降压变压器

【例 1-1】 如图 1-14 所示电力系统,已知线路额定电压,试求:
(1) 发电机和变压器各绕组的额定电压,以及每台变压器的额定变比;
(2) 设 T-1 工作于 +5% 抽头,T-4 工作于 -2.5% 抽头,求这两台变压器的实际变比。

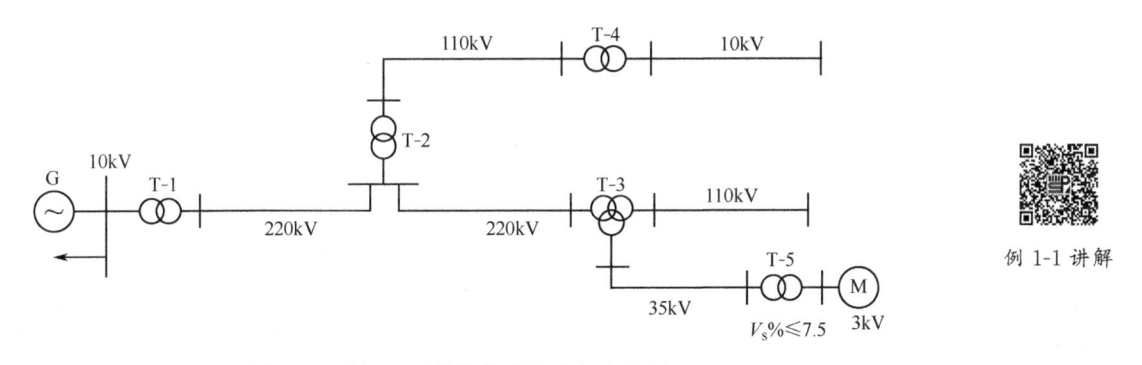

图 1-14 例 1-1 系统接线及线路额定电压

解 (1) 发电机额定电压比网络额定电压高 5%,即为 10.5kV。

T-1 一次绕组与发电机直接相连,因此为 10.5kV,二次绕组额定电压为 242kV。额定变比为 $k_{N1}=242/10.5$。

T-2 一、二次绕组额定电压分别为 220kV 和 121kV。额定变比为 $k_{N2}=220/121$。

T-3 高、中、低压绕组额定电压分别为 220kV、121kV、38.5kV。额定变比为 $k_{N3(1-2)}=220/121$,$k_{N3(1-3)}=220/38.5$。

T-4 一、二次绕组额定电压分别为 110kV、11kV。额定变比为 $k_{N4}=110/11$。

T-5 因为二次绕组直接与负荷相连,且短路电压 $V_s\%\leqslant 7.5$,因此二次绕组额定电压只比线路额定电压高 5%。该变压器一、二次绕组额定电压分别为 35kV、3.15kV。额定变比为 $k_{N5}=35/3.15$。

(2) T-1 工作于 +5% 抽头,实际变比为

$$k_1 = \frac{242 \times (1+5\%)}{10.5} = \frac{254.1}{10.5}$$

T-4 工作于−2.5%抽头，实际变比为

$$k_4 = \frac{110 \times (1-2.5\%)}{11} = \frac{107.25}{11}$$

众所周知，电力系统的能量输送是靠电力线路来完成的，由于 $S=\sqrt{3}VI$，其中 S 为三相功率，V 为线电压，I 为线电流，当输送一定功率时，输电电压越高，电流越小，相应的导线载流部分的截面积越小，相应的导线投资越小；但电压越高，对耐压的绝缘要求越高，杆塔、变压器、断路器等的投资也越大。综合经济技术比较，对应一定的输送功率和输送距离有一最合适的线路电压。各级电压送电线路的合理输送能力如表 1-4 所示。

表 1-4 各级电压架空线路的输送能力

额定电压/kV	输送容量/MW	输送距离/km	额定电压/kV	输送容量/MW	输送距离/km
3	0.1～1.0	1～3	110	10～50	50～150
6	0.1～1.2	4～15	220	100～500	100～300
10	0.2～2	6～20	330	200～1000	200～600
35	2～10	20～50	500	800～2000	150～850
60	3.5～30	30～100	750	2000～2500	500 以上

1.5 电力系统分析课程的主要内容

电力系统分析理论是电气工程及其自动化专业的一门专业核心课程，在教学中具有承上启下的作用。电力系统是一个由大量元件组成的复杂工程系统，它的规划、设计、建设、运行和管理是一项庞大的系统工程。虽然本课程不可能涵盖电力系统的全部内容，但本课程是这项系统工程的理论基础，是从基础理论课、技术理论课走向专业课学习和工程应用研究的纽带。本课程包括三部分，即电力系统的稳态分析、短路计算和稳定性分析。

所谓电力系统的稳态，是指电力系统正常的、相对静止的运行状态。它包括电力系统中各元件的特性和数学模型、电力系统正常运行状态下的分析和计算、电力系统的运行调节和优化。电力系统的短路计算是分析电力系统在故障情况下的运行状态，它包括对称故障和不对称故障的分析计算。电力系统的稳定性分析是指分析电力系统在遭受扰动后维持稳定的能力分析。

电力系统分析学习要点　　　　第 1 章小结

思考题与习题

1-1 电力系统的额定电压是如何定义的？电力系统中各元件的额定电压是如何确定的？

1-2 电力线路的额定电压与输电能力有何关系？

1-3 什么是最大负荷利用小时数？

1-4 电力系统接线图如题 1-4 图所示,图中标明了各级电力线路的额定电压(kV),试求：
(1)发电机和变压器各绕组的额定电压,并标在图中。
(2)设变压器 T-1 工作于＋5％抽头,T-2、T-5 工作于主抽头(T-5 为发电厂的厂用电变压器),T-3 工作于－2.5％抽头,T-4 工作于－5％抽头,求各变压器的实际变比。

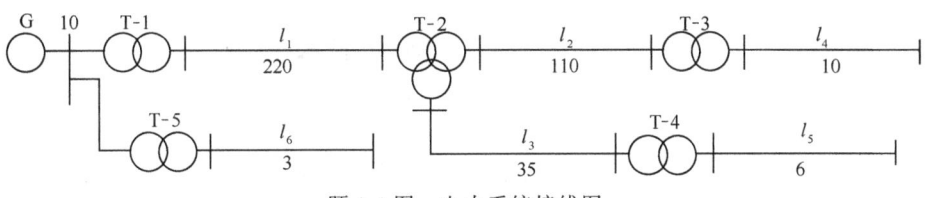

题 1-4 图　电力系统接线图

1-5 某电力系统典型日负荷曲线如题 1-5 图所示,试计算日平均负荷、负荷率和最小负荷系数。

1-6 若题 1-5 图作为系统全年平均日负荷曲线,试作出系统年持续负荷曲线,且求出年平均负荷和最大负荷利用小时数 $T_{\max}$。

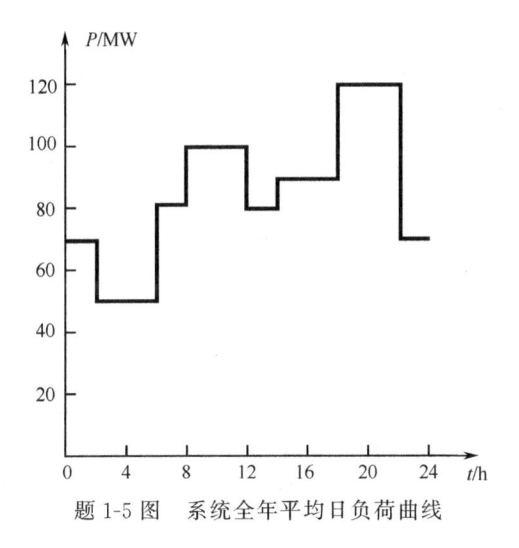

题 1-5 图　系统全年平均日负荷曲线

第 1 章部分习题答案

第 2 章 电力系统元件模型及参数计算

2.1 系统等值模型的基本概念

作为电力系统分析和计算的基础,电力系统元件参数及其数学模型是至关重要的。在讨论元件参数及其数学模型之前,首先讨论什么是电力系统元件、什么是参数、什么是数学模型及其作用等。

电力系统元件即构成电力系统的各组成部件,严格地讲,应包括各种一次设备元件、二次设备元件及各种控制元件等。电力系统分析和计算不可能也没必要计及所有元件的参数及其数学模型,一般只需计及主要元件或对所分析问题起较大作用的元件参数及其数学模型。本章讨论的电力系统元件指常用的对电力系统稳态及暂态分析计算起重要作用的元件,包括输电线路、电力变压器、同步发电机及负荷。

元件参数是指表述元件电气特征的参量,元件特征不同,其表述特征的参数亦不同,如线路参数为电阻、电抗、电纳、电导,变压器除上述参数外还有变比,发电机有时间常数等。另外,根据元件的运行状态,又可分为静态参数和动态参数,定参数和变参数等。总之,元件特征不同,运行状态不同,其参数亦是多种多样的,而这些参数的确定又是非常重要的,因为只有在已知表述元件特征的参数后,才能确定描述系统特征的数学模型。本章将着重讨论一些主要元件的常用参数及其计算方法。

已知元件参数后,即可确定元件或整个系统的数学模型,进而用数学的方法分析和计算系统的性能。所谓数学模型就是元件或系统物理模型(物理特性)的数学描述,根据元件特征、运行状态及求解问题不同,数学模型可分为:描述静态(或稳态)问题的代数方程和描述动态(或暂态)问题的微分方程、描述线性系统的线性方程和非线性系统的非线性方程、定常系数方程和时变系数方程、描述非确定性过程的模糊数学方程及利用人工智能和神经元技术的网络方程等。元件的数学模型描述了元件的特性,而由各种元件构成的系统的数学模型则是各元件数学模型的有机组合和相互作用。

电力系统分析和计算的一般过程是:首先将待求物理系统进行分析简化,抽象出等效电路,然后确定其数学模型,也就是说把待求物理问题变成数学问题,最后用各种数学方法进行求解,并对结果进行分析。由此看来数学模型在电力系统分析和计算中是非常重要的。下面这个例子可以简单地说明什么是数学模型及其作用。

一条输电线路,其等值电路如图 2-1 所示,其中电阻 R 和电抗 X 为线路参数,u 和 i 分别是施加在线路两端的电压和电流。由电路理论可知,其直流稳态、交流稳态及暂态情况下的电压电流方程分别为

$$u = Ri \tag{2-1}$$

$$\dot{V} = (R + \mathrm{j}X)\dot{I} \tag{2-2}$$

$$Ri + L\frac{\mathrm{d}i}{\mathrm{d}t} = u \tag{2-3}$$

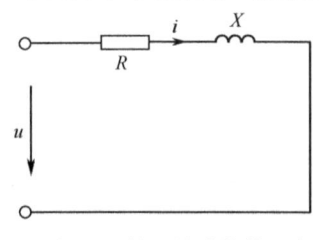

图 2-1 输电线路等值电路

线性代数方程式(2-1)和式(2-2)是该线路的稳态数学模型,而线性微分方程式(2-3)则为暂态数学模型,对上述方程进行求解,即可求得该线路不同状态下的特性结果。因而元件参数、等值电路及其数学模型是必需的。本章将着重讨论输电线路、变压器、同步发电机及负荷的常用参数和等值电路及其数学模型。

电力系统是以三相交流系统为主体,一般在正常运行时电力系统三相是对称的,即三相参数相同,三相电压和电流的有效值相等、相位相差120°。对于不对称运行情况也可转化为三相对称的进行分析计算(如用对称分量法等)。所以,可以用单相等值电路来代表三相,本章所讨论的参数及其等值电路均是元件的单相等值电路及其参数。

2.2 输电线路的等值电路和参数计算

目前架空线路普遍使用钢芯铝绞线,对机械强度要求不高的低压线路多用铝绞线,仅在跨越江河等特大跨距,导线承受的机械应力很大的这一段,才使用合金绞线或钢绞线。电力电缆的导电芯线只采用钢或铝绞线。而且,电缆线路与架空线路在结构上完全不同。三相电缆的三相导线间的距离很近,导线截面是圆形或扇形,导线的绝缘介质不是空气,绝缘层外有铝包或铅包,最外层还有钢铠。这使电缆线路的参数计算较为复杂,一般可从手册中查得或由试验确定。因此,本节重点讨论以铝和铜为导体的架空输电线路。

2.2.1 输电线路的等值电路

输电线路的参数有四个:反映线路通过电流时产生有功功率损失效应的电阻;反映载流导线周围产生磁场效应的电感;反映线路带电时绝缘介质中产生泄漏电流及导线附近空气游离而产生有功功率损失的电导;反映带电导线周围电场效应的电容。输电线路的这些参数通常可以认为是沿整个电路均匀分布的,每相单位长度的参数为电阻 r、电感 L、电导 g 及电容 C,其单位长度线路的一相等值电路如图2-2所示。

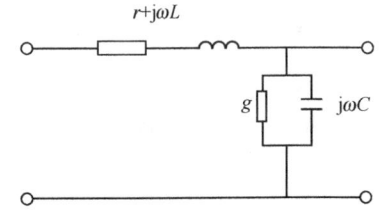

图2-2 单位长度线路的一相等值电路

严格地说,输电线路的参数是均匀分布的,但对于中等长度以下的输电线路可按集中参数来考虑。这样可使其等值电路大为简化。对于长距离输电线路则要考虑其分布特性。下面分别给出短距离输电线路、中等长度输电线路和长距离输电线路的等值电路。

1. 短距离输电线路

对于长度不超过100km的架空输电线路,线路额定电压为60kV及以下者,以及不长的电缆线路,电纳的影响不大时,可认为是短输电线路。短输电线路由于电压不高,电导和电纳的影响可以不计(即 $G=0, B=0$),那么,短线路的阻抗为

$$Z = R + jX = rl + jxl \tag{2-4}$$

式中,l 为线路长度(km)。

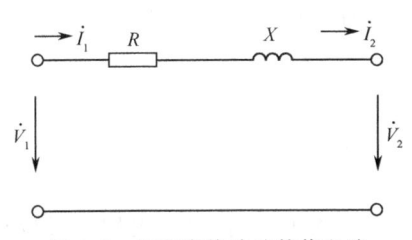

图2-3 短距离线路的等值电路

由此可得短距离线路的等值电路,如图2-3所示。

2. 中等长度输电线路

线路电压为 110~220kV,架空输电线路长度为 100~300km,电缆线路长度不超过 100km 的线路可视为中等长度的输电线路。

此种线路由于电压高,线路电纳的影响不可忽略,只是晴天可按无电晕考虑,电晕影响可以不计,$G=0$。于是有

$$Z = R + jX = rl + jxl$$
$$Y = G + jB = jB = jbl \tag{2-5}$$

式中,l 为线路长度。这种线路可作出 Π 形或 T 形等值电路,如图 2-4 所示。其中 Π 形等值电路更为常用。

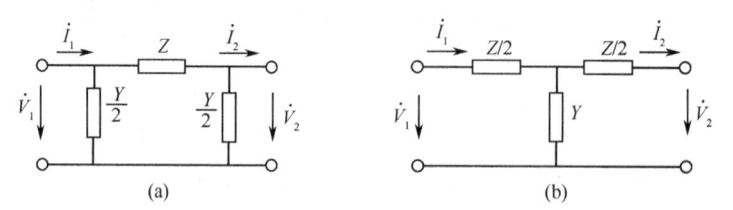

图 2-4 中等长度线路的等值电路
(a) Π 形等值电路;(b) T 形等值电路

3. 长距离输电线路

一般长度超过 300km 的架空输电线路和长度超过 100km 的电缆线路称为长距离输电线路。对这种线路,就要考虑其分布参数特性,具体将在 2.3 节进行较详细的讨论。

2.2.2 输电线路的参数计算

1. 电阻

有色金属导线的直流电阻,可按下式计算:

$$r = \frac{\rho}{S} \tag{2-6}$$

式中,ρ 为导线的电阻率;S 为导线载流部分的标称截面积。

考虑到通过导线的是三相工频交流电流,而由于集肤效应和邻近效应,交流电阻比直流电阻略大;由于多股绞线的扭绞,导体实际长度比导线长度长 2‰~3‰;在制造中,导线的实际截面积常比标称截面积略小。因此,在应用式(2-6)时,不用导线材料的标准电阻率,而是用略为增大的计算值。如铜用 $18.8\Omega \cdot mm^2/km$,铝用 $31.55\Omega \cdot mm^2/km$。

工程计算中,也可以直接从手册中查出各种导线的电阻值。按公式(2-6)计算所得或从手册查得的电阻值,都是指温度为 20℃ 时的值,在要求较高精度时,t℃ 时的电阻值 r_t 可按下式计算:

$$r_t = r_{20}[1 + \alpha(t - 20)] \tag{2-7}$$

式中,α 为电阻温度系数,对于铜 $\alpha=0.00382(1/℃)$,铝 $\alpha=0.0036(1/℃)$。

2. 电抗

三相导线,每相都有自感和互感,当线路中流过三相对称的交流电流时,这些电感将形成相应的电抗。三相导线对称排列,三相导线单位长度的电抗相等。当三相导线排列不对称时,各相导线所交链的磁链及各相等值电感便不相同,这将引起三相参数不对称。但是,可以利用导线换

位来使三相恢复对称。图 2-5 为导线换位及经过一个整循环换位的示意图。当Ⅰ、Ⅱ、Ⅲ段线路长度相同时,三相导线 a,b,c 处于 1,2,3 位置的长度也相同,这样便可使各相平均电感接近相等。

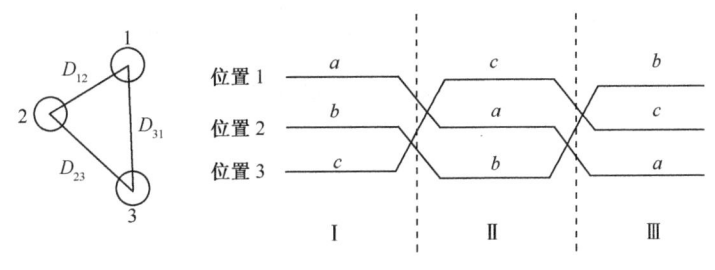

图 2-5 一次整循环换位

1) 单导线线路每相单位长度的电感和电抗

$$L_a = \frac{\mu_0}{2\pi} \ln \frac{D_{eq}}{D_s}$$

$$x = 2\pi f_N L_a = 0.1445 \lg \frac{D_{eq}}{D_s} \quad (\Omega/km)$$

(2-8)

式中,L_a 为三相输电线路一相的等值电感;x 为导线单位长度的电抗(Ω/km);μ_0 为导线材料的真空磁导率;f_N 为额定频率(50Hz);D_s 为导线的自几何均距 $D_s = re^{-\frac{1}{4}}$;D_{eq} 为三相导线的几何平均距离

$$D_{eq} = \sqrt[3]{D_{ab}D_{bc}D_{ca}}$$

(2-9)

式中,D_{ab}、D_{bc}、D_{ca} 分别为 AB 相导线、BC 相导线、CA 相导线之间的距离。

通常输电线路的导线大多是多股绞线。利用自几何均距和互几何均距的概念,可求出多股绞线的自几何均距 D_s,它与导线的材料和结构有关。若多股绞线的计算半径为 r,则

非铁磁材料的单股线　　$D_s = re^{-\frac{1}{4}} = 0.779r$

非铁磁材料的多股线　　$D_s = (0.724 \sim 0.771)r$

钢芯铝线　　$D_s = (0.77 \sim 0.9)r$

2) 分裂导线线路每相单位长度的电感和电抗

将输电线的每相导线分裂成若干根按一定的规则分散排列,便构成分裂导线输电线。500kV 及以下普通分裂导线的分裂根数一般不超过 4 根,而且是布置在正多边形的顶点上,如图 2-6 所示。正多边形的边长称为分裂间距。输电线路各相间的距离通常比分裂间距大得多,故可以认为不同相的导线间的距离都近似地等于该两相分裂导线重心间的距离,如图 2-6(b)所示。

根据自几何均距和互几何均距的概念,用分裂导线每相的自几何均距 D_{sb} 代替式(2-8)中

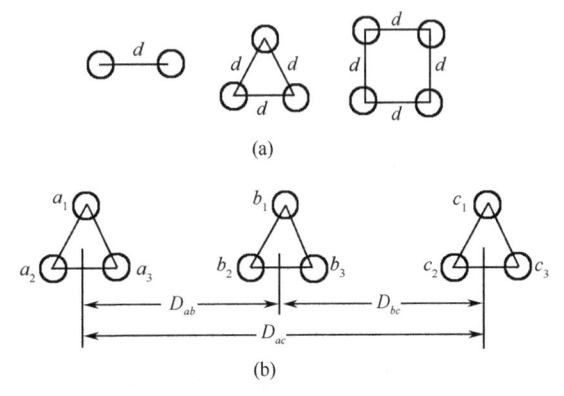

图 2-6 分裂导线的布置

(a) 一相分裂导线的布置;(b) 三相分裂导线的布置

的 D_s，便可得到分裂导线的等值电感和电抗

$$L_a = \frac{\mu_0}{2\pi}\ln\frac{D_{eq}}{D_{sb}}$$

$$x = 2\pi f_N L_a = 0.1445\lg\frac{D_{eq}}{D_{sb}} \quad (\Omega/\mathrm{km}) \tag{2-10}$$

分裂导线每相的自几何均距 D_{sb} 与分裂间距及分裂根数有关，对于图 2-6 的情况，当分裂根数为 2 时

$$D_{sb} = \sqrt[4]{(D_s d)^2} = \sqrt{D_s d} \tag{2-11}$$

当分裂根数为 3 时

$$D_{sb} = \sqrt[9]{(D_s d d)^3} = \sqrt[3]{D_s d^2} \tag{2-12}$$

当分裂根数为 4 时

$$D_{sb} = \sqrt[16]{(D_s d d \sqrt{2} d)^4} = 1.09\sqrt[4]{D_s d^3} \tag{2-13}$$

以上各式中的 D_s 为每根多股绞线的自几何均距。

分裂间距 d 通常比每根导线的自几何均距大得多，因而分裂导线每相的自几何均距 D_{sb} 也比单导线线路每相的自几何均距大，所以分裂导线输电线路的等值电感和等值电抗都比单导线线路小。分裂的根数越多，电抗下降也越多，但分裂根数超过 4 根时，电抗的下降逐渐趋缓。分裂间距的增大同样可使电抗下降，但分裂间距过大又将不利于防止线路产生电晕。

虽然相间距离、导线截面等与线路结构有关的参数对电抗大小有影响，但这些数值均在对数符号内，因此各种线路的电抗值变化不大。一般单导线线路单位长度导线的电抗为 $0.4\Omega/\mathrm{km}$ 左右；分裂导线线路的电抗与分裂根数有关，当分裂根数为 2 根、3 根、4 根时，每公里的电抗分别为 0.33Ω、0.30Ω、0.28Ω 左右。

3) 同杆线路的电抗

在实际应用中，当同一杆塔上布置两回输电线时，其每一回输电线的电抗仍可按前述各式计算。这是因为两回线路间的互感磁链在导线中流过对称电流时并不大，可略去不计。

3. 电纳

三相导线的相与相之间及相与地之间具有分布电容，当线路上具有三相对称的交流电压时，这些电容将形成相应的电纳。三相导线对称排列，或者虽排列不对称但经整循环换位后，三相导线单位长度的电容及电纳分别相等，可计算如下

$$C = \frac{0.0241}{\lg\frac{D_{eq}}{r}} \times 10^{-6} \quad (\mathrm{F/km}) \tag{2-14}$$

式中，C 为每相导线单位长度的电容(F/km)；r 为导线的半径(mm)；D_{eq} 为三相导线间的互几何均距(mm)。

当频率 $f = 50\mathrm{Hz}$，可得

$$b = \frac{7.58}{\lg\frac{D_{eq}}{r}} \times 10^{-6} \quad (\mathrm{S/km}) \tag{2-15}$$

式中，b 为每相导线单位长度的电纳(S/km)。

对于分裂导线的线路，仍可用式(2-14)和式(2-15)计算其电容和电纳，只是这时式中 D_{eq} 为各相分裂导线重心间的几何均距；导线半径 r 应由一相导线组的等值半径 r_{eq} 代替。对于二分裂

导线

$$r_{eq}=\sqrt{rd} \tag{2-16}$$

对于三分裂导线

$$r_{eq}=\sqrt[9]{(rdd)^3}=\sqrt[3]{rd^2} \tag{2-17}$$

对于四分裂导线

$$r_{eq}=\sqrt[16]{(rdd\sqrt{2}d)^4}=1.09\sqrt[4]{rd^3} \tag{2-18}$$

分裂导线的电纳要比同样截面积的单导线的电纳大。与电抗相同，由于与线路结构有关的参数是在对数符号内，因此各种电压等级线路的电纳值变化不大。一般单导线线路单位长度导线的电纳为 2.8×10^{-6} S/km 左右；分裂导线线路的电纳与分裂根数有关，当分裂根数分别为 2 根、3 根和 4 根时，每公里的电纳分别为 3.4×10^{-6} S、3.8×10^{-6} S 和 4.1×10^{-6} S 左右。

4. 电导

输电线路的电导是用来反映线路上沿绝缘子的泄漏电流产生的有功功率损耗及电晕损耗的一种参数。一般线路绝缘良好，泄漏电流很小，可以忽略，主要考虑电晕现象引起的功率损耗。电晕是在强电场作用下导线周围空气的电离现象。电晕产生的条件与导线上施加的电压大小、导线的结构及导线周围的空气情况有关。当线路上施加的电压高于某一数值时，线路上将产生电晕，这一电压称为电晕起始电压或电晕临界电压 V_{cr}（计算公式略）。

在设计电力线路时，一般不允许在晴天时导线发生电晕，所以电晕临界电压是导线截面积选择的条件之一，不产生电晕的导线允许最小直径见表 2-1。对于 110kV 及以上的线路来说，这是一个决定导线半径的重要条件。60kV 及以下线路可不必验算电晕临界电压。当线路电压在 330kV 及以上时，为防止产生电晕，单导线的直径需选得很大，而从传输电流量方面考虑又不需如此粗的导线，这时常采用分裂导线。

因为在线路设计时已避免在正常天气下产生电晕，故一般计算时认为线路的电导为零。当线路实际电压高于电晕临界电压时，可通过实测的方法求取线路的电导。

表 2-1　不需计算电晕的导线最小直径（海拔不超过 100m）

线路额定电压/kV	60 以下	110	154	220	330
导线外径/mm		9.6	13.68	21.28	33.2

【**例 2-1**】　一条 220kV 输电线，长 180km，导线为 LGJ-400（直径 2.8cm），水平排列，导线经整循环换位，相间距离为 7m，求该线路参数 R，X，B，并画出等值电路图。

解　线路的电阻

$$r_1=\frac{\rho}{S}=\frac{31.5}{400}\approx 0.08(\Omega/km)$$

$$R=r_1 l=0.08\times 180=14.4(\Omega)$$

线路的电抗

$$D_{eq}=\sqrt[3]{700\times 700\times 2\times 700}=1.26\times 700=882(cm)$$

$$x_1=2\pi f_N L_a=0.1445\lg\frac{D_{eq}}{D_s}$$

$$=0.1445\lg\frac{882}{0.779\times 1.4}=0.42(\Omega/km)$$

$$X = x_1 l = 0.42 \times 180 = 75.6(\Omega)$$

线路的电纳

$$b_1 = \frac{7.58}{\lg \frac{D_{eq}}{r}} \times 10^{-6} = \frac{7.58}{\lg \frac{882}{1.4}} \times 10^{-6} = 2.7 \times 10^{-6} (\text{S/km})$$

$$B = b_1 l = 2.7 \times 10^{-6} \times 180 = 486 \times 10^{-6} (\text{S})$$

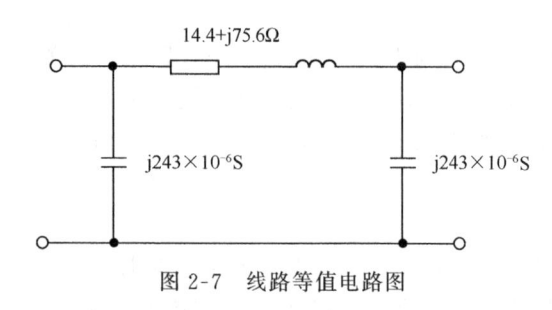

根据上面计算结果画出线路等值电路如图2-7所示。

图 2-7 线路等值电路图

【例 2-2】 有一条220kV架空输电线路,导线水平排列,相间距离7m,每相采用 $2 \times$ LGJQ-240 分裂导线,导线计算直径为21.88mm,分裂间距400mm,试求线路单位长度的电阻、电抗和电纳。

解 线路电阻

$$r = \frac{\rho}{S} = \frac{31.5}{2 \times 240} = 0.066(\Omega/\text{km})$$

分裂导线的自几何均距

$$D_{sb} = \sqrt{D_s d} = \sqrt{0.9 \times \frac{21.88}{2} \times 400} = 62.757(\text{mm})$$

线路的电抗

$$x = 0.1445 \lg \frac{D_{eq}}{D_{sb}} = 0.1445 \lg \frac{1.26 \times 7000}{62.757} = 0.31(\Omega/\text{km})$$

每相的等值半径

$$r_{eq} = \sqrt{rd} = \sqrt{\frac{21.88}{2} \times 400} = 66.151(\text{mm})$$

线路的电纳

$$b = \frac{7.58}{\lg \frac{D_{eq}}{r_{eq}}} \times 10^{-6} = \frac{7.58}{\lg \frac{1.26 \times 7000}{66.151}} \times 10^{-6} = 3.567 \times 10^{-6} (\text{S/km})$$

2.3 长距离输电线路的稳态方程和等值电路

2.3.1 长距离输电线路的稳态方程

设有长度为 l 的输电线路,其参数沿线均匀分布,单位长度的阻抗和导纳分别为 $z = r + j\omega L = r + jx$,$y = g + j\omega C = g + jb$。在距末端 x 处取一微元段 $\mathrm{d}x$,其等值电路如图2-8所示。

在正弦电压的作用下处于稳态时,电流在 $\mathrm{d}x$ 微元阻抗中的电压降落为

$$\mathrm{d}\dot{V} = \dot{I}(r + j\omega L)\mathrm{d}x$$

或

$$\frac{\mathrm{d}\dot{V}}{\mathrm{d}x} = \dot{I}(r + j\omega L) \tag{2-19}$$

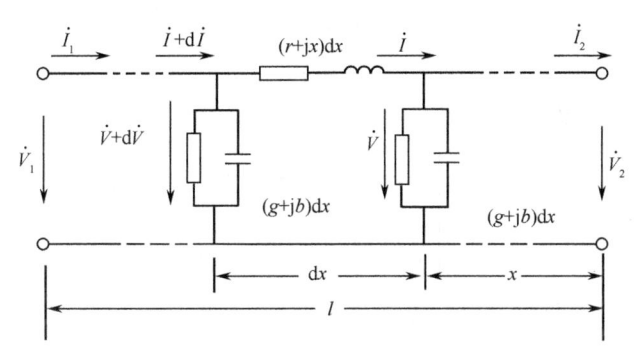

图 2-8 长线的等值电路

流入 $\mathrm{d}x$ 微元并联导纳中的电流为

$$\mathrm{d}\dot{I} = (\dot{V} + \mathrm{d}\dot{V})(g + \mathrm{j}\omega C)\mathrm{d}x$$

略去二阶微小量,便得

$$\frac{\mathrm{d}\dot{I}}{\mathrm{d}x} = \dot{V}(g + \mathrm{j}\omega C) \tag{2-20}$$

将式(2-19)对 x 求导数,计及式(2-20),便得

$$\frac{\mathrm{d}^2\dot{V}}{\mathrm{d}x^2} = (g + \mathrm{j}\omega C)(r + \mathrm{j}\omega L)\dot{V} \tag{2-21}$$

上式为二阶常系数齐次微分方程式,其通解为

$$\dot{V} = A_1 \mathrm{e}^{\gamma x} + A_2 \mathrm{e}^{-\gamma x} \tag{2-22}$$

将上式代入式(2-19),便得

$$\dot{I} = \frac{A_1}{Z_c}\mathrm{e}^{\gamma x} - \frac{A_2}{Z_c}\mathrm{e}^{-\gamma x} \tag{2-23}$$

式中,A_1 和 A_2 是积分常数,应由边界条件确定:

$$\gamma = \sqrt{(r + \mathrm{j}\omega L)(g + \mathrm{j}\omega C)} = \sqrt{zy} = \beta + \mathrm{j}\alpha \tag{2-24}$$

$$Z_c = \sqrt{\frac{r + \mathrm{j}\omega L}{g + \mathrm{j}\omega C}} = \sqrt{\frac{z}{y}} = R_c + \mathrm{j}X_c = z_c \mathrm{e}^{\mathrm{j}\theta_c} \tag{2-25}$$

γ 称为线路的传播常数,因为 z 和 y 的幅角均在 0°~90°,故 γ 的幅角也在 0°~90°,由此可知 β 和 α 都是正的。Z_c 称为线路的波阻抗(或特性阻抗)。γ 和 Z_c 都是只与线路的参数和频率有关而与电压和电流无关的物理量。

对于高压架空输电线路 $g \approx 0, r \ll \omega L$,架空线的波阻抗接近于纯电阻,而略呈电容性。略去电阻和电导便有

$$\gamma = \mathrm{j}\alpha = \mathrm{j}\omega\sqrt{LC} \tag{2-26}$$

$$Z_c = R_c = \sqrt{\frac{L}{C}} \tag{2-27}$$

单导线架空输电线路的波阻抗约为 370~410Ω;分裂导线则为 270~310Ω。电缆线路由于 C 较大,而 L 又较小,波阻抗约为 30~50Ω。

长线方程稳态解中的积分常数 A_1 和 A_2 可由线路的边界条件确定。当 $x = 0$ 时

$$\dot{V} = \dot{V}_2$$
$$\dot{I} = \dot{I}_2$$

由式(2-22)和式(2-23)可得

$$\begin{cases} A_1 = \dfrac{1}{2}(\dot{V}_2 + Z_c \dot{I}_2) \\ A_2 = \dfrac{1}{2}(\dot{V}_2 - Z_c \dot{I}_2) \end{cases} \tag{2-28}$$

将 A_1 和 A_2 代入式(2-22)和式(2-23)便得

$$\begin{cases} \dot{V} = \dfrac{1}{2}(\dot{V}_2 + Z_c \dot{I}_2)e^{\gamma x} + \dfrac{1}{2}(\dot{V}_2 - Z_c \dot{I}_2)e^{-\gamma x} \\ \dot{I} = \dfrac{1}{2Z_c}(\dot{V}_2 + Z_c \dot{I}_2)e^{\gamma x} - \dfrac{1}{2Z_c}(\dot{V}_2 - Z_c \dot{I}_2)e^{-\gamma x} \end{cases} \tag{2-29}$$

上式可以利用双曲线函数写成

$$\begin{cases} \dot{V} = \dot{V}_2 \text{ch}\gamma x + Z_c \dot{I}_2 \text{sh}\gamma x \\ \dot{I} = \dfrac{\dot{V}_2}{Z_c} \text{sh}\gamma x + \dot{I}_2 \text{ch}\gamma x \end{cases} \tag{2-30}$$

当 $x = l$ 时，可得到线路首端电压和电流与线路末端电压和电流的关系

$$\begin{cases} \dot{V}_1 = \dot{V}_2 \text{ch}\gamma l + Z_c \dot{I}_2 \text{sh}\gamma l \\ \dot{I}_1 = \dfrac{\dot{V}_2}{Z_c} \text{sh}\gamma l + \dot{I}_2 \text{ch}\gamma l \end{cases} \tag{2-31}$$

将上式与二端口网络的通用方程

$$\begin{cases} \dot{V}_1 = A \dot{V}_2 + B \dot{I}_2 \\ \dot{I}_1 = C \dot{V}_2 + D \dot{I}_2 \end{cases} \tag{2-32}$$

相比较，可将输电线路看成是对称的无源二端口网络。

2.3.2 长输电线路的集中参数等值电路

由式(2-31)可作出长输电线的 Π 形和 T 形等值电路，如图 2-9 所示。Π 形等值电路的参数为
$Z' = B = Z_c \text{sh}\gamma l$

$$Y' = \frac{2(A-1)}{B} = \frac{2(\text{ch}\gamma l - 1)}{Z_c \text{sh}\gamma l} = \frac{2}{Z_c} \text{th}\frac{\gamma l}{2} \tag{2-33}$$

由于 $Z_c = \sqrt{z/y} = z/\gamma = \gamma/y$，所以上式可写成

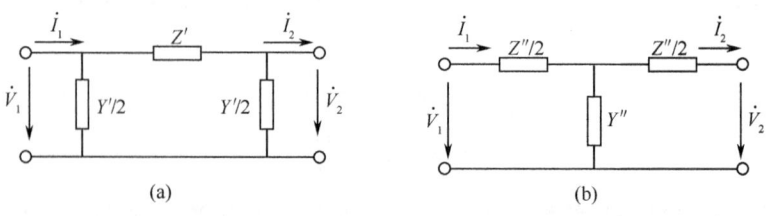

图 2-9 长线的集中参数等值电路

(a) Π 形等值电路；(b) T 形等值电路

$$Z' = Z_c \operatorname{sh}\gamma l = \frac{\operatorname{sh}\gamma l}{\gamma l} zl = K_Z zl = K_Z Z$$

$$Y' = \frac{2(\operatorname{ch}\gamma l - 1)}{Z_c \operatorname{sh}\gamma l} = \frac{2(\operatorname{ch}\gamma l - 1)}{\gamma l \operatorname{sh}\gamma l} yl = K_Y yl = K_Y Y \tag{2-34}$$

式中，K_Z 和 K_Y 为分布参数修正系数，

$$K_Z = \frac{\operatorname{sh}\gamma l}{\gamma l}$$

$$K_Y = \frac{2(\operatorname{ch}\gamma l - 1)}{\gamma l \operatorname{sh}\gamma l} = \frac{\operatorname{th}(\gamma l/2)}{\gamma l/2} \tag{2-35}$$

也就是说，将集中参数的阻抗 Z 和导纳 Y 分别乘以相应的分布参数修正系数即可得到对应的分布参数阻抗 Z' 和导纳 Y'。显然 Z' 和 Y' 是线路的精确参数值。T 形等值电路的参数为

$$Z'' = \frac{Z_c \operatorname{sh}\gamma l}{\operatorname{ch}\gamma l} = Z_c \operatorname{th}\gamma l$$

$$Y'' = \frac{\operatorname{sh}\gamma l}{Z_c} \tag{2-36}$$

实际计算中大多采用 Ⅱ 形等值电路。但由于复数双曲线函数的计算较复杂，为简化计算，当线路不太长（<1000km）时，往往作一些简化。将双曲线函数展开为级数

$$\operatorname{sh}\gamma l = \gamma l + \frac{(\gamma l)^3}{3!} + \frac{(\gamma l)^5}{5!} + \frac{(\gamma l)^7}{7!} + \cdots$$

$$\operatorname{th}(\gamma l/2) = \frac{\gamma l}{2} - \frac{1}{3}\left(\frac{\gamma l}{2}\right)^3 + \frac{2}{15}\left(\frac{\gamma l}{2}\right)^5 + \cdots \tag{2-37}$$

当架空线路 l<1000km、电缆线路 l<300km 时，$|\gamma l|$<1，上式只取前两项可得

$$K_Z \approx 1 + \frac{(\gamma l)^2}{6} = 1 + \frac{zy}{6} l^2$$

$$K_Y \approx 1 - \frac{(\gamma l)^2}{12} = 1 - \frac{zy}{12} l^2 \tag{2-38}$$

将 K_Z 和 K_Y 的实部与虚部分开，且考虑一般 $g \approx 0$ 可得

$$\begin{cases} k_r = 1 - \frac{1}{3} xbl^2 \\ k_x = 1 - \frac{1}{6}\left(xb - r^2 \frac{b}{x}\right) l^2 \\ k_b = 1 + \frac{1}{12} xbl^2 \end{cases} \tag{2-39}$$

即可得 Z' 和 Y' 近似计算公式

$$\begin{cases} Z' \approx k_r rl + \mathrm{j} k_x xl \\ Y' \approx \mathrm{j} k_b bl \end{cases} \tag{2-40}$$

式中，r,x,b 分别为单位长度线路的电阻、电抗和电纳。

在计算 Ⅱ 形等值电路的参数时，可以将一段线路的总阻抗和总导纳作为参数的近似值，也可以按式(2-40)对近似参数进行修正，或者用式(2-34)计算其精确值。

【例 2-3】 一长度为 600km 的 500kV 架空线路,使用 4×LGJQ-400 四分裂导线,$r=0.0187\Omega/\mathrm{km}$,$x=0.275\Omega/\mathrm{km}$,$b=4.05\times10^{-6}\mathrm{S/km}$,$g=0$。试计算该线路的 Ⅱ 形等值电路参数。

解 (1) 精确计算。

$$z = r + \mathrm{j}x = 0.0187 + \mathrm{j}0.275 = 0.2756\ \underline{/86.11°}\ (\Omega/\mathrm{km})$$

$$y = \mathrm{j}b = 4.05\times10^{-6}\ \underline{/90°}\ (\mathrm{S/km})$$

$$\gamma l = \sqrt{zy}\,l = \sqrt{0.2756\times4.05\times10^{-6}}\times600\ \underline{/(86.11°+90°)/2}$$
$$= 0.02146 + \mathrm{j}0.6335 = 0.6339\ \underline{/88.06°}$$

$$\mathrm{sh}\gamma l = 0.5(\mathrm{e}^{\gamma l} - \mathrm{e}^{-\gamma l}) = 0.0173 + \mathrm{j}0.5922 = 0.5924\ \underline{/88.33°}$$

$$K_Z = \frac{\mathrm{sh}\gamma l}{\gamma l} = \frac{0.5924\ \underline{/88.33°}}{0.6339\ \underline{/88.06°}} = 0.9345\ \underline{/0.27°}$$

$$\mathrm{ch}\gamma l = 0.5(\mathrm{e}^{\gamma l} + \mathrm{e}^{-\gamma l}) = 0.8061 + \mathrm{j}0.0127$$

$$K_Y = \frac{2(\mathrm{ch}\gamma l - 1)}{\gamma l\,\mathrm{sh}\gamma l} = \frac{0.3886\ \underline{/176.32°}}{0.3755\ \underline{/176.39°}} = 1.035\ \underline{/-0.07°}$$

计算 Ⅱ 形等效电路参数:

$$Z' = K_Z z l = 0.9345\ \underline{/0.27°}\times0.2756\ \underline{/86.11°}\times600$$
$$= 154.53\ \underline{/86.38°} = 9.76 + \mathrm{j}154.2\ (\Omega)$$

$$Y'/2 = K_Y\left(\mathrm{j}\frac{b}{2}\right)l = 1.035\ \underline{/-0.07°}\times4.05\times10^{-6}\ \underline{/90°}\times300$$
$$= 1.257\times10^{-3}\ \underline{/89.93°} \approx \mathrm{j}1.257\times10^{-3}\ (\mathrm{S})$$

(2) 使用近似算法计算。

$$k_r = 1 - \frac{1}{3}xbl^2 = 1 - \frac{1}{3}\times0.275\times4.05\times10^{-6}\times600^2 = 0.866$$

$$k_x = 1 - \frac{1}{6}b\left(x - \frac{r^2}{x}\right)l^2 = 0.933$$

$$k_b = 1 + \frac{1}{12}xbl^2 = 1.033$$

$$Z = k_r r l + \mathrm{j}k_x x l = 9.72 + \mathrm{j}153.9\ (\Omega)$$

$$Y/2 = \mathrm{j}k_b\frac{b}{2}l = \mathrm{j}1.033\times\frac{4.05\times10^{-6}}{2}\times600 = \mathrm{j}1.255\times10^{-3}\ (\mathrm{S})$$

与准确计算相比,电阻误差 −0.4%,电抗误差 −0.12%,电纳误差 −0.16%,本例线路长度小于 1000km,用实用近似公式计算已能够满足精确要求。

如果直接取 $K_Z = K_Y = 1$,则

$$Z = (r + \mathrm{j}x)l = 11.22 + \mathrm{j}165\ \Omega$$

$$Y/2 = \mathrm{j}\frac{b}{2}l = \mathrm{j}4.05\times10^{-6}\times\frac{600}{2} = \mathrm{j}1.215\times10^{-3}$$

这时,电阻误差达 15%,电抗误差 7%,电纳误差 −3.3%,误差已较大。

不同长度线路的 Ⅱ 形等值电路

讨论:为什么 300km 及以下架空线可以用集中元件参数等值

在工程计算中,既要保证必要的精度,又要尽可能地简化计算,采用近似参数时,长度不超过300km的线路可用一个Ⅱ形电路来代替,对于更长的线路,则可用串级连接的多个Ⅱ形电路来模拟,每一个Ⅱ形电路代替长度为200~300km的一段线路。采用修正参数时,一个Ⅱ形电路可用来代替500~600km长的线路。还须指出,这里所讲的处理方法仅适用于工频下的稳态计算。

直流输电系统的稳态模型

2.4 变压器的等值电路和参数

2.4.1 变压器的等值电路

在电力系统分析计算中,双绕组变压器的近似等值电路如图2-10(a)所示。与电机学不同,该等值电路常将励磁支路前移到电源侧,且将变压器二次绕组的阻抗折算到一次侧与一次绕组的阻抗合并,用等值阻抗 R_T+jX_T 来表示。

对于三绕组变压器,采用励磁支路前移的星形等值电路,如图2-10(b)所示,图中的所有参数值都是折算到一次侧的值。

自耦变压器的等值电路与普通变压器的相同。

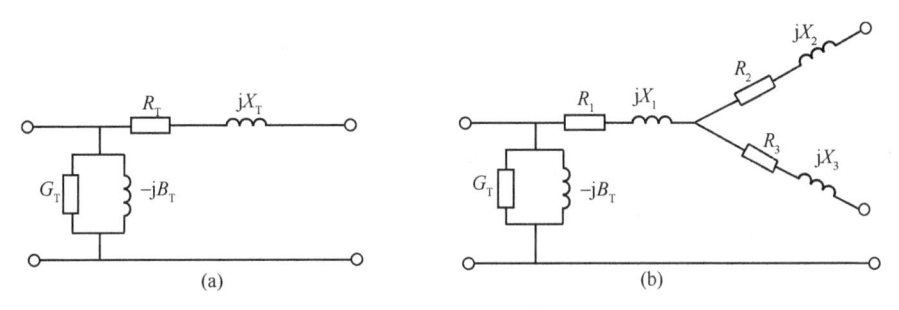

图 2-10 变压器的等值电路
(a) 双绕组变压器;(b) 三绕组变压器

2.4.2 双绕组变压器的参数计算

变压器的参数包括等值电路中的电阻 R_T、电抗 X_T、电导 G_T、电纳 B_T 以及变压器的变比。变压器的前四个参数可以由出厂铭牌上代表电气特性的四个数据计算得到。这四个数据分别是短路损耗 ΔP_S(kW)、短路电压 $V_S\%$、空载损耗 ΔP_0(kW) 和空载电流 $I_0\%$。前两个数据由短路试验得到,用以确定 R_T 和 X_T;后两个数据由空载试验得到,用以确定 G_T 和 B_T。

1. 电阻 R_T

变压器作短路试验时,将一侧绕组短接,在另一侧绕组施加电压,使短路绕组的电流达到额定值。由于此时外加电压较小,相应的铁耗也小,可以认为短路损耗即等于变压器通过额定电流时,原、副边绕组电阻的总损耗(亦称铜耗),即 $\Delta P_S = 3I_N^2 R_T$,于是

$$R_T = \frac{\Delta P_S}{3I_N^2} \tag{2-41}$$

在电力系统计算中,常用变压器三相额定容量 S_N(MV·A)和额定线电压 V_N(kV)进行参数计算,故可把上式改写为

$$R_{\mathrm{T}} = \frac{\Delta P_{\mathrm{S}} V_{\mathrm{N}}^2}{1000 S_{\mathrm{N}}^2} \tag{2-42}$$

2. 电抗 X_{T}

在电力系统计算中,求取变压器电抗的方法与电机学中介绍的略有不同。由于大容量变压器的阻抗中以电抗为主,变压器的电抗与阻抗数值上很接近,可以认为变压器的短路电压 $V_{\mathrm{S}}\%$ 近似等于变压器通过额定电流时,在电抗 X_{T} 上产生的电压降,可以用额定电压的百分数表示,即

$$V_{\mathrm{S}}\% \approx V_X\% = \frac{I_{\mathrm{N}} X_{\mathrm{T}}}{V_{\mathrm{N}}/\sqrt{3}} \times 100 = \frac{\sqrt{3} I_{\mathrm{N}} X_{\mathrm{T}}}{V_{\mathrm{N}}} \times 100 \tag{2-43}$$

从而

$$X_{\mathrm{T}} = \frac{V_{\mathrm{S}}\%}{100} \times \frac{V_{\mathrm{N}}^2}{S_{\mathrm{N}}} \tag{2-44}$$

上式及本章以后各公式中 S_{N} 及 V_{N} 的含义及其单位均与式(2-42)相同。

3. 电导 G_{T}

变压器的电导是用来表示铁心损耗的。由于空载电流相对额定电流来说很小,绕组中的铜耗也很小,所以,可以近似认为变压器的铁耗就等于空载损耗,即 $\Delta P_{\mathrm{Fe}} \approx \Delta P_0$(kW),于是

$$G_{\mathrm{T}} = \frac{\Delta P_{\mathrm{Fe}}}{1000 V_{\mathrm{N}}^2} \approx \frac{\Delta P_0}{1000 V_{\mathrm{N}}^2} \tag{2-45}$$

4. 电纳 B_{T}

变压器的电纳代表变压器的励磁功率。变压器空载电流包含有功分量和无功分量,与励磁功率对应的是无功分量。由于有功分量很小,无功分量和空载电流在数值上几乎相等。根据变压器铭牌上给出的 $I_0\% = \frac{I_0}{I_{\mathrm{N}}} \times 100$,可以算出

$$B_{\mathrm{T}} = \frac{I_0\%}{100} \frac{\sqrt{3} I_{\mathrm{N}}}{V_{\mathrm{N}}} = \frac{I_0\%}{100} \frac{S_{\mathrm{N}}}{V_{\mathrm{N}}^2} \tag{2-46}$$

5. 变压比 k_{T}

在三相电力系统计算中,变压器的变压比 k_{T}(简称变比)通常是指两侧绕组空载线电压的比值,它与同一铁心柱上的原副边绕组匝数比是有区别的。对于 Y/Y 及 △/△ 接法的变压器

$$k_{\mathrm{T}} = \frac{V_{1\mathrm{N}}}{V_{2\mathrm{N}}} = \frac{w_1}{w_2}$$

即变压比与原副边绕组匝数比相等;对于 Y/△ 接法的变压器

$$k_{\mathrm{T}} = \frac{V_{1\mathrm{N}}}{V_{2\mathrm{N}}} = \frac{\sqrt{3} w_1}{w_2}$$

根据电力系统运行调节的要求,变压器不一定工作在主抽头上,因此,变压器运行中的实际变比,应是工作时两侧绕组实际抽头的空载线电压之比。

【例 2-4】 有一台 SFL$_1$ 20000/110 型向 10kV 网络供电的降压变压器,铭牌给出的试验数据为: $\Delta P_{\mathrm{S}}=135$kW,$V_{\mathrm{S}}\%=10.5$,$\Delta P_0=22$kW,$I_0\%=0.8$。试计算归算到高压侧的变压器参数。

解 由型号知,$S_{\mathrm{N}}=20$MV·A,高压侧额定电压 $V_{\mathrm{N}}=110$kV。各参数如下:

$$R_{\mathrm{T}} = \frac{\Delta P_{\mathrm{S}} V_{\mathrm{N}}^2}{1000 S_{\mathrm{N}}^2} = \frac{135 \times 110^2}{1000 \times 20^2} = 4.08(\Omega)$$

$$X_T = \frac{V_S\%}{100} \times \frac{V_N^2}{S_N} = \frac{10.5 \times 110^2}{100 \times 20} = 63.53(\Omega)$$

$$G_T = \frac{\Delta P_0}{1000 V_N^2} = \frac{22}{1000 \times 110^2} = 1.82 \times 10^{-6}(S)$$

$$B_T = \frac{I_0\%}{100} \times \frac{S_N}{V_N^2} = \frac{0.8}{100} \times \frac{20}{110^2} = 13.2 \times 10^{-6}(S)$$

$$k_T = \frac{V_{1N}}{V_{2N}} = \frac{110}{11} = 10$$

2.4.3 三绕组变压器的参数计算

三绕组变压器等值电路中的参数计算方法与双绕组变压器类似。其中,导纳和变比的计算与双绕组变压器完全相同,而阻抗的计算有所不同。下面给出三绕组变压器阻抗的计算公式。

1. 电阻 R_1、R_2、R_3

为了确定三个绕组的等值阻抗,要有三个方程,为此,需要有三种短路试验的数据,即依次让一个绕组开路,两两绕组短路测得的短路损耗。若测得短路损耗分别为 $\Delta P_{S(1-2)}$,$\Delta P_{S(2-3)}$,$\Delta P_{S(3-1)}$,则有

$$\begin{cases} \Delta P_{S(1-2)} = 3I_N^2 R_1 + 3I_N^2 R_2 = \Delta P_{S1} + \Delta P_{S2} \\ \Delta P_{S(2-3)} = 3I_N^2 R_2 + 3I_N^2 R_3 = \Delta P_{S2} + \Delta P_{S3} \\ \Delta P_{S(3-1)} = 3I_N^2 R_3 + 3I_N^2 R_1 = \Delta P_{S3} + \Delta P_{S1} \end{cases} \tag{2-47}$$

式中,ΔP_{S1},ΔP_{S2},ΔP_{S3} 分别为各绕组的短路损耗。

于是

$$\begin{cases} \Delta P_{S1} = \frac{1}{2}(\Delta P_{S(1-2)} + \Delta P_{S(3-1)} - \Delta P_{S(2-3)}) \\ \Delta P_{S2} = \frac{1}{2}(\Delta P_{S(1-2)} + \Delta P_{S(2-3)} - \Delta P_{S(3-1)}) \\ \Delta P_{S3} = \frac{1}{2}(\Delta P_{S(2-3)} + \Delta P_{S(3-1)} - \Delta P_{S(1-2)}) \end{cases} \tag{2-48}$$

求出各绕组的短路损耗后,便可导出与双绕组变压器计算 R_T 相同形式的算式,即

$$R_i = \frac{\Delta P_{Si} V_N^2}{1000 S_N^2} \quad (i = 1, 2, 3) \tag{2-49}$$

上述计算公式适用于三个绕组的额定容量都相同的情况。各绕组额定容量相等的三绕组变压器不可能三个绕组同时都满载运行。根据电力系统运行的实际需要,三个绕组的额定容量,可以制造得不相等。我国目前生产的变压器三个绕组的容量比,按高、中、低压绕组的顺序有 100/100/100、100/100/50、100/50/100 三种。早期生产,现在仍在使用的变压器中还有 100/100/66.7、100/66.7/100、100/66.7/66.7 三种。变压器铭牌上的额定容量是指容量最大的一个绕组的容量,也就是高压绕组的容量。式(2-49)中的 ΔP_{S1},ΔP_{S2},ΔP_{S3} 是指绕组流过与变压器额定容量 S_N 相对应的额定电流 I_N 时所产生的损耗。做短路试验时,三个绕组容量不相等的变压器将受到较小容量绕组额定电流的限制。因此,要应用式(2-48)及式(2-49)进行计算时,必须对工厂提供的短路试验数据进行折算。若工厂提供的试验值为 $\Delta P'_{S(1-2)}$,$\Delta P'_{S(2-3)}$,$\Delta P'_{S(3-1)}$,且编号 1 为高压绕组,则

$$\begin{cases} \Delta P_{S(1-2)} = \Delta P'_{S(1-2)} \left(\dfrac{S_N}{S_{2N}}\right)^2 \\ \Delta P_{S(2-3)} = \Delta P'_{S(2-3)} \left(\dfrac{S_N}{\min\{S_{2N},S_{3N}\}}\right)^2 \\ \Delta P_{S(3-1)} = \Delta P'_{S(3-1)} \left(\dfrac{S_N}{S_{3N}}\right)^2 \end{cases} \quad (2\text{-}50)$$

2. 电抗 X_1、X_2、X_3

和双绕组变压器一样，近似地认为电抗上的电压降就等于短路电压。在给出短路电压 $V_{S(1-2)}\%$、$V_{S(2-3)}\%$、$V_{S(3-1)}\%$ 后，与电阻的计算公式相似，各绕组的短路电压为

$$\begin{cases} V_{S1}\% = \dfrac{1}{2}(V_{S(1-2)}\% + V_{S(3-1)}\% - V_{S(2-3)}\%) \\ V_{S2}\% = \dfrac{1}{2}(V_{S(1-2)}\% + V_{S(2-3)}\% - V_{S(3-1)}\%) \\ V_{S3}\% = \dfrac{1}{2}(V_{S(2-3)}\% + V_{S(3-1)}\% - V_{S(1-2)}\%) \end{cases} \quad (2\text{-}51)$$

各绕组的等值电抗为

$$X_i = \frac{V_{Si}\%}{100} \times \frac{V_N^2}{S_N} \quad (i=1,2,3) \quad (2\text{-}52)$$

应该指出，手册和制造厂提供的短路电压值，不论变压器各绕组容量比如何，一般都已折算为与变压器额定容量相对应的值。因此，可以直接用式(2-51)和式(2-52)计算。

各绕组等值电抗的相对大小，与三个绕组在铁心上的排列有关。高压绕组因绝缘要求高排在外层，中压和低压绕组均有可能排在中层。排在中层的绕组，其等值电抗较小，或具有不大的负值。常用的排列方式有两种：一种排列方式是低压绕组位于中层，与高、中压绕组均有紧密联系，有利于功率从低压侧向高、中压侧传送，因此常用于升压变压器；另一种排列方式是中压绕组位于中层，与高压绕组联系紧密，有利于功率从高压侧向中压侧传送。另外，由于 X_1 和 X_3 数值较大，也有利于限制低压侧的短路电流，因此，这种排列方式常用于降压变压器。

【例 2-5】 三相三绕组降压变压器的型号为 SFPSL-120000/220，额定容量为 120MV·A/120MV·A/60MV·A，额定电压为 220kV/121kV/11kV，$\Delta P'_{S(1-2)} = 601\text{kW}$，$\Delta P'_{S(1-3)} = 182.5\text{kW}$，$\Delta P'_{S(2-3)} = 132.5\text{kW}$，$V_{S(1-2)}\% = 14.85$，$V_{S(1-3)}\% = 28.25$，$V_{S(2-3)}\% = 7.96$，$\Delta P_0 = 135\text{kW}$，$I_0\% = 0.663$，求变压器归算到 220kV 侧的参数，并作出其等值电路。

解 (1) 求各绕组电阻。

$$\begin{aligned} \Delta P_{S1} &= \frac{1}{2}\left[\Delta P_{S(1-2)} + \Delta P'_{S(1-3)}\left(\frac{S_N}{S_{3N}}\right)^2 - \Delta P'_{S(2-3)}\left(\frac{S_N}{S_{3N}}\right)^2\right] \\ &= 0.5 \times \left[601 + 182.5 \times \left(\frac{120}{60}\right)^2 - 132.5 \times \left(\frac{120}{60}\right)^2\right] = 400.5(\text{kW}) \end{aligned}$$

同理可得

$$\Delta P_{S2} = 200.5\text{kW}$$
$$\Delta P_{S3} = 329.5\text{kW}$$

从而可得电阻如下：

$$R_{T1} = \frac{\Delta P_{S1} V_N^2}{1\,000 S_N^2} = \frac{400.5 \times 220^2}{1\,000 \times 120^2} = 1.346(\Omega)$$

$$R_{T2} = 0.674\Omega$$
$$R_{T3} = 1.107\Omega$$

(2) 求各绕组电抗。

$$V_{S1}\% = \frac{1}{2}(V_{S(1-2)}\% + V_{S(1-3)}\% - V_{S(2-3)}\%) = 17.57$$

$$V_{S2}\% = -2.72$$

$$V_{S3}\% = 10.68$$

从而可得电抗

$$X_{T1} = \frac{V_{S1}\% V_N^2}{100 S_N} = \frac{17.57 \times 220^2}{100 \times 120} = 70.86(\Omega)$$

$$X_{T2} = -10.97\Omega$$

$$X_{T3} = 43.08\Omega$$

由此可得变压器阻抗参数

$$Z_{T1} = R_{T1} + jX_{T1} = 1.346 + j70.86\Omega$$
$$Z_{T2} = R_{T2} + jX_{T2} = 0.674 - j10.97\Omega$$
$$Z_{T3} = R_{T3} + jX_{T3} = 1.107 + j43.08\Omega$$

(3) 求导纳。

$$G_T = \frac{\Delta P_0}{1000 V_N^2} = \frac{135}{1000 \times 220^2} = 2.79 \times 10^{-6}(S)$$

$$B_T = \frac{I_0\% S_N}{100 V_N^2} = \frac{0.663 \times 120}{100 \times 220^2} = 16.4 \times 10^{-6}(S)$$

$$Y_T = G_T - jB_T = (2.79 - j16.4) \times 10^{-6} S$$

变压器等值电路如图 2-11 所示。

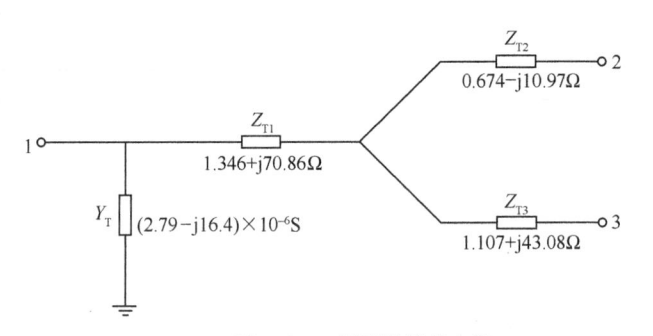

图 2-11 变压器等值电路

2.4.4 自耦变压器的参数计算

自耦变压器的等值电路及其参数计算的原理和普通变压器相同。通常，三绕组自耦变压器的第三绕组（低压绕组）总是接成三角形，以消除由于铁心饱和引起的三次谐波，并且它的容量比变压器的额定容量（高、中压绕组的通过容量）小。因此，计算等值电阻时要对短路试验的数据进行折算。如果由手册或工厂提供的短路电压是未经折算的值，那么，在计算等值电抗时，也要对它们先进行折算，其公式如下：

$$\begin{cases} V_{S(2-3)}\% = V'_{S(2-3)}\%\left(\dfrac{S_N}{S_{3N}}\right) \\ V_{S(3-1)}\% = V'_{S(3-1)}\%\left(\dfrac{S_N}{S_{3N}}\right) \end{cases} \tag{2-53}$$

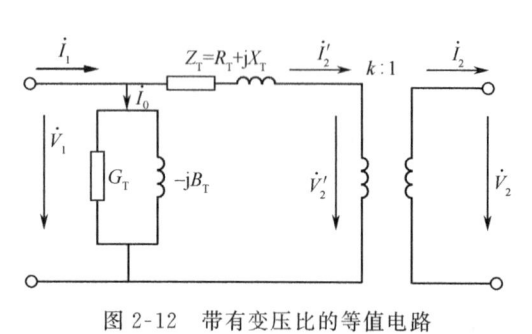

2.4.5 变压器的 Π 形等值电路

图 2-12 带有变压比的等值电路

变压器采用图 2-10 所示的等值电路时，计算所得副边绕组的电流和电压都是它们的折算值（即折算到原边绕组的值），而且与副边绕组相接的其他元件的参数也要用其折算值。在电力系统实际计算中，常常需要求出变压器副边的实际电流和电压。为此，可以在变压器等值电路中增添只反映变比的理想变压器。所谓理想变压器就是无损耗、无漏磁、无需励磁电流的变压器。双绕组变压器的这种等值电路如图 2-12 所示。图中变压器的阻抗 $Z_T = R_T + jX_T$ 是折算到原边的值，$k = V_{1N}/V_{2N}$ 是变压器的变比，$\dot{V}_2$ 和 $\dot{I}_2$ 是副边的实际电压和电流。如果将励磁支路略去或另做处理，则变压器又可用它的阻抗 Z_T 和理想变压器相串联的等值电路表示，如图 2-13(a)所示。这种存在磁耦合的电路还可以进一步变换成电气上直接相连的等值电路。

由图 2-13(a)可以写出

$$\begin{cases} \dot{V}_1 - Z_T \dot{I}_1 = \dot{V}'_2 = k\dot{V}_2 \\ \dot{I}_1 = \dot{I}'_2 = \dfrac{1}{k}\dot{I}_2 \end{cases} \tag{2-54}$$

由式(2-54)可解出

$$\begin{cases} \dot{I}_1 = \dfrac{\dot{V}_1}{Z_T} - \dfrac{k\dot{V}_2}{Z_T} = \dfrac{1-k}{Z_T}\dot{V}_1 + \dfrac{k}{Z_T}(\dot{V}_1 - \dot{V}_2) \\ \dot{I}_2 = \dfrac{k\dot{V}_1}{Z_T} - \dfrac{k^2\dot{V}_2}{Z_T} = \dfrac{k}{Z_T}(\dot{V}_1 - \dot{V}_2) - \dfrac{k(k-1)}{Z_T}\dot{V}_2 \end{cases} \tag{2-55}$$

与上式相对应的等值电路如图 2-13(b)和(c)所示。

三绕组变压器在略去励磁支路后的等值电路如图 2-14(a)所示。图中Ⅱ侧和Ⅲ侧的阻抗都已折算到Ⅰ侧，并在Ⅱ侧和Ⅲ侧分别增添了理想变压器，其变压比为 $k_{12} = V_{1N}/V_{ⅡN}$ 和 $k_{13} = V_{1N}/V_{ⅢN}$。与双绕组变压器一样，可以作出电气上直接相连的三绕组变压器等值电路，如图 2-14(b)所示。

变压器采用 Π 形等值电路后，电力系统中与变压器相接的各元件就可以直接应用其参数的实际值。在用计算机进行电力系统计算时，常采用这种处理方法。

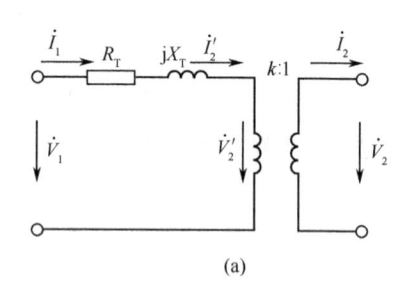

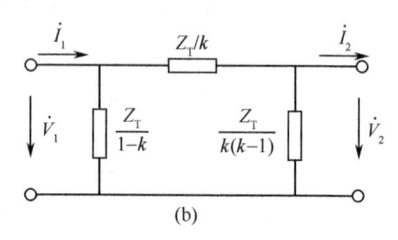

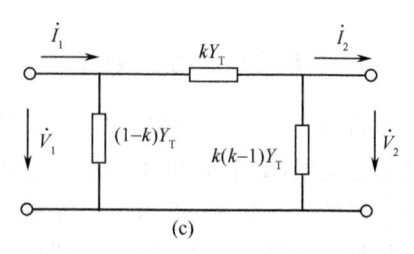

图 2-13 变压器的 Π 形等值电路

讨论：变压器Ⅱ形等值电路的
变压、变流机理

变压器Ⅱ形等值电路仿真演示

(a)

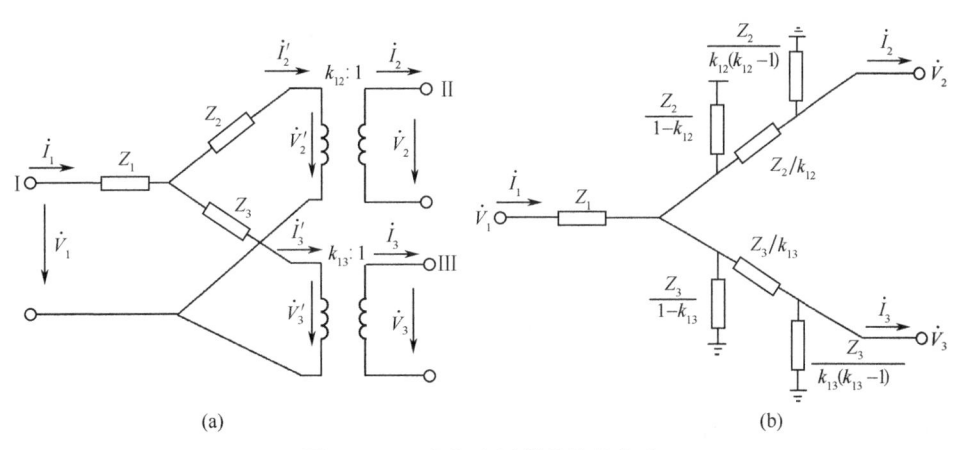

(b)

图 2-14 三绕组变压器的等值电路

2.5 发电机和负荷模型

2.5.1 发电机的稳态等值电路及其参数

由于发电机定子绕组电阻相对很小，通常可将其略去。

制造厂提供的发电机电抗数据往往以百分值表示。这些百分值与以 Ω 为单位的数值之间有如下的关系：

$$X_G\% = \frac{\sqrt{3}\,I_N X_G}{V_N}100\% \tag{2-56}$$

从而

$$X_G = \frac{V_N}{\sqrt{3}\,I_N}\frac{X_G\%}{100} \tag{2-57}$$

或

$$X_G = \frac{V_N^2 X_G\%}{100 S_N} = \frac{V_N^2 X_G\% \cos\varphi_N}{100 P_N} \tag{2-58}$$

式中，X_G 为发电机电抗(Ω)；$X_G\%$ 为发电机电抗的百分值；V_N 为发电机的额定电压(kV)；S_N 为发电机的额定视在功率(MV·A)；P_N 为发电机的额定有功功率(MW)；$\cos\varphi_N$ 为发电机的额定功率因数。

求得发电机电抗后，可求得电势：

$$\dot{E}_G = \dot{V}_G + \mathrm{j}\dot{I}_G X_G \tag{2-59}$$

式中，$\dot{E}_G$ 为发电机电势(kV)；$\dot{I}_G$ 为发电机的定子电流(kA)；$\dot{V}_G$ 为发电机的端电压(kV)。

求得发电机电抗、电势后，可作出以电压源或电流源表示的发电机等值电路，如图 2-15(a)和(b)所示。显然，这两种等值电路可以互换。

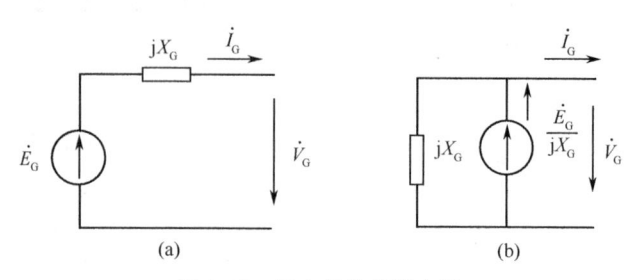

图 2-15 发电机的等值电路
(a) 以电压源表示；(b) 以电流源表示

发电机的等值电路和其他元件的等值电路一样，也是单相等值电路。发电机的电抗、电势究竟应以何值代入，则因所分析的问题和要求的精确度而异。这个问题将在有关章节中讨论。

2.5.2 负荷特性和负荷模型

电力系统中每一个变电站供电的众多用户常用一个等值负荷表示，称为综合负荷。一个综合负荷包括的范围随所研究的问题而定。例如，着重研究电力系统中 110kV 及以上电压等级的电力网时，可将 110kV 变电站二次侧母线的总供电功率用一个综合负荷表示，也可将变压器包括在内用一个接在 110kV 母线上的综合负荷表示。因此，综合负荷可能代表一个企业，或一个工业区、一个城市甚至一个广大地区的总用电功率。按综合负荷连接处的电压等级又可分为 220kV，110kV，35kV，10kV 综合负荷等。

一个综合负荷包含有种类繁多的负荷成分，如照明设备，大量容量不同的异步电动机、同步电动机，电力电子设备(如整流器)，电热设备以及电力网的有功和无功功率损耗等。

不同综合负荷包含的各种负荷成分所占的比例可能差异很大，而在不同时刻、不同季节及在不同气象条件下，同一个综合负荷的各种负荷成分的比例也是变化的。所以，要建立一个实用而准确的综合负荷模型是相当困难的，这是迄今尚未很好解决的一个问题。

综合负荷的功率一般是要随系统的运行参数(主要是电压和频率)的变化而变化的，反映这种变化规律的曲线或数学表达式称为负荷特性。负荷特性包括动态特性和静态特性。动态特性反映电压和频率急剧变化时负荷功率随时间的变化。静态特性则代表稳态下负荷功率与电压和频率的关系。当频率维持额定值不变时，负荷功率与电压的关系称为负荷的电压静态特性。当负荷端电压维持恒定值不变时，负荷功率与频率的关系称为负荷的频率静态特性。各类用户的负荷特性依其用电设备的组成情况而不同，一般是通过实测确定。图 2-16 表示由 6kV 电压供电的中小工业负荷的静态特性。

负荷模型是指在电力系统分析计算中对负荷特性的数学描述。负荷模型也可分为动态模型和静态模型。将负荷的静态特性用数学公式表述出来，就是负荷的静态数学模型。

下面介绍几种目前使用较多的负荷静态模型。

1. 恒功率负荷模型

即认为负荷功率恒定不变。虽然这种模型非常粗略，但在电压和频率变化不大时还是可取

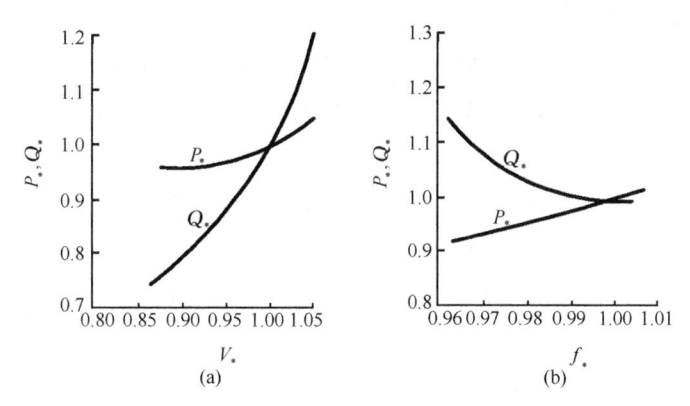

图 2-16 6kV 综合中小工业负荷的静态特性

(a) 电压静态特性;(b) 频率静态特性

负荷组成:异步电动机 79.1%;同步电动机 3.2%;电热电炉 17.7%

的。在潮流计算等稳态分析中应用较多。

2. 恒定阻抗负荷模型

综合负荷用等值阻抗代替,且等值阻抗恒定不变。已知负荷功率和负荷电压,其等值阻抗为

$$Z_{LD} = \frac{V_{LD}^2}{S_{LD}^2}(P_{LD} + jQ_{LD}) = R_{LD} + jX_{LD} \tag{2-60}$$

这类负荷模型在短路电流计算中应用较多。

3. **用电压静态特性表示的综合负荷模型**

在电力系统的正常运行潮流计算(即功率和电压分布的计算)中,一般不考虑频率变化,某些暂态过程中频率变化很小也可以不计,这时负荷可以用电压静态特性表示。负荷的电压静态特性可用二次多项式表示,即

$$P = P_N[a_p(V/V_N)^2 + b_p(V/V_N) + c_p] \tag{2-61}$$

$$Q = Q_N[a_q(V/V_N)^2 + b_q(V/V_N) + c_q] \tag{2-62}$$

式中,V_N 为额定电压,P_N 和 Q_N 是电压为额定电压时的有功和无功功率。各系数可根据实际的电压静态特性用最小二乘法拟合求得,且满足

$$\begin{aligned} a_p + b_p + c_p &= 1 \\ a_q + b_q + c_q &= 1 \end{aligned} \tag{2-63}$$

式(2-61)和式(2-62)表明,有功和无功功率都由三个部分组成,第一部分与电压的平方成正比,相当于恒定阻抗消耗的功率;第二部分与电压成正比,代表与恒定电流负荷相对应的功率;第三部分是恒定功率分量。

在负荷的电压与额定值偏移较小的场合,电压静态特性在额定电压附近可用直线近似,即用线性方程表示

$$P = P_N(1 + k_{pv}\Delta V) \tag{2-64}$$

$$Q = Q_N(1 + k_{qv}\Delta V) \tag{2-65}$$

4. **用电压及频率静态特性表示的综合负荷模型**

一般频率变化幅度较小,在额定频率附近负荷的频率静态特性可用直线表示。同时考虑电

压和频率的负荷模型可表示为

$$P = P_{\mathrm{N}}[a_p(V/V_{\mathrm{N}})^2 + b_p(V/V_{\mathrm{N}}) + c_p](1+k_{pf}\Delta f) \tag{2-66}$$

$$Q = Q_{\mathrm{N}}[a_q(V/V_{\mathrm{N}})^2 + b_q(V/V_{\mathrm{N}}) + c_q](1+k_{qf}\Delta f) \tag{2-67}$$

或

$$P = P_{\mathrm{N}}(1+k_{pv}\Delta V)(1+k_{pf}\Delta f) \tag{2-68}$$

$$Q = Q_{\mathrm{N}}(1+k_{qv}\Delta V)(1+k_{qf}\Delta f) \tag{2-69}$$

综合负荷的动态模型描述电压和频率急剧变化时，负荷有功和无功功率随时间变化的动态特性，它可以表示为

$$P = f_p(t, V, V', V'', f, f', f'') \tag{2-70}$$

$$Q = f_q(t, V, V', V'', f, f', f'') \tag{2-71}$$

由于负荷中异步电动机的比例相当大，所以负荷的功率不仅与电压和频率有关，而且与电压和频率的变化速度有关。如何建立综合负荷动态特性的数学关系式，至今仍然是一个困难的问题。一般根据所研究问题的特点，用不同的近似数学模型表示。负荷的动态模型主要用于电力系统受到大扰动时的暂态过程分析。

与发电机、变压器和电力线路相同，综合负荷也常用等值电路来代表，并由此组成电力系统的等值网络。负荷的等值电路反映综合负荷消耗功率的物理属性，因而用于物理模型。最常采用的综合负荷等值电路有：含源等值阻抗（或导纳）支路，恒定阻抗（或导纳）支路，异步电动机等值电路（即阻抗值随转差而变的阻抗支路）以及这些电路的不同组合。

在潮流计算中，负荷常用恒定功率表示，必要时，也可以采用线性化的静态特性。在短路计算中，负荷或表示为含源阻抗支路，或表示为恒定阻抗支路。稳定计算中，综合负荷可表示为恒定阻抗，或不同比例的恒定阻抗和异步电动机的组合，对于后一种处理方法，还应补充一个反映异步电动机机械运动状态的转子运动方程。

广义负荷

2.6 电力系统的稳态等值电路

电力系统由发电机、变压器、输电线路和负荷等元件组成，其等值电路也是由各元件等值电路连接而成的，且具有多个电压等级。在电力系统分析计算中，对多电压等级等值电路通常有三种处理方法：将参数归算至同一电压等级形成对应于一个电压等级的等值电路；所有变压器均采用Π形等值电路；直接对应多电压等级等值电路进行计算。

2.6.1 多电压等级网络的参数归算

在多电压级的电力网等值电路中，各元件的参数、各节点电压和各支路电流均要归算到某一指定的电压等级，也就是说，只有归算后才能得到在同一电压等级下的等值电路。该指定的电压级称为基本级。基本级可任意选定，一般选元件数多的电压级为基本级，以节省归算的计算量。待整个网络分析计算完毕后，再进行反归算，即得其实际参数值和电量值。

归算的依据就是变压器参数归算原理，即归算前后功率保持不变。所以归算时只需对元件的阻抗、导纳、电压和电流进行归算，而功率无须归算。设某电压级与基本级之间串联有变比为 $k_1, k_2, \cdots, k_n$ 的 n 台变压器，则该电压级中某元件阻抗 Z、导纳 Y、电压 V 和电流 I 归算至基本

级的归算值 Z', Y', V' 和 I'，可由下式计算：

$$\begin{cases} Z' = Z \times (k_1 k_2 \cdots k_n)^2 \\ Y' = Y/(k_1 k_2 \cdots k_n)^2 \\ V' = V \times (k_1 k_2 \cdots k_n) \\ I' = I/(k_1 k_2 \cdots k_n) \end{cases} \quad (2-72)$$

需要注意的一点是，上式中各变压器的变比为靠近基本级一侧的电压与靠近需归算一侧的电压之比。以图 2-17 所示网络为例，取 10kV 为基本级，则 110kV 级线路 L-2 的阻抗、始端电压及电流归算值为：$Z'_{12} = Z_{12}(k_1 k_2)^2$，$V'_2 = V_2(k_1 k_2)$，$I'_2 = I_2/(k_1 k_2)$，其中变压器 T-1 的变比为 $k_1 = 10.5/242$，变压器 T-2 的变比为 $k_2 = 220/121$。另外，归算中各变压器要用实际电压比，所以当变压器分接头改变时，变比改变，应重新进行归算，这是精确计算。有时，为简化计算，采用近似计算，变压器不按实际变比，而取变压器的变比为各电压等级平均额定电压之比。

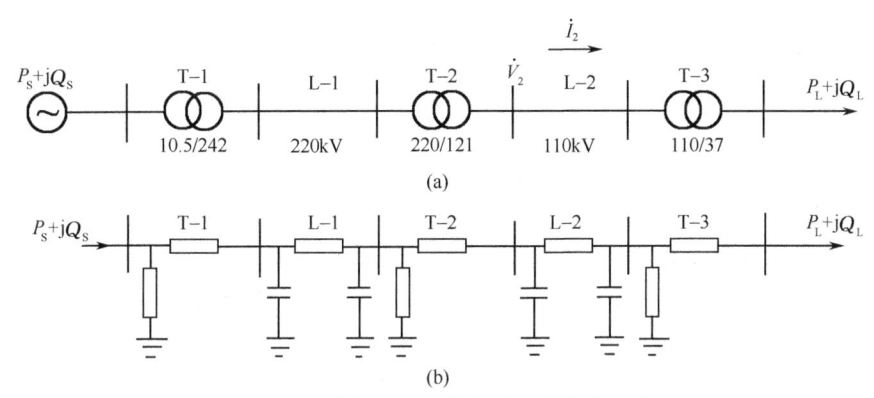

图 2-17 多级电压网络接线及其等值电路
(a) 网络接线图；(b) 网络等值电路

2.6.2 电力系统的标幺制

1. 标幺制的概念

在电力系统分析计算中，除运用上述具有量纲的阻抗、导纳、电压、电流及功率等外，还广泛应用无量纲的阻抗、导纳、电压、电流及功率等的相对值进行计算。前者称有名值，后者称标幺值。由于标幺值具有结果清晰，计算简便等优点，得到了广泛的应用。

标幺值是相对值，必须要有基准与之相对应，称之为基准值。标幺值、有名值和基准值之间应有如下关系：

$$标幺值 = \frac{实际有名值（任意单位）}{基准值（与有名值同单位）} \quad (2-73)$$

标幺制概念讲解

例如，某发电机端电压的有名值为 $V_G = 10.5 \text{kV}$，如果我们选电压的基准值为 $V_B = 10.5 \text{kV}$，则发电机端电压的标幺值为

$$V_{G*} = \frac{V_G}{V_B} = \frac{10.5 \text{kV}}{10.5 \text{kV}} = 1.0 \quad (2-74)$$

也就是说，以 10.5kV 作为电压基准值时，发电机端电压的标幺值等于 1。电压基准值也可以选择别的数值，例如，若选 $V_B = 10 \text{kV}$，则 $V_{G*} = 1.05$。

由此可见，标幺值是一个没有量纲的数，对于同一个实际有名值，基准值选得不同，其标幺值

也不同。因此,当我们说一个量的标幺值时,必须同时说明它的基准值;否则,标幺值的意义不明确。

当选定电压、电流、功率和阻抗的基准值分别为 V_B、I_B、S_B 和 Z_B 时,相应的标幺值为

$$\begin{cases} V_* = \dfrac{V}{V_B} \\ I_* = \dfrac{I}{I_B} \\ S_* = \dfrac{S}{S_B} = \dfrac{P+jQ}{S_B} = \dfrac{P}{S_B} + j\dfrac{Q}{S_B} = P_* + jQ_* \\ Z_* = \dfrac{Z}{Z_B} = \dfrac{R+jX}{Z_B} = \dfrac{R}{Z_B} + j\dfrac{X}{Z_B} = R_* + jX_* \end{cases} \tag{2-75}$$

一般电力系统中各种量都有其相应的标幺值,也就是说不仅阻抗、导纳、电压、电流和功率有标幺值,频率、角速度、时间、转矩等也都有标幺值。

2. 基准值的选择

基准值的选择,除了要求基准值与有名值同单位外,原则上可以任意。但是,采用标幺值的目的是为了简化计算和便于对结果作出分析评价。因此,选择基准值时应尽量考虑满足这些要求。基准值的选取一般可以遵循以下几个原则:①全系统只能有一套基准值,这样才能使数据统一;②一般取额定值为基准值,如电力系统中电压和频率一般运行在额定值附近,当取额定值为基准值时,这些量的标幺值均在1附近;③电压、电流、阻抗(导纳)和功率的基准值必须满足电路的基本关系。

在单相等值电路中,电压 V_P、电流、功率和阻抗有如下关系:

$$\begin{cases} V_P = ZI \\ S_P = V_P I \end{cases} \tag{2-76}$$

如果选择这四个物理量的基准值,使他们满足

$$\begin{cases} V_{P.B} = Z_B I_B \\ S_{P.B} = V_{P.B} I_B \end{cases} \tag{2-77}$$

则在标幺制中

$$\begin{cases} V_{P*} = Z_* I_* \\ S_{P*} = V_{P*} I_* \end{cases} \tag{2-78}$$

由式(2-78)可以看出,只要基准值的选择满足式(2-77),即具有与有名值相同的关系,则在标幺制中,电路各物理量之间的基本关系与有名制中的完全相同。因此,有名制中的有关公式可直接应用于标幺制。

在电力系统分析中,习惯采用线电压 V、线电流(即相电流)I、三相功率 S 和一相等值阻抗 Z。各物理量有如下关系:

$$\begin{cases} S = \sqrt{3}VI = 3S_P \\ V = \sqrt{3}IZ = \sqrt{3}V_P \end{cases} \tag{2-79}$$

与单相等值电路相同,应使各量基准值之间的关系与有名值相同,即

$$\begin{cases} S_B = \sqrt{3}V_B I_B = 3V_{P.B} I_B = 3S_{P.B} \\ V_B = \sqrt{3}I_B Z_B = \sqrt{3}V_{P.B} \end{cases} \tag{2-80}$$

这样,在标幺制中便有

$$\begin{cases} S_* = V_* I_* = S_{P*} \\ V_* = I_* Z_* = V_{P*} \end{cases} \tag{2-81}$$

由此可见,在标幺制中,三相电路的计算公式与单相电路的计算公式完全相同,线电压与相电压的标幺值相等,三相功率与单相功率的标幺值相等。这样就简化了公式,给计算带来了方便。

由式(2-77)看出,四个基准值为两个方程所约束。因此,在电力系统分析中一般给定功率和电压的基准值,阻抗和电流的基准值由下式求得

$$\begin{cases} Z_B = \dfrac{V_B}{\sqrt{3} I_B} = \dfrac{V_B^2}{S_B} \\ I_B = \dfrac{S_B}{\sqrt{3} V_B} \end{cases} \tag{2-82}$$

这样,电流和阻抗的标幺值为

$$\begin{cases} I_* = \dfrac{I}{I_B} = \dfrac{\sqrt{3} V_B I}{S_B} \\ Z_* = \dfrac{R + jX}{Z_B} = R \dfrac{S_B}{V_B^2} + jX \dfrac{S_B}{V_B^2} = R_* + jX_* \end{cases} \tag{2-83}$$

采用标幺制进行计算,所得结果还要换算成有名值,其换算公式为

$$\begin{cases} V = V_* V_B \\ I = I_* I_B = I_* \dfrac{S_B}{\sqrt{3} V_B} \\ S = S_* S_B \\ Z = (R_* + jX_*) \dfrac{V_B^2}{S_B} \end{cases} \tag{2-84}$$

3. 不同基准值、标幺值间的换算

在电力系统的实际计算中,对于直接电气联系的网络,在制订标幺值的等值电路时,各元件的参数必须按统一的基准值进行归算。然而,从手册或产品说明书中查得的电机和电器的阻抗值,一般都是以各自的额定容量(或额定电流)和额定电压为基准的标幺值(称为额定标幺阻抗)。由于各元件额定值可能不同,因此,必须把不同基准值的标幺阻抗换算成统一基准值的标幺值。

进行换算时,先把额定标幺阻抗还原为有名值,例如,对于电抗有

$$X_{(有名值)} = X_{(N)*} \dfrac{V_N^2}{S_N} \tag{2-85}$$

若统一选定的基准电压和基准功率分别为 V_B 和 S_B,那么以此为基准的标幺电抗值应为

$$X_{(B)*} = X_{(有名值)} \dfrac{S_B}{V_B^2} = X_{(N)*} \dfrac{V_N^2}{S_N} \dfrac{S_B}{V_B^2} \tag{2-86}$$

此式可用于发电机和变压器标幺电抗的换算。对于系统中用来限制短路电流的电抗器,它的额定标幺电抗是以额定电压和额定电流为基准值。因此,它的换算公式为

$$X_{R(有名值)} = X_{R(N)*} \dfrac{V_N}{\sqrt{3} I_N} \tag{2-87}$$

$$X_{R(B)*} = X_{R(\text{有名值})} \frac{S_B}{V_B^2} = X_{R(N)*} \frac{V_N}{\sqrt{3} I_N} \frac{S_B}{V_B^2} \tag{2-88}$$

4. 标幺制的特点

采用标幺制有如下一些好处：

(1) 易于比较电力系统各元件的特性及参数。同一类型的电机，尽管它们的容量不同，参数的有名值也各不相同，但是换算成以各自额定功率和额定电压为基准的标幺值以后，参数的数值都有一定的范围。例如，隐极同步发电机的 $X_d = X_q = 1.5 \sim 2.0$；凸极同步发电机的 $X_d = 0.7 \sim 1.0$。同一类型电机用标幺值画出的空载特性基本上一样。

(2) 采用标幺制，能够简化计算公式。交流电路中有一些电量同频率有关，而频率 f 和电气角速度 $\omega = 2\pi f$ 也可以用标幺值表示。如果选取额定频率 f_N 和相应的同步角速度 $\omega_N = 2\pi f_N$ 作为基准值，则 $f_* = f/f_N$ 和 $\omega_* = \omega/\omega_N = f_*$。用标幺值表示的电抗、磁链和电势分别为 $X_* = \omega_* L_*$、$\Psi_* = I_* L_*$ 和 $E_* = \omega_* \Psi_*$。当频率为额定值时，$f_* = \omega_* = 1$，则有 $X_* = L_*$、$\Psi_* = I_* X_*$ 和 $E_* = \Psi_*$。这些关系常可使某些计算公式得到简化。

(3) 采用标幺制，能在一定程度上简化计算工作。只要基准值选择得当，许多物理量的标幺值就处在一定的范围内。用有名值表示时有些数值不等的量，在标幺制中其数值却相等。例如，在对称三相系统中，线电压和相电压的标幺值相等；当电压等于基准值时，电流的标幺值和功率的标幺值相等；变压器的阻抗标幺值不论归算到哪一侧都一样并等于短路电压的标幺值。

标幺制的缺点，主要是没有量纲，因而其物理概念不如有名值明确。

2.6.3 多电压等级网络的标幺值等值电路

电力系统中有许多不同电压等级的线路段，它们由变压器耦联。图 2-18(a) 表示了由三个不同电压等级的电路经两台变压器耦联所组成的输电系统。略去各元件的电阻和变压器的励磁支路，可以算出各元件电抗的实际有名值。变压器的漏抗均按原边绕组电压计算，即变压器 T-1 的电抗按 Ⅰ 段线路侧电压计算；变压器 T-2 的电抗按 Ⅱ 段线路侧的电压计算。这样，我们就得到各元件电抗用实际有名值表示的等值电路，如图 2-18(b) 所示。图中

多电压等级网络的标幺值等值电路

$$X_G = X_{G(N)*} \frac{V_{G(N)}^2}{S_{G(N)}} \tag{2-89}$$

$$X_{T1} = X_{T1(N)*} \frac{V_{T1(N\text{Ⅰ})}^2}{S_{T1(N)}}, \quad k_{T1} = \frac{V_{T1(N\text{Ⅰ})}}{V_{T1(N\text{Ⅱ})}} \tag{2-90}$$

$$X_{T2} = X_{T2(N)*} \frac{V_{T2(N\text{Ⅱ})}^2}{S_{T2(N)}}, \quad k_{T2} = \frac{V_{T2(N\text{Ⅱ})}}{V_{T2(N\text{Ⅲ})}} \tag{2-91}$$

$$X_R = \frac{X_R\%}{100} \frac{V_{R(N)}}{\sqrt{3} I_{R(N)}} \tag{2-92}$$

X_L 和 X_C 分别为架空线路 L 和电缆线路 C 的实际电抗值。百分制也是一种相对单位制，对于同一物理量，如果基准值相同，则百分值 = 100 × 标幺值。许多电工产品的参数常用百分值表示，如上式中电抗器的电抗。对于变压器，其额定标幺电抗常用下式计算

$$X_{T(N)*} = \frac{V_S\%}{100} \tag{2-93}$$

由于三段电路的电压等级不同，彼此间只是通过磁路耦合而没有直接的电气联系，可以对各段电

路分别选择基准电压,假定分别选为 $V_{B(I)}$,$V_{B(II)}$ 和 $V_{B(III)}$。至于功率,整个输电系统应统一,所以各段的基准功率都是 S_B。

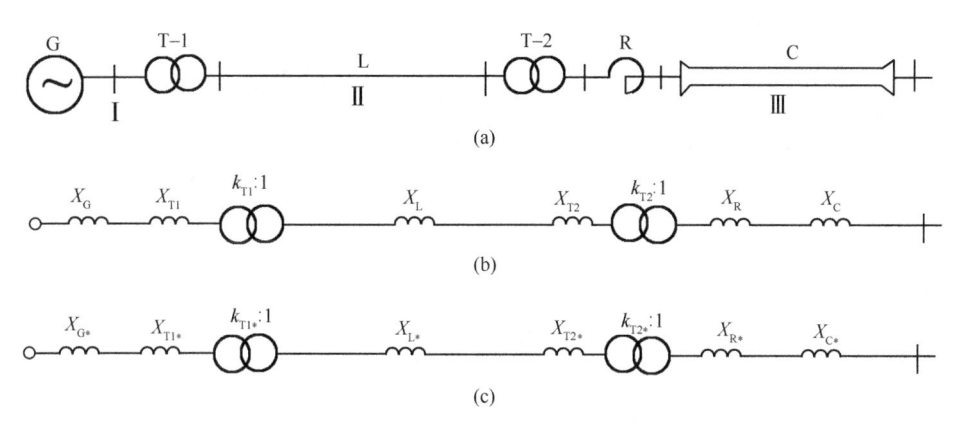

图 2-18 有三段不同电压等级的输电系统
(a) 三个电压等级的输电系统;(b) 有名值等值电路;(c) 标幺值等值电路

选定基准值以后,可对每一元件都按本段的基准值用公式(2-83)将其电抗的实际有名值换算成标幺值,即

$$X_{G*} = X_G \frac{S_B}{V_{B(I)}^2}, \quad X_{T1*} = X_{T1} \frac{S_B}{V_{B(I)}^2}, \quad X_{L*} = X_L \frac{S_B}{V_{B(II)}^2}$$

$$X_{T2*} = X_{T2} \frac{S_B}{V_{B(II)}^2}, \quad X_{R*} = X_R \frac{S_B}{V_{B(III)}^2}, \quad X_{C*} = X_C \frac{S_B}{V_{B(III)}^2}$$

用标幺值作出的等值电路如图 2-18(c)所示,图中理想变压器的变比也要用标幺值表示。对于变压器 T-1,有

$$k_{T1*} = \frac{k_{T1}}{k_{B(I-II)}} = \frac{V_{T1(NI)}/V_{T1(NII)}}{V_{B(I)}/V_{B(II)}} \tag{2-94}$$

其中,$k_{B(I-II)}$ 是变压器两侧的基准电压之比,称为基准变比(或标准变比)。同理,对于变压器 T-2,其变比标幺值为

$$k_{T2*} = \frac{k_{T2}}{k_{B(II-III)}} = \frac{V_{T2(NII)}/V_{T2(NIII)}}{V_{B(II)}/V_{B(III)}} \tag{2-95}$$

这种带有理想变压器的等值电路,还可以按 2.4 节的方法化成 Π 形等值电路。另外,通过适当选择基准电压,变压器的等值电路也可能得到简化。如果选择第 I、II 段基准电压之比 $k_{B(I-II)}$ 等于变压器 T-1 的变比 k_{T1};选择第 II、III 段基准电压之比 $k_{B(II-III)}$ 等于变压器 T-2 的变比 k_{T2},则可得 $k_{T1*}=1$,$k_{T2*}=1$。这样在标幺值的等值电路中就不需要串联理想变压器了。

【例 2-6】 试计算图 2-18(a)输电系统各元件电抗的标幺值。已知各元件的参数如下:
发电机:$S_{G(N)}=30\text{MV}\cdot\text{A}$,$V_{G(N)}=10.5\text{kV}$,$X_{G(N)}=0.26$;变压器 T-1:$S_{T1(N)}=31.5\text{MV}\cdot\text{A}$,$V_S\%=10.5$,$k_{T1}=10.5/121$;变压器 T-2:$S_{T2(N)}=15\text{MV}\cdot\text{A}$,$V_S\%=10.5$,$k_{T2}=110/6.6$;电抗器:$V_{R(N)}=6\text{kV}$,$I_{R(N)}=0.3\text{kA}$,$X_R\%=5$;架空线路长 80km,每千米电抗为 0.4Ω;电缆线路长 2.5km,每千米电抗为 0.08Ω。

解 首先选择基准值。取全系统的基准功率 $S_B=100\text{MV}\cdot\text{A}$。为了使标幺值的等值电路中不出现串联理想变压器,选取相邻段的基准电压比 $k_{B(I-II)}=k_{T1}$,$k_{B(II-III)}=k_{T2}$。这样,只要选出三段中某一段的基准电压,其余两段的基准电压就可以由基准变比确定了。我们选第 I 段的基准电压 $V_{B(I)}=10.5\text{kV}$,于是

$$V_{B(II)} = V_{B(I)} \frac{1}{k_{B(I-II)}} = 10.5 \times \frac{1}{10.5/121} = 121(\text{kV})$$

$$V_{B(III)} = V_{B(II)} \frac{1}{k_{B(II-III)}} = V_{B(I)} \frac{1}{k_{B(I-II)} k_{B(II-III)}}$$

$$= 10.5 \times \frac{1}{(10.5/121) \times (110/6.6)} = 121 \times \frac{1}{110/6.6} = 7.26(\text{kV})$$

各元件电抗的标幺值为

$$X_1 = X_{G(B)*} = X_{G(N)*} \frac{V_{G(N)}^2}{S_{G(N)}} \times \frac{S_B}{V_{B(I)}^2} = 0.26 \times \frac{10.5^2}{30} \times \frac{100}{10.5^2} = 0.87$$

$$X_2 = X_{T1(B)*} = \frac{V_S\%}{100} \times \frac{V_{T(NI)}^2}{S_{T1(N)}} \times \frac{S_B}{V_{B(I)}^2} = \frac{10.5}{100} \times \frac{10.5^2}{31.5} \times \frac{100}{10.5^2} = 0.33$$

$$X_3 = X_{L(B)*} = X_L \frac{S_B}{V_{B(II)}^2} = 0.4 \times 80 \times \frac{100}{121^2} = 0.22$$

$$X_4 = X_{T2(B)*} = \frac{V_S\%}{100} \times \frac{V_{T(NII)}^2}{S_{T2(N)}} \times \frac{S_B}{V_{B(II)}^2} = \frac{10.5}{100} \times \frac{110^2}{15} \times \frac{100}{121^2} = 0.58$$

$$X_5 = X_{R(B)*} = \frac{X_R\%}{100} \times \frac{V_{R(N)}}{\sqrt{3} I_{R(N)}} \times \frac{S_B}{V_{B(III)}^2} = \frac{5}{100} \times \frac{6}{\sqrt{3} \times 0.3} \times \frac{100}{7.26^2} = 1.09$$

$$X_6 = X_{C(B)*} = X_C \frac{S_B}{V_{B(III)}^2} = 0.08 \times 2.5 \times \frac{100}{7.26^2} = 0.38$$

计算结果表示于图 2-19 中。每个电抗用两个数表示,横线以上的数表示电抗的标号,横线以下的数表示它的标幺值。

图 2-19 不含理想变压器的等值电路

讨论:取变压器变比为两侧基准电压之比,存在什么问题

在实际计算中,总是把基准电压选得等于(或接近于)该电压级的额定电压。这样,可以从计算结果清晰地看到实际电压的质量(即偏离额定值的程度)。为了消除标幺参数等值电路中的理想变压器,又要求相邻两段的基准电压比等于变压器的变比。这两个方面的要求一般是难以同时满足的。

为了解决上述困难,在工程计算中规定,各个电压等级都以其平均额定电压 V_{av} 作为基准电压。根据我国现行的电压等级,各级平均额定电压规定为

3.15,6.3,10.5,15.75,37,115,230,345,525kV

在短路电流的实用计算中一般不要求很高的精确度,可以认为各个变压器的变比就等于其两侧的平均额定电压之比,这样,在标幺参数的等值电路中,所有变压器的变比都等于 1。此时,为了简化计算,除电抗器外,还假定各元件的额定电压均等于平均额定电压。这种标幺值等值电

路主要在短路计算中采用,下面用例 2-7 说明。

【例 2-7】 试对例 2-6 的电力系统作各元件参数标幺值的近似计算。假定发电机电势标幺值等于 1.0,在电缆线路末端发生三相短路,试分别按元件标幺参数的精确值和近似值计算短路点电流的有名值。

解 仍选基准功率 $S_B=100MV \cdot A$。基准电压等于平均额定电压,即 $V_{B(I)}=10.5kV$,$V_{B(II)}=115kV$,$V_{B(III)}=6.3kV$。变压器的变比为相邻两段平均额定电压之比。各元件电抗的标幺值计算如下:

发电机的电抗　　　$X_1 = 0.26 \times \dfrac{100}{30} = 0.87$

变压器 T-1 的电抗　$X_2 = \dfrac{10.5}{100} \times \dfrac{100}{31.5} = 0.33$

架空线路的电抗　　$X_3 = 0.4 \times 80 \times \dfrac{100}{115^2} = 0.24$

变压器 T-2 的电抗　$X_4 = \dfrac{10.5}{100} \times \dfrac{100}{15} = 0.7$

电抗器的电抗　　　$X_5 = 0.05 \times \dfrac{6}{\sqrt{3} \times 0.3} \times \dfrac{100}{6.3^2} = 1.46$

电缆线路的电抗　　$X_6 = 0.08 \times 2.5 \times \dfrac{100}{6.3^2} = 0.504$

电缆线路末端短路时,短路电流为

$$I_f = \dfrac{E}{X_\Sigma} I_{B(III)} = \dfrac{1}{X_\Sigma} I_{B(III)}$$

$$X_\Sigma = X_1 + X_2 + X_3 + X_4 + X_5 + X_6$$

精确计算时

$$X_\Sigma = 0.87 + 0.33 + 0.22 + 0.58 + 1.09 + 0.38 = 3.47$$

$$I_{B(III)} = \dfrac{S_B}{\sqrt{3} V_{B(III)}} = \dfrac{100}{\sqrt{3} \times 7.26} = 7.95(kA)$$

$$I_f = \dfrac{7.95}{3.47} = 2.29(kA)$$

近似计算时

$$X_\Sigma = 0.87 + 0.33 + 0.24 + 0.7 + 1.46 + 0.504 = 4.104$$

$$I_{B(III)} = \dfrac{100}{\sqrt{3} \times 6.3} = 9.17(kA)$$

$$I_f = \dfrac{9.17}{4.104} = 2.24(kA)$$

可见近似计算结果的相对误差只有 2.2%,在短路电流的工程计算中是容许的。这种标幺值等值电路常用于短路故障的分析计算。

必须指出,在要求精确计算的场合,应逐个地计算变压器变比的标幺值 k_{T*}。我们称 $k_{T*} \neq 1$ 的变压器为非标准变比变压器,在网络的标幺参数等值电路中必须保留反映变比 k_{T*} 的理想变压器。

思考题与习题

2-1 分裂导线的作用是什么？分裂数为多少合适？为什么？

2-2 什么叫变压器的短路试验和空载试验，从这两个试验中可确定变压器的哪些参数？

2-3 对于升压变压器和降压变压器，如果所给出的其他原始数据均相同，它们的参数相同吗？为什么？

2-4 标幺值及其特点是什么？在电力系统计算时，基准值如何选取？

2-5 什么叫电力线路的平均额定电压？我国电力线路的平均额定电压有哪些？

2-6 某一回110kV架空电力线路，长度为60km，导线型号为LGJ-120，导线计算外径为15.2mm，三相导线水平排列，两相邻导线之间的距离为4m。试计算该电力线路的参数，并作出其等值电路。

2-7 有一回220kV架空电力线路，采用型号为LGJ-2×185的双分裂导线，每一根导线的计算外径为19mm，三相导线以不等边三角形排列，线间距离 $D_{12}=9m$，$D_{23}=8.5m$，$D_{31}=6.1m$。分裂导线的分裂数 $n=2$，分裂间距为 $d=400mm$。试计算该电力线路的参数，并作其等值电路。

2-8 一台 SFL$_1$-31500/35 型双绕组三相变压器，额定变比为 35/11，查得 $\Delta P_0=30kW$，$I_0\%=1.2$，$\Delta P_S=177.2kW$，$V_S\%=8$，求变压器参数归算到高、低压侧的有名值。

2-9 型号为 SFS-40000/220 的三相三绕组变压器，容量比为 100/100/100，额定变比为 220/38.5/11，查得 $\Delta P_0=46.8kW$，$I_0\%=0.9$，$\Delta P_{S(1-2)}=217kW$，$\Delta P_{S(1-3)}=200.7kW$，$\Delta P_{S(2-3)}=158.6kW$，$V_{S(1-2)}\%=17$，$V_{S(1-3)}\%=10.5$，$V_{S(2-3)}\%=6$。试求归算到高压侧的变压器参数有名值。

2-10 一台 SFSL-31500/110 型三绕组变压器，额定变比为 110/38.5/11，容量比为 100/100/66.7，空载损耗 80kW，励磁功率 850 kvar，短路损耗 $\Delta P'_{S(1-2)}=450kW$，$\Delta P'_{S(1-3)}=270kW$，$\Delta P'_{S(2-3)}=240kW$，短路电压 $V_{S(1-2)}\%=11.5$，$V_{S(2-3)}\%=8.5$，$V_{S(1-3)}\%=21$。试计算变压器归算到各电压级的参数。

2-11 系统接线示于题 2-11 图，已知各元件参数如下（$S_B=100MV·A$）：

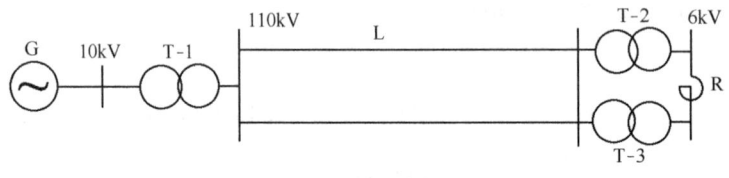

题 2-11 图

发电机 G：$S_N=30MV·A$，$V_N=10.5kV$，$x\%=27$。

变压器 T-1：$S_N=31.5MV·A$，$k_T=10.5/121$，$V_S\%=10.5$。

变压器 T-2、T-3：$S_N=15MV·A$，$k_T=110/6.6$，$V_S\%=10.5$。

线路 L：$l=100km$，$x=0.4\Omega/km$。

电抗器 R：$V_N=6kV$，$I_N=1.5kA$，$x_R\%=6$。

试作不含磁耦合关系的等值电路并计算其标幺值参数。

2-12 对题 2-11 的电力系统,若选各电压级的额定电压作为基准电压,试作含理想变压器的等值电路并计算其参数的标幺值。

2-13 若各电压级均选平均额定电压作为基准电压,并近似地认为除电抗器以外其余各元件的额定电压等于平均额定电压,重做上题的等值电路并计算其参数标幺值。

第 2 章部分习题答案

第3章 简单电力网的潮流计算

3.1 潮流计算的一般概念

所谓潮流计算,是指对电力系统某一稳态运行方式,确定系统的电压分布和功率分布,即计算出各母线(节点)电压幅值和相角,以及流过所有元件(设备)的有功功率和无功功率。潮流计算是电力系统分析中最基本的分析计算任务,其主要目的有:

(1) 检查电力系统各元件是否过载;

(2) 检查电力系统各母线电压是否满足要求;

(3) 根据对各种运行方式的潮流分布计算,可以帮助调度人员正确合理地选择系统运行方式;

(4) 根据功率分布,选择电力系统的电气设备和导线截面积,可以为电力系统的规划、扩建和继电保护整定计算提供必要的数据和依据;

(5) 为调压计算、经济运行计算、短路计算和稳定计算提供必要的数据。

最初的电力系统潮流计算,一是由于电网规模小,二是计算机技术还未发展,都是人工近似计算。随着计算机技术的发展,以及电网规模不断增大,目前电力系统潮流计算,已普遍采用计算机进行计算。限于篇幅和学时,本章着重介绍潮流计算的基本原理和手工进行潮流计算的方法。有关计算机潮流算法在《电力系统分析的计算机算法》等书中有详细介绍,这里不再赘述。

3.2 网络元件的电压降落和功率损耗

3.2.1 网络元件的电压降落

1. 电压降落

网络元件的电压降落是指元件首末端两点电压的相量差。设网络元件的一相等值电路如图 3-1 所示,其中 R 和 X 分别为一相的等值电阻和电抗,V 和 I 为相电压和相电流。由等值电路图 3-1 可知

$$\dot{V}_1 - \dot{V}_2 = (R+jX)\dot{I}_2 = (R+jX)\dot{I}_1 \quad (3\text{-}1)$$

图 3-1 网络元件的等值电路

在电力系统分析中,习惯用功率进行运算。与电压 V_2 和电流 I_2 对应的一相功率为

$$S_2 = \dot{V}_2 \dot{I}_2^* = P_2 + jQ_2 \quad (3\text{-}2)$$

$\dot{I}_2^*$ 为 $\dot{I}_2$ 的共轭,本书中用上角标 * 表示共轭关系。若用功率代替电流,且以相量 $\dot{V}_2$ 为参考轴,则元件首端的电压为

$$\dot{V}_1 = \dot{V}_2 + \left(\frac{S_2}{\dot{V}_2}\right)^* (R+jX) \quad (3\text{-}3)$$

$$\dot{V}_1 = V_2 + \left(\frac{P_2 - jQ_2}{V_2}\right)(R+jX) = \left(V_2 + \frac{P_2 R + Q_2 X}{V_2}\right) + j\frac{P_2 X - Q_2 R}{V_2} \quad (3\text{-}4)$$

由此看出,电压降落相量可分解为与电压相量 $\dot{V}_2$ 同方向和垂直的两个分量,即电压降落的纵分量 $\Delta\dot{V}_2$ 和横分量 $\delta\dot{V}_2$,于是可得

$$\dot{V}_1=\dot{V}_2+\Delta\dot{V}_2+\delta\dot{V}_2=V_1\underline{/\delta} \tag{3-5}$$

$$V_1=\sqrt{(V_2+\Delta V_2)^2+(\delta V_2)^2} \tag{3-6}$$

$$\delta=\arctan\frac{\delta V_2}{V_2+\Delta V_2} \tag{3-7}$$

$$\begin{cases}\Delta V_2=\dfrac{P_2R+Q_2X}{V_2}\\ \delta V_2=\dfrac{P_2X-Q_2R}{V_2}\end{cases} \tag{3-8}$$

式中,δ 为首末端电压相量的相位差。并且,可作出相量图如图 3-2(a)所示。

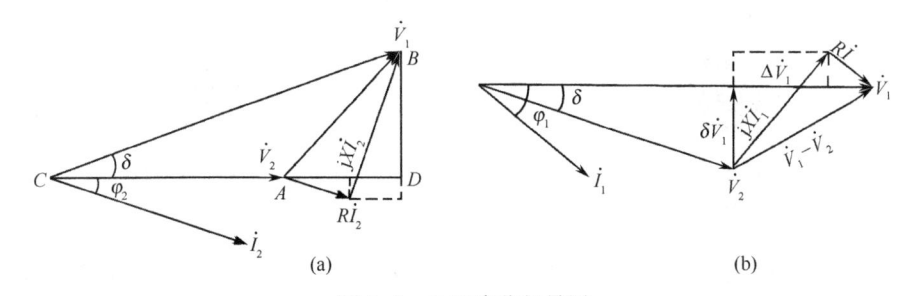

图 3-2 电压降落相量图
(a) 以末端电压求首端电压;(b) 以首端电压求末端电压

若以电压相量 $\dot{V}_1$ 作为参考轴,用电流 $\dot{I}_1$ 或功率 S_1 计算电压降落,且把电压降落相量分解为与 $\dot{V}_1$ 同方向和垂直的纵分量 $\Delta\dot{V}_1$ 和横分量 $\delta\dot{V}_1$,如图 3-2(b)所示,可得元件末端电压

$$\dot{V}_2=\dot{V}_1-\dot{I}_1(R+\mathrm{j}X)=\dot{V}_1-\left(\frac{S_1}{\dot{V}_1}\right)^*(R+\mathrm{j}X) \tag{3-9}$$

$$\dot{V}_2=V_1-\left(\frac{P_1-\mathrm{j}Q_1}{V_1}\right)(R+\mathrm{j}X)=\left(V_1-\frac{P_1R+Q_1X}{V_1}\right)-\mathrm{j}\frac{P_1X-Q_1R}{V_1}$$

$$=\dot{V}_1-\Delta\dot{V}_1-\delta\dot{V}_1=V_2\underline{/-\delta} \tag{3-10}$$

$$V_2=\sqrt{(V_1-\Delta V_1)^2+(\delta V_1)^2} \tag{3-11}$$

$$\delta=\arctan\frac{\delta V_1}{V_1-\Delta V_1} \tag{3-12}$$

$$\begin{cases}\Delta V_1=\dfrac{P_1R+Q_1X}{V_1}\\ \delta V_1=\dfrac{P_1X-Q_1R}{V_1}\end{cases} \tag{3-13}$$

图 3-3 给出了电压降落相量的两种不同的分解。由图可以看出 $\Delta V_1\neq\Delta V_2$,$\delta V_1\neq\delta V_2$。因此,在使用式(3-8)和式(3-13)计算电压降落的纵分量和横分量时要注意,必须用同一端的电压和功率。

由电压降落的公式可以看出,不论从元件的哪一端计算,电压降落的纵分量和横分量计算公式的结构都是一样

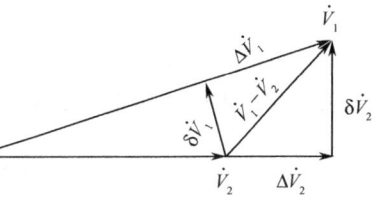

图 3-3 电压降落相量的两种分解

的。元件两端的电压幅值差主要由电压降落的纵分量决定,电压的相角差则由横分量确定。高压输电线的参数中,电抗比电阻大得多,作为极端情况,令 $R=0$,便得

$$\begin{cases} \Delta V = \dfrac{QX}{V} \\ \delta V = \dfrac{PX}{V} \end{cases} \tag{3-14}$$

式(3-14)说明,在纯电抗元件中,电压降落的纵分量是因传送无功功率而产生,电压降落的横分量则因传送有功功率产生。换句话说,元件两端存在电压幅值差是传送无功功率的条件,存在电压相角差则是传送有功功率的条件。感性无功功率将从电压较高的一端流向电压较低的一端,有功功率则从电压相位超前的一端流向电压相位落后的一端,这是交流电网中关于功率传送的重要概念。实际的网络元件都存在电阻,电流的有功分量流过电阻将会增加电压降落的纵分量,电流的感性无功分量通过电阻则将使电压降落的横分量有所减少。

讨论:什么情况下会出现线路末端电压高于首端电压

有功、无功受电压幅值或相位影响的仿真演示

上述公式都是按电流落后于电压,即功率因数角为正的情况下导出的。如果电流超前于电压,则 φ 为负值,在以上各公式中的无功功率 Q 也应改变符号。顺便说明,在本书的所有公式中,Q 代表感性无功功率时,其数值为正;代表容性无功功率时,其数值为负。

2. 电压损耗和电压偏移

电压降落是指始末端电压的相量差($\dot{V}_1 - \dot{V}_2$),而电压损耗是指始末端电压的数值差($V_1 - V_2$),也用 ΔV 表示

$$\Delta V = V_1 - V_2 = AG \tag{3-15}$$

由图 3-4 可以看出当两点电压之间的相角差 δ 不大时,AG 与 AD 的长度相差不大,可近似地认为电压损耗就等于电压降落的纵分量。电压损耗常以百分值表示为

$$\Delta V\% = \dfrac{V_1 - V_2}{V_N} \times 100\% \tag{3-16}$$

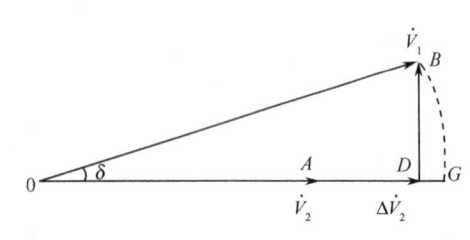

图 3-4 电压损耗示意图

式中,V_N 为元件的额定电压。

在实际工程中,常需计算从电源点到某负荷点的总电压损耗,显然,总电压损耗将等于从电源点到该负荷点所经各串联元件电压损耗的代数和。

由于传送功率时在网络元件上要产生电压损耗,同一电压级电力网中各点的电压是不相等的。为了衡量电压质量,必须知道网络中某些节点的电压偏移。所谓电压偏移,是指网络中某节点的实际电压同网络该处的额定电压之间的数值差,可以用 kV 表示,也可以用额定电压的百分数表示。若某点的实际电压为 V,该处的额定电压为 V_N,则用百分数表示的电压偏移为

$$电压偏移(\%) = \dfrac{V - V_N}{V_N} \times 100\% \tag{3-17}$$

电压损耗和电压偏移是两个常用的重要概念。电压损耗反映线路首末端电压偏差的大小,

电压损耗过大将直接影响供电电压质量。在线路通过最大负荷时电压损耗的百分值一般不应超过 10％；而电压偏移直接反映供电电压的质量。

3.2.2 网络元件的功率损耗

网络元件的功率损耗包括电流通过元件的电阻和等值电抗时产生的功率损耗和电压施加于元件的对地等值导纳时产生的损耗。

1. 电流通过元件串联等值阻抗产生的功率损耗

从图 3-5 所示输电线路和变压器的等值电路可以看出，输电线路和变压器的等值电路都有其等值的串联阻抗，电流流过其等值串联阻抗产生的功率损耗为

$$\Delta S = I_2^2(R+jX) = \left(\frac{S_2}{V_2}\right)^2 (R+jX)$$

$$= \frac{P_2^2+Q_2^2}{V_2^2}(R+jX) = \frac{P_1^2+Q_1^2}{V_1^2}(R+jX) \quad (3-18)$$

$$= \frac{P_2^2+Q_2^2}{V_2^2}R + j\frac{P_2^2+Q_2^2}{V_2^2}X = \Delta P + j\Delta Q$$

其中，电流流过等值电阻产生的功率损耗为有功功率损耗 ΔP；电流通过等值电抗产生的功率损耗为无功功率损耗 ΔQ。

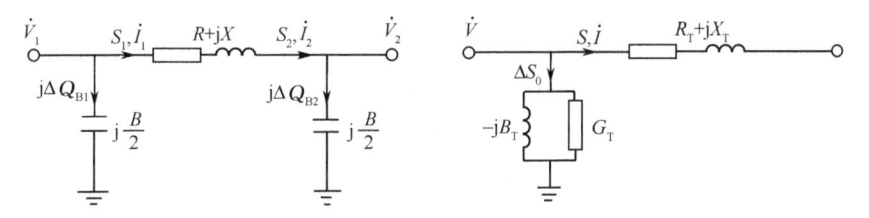

图 3-5 线路和变压器的等值电路

线路末端有功功率 P_2 与线路首端输送有功功率 P_1 之比，便是线路的输电效率

$$输电效率 = \frac{P_2}{P_1} \times 100\%$$

2. 电压施加于元件对地等值导纳时产生的功率损耗

如图 3-5 所示，在外加电压作用下，线路对地分布电容产生的无功功率损耗为

$$\Delta Q_{B1} = -\frac{1}{2}BV_1^2, \quad \Delta Q_{B2} = -\frac{1}{2}BV_2^2 \quad (3-19)$$

变压器的励磁损耗可由等值电路中励磁支路的导纳确定，即

$$\Delta S_0 = (G_T + jB_T)V^2 \quad (3-20)$$

实际计算中，变压器的励磁损耗可直接利用空载试验的数据确定，而且一般也不考虑电压变化对它的影响。

$$\Delta S_0 = \Delta P_0 + j\Delta Q_0 = \Delta P_0 + j\frac{I_0\%}{100}S_N \quad (3-21)$$

式中，ΔP_0 为变压器的空载损耗；$I_0\%$ 为空载电流的百分数；S_N 为变压器的额定容量。

对于 35kV 以下的电力网，在简化计算中常略去变压器的励磁功率。

对称运行的三相交流电力系统一般用星形连接的单相等值电路来模拟（即第 2 章介绍的等

值电路)。因此,在等值电路中的分析计算可以用相电压和单相功率,也可用线电压和三相功率,以上导出的式(3-5)~式(3-13)仍然适用。在电力系统潮流计算中,习惯直接采用线电压和三相功率,所以本章以下讨论,如不做特别说明,都是采用一相等值电路,而电压和功率都是指线电压和三相功率。

3.3 开式电力网的潮流计算

开式电力网是由单一电源点通过辐射状网络向多个负荷点供电的网络。我国配电网正常运行时都采用辐射状运行,因此,开式电力网的潮流计算方法适用于配电网的潮流计算,同时也是闭式电力网潮流计算的基础。

3.3.1 运算负荷与等值电路的简化

由三段用电线路组成的开式网络及其等值电路如图 3-6(a)和(b)所示。已知供电点 A 的电压 V_A 以及节点 b、c 和 d 的负荷功率分别为 S_{LDb}、S_{LDc} 和 S_{LDd},欲求节点 b、c 和 d 的电压和各用电线路的传输功率。图 3-6(c)中,S_b、S_c、S_d 为运算负荷,S' 为流入每一段阻抗的功率,S'' 为流出每一段阻抗的功率。

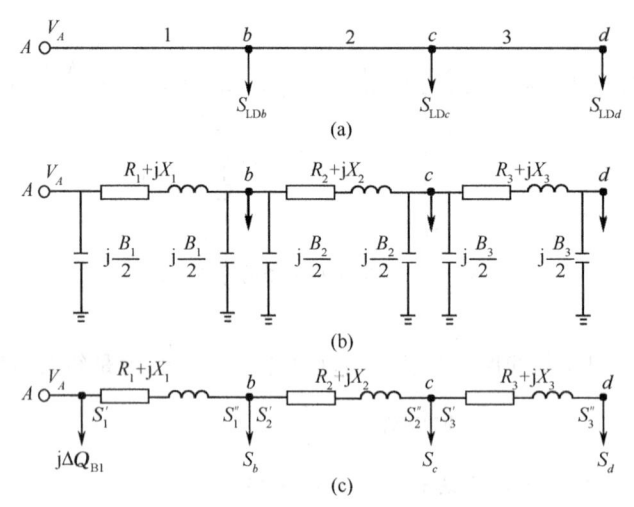

图 3-6 开式电力网及其等值电路
(a) 形式网络;(b) 等值电路;(c) 运算负荷表示的简化等值电路

在图 3-6(b)中有许多对地并联支路,不便于计算。为此,计算前先对电路进行简化,以充电功率代替其电纳支路,再将其充电功率与相应节点的负荷功率合并。由于此时除 A 点电压已知外,其余节点电压均未知。然而,由于电力系统正常运行在额定电压附近,因此可先用额定电压 V_N 计算输电线等值电路中电纳支路的功率损耗(充电功率),即

$$\Delta Q_{Bi} = -\frac{1}{2}B_i V_N^2 \quad (i=1,2,3) \tag{3-22}$$

再将其充电功率 ΔQ_B 与相应节点的负荷功率 S_{LD} 合并,得到每个负荷点的运算负荷 S_b、S_c、S_d:

$$S_b = S_{LDb} + j\Delta Q_{B1} + j\Delta Q_{B2} = P_{LDb} + j\left[Q_{LDb} - \frac{1}{2}(B_1+B_2)V_N^2\right] = P_b + jQ_b$$

$$S_c = S_{\text{LD}c} + \text{j}\Delta Q_{B2} + \text{j}\Delta Q_{B3} = P_{\text{LD}c} + \text{j}\left[Q_{\text{LD}c} - \frac{1}{2}(B_2 + B_3)V_\text{N}^2\right] = P_c + \text{j}Q_c$$

$$S_d = S_{\text{LD}d} + \text{j}\Delta Q_{B3} = P_{\text{LD}d} + \text{j}\left(Q_{\text{LD}d} - \frac{1}{2}B_3 V_\text{N}^2\right) = P_d + \text{j}Q_d$$

图 3-7(a)所示网络是我国配电网常见的一种典型接线方式,俗称"挂灯笼"。节点 b、c 和 d 都接有降压变压器(配电变压器,简称配变),并且已知其低压侧的负荷功率分别为 $S_{\text{LD}b}$、$S_{\text{LD}c}$ 和 $S_{\text{LD}d}$。

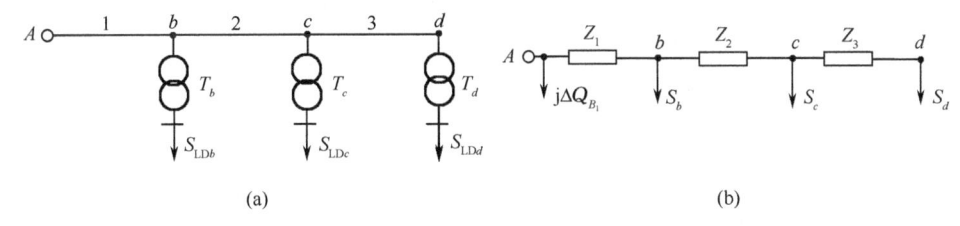

图 3-7 含配变的开式电力网及其等值电路

在这种情况下,应先用额定电压 V_N 计算变压器绕组损耗 ΔS_T 和励磁损耗 ΔS_0,以求得变压器高压侧的负荷功率 S'_{LD}。例如,对于节点 c,有

$$S'_{\text{LD}c} = S_{\text{LD}c} + \Delta S_{\text{T}c} + \Delta S_{0c} \tag{3-23}$$

式中,$\Delta S_{\text{T}c} = \left(\dfrac{S_{\text{LD}c}}{V_\text{N}}\right)^2 (R_{\text{T}c} + \text{j}X_{\text{T}c})$;$\Delta S_{0c} = \Delta P_{0c} + \text{j}\dfrac{I_0\%}{100}S_{\text{N}c}$。

然后再按照前面所说的方法,加上节点 c 所接线路 2 段和 3 段充电功率的一半,便得到电力网在节点 c 的运算负荷

$$S_c = S'_{\text{LD}c} + \text{j}\Delta Q_{B2} + \text{j}\Delta Q_{B3} \tag{3-24}$$

同样,可以求得运算负荷 S_b 和 S_d,便得到如图 3-7(b)所示简化等值电路。

随着新型能源的发展,分布式微电源接入配电网已进入工程化应用,配电网中可接入发电单元,如图 3-7(a)所示的网络中与节点 b 相接的可以是电源。严格意义上讲,这种网络不算是开式网络了。但是,配电网正常运行时一般不允许分布式电源发出的功率穿越变压器注入上一电压等级电网,配电网中发电单元只起平衡本地负荷的作用。因此,网络在结构上仍然是辐射状网络,如果发电单元的输出功率已给定,则可以把此发电单元当作是一个取用功率为 $-S_G$ 的负荷。于是节点 b 的运算负荷为

$$S_b = -S_G + \Delta S_{\text{T}b} + \Delta S_{0b} + \text{j}\Delta Q_{B1} + \text{j}\Delta Q_{B2} \tag{3-25}$$

3.3.2 同级电压开式电力网的潮流计算

1. 电压分布和功率分布的计算

上节曾指出在应用电压降落公式时,须取同一点的电压和功率。在计算功率损耗时也应遵守这个原则。如果已知末端电压,即图 3-6 所示网络中 d 节点电压,则可从 d 点开始依次计算 3、2、1 线段的电压降落和功率损耗,从而求得全网各节点电压和功率分布。

但是,在实际计算中,一般是已知负荷点功率和电源点(A 点)电压,即已知的电压和功率并不在同一侧,因此无法直接利用上一节介绍的计算公式,而要采用迭代计算的方法。下面以图 3-6(c)所示开式电力网的简化等值电路为例介绍其计算过程。

第一步,从第 3 段线路开始,利用线路额定电压,依次算出各段线路阻抗中的功率损耗 ΔS_L。

对于第 3 段线路
$$S''_3 = S_d, \quad \Delta S_{L3} = \left(\frac{S''_3}{V_N}\right)^2 (R_3 + jX_3), \quad S'_3 = S''_3 + \Delta S_{L3} \tag{3-26}$$

对于第 2 段线路
$$S''_2 = S_c + S'_3, \quad \Delta S_{L2} = \left(\frac{S''_2}{V_N}\right)^2 (R_2 + jX_2), \quad S'_2 = S''_2 + \Delta S_{L2} \tag{3-27}$$

同样,可以算出第 1 段线路的功率 S'_1。

第二步,算出 S'_1 以后,就可以利用求得的计及功率损耗的功率分布和已知的电源电压 V_A,从电源点 A 开始,逐段计算电压降落,求得各负荷点的电压。先计算电压 V_b
$$\Delta V_{Ab} = (P'_1 R_1 + Q'_1 X_1)/V_A, \quad \delta V_{Ab} = (P'_1 X_1 - Q'_1 R_1)/V_A$$
$$V_b = \sqrt{(V_A - \Delta V_{Ab})^2 + (\delta V_{Ab})^2}$$

接着用 V_b 和 S'_2 计算 V_c,最后用 V_c 和 S'_3 计算 V_d。实际计算中,常略去电压降落的横分量,所得结果误差不大,能满足一般工程计算的精度要求。

通过以上两步便完成了第一轮的计算。如精度要求不高,计算可到此为止。为了提高计算精度,可以重复以上计算,在计算功率损耗时应利用上一轮第二步求得的节点电压。

需要说明的是,在电压为 35kV 及以下的架空线路中,常将电纳支路忽略,电力线路仅用阻抗元件代表。

2. 最大电压损耗的计算

在电力网计算中,需要知道最大电压损耗和电压最低点的电压。在图 3-8 所示网络中,最大电压损耗为各段电压损耗之和,即
$$\Delta V_{Ad} = \Delta V_{Ab} + \Delta V_{bc} + \Delta V_{cd} \tag{3-28}$$

节点 d 的电压最低
$$V_d = V_A - \Delta V_{Ad} \tag{3-29}$$

对于如图 3-9 所示具有分支线的开式网络,必须算出从电源点到各个终端节点的电压损耗 ΔV_{Ac} 和 ΔV_{Ad},然后经过比较才能确定电压最低点。

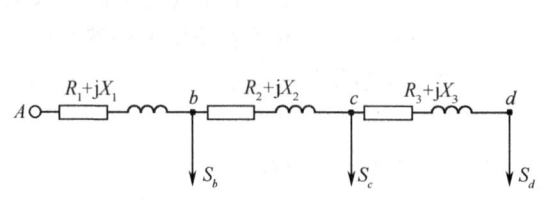

图 3-8 电力网的等值电路

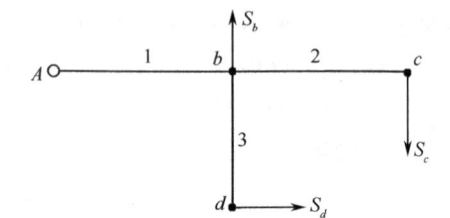

图 3-9 具有分支线的开式网络

3.3.3 两级电压的开式电力网

如图 3-10 所示两级电压的开式电力网及其等值电路,变压器的实际变比为 k,变压器阻抗已归算到线路 L_1 段的电压级。已知末端功率 S_{LD} 和首端电压 V_A,欲求末端电压 V_d 和网络的功率损耗。对于这种情况,也可以采用前面所讲的方法,由末端向首端逐步算出各点的功率,然后用首端功率和电压算出线路 L_1 的电压损耗和节点 b 的电压,并依次往后推算出各节点的电压。但须注意,经过理想变压器时功率保持不变,而两侧电压之比等于实际变比 k。

另一种处理方法是将线路 L_2 的参数按变比 k 归算到线路 L_1 段的电压级,即

$$R_2' = k^2 R_2, \quad X_2' = k^2 X_2, \quad B_2' = B_2/k^2$$

这样就得到图 3-10(c)所示的等值电路。这种等值电路的电压和功率计算与同级电压的开式网络完全相同。但要指出的是，图 3-10(c)中节点 c 和 d 的电压并非该点的实际电压，而是归算到线路 L_1 段的电压级电压。

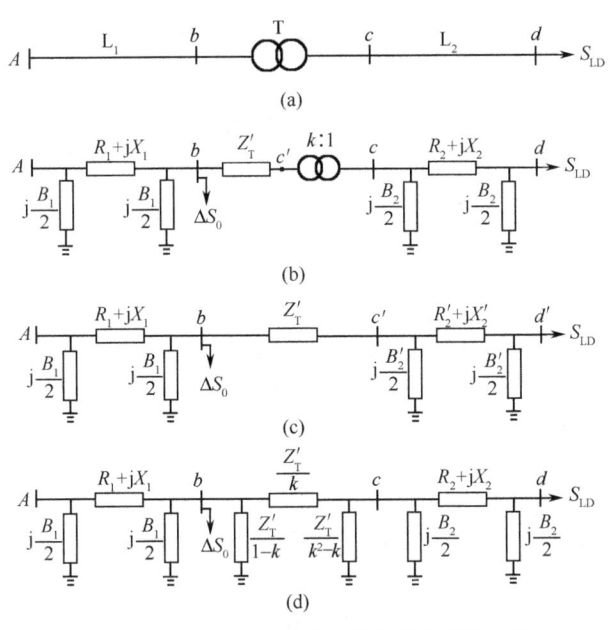

图 3-10 两级电压的开式网络及其等值电路

(a) 两级电压的开式电力网；(b) 带理想变压器的等值电路；(c) 归算到同一基本级的等值电路；(d) 变压器等值为 Π 形电路

对于手算而言，上述两种处理方法以第一种比较方便，因为它无须进行线路参数的折算，又能直接求出网络各点的实际电压。

上述变压器的实际变比 k 与变压器空载时的实际变压比相对应。在精度要求不高时，也可以认为是变压器两侧线路的额定电压之比。

如果变压器采用 Π 形等值电路，还可得到图 3-10(d)所示的等值电路。对该电路进行计算，可得到网络中各点的实际电压。对应于图 3-10(a)电力网络的三个等值电路（图 3-10(b)、(c)、(d)）都是等效的。

【**例 3-1**】 如图 3-11(a)所示一简单系统，额定电压为 110kV 的双回输电线路，长度为 80km，采用 LGJ-150 导线，其单位长度的参数为：$r=0.21\Omega/\text{km}$，$x=0.416\Omega/\text{km}$，$b=2.74\times10^{-6}\text{S/km}$。变电站中装有两台三相 110/11kV 的变压器，每台的容量为 15MV·A，其参数为：$\Delta P_0=40.5\text{kW}$，$\Delta P_S=128\text{kW}$，$V_S\%=10.5$，$I_0\%=3.5$。母线 A 的实际运行电压为 117kV，负荷功率：$S_{LDb}=30+\text{j}12\text{MV·A}$，$S_{LDc}=20+\text{j}15\text{MV·A}$。当变压器取主抽头时，求母线 c 的电压。

解 （1）计算参数并作出等值电路。

输电线路的等值电阻、电抗和电纳分别为

$$R_L = \frac{1}{2}\times 80 \times 0.21 = 8.4(\Omega)$$

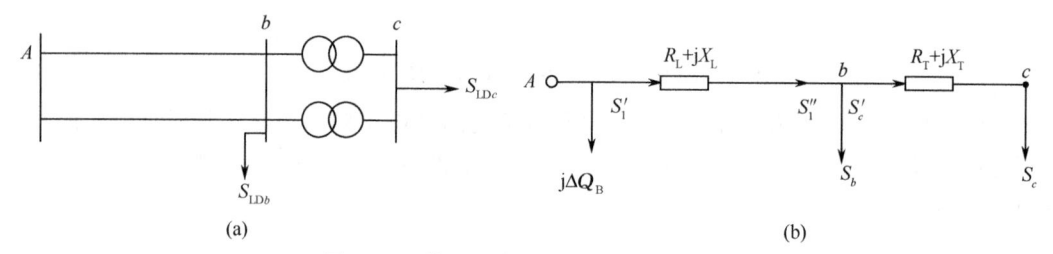

图 3-11 输电系统接线图及其等值电路

$$X_L = \frac{1}{2} \times 80 \times 0.416 = 16.6(\Omega)$$

$$B_c = 2 \times 80 \times 2.74 \times 10^{-6} = 4.38 \times 10^{-4}(S)$$

由于线路电压未知，可用线路额定电压计算线路产生的充电功率，并将其等分为两部分，便得

$$\Delta Q_B = -\frac{1}{2} B_c V_N^2 = -\frac{1}{2} \times 4.38 \times 10^{-4} \times 110^2 = -2.65(\text{Mvar})$$

将 ΔQ_B 分别接于节点 A 和 b，作为节点负荷的一部分。

两台变压器并联运行时，它们的等值电阻、电抗及励磁功率分别为

$$R_T = \frac{1}{2} \frac{\Delta P_S V_N^2}{1000 S_N^2} = \frac{1}{2} \times \frac{128 \times 110^2}{1000 \times 15^2} = 3.4(\Omega)$$

$$X_T = \frac{1}{2} \frac{V_S \% V_N^2}{100 S_N} = \frac{1}{2} \times \frac{10.5 \times 110^2}{100 \times 15} = 42.4(\Omega)$$

$$\Delta P_0 + j\Delta Q_0 = 2 \times \left(0.0405 + j\frac{3.5 \times 15}{100}\right) = 0.08 + j1.05(\text{MV}\cdot\text{A})$$

变压器的励磁功率也作为接于节点 b 的一种负荷，于是节点 b 的总负荷

$$S_b = 30 + j12 + 0.08 + j1.05 - j2.65 = 30.08 + j10.4(\text{MV}\cdot\text{A})$$

节点 c 的功率即是负荷功率

$$S_c = 20 + j15(\text{MV}\cdot\text{A})$$

这样就得到图 3-11(b)所示的等值电路。

(2) 计算由母线 A 输出的功率。

先按电力网的额定电压计算电力网中的功率损耗。变压器绕组中的功率损耗为

$$\Delta S_T = \left(\frac{S_c}{V_N}\right)^2 (R_T + jX_T) = \frac{20^2 + 15^2}{110^2} \times (3.4 + j42.4)$$

$$= 0.18 + j2.19(\text{MV}\cdot\text{A})$$

由图 3-11(b)可知

$$S_c' = S_c + \Delta P_T + j\Delta Q_T = 20 + j15 + 0.18 + j2.19$$

$$= 20.18 + j17.19(\text{MV}\cdot\text{A})$$

$$S_1'' = S_c' + S_b = 20.18 + j17.19 + 30.08 + j10.4$$

$$= 50.26 + j27.59(\text{MV}\cdot\text{A})$$

线路中的功率损耗为

$$\Delta S_L = \left(\frac{S_1''}{V_N}\right)^2 (R_L + jX_L) = \frac{50.26^2 + 27.59^2}{110^2} \times (8.4 + j16.6)$$

$$= 2.28 + j4.51(\text{MV}\cdot\text{A})$$

于是可得
$$S_1' = S_1'' + \Delta S_L = 50.26 + j27.59 + 2.28 + j4.51$$
$$= 52.54 + j32.1(\text{MV} \cdot \text{A})$$

由母线 A 输出的功率为
$$S_A = S_1' + j\Delta Q_B = 52.54 + j32.1 - j2.65 = 52.54 + j29.45(\text{MV} \cdot \text{A})$$

(3) 计算各节点电压。

线路中电压降落的纵分量和横分量分别为
$$\Delta V_L = \frac{P_1' R_L + Q_1' X_L}{V_A} = \frac{52.54 \times 8.4 + 32.1 \times 16.6}{117} = 8.3(\text{kV})$$

$$\delta V_L = \frac{P_1' X_L - Q_1' R_L}{V_A} = \frac{52.54 \times 16.6 - 32.1 \times 8.4}{117} = 5.2(\text{kV})$$

利用式(3-11)可得 b 点电压为
$$V_b = \sqrt{(V_A - \Delta V_L)^2 + (\delta V_L)^2} = \sqrt{(117 - 8.3)^2 + 5.2^2} = 108.8(\text{kV})$$

变压器中电压降落的纵、横分量分别为
$$\Delta V_T = \frac{P_c' R_T + Q_c' X_T}{V_b} = \frac{20.18 \times 3.4 + 17.19 \times 42.4}{108.8} = 7.3(\text{kV})$$

$$\delta V_T = \frac{P_c' X_T - Q_c' R_T}{V_b} = \frac{20.18 \times 42.4 - 17.19 \times 3.4}{108.8} = 7.3(\text{kV})$$

归算到高压侧的 c 点电压
$$V_c' = \sqrt{(V_b - \Delta V_T)^2 + (\delta V_T)^2} = \sqrt{(108.8 - 7.3)^2 + 7.3^2} = 101.7(\text{kV})$$

变电站低压母线 c 的实际电压
$$V_c = V_c' \times \frac{11}{110} = 101.7 \times \frac{11}{110} = 10.17(\text{kV})$$

如果在上述计算中都不计电压降落的横分量,所得结果为
$$V_b = 108.7\text{kV}, \quad V_c' = 101.4\text{kV}, \quad V_c = 10.14\text{kV}$$

与计及电压降落横分量的计算结果相比,误差很小。

例 3-1 讲解　　　　　配电网的潮流计算　　　　补充例题 3-1:10kV 配电网潮流计算

由例 3-1 可归纳开式电力网潮流计算步骤如下:

(1) 计算参数并做出等值电路;

(2) 用额定电压 V_N 计算各点运算负荷,简化等值电路;

(3) 从末段线路开始,用额定电压 V_N 和已求得的负荷点运算负荷依次计算各段线路的功率损耗;

(4) 用已知电源点电压 V_A 和已求得的功率分布,从 A 点开始逐段计算电压降落,求得各点电压及电压损耗。

3.4　简单闭式电力网的潮流计算

在闭式电力网中要精确求出功率分布,采用手工计算是很困难的。因此,在工程实际中一般

都采用近似计算方法。对于简单环形网络,首先在不考虑串联等值阻抗上功率损耗的情况下求出网络初试功率分布,然后再进行功率损耗和电压损耗的计算。下面以更具普遍意义的两端供电网络说明其潮流计算方法。

3.4.1 两端供电网络的功率分布

1. 两个负荷点的两端供电网络

对图3-12所示两端供电网络,根据基尔霍夫电压定律和电流定律可以写出下列方程

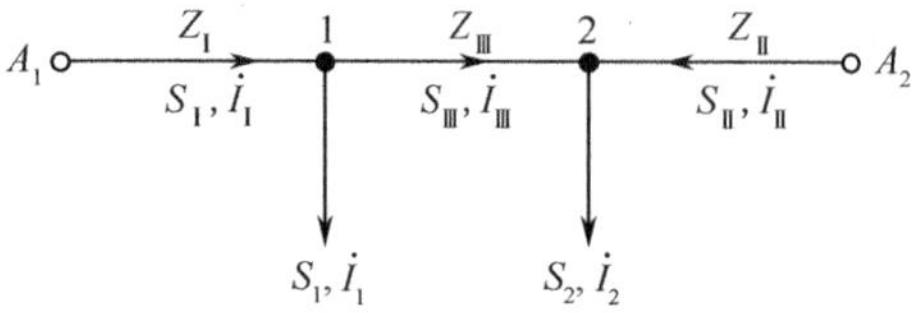

$$\begin{cases} \dot{V}_{A1} - \dot{V}_{A2} = Z_{I}\dot{I}_{I} + Z_{III}\dot{I}_{III} - Z_{II}\dot{I}_{II} \\ \dot{I}_{I} - \dot{I}_{III} = \dot{I}_{1} \\ \dot{I}_{II} + \dot{I}_{III} = \dot{I}_{2} \end{cases} \quad (3\text{-}30)$$

图3-12 两个负荷点的两端供电网络

如果已知电源点电压$\dot{V}_{A1}$和$\dot{V}_{A2}$以及负荷点电流$\dot{I}_1$和$\dot{I}_2$,便可解出

$$\begin{cases} \dot{I}_{I} = \dfrac{(Z_{II} + Z_{III})\dot{I}_1 + Z_{II}\dot{I}_2}{Z_{I} + Z_{II} + Z_{III}} + \dfrac{\dot{V}_{A1} - \dot{V}_{A2}}{Z_{I} + Z_{II} + Z_{III}} \\ \dot{I}_{II} = \dfrac{Z_{I}\dot{I}_1 + (Z_{I} + Z_{III})\dot{I}_2}{Z_{I} + Z_{II} + Z_{III}} + \dfrac{\dot{V}_{A2} - \dot{V}_{A1}}{Z_{I} + Z_{II} + Z_{III}} \end{cases} \quad (3\text{-}31)$$

上式确定的电流分布是精确的。但是,在电力系统中,由于有损耗,沿线各点的功率不同。在电力网的实际计算中,往往已知负荷点的功率,而不是电流。为了求功率分布,则需采用近似计算,先忽略网络中Z_I、Z_{II}、Z_{III}上的功率损耗,用额定电压计算功率。对式(3-31)中各量取共轭,再全式两边同乘以V_N,便得

$$\begin{cases} S_{I} = \dfrac{(Z_{II}^* + Z_{III}^*)S_1 + Z_{II}^* S_2}{Z_{I}^* + Z_{II}^* + Z_{III}^*} + \dfrac{(V_{A1}^* - V_{A2}^*)V_N}{Z_{I}^* + Z_{II}^* + Z_{III}^*} = S_{I\,LD} + S_{I\,c} \\ S_{II} = \dfrac{Z_{I}^* S_1 + (Z_{I}^* + Z_{III}^*)S_2}{Z_{I}^* + Z_{II}^* + Z_{III}^*} + \dfrac{(V_{A2}^* - V_{A1}^*)V_N}{Z_{I}^* + Z_{II}^* + Z_{III}^*} = S_{II\,LD} + S_{II\,c} \end{cases} \quad (3\text{-}32)$$

由式(3-32)可以看出每个电源点送出的功率都包含两部分,第一部分由负荷功率和网络参数确定,每个负荷的功率都是以该负荷点到两个电源点间的阻抗共轭值成反比的关系分配给两个电源点;第二部分与负荷无关,它由两个供电点的电压差和网络参数确定,通常称这部分功率为循环功率。当两电源点电压相等(简单环形网络)时,循环功率为零。因此,简单环形网络可看成是两端供电网络的特例,单电源供电的简单环网可当作是供电点电压相等的两端供电网络。当简单环网中存在多个电源点时,给定功率的电源点可以当作负荷点处理,而把给定电压的电源点都一分为二,这样便得到若干个已知供电点电压的两端供电网络。

当循环功率为零时,式(3-32)只有前一项,从该项的结构可以看出,在力学中也有类似公式。一条承担多个集中负荷的横梁,其两个支点的反作用力就相当于电源点输出的功率。因此,式(3-32)也称为闭式网功率分布的力矩法计算公式。

式(3-32)对于单相和三相系统都适用。若V为相电压,则S为单相功率;若V为线电压,则S为三相功率。

求出供电点输出功率S_I和S_{II}之后,即可按线路功率和负荷功率相平衡的条件,求出整个电力网的初始功率分布。

$$S_{\text{Ⅲ}} = S_{\text{Ⅰ}} - S_1 \tag{3-33}$$

在电力网中功率由两个方向流入的节点称为功率分点,并用符号▼标示,例如图 3-13(a)中的节点 2。有时有功功率和无功功率分点可能出现在电力网的不同节点,通常就用▼和▽分别表示有功功率分点和无功功率分点。

在不计功率损耗求出电力网初始功率分布之后,在功率分点(节点 2)处将网络解开,使之成为两个开式网络。功率分点处的负荷 S_2 也分成 $S_{\text{Ⅱ}}$ 和 $S_{\text{Ⅲ}}$ 两部分,分别挂在两个开式网络的终端,如图 3-13(b)所示。然后按照上节所述方法分别计算两个开式网络的功率损耗和功率分布。最后再将两个开式网络的终端节点连在一起,便得到原网络计及功率损耗时的功率分布,如图 3-13(c)所示。

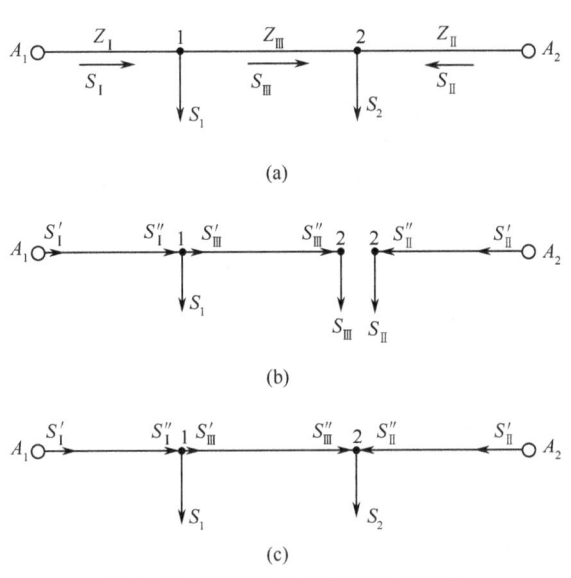

图 3-13 两端供电网络的功率分布

在计算功率损耗时,网络中各节点的未知电压同样用额定电压代替。这种近似方法误差不大,可用于一般工程计算。

2. 沿线有 k 个负荷的两端供电网络

对于沿两端供电线路接有 k 个负荷的情况,如图 3-14 所示。利用上述原理可以确定不计功率损耗时两个电源点送入线路的功率分别为

$$\begin{cases} S_{\text{Ⅰ}} = \dfrac{\sum\limits_{i=1}^{k} Z_i^* S_i}{Z_\Sigma^*} + \dfrac{(V_{A1}^* - V_{A2}^*)V_N}{Z_\Sigma^*} = S_{\text{Ⅰ LD}} + S_{\text{Ⅰ c}} \\ \\ S_{\text{Ⅱ}} = \dfrac{\sum\limits_{i=1}^{k} Z_i'^* S_i}{Z_\Sigma^*} + \dfrac{(V_{A2}^* - V_{A1}^*)V_N}{Z_\Sigma^*} = S_{\text{Ⅱ LD}} + S_{\text{Ⅱ c}} \end{cases} \tag{3-34}$$

图 3-14 沿线有多个负荷的两端供电网

式中，Z_Σ 为整条线路的总阻抗；Z_i 和 Z_i' 分别为第 i 个负荷点到供电点 A_2 和 A_1 的总阻抗。

由于循环功率与负荷无关，应有 $S_{\text{I LD}} + S_{\text{II LD}} = \sum_{i=1}^{k} S_i$，可以此检验 $S_{\text{I LD}}$ 和 $S_{\text{II LD}}$ 的计算值是否正确。

各段线路的电抗和电阻的比值都相等的网络称为均一电力网。在两端供电的均一电力网中，如果供电点电压也相等，则式(3-34)简化为

$$\begin{cases} S_\text{I} = \dfrac{\sum\limits_{i=1}^{k} S_i R_i \left(1 - j\dfrac{X_i}{R_i}\right)}{R_\Sigma \left(1 - j\dfrac{X_\Sigma}{R_\Sigma}\right)} = \dfrac{\sum\limits_{i=1}^{k} S_i R_i}{R_\Sigma} = \dfrac{\sum\limits_{i=1}^{k} P_i R_i}{R_\Sigma} + j \dfrac{\sum\limits_{i=1}^{k} Q_i R_i}{R_\Sigma} \\[2ex] S_\text{II} = \dfrac{\sum\limits_{i=1}^{k} S_i R_i'}{R_\Sigma} = \dfrac{\sum\limits_{i=1}^{k} P_i R_i'}{R_\Sigma} + j \dfrac{\sum\limits_{i=1}^{k} Q_i R_i'}{R_\Sigma} \end{cases} \tag{3-35}$$

由此可见，在均一电力网中有功功率和无功功率的分布彼此无关，而且可以只利用各线段的电阻（或电抗）分别计算。

对于各线段单位长度的阻抗值都相等的均一网络，式(3-34)可简化为

$$\begin{cases} S_\text{I} = \dfrac{\sum\limits_{i=1}^{k} S_i Z_1^* l_i}{Z_1^* l_\Sigma} = \dfrac{\sum\limits_{i=1}^{k} S_i l_i}{l_\Sigma} = \dfrac{\sum\limits_{i=1}^{k} P_i l_i}{l_\Sigma} + j \dfrac{\sum\limits_{i=1}^{k} Q_i l_i}{l_\Sigma} \\[2ex] S_\text{II} = \dfrac{\sum\limits_{i=1}^{k} S_i l_i'}{l_\Sigma} = \dfrac{\sum\limits_{i=1}^{k} P_i l_i'}{l_\Sigma} + j \dfrac{\sum\limits_{i=1}^{k} Q_i l_i'}{l_\Sigma} \end{cases} \tag{3-36}$$

式中，Z_1^* 为单位长度线路的阻抗；l_Σ 为整条线路的总长度；l_i 和 l_i' 分别为从第 i 个负荷点到供电点 A_2 和 A_1 的线路长度。

3.4.2 闭式电力网的电压损耗

闭式电力网中任一线段的电压损耗计算与开式网络的一样，在不要求特别精确时，电压损耗可用电压降落的纵分量代替，即

$$\Delta V = \frac{PR + QX}{V} \tag{3-37}$$

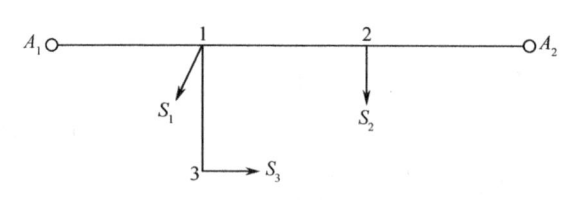

图 3-15 具有分支的两端供电网络

在不计功率损耗时，V 取电力网的额定电压；计及功率损耗时，如用某一点的功率就应取同一点的电压。

在图 3-13 所示的两端供电网络中，如有功功率分点和无功功率分点同在节点 2，则节点 2 的电压最低。如果有功功率分点和无功功率分点不在同一节点，则必须分别算出各个功率分点的实际电压，才能确定电压最低点和最大电压损耗。

对于具有分支的两端供电网络，如图 3-15 所示。电压最低点可能不在节点 2 而在节点 3，这需由比较计算结果来决定。所以在具有分支线的闭式电力网中，功率分点只是对干线而言的电压最低点，不一定是整个电力网的电压最低点。

3.4.3 简单闭式电力网潮流计算步骤

简单闭式电力网潮流计算可归纳为以下 6 步：

(1) 计算参数并做出等值电路；
(2) 用额定电压 V_N 计算各点运算负荷，简化等值电路；
(3) 计算不计阻抗上功率损耗的闭式网络初始功率分布；
(4) 由初始功率分布找到功率分点，在功率分点处将网络分解为两个开式网络；
(5) 分别从末段线路（即功率分点）开始，用额定电压 V_N 依次计算各段线路阻抗上的功率损耗；
(6) 用已知两供电电源点电压 V_{A1}、V_{A2} 和已求得的功率分布，分别从 A_1 和 A_2 点开始逐段计算电压降落，求得各点电压及电压损耗。

【**例 3-2**】 图 3-16 所示 110kV 闭式电网，A 点为某发电厂的高压母线，其运行电压为 117kV。网络各元件参数为

线路 Ⅰ、Ⅱ（每公里） $r_1=0.27\Omega, x_1=0.423\Omega, b_1=2.69\times10^{-6}\text{S}$
线路 Ⅲ（每公里） $r_1=0.45\Omega, x_1=0.44\Omega, b_1=2.58\times10^{-6}\text{S}$

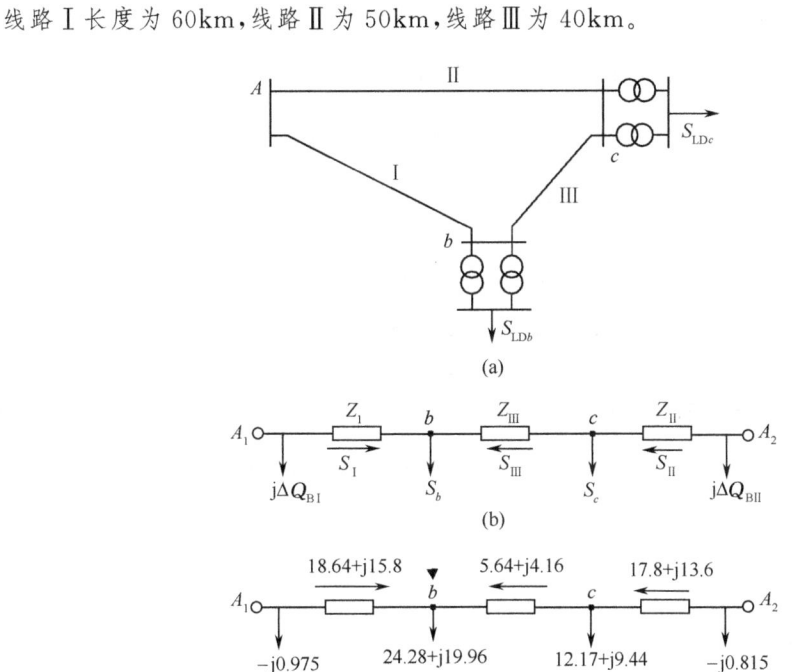

线路 Ⅰ 长度为 60km，线路 Ⅱ 为 50km，线路 Ⅲ 为 40km。

图 3-16 电力网络及其等值电路和功率分布
(a) 电力网络；(b) 等值电路；(c) 初始功率分布

各变电站每台变压器的额定容量、励磁功率和归算到 110kV 电压级的阻抗分别为

变电站 b　$S_N=20\text{MV}\cdot\text{A}, \Delta S_0=0.05+\text{j}0.6\text{MV}\cdot\text{A}, R_T=4.84\Omega, X_T=63.5\Omega$
变电站 c　$S_N=10\text{MV}\cdot\text{A}, \Delta S_0=0.03+\text{j}0.35\text{MV}\cdot\text{A}, R_T=11.4\Omega, X_T=127\Omega$
负荷功率　$S_{LDb}=24+\text{j}18\text{MV}\cdot\text{A}, S_{LDc}=12+\text{j}9\text{MV}\cdot\text{A}$

试求电力网的初始功率分布及最大电压损耗。

解 (1) 计算网络参数及制定等值电路。

线路 Ⅰ： $Z_Ⅰ = (0.27 + j0.423) \times 60 = 16.2 + j25.38(\Omega)$

$B_Ⅰ = 2.69 \times 10^{-6} \times 60 = 1.61 \times 10^{-4}(S)$

$\Delta Q_{BⅠ} = -\frac{1}{2} \times 1.61 \times 10^{-4} \times 110^2 = -0.975(\text{Mvar})$

线路 Ⅱ： $Z_Ⅱ = (0.27 + j0.423) \times 50 = 13.5 + j21.15(\Omega)$

$B_Ⅱ = 2.69 \times 10^{-6} \times 50 = 1.35 \times 10^{-4}(S)$

$\Delta Q_{BⅡ} = -\frac{1}{2} \times 1.35 \times 10^{-4} \times 110^2 = -0.815(\text{Mvar})$

线路 Ⅲ： $Z_Ⅲ = (0.45 + j0.44) \times 40 = 18 + j17.6(\Omega)$

$B_Ⅲ = 2.58 \times 10^{-6} \times 40 = 1.03 \times 10^{-4}(S)$

$\Delta Q_{BⅢ} = -\frac{1}{2} \times 1.03 \times 10^{-4} \times 110^2 = -0.623(\text{Mvar})$

变电站 b： $Z_{Tb} = \frac{1}{2}(4.84 + j63.5) = 2.42 + j31.75(\Omega)$

$\Delta S_{0b} = 2(0.05 + j0.6) = 0.1 + j1.2(\text{MV} \cdot \text{A})$

变电站 c： $Z_{Tc} = \frac{1}{2}(11.4 + j127) = 5.7 + j63.5(\Omega)$

$\Delta S_{0c} = 2(0.03 + j0.35) = 0.06 + j0.7(\text{MV} \cdot \text{A})$

等值电路如图 3-16(b)所示。

(2) 计算节点 b 和 c 的运算负荷。

$$\Delta S_{Tb} = \frac{24^2 + 18^2}{110^2}(2.42 + j31.75) = 0.18 + j2.36(\text{MV} \cdot \text{A})$$

$$\begin{aligned}S_b &= S_{LDb} + \Delta S_{Tb} + \Delta S_{ob} + j\Delta Q_{BⅠ} + j\Delta Q_{BⅢ} \\ &= 24 + j18 + 0.18 + j2.36 + 0.1 + j1.2 - j0.975 - j0.623 \\ &= 24.28 + j19.96(\text{MV} \cdot \text{A})\end{aligned}$$

$$\Delta S_{Tc} = \frac{12^2 + 9^2}{110^2}(5.7 + j63.5) = 0.106 + j1.18(\text{MV} \cdot \text{A})$$

$$\begin{aligned}S_c &= S_{LDc} + \Delta S_{Tc} + \Delta S_{oc} + j\Delta Q_{BⅢ} + j\Delta Q_{BⅡ} \\ &= 12 + j9 + 0.106 + j1.18 + 0.06 + j0.7 - j0.623 - j0.815 \\ &= 12.17 + j9.44(\text{MV} \cdot \text{A})\end{aligned}$$

(3) 计算闭式网络的功率分布。

$$\begin{aligned}S_Ⅰ &= \frac{S_b(Z_Ⅱ^* + Z_Ⅲ^*) + S_c Z_Ⅱ^*}{Z_Ⅰ^* + Z_Ⅱ^* + Z_Ⅲ^*} \\ &= \frac{(24.28 + j19.96)(31.5 - j38.75) + (12.17 + j9.44)(13.5 - j21.15)}{47.7 - j64.13} \\ &= 18.64 + j15.79(\text{MV} \cdot \text{A})\end{aligned}$$

$$\begin{aligned}S_Ⅱ &= \frac{S_b Z_Ⅰ^* + S_c(Z_Ⅰ^* + Z_Ⅲ^*)}{Z_Ⅰ^* + Z_Ⅱ^* + Z_Ⅲ^*} \\ &= \frac{(24.28 + j19.96)(16.2 - j25.38) + (12.17 + j9.44)(34.2 - j42.98)}{47.7 - j64.13} \\ &= 17.8 + j13.6(\text{MV} \cdot \text{A})\end{aligned}$$

$$S_{\mathrm{I}}+S_{\mathrm{II}}=18.64+\mathrm{j}15.79+17.8+\mathrm{j}13.6=36.44+\mathrm{j}29.39(\mathrm{MV\cdot A})$$
$$S_b+S_c=24.28+\mathrm{j}19.96+12.17+\mathrm{j}9.44=36.45+\mathrm{j}29.4(\mathrm{MV\cdot A})$$

可见,计算结果误差很小,无须重算。取 $S_{\mathrm{I}}=18.64+\mathrm{j}15.8$ 继续进行计算。

$$S_{\mathrm{III}}=S_b-S_{\mathrm{I}}=24.28+\mathrm{j}19.96-18.64-\mathrm{j}15.79=5.64+\mathrm{j}4.16(\mathrm{MV\cdot A})$$

由此得到功率初分布,如图 3-16(c)所示。

(4) 计算电压损耗。

由于线路Ⅰ和Ⅲ的功率均流向节点 b,故节点 b 为功率分点,且有功功率分点和无功功率分点都在 b 点,因此这点的电压最低。为了计算线路Ⅰ的电压损耗,要用 A 点的电压和功率 S'_{I}。

$$S'_{\mathrm{I}}=S_{\mathrm{I}}+\Delta S_{\mathrm{LI}}=18.64+\mathrm{j}15.79+\frac{18.64^2+15.79^2}{110^2}(16.2+\mathrm{j}25.38)$$
$$=19.44+\mathrm{j}17.04(\mathrm{MV\cdot A})$$
$$\Delta V_{\mathrm{I}}=\frac{P'_{\mathrm{I}}R_{\mathrm{I}}+Q'_{\mathrm{I}}X_{\mathrm{I}}}{V_A}=\frac{19.44\times 16.2+17.04\times 25.38}{117}=6.39(\mathrm{kV})$$

变电站 b 高压母线的实际电压为
$$V_b=V_A-\Delta V_{\mathrm{I}}=117-6.39=110.61(\mathrm{kV})$$

例 3-2 讲解　　　　　　　　　补充例题 3-2:10kV 两端供电网潮流计算

3.5　多级电压环网的功率分布

3.5.1　两台并联变压器构成的多级电压环网

闭式电力网中具有变压器时将构成不同电压等级的闭式电力网,习惯上称电磁环网。图 3-17(a)是由两台升压变压器构成的电磁环网。变压器的变比分别是 k_1 和 k_2,其值可能相等,也可能不等。把变压器阻抗归算到二次侧,且忽略励磁支路,可得图 3-17(b)所示的等值电路。

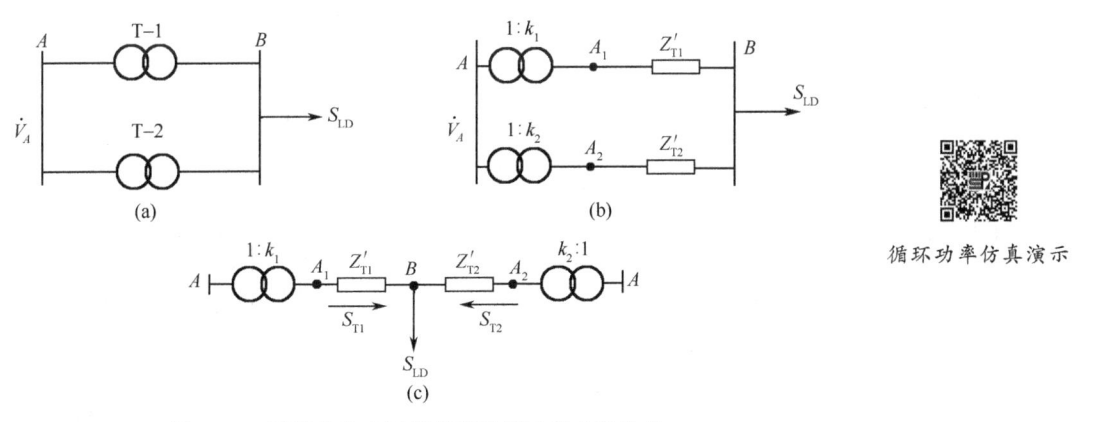

循环功率仿真演示

图 3-17　不同变比变压器并联运行时的功率分布

如果已给出变压器一次侧的电压 $\dot{V}_A$,则有 $\dot{V}_{A1}=k_1\dot{V}_A$ 和 $\dot{V}_{A2}=k_2\dot{V}_A$。将等值电路从 A 点拆开,便得到一个两端供电网络,如图 3-17(c)所示。将式(3-32)用于一个负荷的情况,可得

$$\begin{cases} S_{T1} = \dfrac{Z'^*_{T2} S_{LD}}{Z'^*_{T1}+Z'^*_{T2}} + \dfrac{(V^*_{A1}-V^*_{A2})V_{N\cdot H}}{Z'^*_{T1}+Z'^*_{T2}} \\ S_{T2} = \dfrac{Z'^*_{T1} S_{LD}}{Z'^*_{T1}+Z'^*_{T2}} + \dfrac{(V^*_{A2}-V^*_{A1})V_{N\cdot H}}{Z'^*_{T1}+Z'^*_{T2}} \end{cases} \quad (3-38)$$

式中，$V_{N\cdot H}$ 为高压侧的额定电压。

若 $k_1 \neq k_2$，则存在循环功率。我们假定循环功率是由节点 A_1 经变压器阻抗流向 A_2，即在原电路中为顺时针方向，并令

$$\Delta \dot{E}' = \dot{V}_{A1} - \dot{V}_{A2} = \dot{V}_A(k_1 - k_2) = \dot{V}_A k_1 \left(1 - \frac{k_2}{k_1}\right) \quad (3-39)$$

则循环功率为

$$S_c = \frac{(V^*_{A1}-V^*_{A2})V_{N\cdot H}}{Z'^*_{T1}+Z'^*_{T2}} = \frac{\Delta \dot{E}'^* V_{N\cdot H}}{Z'^*_{T1}+Z'^*_{T2}} \quad (3-40)$$

我们称 $\Delta \dot{E}'$ 为环路电势，它是因并联变压器的变比不等而引起的。循环功率是由环路电势产生，因此，循环功率的方向同环路电势的作用方向是一致的。当两变压器的变比相等时 $\Delta \dot{E}' = 0$，循环功率便不存在。

式(3-38)说明，变压器的实际功率分布是由变压器变比相等且供给实际负荷时的功率分布与不计负荷仅因变比不同而引起的循环功率叠加而成。

一般情况下，确定循环功率方向之后，环路电势便可由环路的开口电压确定，开口处可在高压侧，也可在低压侧，但应与阻抗归算的电压级一致，如图 3-18 和图 3-19 所示。

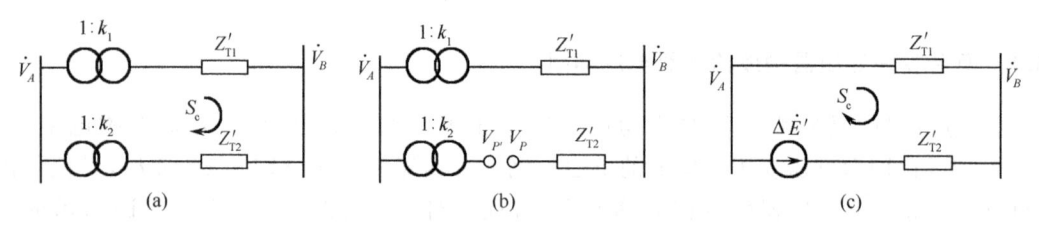

图 3-18 环路电势和循环功率的确定

归算到高压侧时，环路电势为

$$\Delta \dot{E}' = \dot{V}_P - \dot{V}_{P'} = \dot{V}_{P'}\left(\frac{k_1}{k_2}-1\right) = \dot{V}_{P'}(k_\Sigma - 1) \quad (3-41)$$

归算到低压侧时，环路电势为

$$\Delta \dot{E}' = \dot{V}_e - \dot{V}_{e'} = \dot{V}_{e'}\left(\frac{k_1}{k_2}-1\right) = \dot{V}_{e'}(k_\Sigma - 1) \quad (3-42)$$

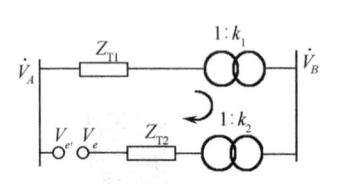

图 3-19 在低压侧确定环路电势

式中，$k_\Sigma = k_1/k_2$，称为环路的等值变比。如果 $\dot{V}_{P'}$ 和 $\dot{V}_{e'}$ 均未给出，也可分别用相应电压级的额定电压 $V_{N\cdot H}$ 和 $V_{N\cdot L}$ 代替。于是循环功率便为

$$S_c \approx \frac{V^2_{N\cdot H}(k_\Sigma - 1)}{\overset{*}{Z}'_{T1}+\overset{*}{Z}'_{T2}} \approx \frac{V^2_{N\cdot L}(k_\Sigma - 1)}{\overset{*}{Z}_{T1}+\overset{*}{Z}_{T2}} \quad (3-43)$$

【例 3-3】 变比分别为 $k_1=110/11$ 和 $k_2=115.5/11$ 的两台变压器并联运行，如图 3-20(a)所示，两台变压器归算到低压侧的电抗均为 1Ω，其电阻和导纳忽略不计。已知低压母线电压为 10kV，负荷功率为 $16+j12$ MV·A，试求变压器的功率分布和高压侧电压。

解 (1) 假定两台变压器变比相同,计算其功率分布。因两台变压器电抗相等,故

$$S_{1LD}=S_{2LD}=\frac{1}{2}S_{LD}=\frac{1}{2}(16+j12)=8+j6(MV \cdot A)$$

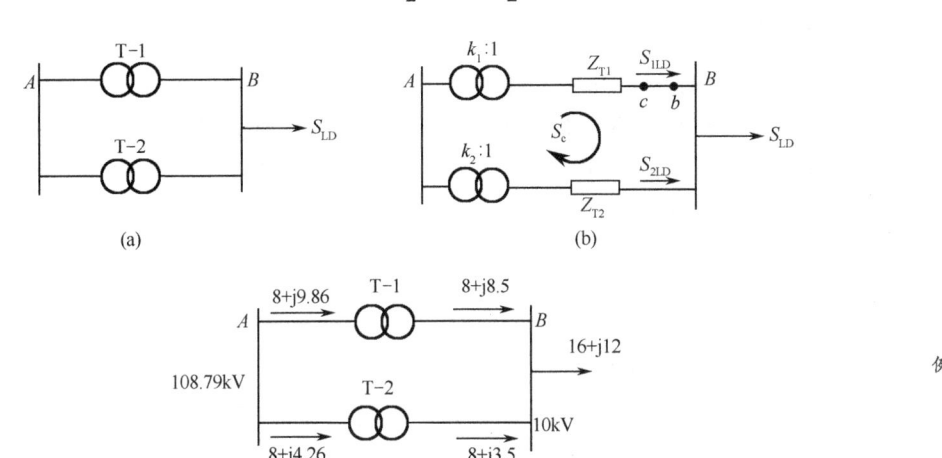

图 3-20 电路及其功率分布

例 3-3 讲解

(2) 求循环功率。因为阻抗已归算到低压侧,宜用低压侧的电压求环路电势。若取其假定正方向为顺时针方向,值得注意的是,由于开口处为 cb 处,则式(3-42)修正为

$$\Delta E \approx V_B\left(\frac{k_2}{k_1}-1\right)=10\left(\frac{10.5}{10}-1\right)=0.5(kV)$$

故循环功率为

$$S_c \approx \frac{V_B \Delta E}{Z_{T1}^* + Z_{T2}^*}=\frac{10 \times 0.5}{-j1-j1}=j2.5(MV \cdot A)$$

(3) 计算两台变压器的实际功率分布。

$$S_{T1}=S_{1LD}+S_c=8+j6+j2.5=8+j8.5(MV \cdot A)$$
$$S_{T2}=S_{2LD}-S_c=8+j6-j2.5=8+j3.5(MV \cdot A)$$

(4) 计算高压侧电压。不计电压降落的横分量时,按变压器 T-1 计算可得高压母线电压为

$$V_A=\left(10+\frac{8.5 \times 1}{10}\right)k_1=(10+0.85) \times 10=108.5(kV)$$

按变压器 T-2 计算可得

$$V_A=\left(10+\frac{3.5 \times 1}{10}\right)k_2=(10+0.35) \times 10.5=108.68(kV)$$

计及电压降落的横分量,按 T-1 和 T-2 计算可分别得

$$V_A=108.79kV, \quad V_A=109kV$$

(5) 计算从高压母线输入变压器 T-1 和 T-2 的功率。

$$S'_{T1}=8+j8.5+\frac{8^2+8.5^2}{10^2} \times j1=8+j9.86(MV \cdot A)$$

$$S'_{T2}=8+j3.5+\frac{8^2+3.5^2}{10^2} \times j1=8+j4.26(MV \cdot A)$$

输入高压母线的总功率为

$$S' = S'_{T1} + S'_{T2} = 8 + j9.86 + 8 + j4.26 = 16 + j14.12 (\text{MV} \cdot \text{A})$$

计算所得功率分布,如图 3-20(c)所示。

3.5.2 多电压等级的环形电力网

对于有多电压等级的环形电力网,环路电势和循环功率确定方法如下。首先作出等值电路并进行参数归算(变压器的励磁功率和线路的电容都略去不计)。其次,选定环路电势的作用方向,然后在所有负荷都切除的情况下,将环网的某一处断开,断口的电压即等于环路电势。必须注意,参数归算到哪一电压级,断口就应取该电压级。最后,沿环路电势作用方向的循环功率由下式确定

$$S_c \approx \frac{\Delta \dot{E}^* V_N}{Z_\Sigma^*} \tag{3-44}$$

式中,Z_Σ 为环网的总阻抗;V_N 为参数归算电压级的额定电压。

现以图 3-21(a)所示的三级电压环网为例进行计算。各变压器的变比分别为 $k_a = 121/10.5$,$k_b = 242/10.5$,$k_{c1} = 220/121$ 和 $k_{c2} = 220/11$。选定 110kV 作为归算参数的电压级,顺时针方向为环路电势的作用方向。如图 3-21(b)所示,在 110kV 线路中任取一断口,以确定环路电势 $\Delta \dot{E}$。若电压 $\dot{V}_B$ 已知,则

$$\Delta \dot{E} = \dot{V}_P - \dot{V}_{P'} = \dot{V}_B \left(1 - \frac{k_{c1} k_a}{k_b}\right) = \dot{V}_B (1 - k_\Sigma) \tag{3-45}$$

若电压 $\dot{V}_A$ 已知,则

$$\Delta \dot{E} = \dot{V}_P - \dot{V}_{P'} = \dot{V}_A \left(\frac{k_b}{k_{c1}} - k_a\right) = \dot{V}_A k_a \left(\frac{1}{k_\Sigma} - 1\right) \tag{3-46}$$

环路电势确定后,可按式(3-44)计算循环功率。

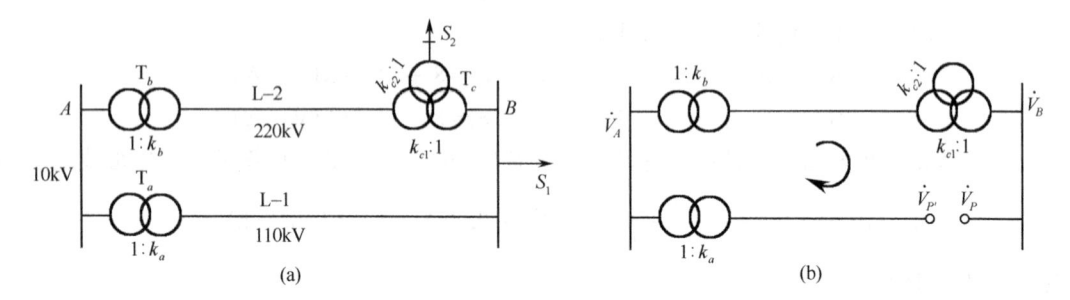

图 3-21 三级电压环网中环路电势的确定

由式(3-45)或(3-46)可见,若 $k_\Sigma = 1$,则 $\Delta E = 0$,循环功率也就不存在。$k_\Sigma = 1$ 说明在环网中运行的各变压器的变比是相匹配的。循环功率只是在变压器的变比不匹配(即 $k_\Sigma \neq 1$)的情况下才会出现。如果环网中原来的功率分布在技术上或经济上不太合理时,则可以通过调整变压器的变比,产生某一指定方向的循环功率来改善功率分布。

最后,顺便说一下参数的归算问题。例如,将图 3-21(a)中 220kV 的线路 L-2 的阻抗 Z_{L2} 归算到 110kV 侧,若沿逆时针方向归算,可得

$$Z'_{L2} = \left(\frac{k_a}{k_b}\right)^2 Z_{L2} = \left(\frac{121}{242}\right)^2 Z_{L2} \tag{3-47}$$

若沿顺时针方向进行归算,则得

$$Z'_{L2} = \left(\frac{1}{k_{c1}}\right)^2 Z_{L2} = \left(\frac{121}{220}\right)^2 Z_{L2} \tag{3-48}$$

可见,沿不同的方向归算,将得到不同的数值。对于其他参数的归算也会出现类似的情况。那么,究竟沿哪个方向进行阻抗归算才好呢?在简化计算中,通常是采用各级电力网的额定电压(或平均额定电压)之比,对阻抗进行近似的归算。若需精确计算,可将网络中的所有变压器都用Ⅱ型等值电路表示。这时网络中的各节点电压都是实际值,上述阻抗归算问题也就不存在了。

3.6 电力网的电能损耗

3.6.1 电力网的电能损耗和损耗率

在分析电力系统运行经济性时,不但要求计算最大负荷时电力网的功率损耗,还要求计算一段时间内电力网的电能损耗。通常以年(即 $365 \times 24 = 8760$ 小时)作为计算时间段,称为电力网年电能损耗。

在给定的时间(日、月、季或年)内,系统中所有发电厂的总发电量与厂用电量之差称为供电量。在同一时间内,电力网损耗电量占供电量的百分比,称为电力网的损耗率,简称网损率或线损率。

$$电力网损耗率 = \frac{电力网损耗电量}{供电量} \times 100\% \tag{3-49}$$

网损率是国家下达给电力系统的一项重要经济指标,也是衡量供电企业管理水平的一项主要标志。

电力系统各负荷的年有功和无功负荷曲线已知时,原则上可以准确计算年电能损耗。为了简化计算,可将实际负荷曲线用一个阶梯形曲线代替,即将全年 8760 小时分为若干段,每段时间内各负荷的有功和无功功率都用定值表示。这样,就可分别对各时间段进行系统的潮流计算,求出全网的有功功率损耗,并计算出各时间段的电能损耗,它们的总和即为年电能损耗。例如 8760 小时分为 n 段,其中第 i 段时间为 $\Delta t_i(h)$,全网功率损耗为 $\Delta P_i(MW)$,则全网年电能损耗为

$$\Delta W = \sum_{i=1}^{n} (\Delta P_i \times \Delta t_i) \quad (MW \cdot h) \tag{3-50}$$

时间段数 n 越多,计算的结果越准确,但计算工作量也越大。所以要选择适当的 n 值,以减小工作量并保证一定的准确度。上述方法通常用计算机进行计算。

在作电力系统规划设计等不要求很准确计算电能损耗的时候,常应用经验公式或曲线计算年电能损耗。这里介绍两种较常用的简化计算方法,用于逐个计算线路或变压器的年电能损耗。全部线路和变压器电能损耗之和即为全电网的年电能损耗。

1. 年负荷损耗率法

类似于式(1-3),可定义年负荷率 k_{my} 为

$$k_{my} = \frac{W}{8760 P_{max}} = \frac{T_{max}}{8760} \tag{3-51}$$

它与 k_m 一样,可用来衡量年负荷曲线的平坦程度。

对电力线路而言,设线路通过最大负荷时的功率损耗为 ΔP_{max},年电能损耗为 ΔW,年负荷损耗率 k_{ay} 定义为

$$k_{ay} = \frac{\Delta W}{8760 \Delta P_{max}} \tag{3-52}$$

根据统计资料分析，k_{ay} 与年负荷率 k_{my} 有关，近似关系为

$$k_{ay} = K k_{my} + (1-K) k_{my}^2 \tag{3-53}$$

式中，K 为经验数值。一般取 $K=0.1 \sim 0.4$，k_{my} 较低时取较小数值。

因此，可以根据通过线路负荷的最大负荷利用小时数 T_{max} 按式(3-51)和式(3-53)求出 k_{my} 和 k_{ay}，再计算最大负荷时线路的功率损耗 ΔP_{max}，最后按式(3-52)计算线路的年电能损耗

$$\Delta W = 8760 k_{ay} \Delta P_{max} \tag{3-54}$$

变压器的功率损耗包括与负荷有关的电阻损耗和空载损耗 ΔP_0，所以它的年电能损耗为

$$\Delta W = 8760 k_{ay} \Delta P_{max} + \Delta P_0 t_T \tag{3-55}$$

式中，t_T 为变压器一年中接入运行的小时数，缺乏具体数据时可取 $t_T = 8000 h$。

2. 最大负荷损耗时间法

如果线路中输送的功率一直保持为最大负荷功率 S_{max}，在 τ 小时内的电能损耗恰好等于线路全年的实际电能损耗，则称 τ 为最大负荷损耗时间。

$$\begin{aligned} \Delta W &= \sum_{i=1}^{n} (\Delta P_i \times \Delta t_i) = \int_0^{8760} \frac{S^2}{V^2} R \, dt \\ &= \frac{S_{max}^2}{V^2} R \tau = \Delta P_{max} \tau \end{aligned} \tag{3-56}$$

若认为电压接近于恒定，则

$$\tau = \frac{\Delta W}{\Delta P_{max}} = \frac{\int_0^{8760} S^2 \, dt}{S_{max}^2} \tag{3-57}$$

由此可见，最大负荷损耗时间 τ 与视在功率表示的负荷曲线有关。在一定功率因数下，视在功率与有功功率成正比，而有功功率负荷曲线的形状在某种程度上可由最大负荷利用小时数反映。因此，τ 与线路负荷的功率因数和 T_{max} 有关。通过对一些典型负荷曲线的分析，得到 τ 与 T_{max} 和 $\cos\varphi$ 的关系，如表 3-1 所示。

表 3-1　τ 与 T_{max} 和 $\cos\varphi$ 的关系

T_{max}/h	$\cos\varphi$				
	0.80	0.85	0.90	0.95	1.00
2000	1500	1200	1000	800	700
2500	1700	1500	1250	1100	950
3000	2000	1800	1600	1400	1250
3500	2350	2150	2000	1800	1600
4000	2750	2600	2400	2200	2000
4500	3150	3000	2900	2700	2500
5000	3600	3500	3400	3200	3000
5500	4100	4000	3950	3750	3600
6000	4650	4600	4500	4350	4200
6500	5250	5200	5100	5000	4850
7000	5950	5900	5800	5700	5600
7500	6650	6600	6550	6500	6400
8000	7400		7350		7250

使用这一方法只需计算最大负荷时线路的功率损耗 ΔP_{max}，再按负荷的 T_{max} 和 $\cos\varphi$ 从表 3-1 查得 τ，就可用下式计算线路的年电能损耗：

$$\Delta W = \Delta P_{max} \tau \qquad (3\text{-}58)$$

变压器年电能损耗为

$$\Delta W = \Delta P_{max} \tau + \Delta P_0 t_T \qquad (3\text{-}59)$$

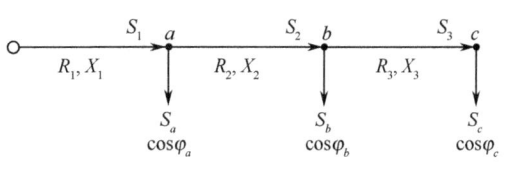

图 3-22 有几个负荷点的供电线路

如果一条线路上有几个负荷点，如图 3-22 所示，则线路的总电能损耗就等于各段线路电能损耗之和，即

$$\Delta W = \left(\frac{S_1}{V_a}\right)^2 R_1 \tau_1 + \left(\frac{S_2}{V_b}\right)^2 R_2 \tau_2 + \left(\frac{S_3}{V_c}\right)^2 R_3 \tau_3 \qquad (3\text{-}60)$$

式中，S_1, S_2, S_3 分别为各段的最大负荷功率；τ_1, τ_2, τ_3 分别为各段的最大负荷损耗时间。

为了求各线段的 τ，必须先算出各线段的 $\cos\varphi$ 和 T_{max}。如果已知各点负荷的最大负荷利用小时数分别为 $T_{max \cdot a}, T_{max \cdot b}$ 和 $T_{max \cdot c}$，各点最大负荷同时出现，且分别为 S_a, S_b 和 S_c，则有

$$\cos\varphi_1 = \frac{S_a \cos\varphi_a + S_b \cos\varphi_b + S_c \cos\varphi_c}{S_a + S_b + S_c}$$

$$\cos\varphi_2 = \frac{S_b \cos\varphi_b + S_c \cos\varphi_c}{S_b + S_c}$$

$$\cos\varphi_3 = \cos\varphi_c$$

$$T_{max1} = \frac{P_a T_{max \cdot a} + P_b T_{max \cdot b} + P_c T_{max \cdot c}}{P_a + P_b + P_c}$$

$$T_{max2} = \frac{P_b T_{max \cdot b} + P_c T_{max \cdot c}}{P_b + P_c}$$

$$T_{max3} = T_{max \cdot c}$$

算出 $\cos\varphi$ 和 T_{max} 后，就可以从表 3-1 中查到对应的 τ 值。

【例 3-4】 图 3-23 所示网络，变电站低压母线上的最大负荷为 40MW，$\cos\varphi = 0.8$，$T_{max} = 4500$h。试求线路和变压器全年的电能损耗。线路和变压器的参数如下：

线路（每回）：$r = 0.17\Omega/\text{km}$，$x = 0.409\Omega/\text{km}$，$b = 2.82 \times 10^{-6} \text{S/km}$

变压器（每台）：$\Delta P_0 = 86\text{kW}$，$\Delta P_S = 200\text{kW}$，$I_0\% = 2.7$，$V_S\% = 10.5$

解 最大负荷时变压器的绕组功率损耗为

$$\Delta S_T = \Delta P_T + j\Delta Q_T = 2\left(\Delta P_S + j\frac{V_S\%}{100} S_N\right)\left(\frac{S}{2S_N}\right)^2$$

$$= 2\left(200 + j\frac{10.5}{100} \times 31500\right)\left(\frac{40 \times 1000/0.8}{2 \times 31500}\right)^2$$

$$= 252 + j4167 \text{(kV·A)}$$

变压器的铁心功率损耗为

$$\Delta S_0 = 2\left(\Delta P_0 + j\frac{I_0\%}{100} S_N\right) = 2\left(86 + j\frac{2.7}{100} \times 31500\right)$$

$$= 172 + j1701 \text{(kV·A)}$$

线路末端充电功率

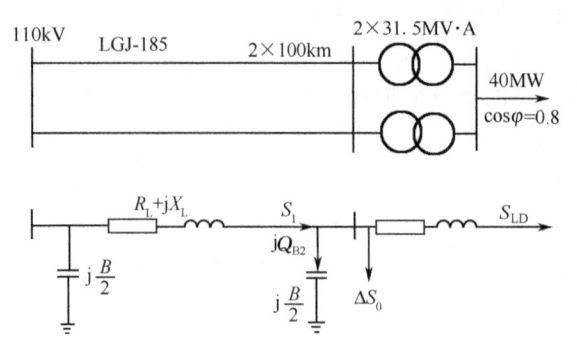

图 3-23 输电系统及其等值电路

$$Q_{B2} = -2\frac{bl}{2}V^2 = -2.82 \times 10^{-6} \times 100 \times 110^2 = -3.412(\text{Mvar})$$

等值电路中流过线路等值阻抗的功率为

$$\begin{aligned}S_1 &= S_{LD} + \Delta S_T + \Delta S_0 + jQ_{B2}\\ &= 40 + j30 + 0.252 + j4.167 + 0.172 + j1.701 - j3.412\\ &= 40.424 + j32.456(\text{MV} \cdot \text{A})\end{aligned}$$

线路上的有功功率损耗

$$\begin{aligned}\Delta P_L &= \frac{S_1^2}{V^2}R_L = \frac{40.424^2 + 32.455^2}{110^2} \times \frac{1}{2} \times 0.17 \times 100\\ &= 1.8879(\text{MW})\end{aligned}$$

已知 $T_{\max} = 4500\text{h}$ 和 $\cos\varphi = 0.8$,从表 3-1 中查得 $\tau = 3150\text{h}$,假定变压器全年投入运行,则变压器全年的电能损耗

$$\begin{aligned}\Delta W_T &= 2\Delta P_0 \times 8760 + \Delta P_T \times 3150\\ &= 172 \times 8760 + 252 \times 3150 = 2300520(\text{kW} \cdot \text{h})\end{aligned}$$

线路全年的电能损耗

$$\Delta W_L = \Delta P_L \times 3150 = 1887.9 \times 3150 = 5946885(\text{kW} \cdot \text{h})$$

输电系统全年的总电能损耗

$$\Delta W_T + \Delta W_L = 2300520 + 5946885 = 8247405(\text{kW} \cdot \text{h})$$

用最大负荷损耗时间计算电能损耗的准确度不高,因为 $\Delta P_{\max}$ 的计算,尤其是 τ 值的确定都是近似的,而且不可能对由此而引起的误差作出有根据的分析。因此,这种方法只适用于电力网的规划设计。对于已运行电网的电能损耗计算,此方法的误差太大不宜采用。

3.6.2 降低网损的技术措施

电力网的电能损耗不仅耗费一定的动力资源,而且占用一部分发电设备容量。因此,降低网损是电力部门增产节约的一项重要任务。这里仅从电力网运行方面介绍几种降低网损的技术措施。

1. 减少无功功率的传输

实现无功功率的就地平衡,不仅可以改善电压质量,也可提高电网运行的经济性。线路的有功功率损耗为

$$\Delta P_L = \frac{P^2}{V^2\cos^2\varphi}R \tag{3-61}$$

如果将功率因数由原来的 $\cos\varphi_1$ 提高到 $\cos\varphi_2$，则线路中的功率损耗可降低

$$\delta_{PL}(\%) = \left[1 - \left(\frac{\cos\varphi_1}{\cos\varphi_2}\right)^2\right] \times 100 \tag{3-62}$$

当功率因数由 0.7 提高到 0.9 时，线路中的功率损耗可减少 39.5%。

大部分工业负荷为异步电动机。异步电动机所需要的无功功率可用下式表示：

$$Q = Q_0 + (Q_N - Q_0)\left(\frac{P}{P_N}\right)^2 = Q_0 + (Q_N - Q_0)\beta^2 \tag{3-63}$$

式中，Q_0 表示异步电动机空载运行时所需要的无功功率；P_N 和 Q_N 分别为额定负载下运行时的有功功率和无功功率；P 为电动机的实际机械负载；β 为受载系数。

式(3-63)中的第一项是电动机的励磁功率，它与负载情况无关，其数值约占 Q_N 的 60%～70%。第二项是绕组漏抗中的损耗，与受载系数的平方成正比。受载系数降低时，电动机所需的无功功率只有一小部分按受载系数的平方而减小，而大部分则维持不变。因此受载系数越小，功率因数越低。额定功率因数为 0.85 的电动机，如果 $Q_0 = 0.65 Q_N$，当受载系数为 0.5 时，功率因数将下降到 0.74。

为了提高用户的功率因数，所选择的电动机容量应尽量接近它所带动的机械负载。在技术条件许可的情况下，采用同步电动机代替异步机，或者对异步机的绕线式转子通以直流励磁，使它同步化运行。工业企业中已装设的同步电动机应运行在过励磁状态，以减少电网的无功负荷。

装设并联电容进行补偿是提高用户功率因数的重要措施。就电力网来说，为了实现分地区的无功功率平衡，避免无功功率跨地区、跨电压级的传送，还需要在变电站集中装设无功补偿装置。在电网运行中，应在保证电压质量，满足安全约束的条件下，按网损最小的原则在各无功电源之间实行无功负荷的最优分配。

2. 在闭式网络中实行功率的经济分布

在图 3-24 所示的简单环网中，根据式(3-32)可知其功率分布为

$$S_1 = \frac{S_c Z_2^* + S_b(Z_2^* + Z_3^*)}{Z_1^* + Z_2^* + Z_3^*}$$

$$S_2 = \frac{S_b Z_1^* + S_c(Z_1^* + Z_3^*)}{Z_1^* + Z_2^* + Z_3^*}$$

上式说明功率在环形网络中是与阻抗成反比分布的。

如果要使网络的功率损耗最小，功率应如何分布？图 3-24 所示环网的功率损耗为

$$\begin{aligned}
P_L &= \left(\frac{S_1}{V}\right)^2 R_1 + \left(\frac{S_2}{V}\right)^2 R_2 + \left(\frac{S_3}{V}\right)^2 R_3 \\
&= \frac{P_1^2 + Q_1^2}{V^2} R_1 + \frac{P_2^2 + Q_2^2}{V^2} R_2 + \frac{P_3^2 + Q_3^2}{V^2} R_3 \\
&= \frac{P_1^2 + Q_1^2}{V^2} R_1 + \frac{(P_b + P_c - P_1)^2 + (Q_b + Q_c - Q_1)^2}{V^2} R_2 \\
&\quad + \frac{(P_1 - P_b)^2 + (Q_1 - Q_b)^2}{V^2} R_3
\end{aligned}$$

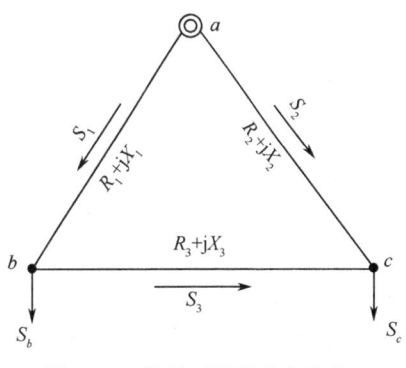

图 3-24 简单环网的功率分布

将上式分别对 P_1 和 Q_1 取偏导数,并令其等于零,便得

$$\frac{\partial P_L}{\partial P_1} = \frac{2P_1}{V^2}R_1 - \frac{2(P_b+P_c-P_1)}{V^2}R_2 + \frac{2(P_1-P_b)}{V^2}R_3 = 0$$

$$\frac{\partial P_L}{\partial Q_1} = \frac{2Q_1}{V^2}R_1 - \frac{2(Q_b+Q_c-Q_1)}{V^2}R_2 + \frac{2(Q_1-Q_b)}{V^2}R_3 = 0$$

由此可以解出

$$\begin{cases} P_{1ec} = \dfrac{P_b(R_2+R_3)+P_cR_2}{R_1+R_2+R_3} \\ Q_{1ec} = \dfrac{Q_b(R_2+R_3)+Q_cR_2}{R_1+R_2+R_3} \end{cases} \tag{3-64}$$

式(3-64)表明,功率在环形网络中与电阻成反比分布时,功率损耗为最小。我们称这种功率分布为经济分布。可以看出,在每段线路的 R/X 比值都相等的均一网络中,功率的自然分布与经济分布相同。在一般情况下,这两种功率分布是不同的。各段线路的不均一程度越大,功率损耗的差别就越大。为了降低网络功率损耗,可以采取一些措施使非均一网络的功率分布接近于经济分布,可采用的办法有:

(1) 选择适当地点作开环运行。为了限制短路电流或满足继电保护动作选择性要求,需将闭式网络开环运行时,开环点的选择也应尽可能兼顾到使开环后的功率分布更接近于经济分布。

(2) 对环网中比值 R/X 特别小的线段进行串联电容补偿。

(3) 在环网中增设混合型加压调压变压器,由它产生环路电势及相应的循环功率,以改善功率分布(见第 5 章)。

当然,不管采用哪一种措施,都必须对其经济效果以及运行中可能产生的问题作全面的分析。

补充例题 3-3:
环网经济运行

3. 合理确定电力网的运行电压

变压器铁心中的功率损耗在额定电压附近大致与电压平方成正比,当网络电压水平提高时,如果变压器的分接头也作相应的调整,则铁损将接近于不变。而线路和变压器绕组中的功率损耗则与电压平方成反比。

在铁损比重较小时,适当提高电网的运行电压可降低损耗。如将电网运行电压由 V_0 提高到 V_1,则网损下降率为

$$\delta_{PL}\% = \left[1 - c\left(\frac{V_1}{V_0}\right)^2 - (1-c)\left(\frac{V_0}{V_1}\right)^2\right] \times 100\% \tag{3-65}$$

必须指出,在电压水平提高后,负荷所取用的功率会略有增加。在额定电压附近,电压提高 1%,负荷的有功功率和无功功率将分别增大 1% 和 2%,这将会使网络中与通过功率有关的损耗略有增加。

一般来说,对于变压器铁损占网络总损耗的比重小于 50% 的电力网,适当提高运行电压都可以降低网损,电压在 35kV 及以上的电力网基本上属于这种情况。但是,对于变压器铁损占网络总损耗的比重大于 50% 的电力网,情况则正好相反。统计资料表明,在 6~10kV 的农村配电网中变压器铁损在配电网总损耗中所占比重可达 60%~80%,甚至更高。这是因为小容量变压器的空载电流较大,农村电力用户的负荷率又比较低,变压器有许多时间处于轻载状态。对于这类电力网,为了降低功率损耗和电能损耗,宜适当降低运行电压。

无论对于哪一类电力网,为了经济目的提高或降低运行电压水平时,都应将其限制在电压偏移的容许范围内。当然,更不能影响电力网的安全运行。

4. 组织变压器的经济运行

在一个变电站内装有 $n(n \geqslant 2)$ 台容量和型号都相同的变压器时,根据负荷的变化适当改变投入运行的变压器台数,可以减少功率损耗。当总负荷功率为 S 时,并联运行的 k 台变压器的总损耗为

$$\Delta P_{T(k)} = k\Delta P_0 + k\Delta P_S \left(\frac{S}{kS_N}\right)^2 \tag{3-66}$$

式中,ΔP_0 和 ΔP_S 分别为一台变压器的空载损耗和短路损耗;S_N 为一台变压器的额定容量。

由上式可见,铁心损耗与台数成正比,绕组损耗则与台数成反比。当变压器轻载运行时,绕组损耗所占比重相对减小,铁心损耗的比重相对增大,在某一负荷下,减少变压器台数,就能降低总的功率损耗。为了求得这一临界负荷值,我们先写出负荷功率为 S 时,$k-1$ 台变压器并联运行的总损耗

$$\Delta P_{T(k-1)} = (k-1)\Delta P_0 + (k-1)\Delta P_S \left(\frac{S}{(k-1)S_N}\right)^2 \tag{3-67}$$

使 $\Delta P_{T(k)} = \Delta P_{T(k-1)}$ 的负荷功率即是临界功率,其表达式如下

$$S_{cr} = S_N \sqrt{k(k-1)\frac{\Delta P_0}{\Delta P_S}} \tag{3-68}$$

k 台变压器并联运行和 $k-1$ 台变压器并联运行的功率损耗曲线如图 3-25 所示。

补充例题 3-4:变压器经济运行

由图 3-25 可以看出,当负荷功率 $S > S_{cr}$ 时,k 台变压器并联运行比较经济;当 $S < S_{cr}$ 时,$k-1$ 台变压器并联运行比较经济。

应该指出,对于季节性变化的负荷,使变压器投入的台数符合损耗最小的原则是有经济意义的,也是切实可行的。但对一昼夜内多次大幅度变化的负荷,为了避免断路器因过多的操作而增加检修次数,变压器则不宜完全按照上述方式运行。此外,当变电站仅有两台变压器而需要切除一台时,应有相应的措施以保证供电的可靠性。

此外,调整用户的负荷曲线,减小高峰负荷和低谷负荷的差,提高最小负荷率,使形状系数接近于1,也可降低能量损耗。

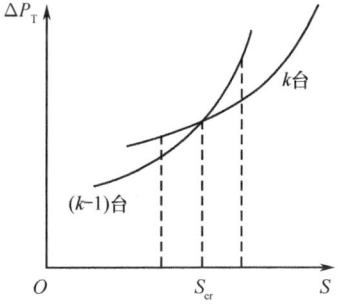

图 3-25 损耗与负荷关系曲线

3.7 三机九节点系统潮流计算实例

3.7.1 系统介绍

三机九节点系统如图 3-26 所示,线路标幺值参数如表 3-2 所示,节点参数、发电机参数分别如表 3-3、表 3-4 所示。

根据电力系统的实际运行条件,一般将节点分为 3 种类型。①PQ 节点。这类节点的有功功率 P 和无功功率 Q 是给定的。②PV 节点。这类节点的有功功率 P 和电压幅值 V 是给定的,这类节点必须有足够的可调无功容量,用以维持给定的电压幅值,一般为发电机节点。③平衡节点。在潮流计算中,平衡节点只有一个,它的电压幅值 V 和相角 θ 给定。在潮流分布算出之

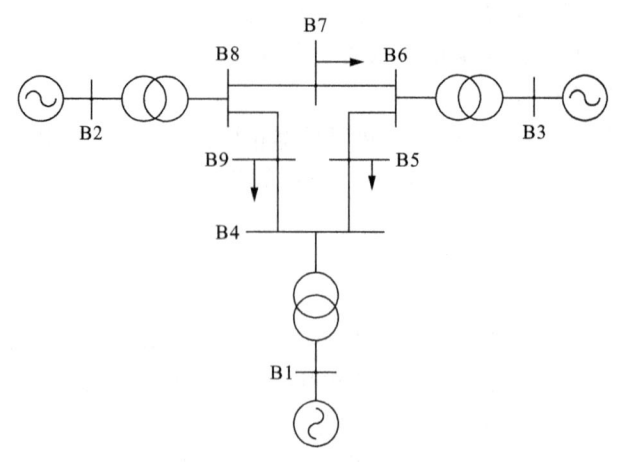

图 3-26 三机九节点系统网络结构图

前,网络中的功率损耗是未知的,这个节点承担了系统的有功功率平衡,故称为平衡节点。

表 3-2 网络参数

支路号	节点 i	节点 j	电阻(R)	电抗(X)	电纳(B)	电压比(K)
1	1	4	0.0000	0.0576	0.0000	1
2	4	5	0.0170	0.0920	0.1580	—
3	5	6	0.0390	0.1700	0.3580	—
4	3	6	0.0000	0.0586	0.0000	1
5	6	7	0.0119	0.1008	0.2090	—
6	7	8	0.0085	0.0720	0.1490	—
7	8	2	0.0000	0.0625	0.0000	1
8	8	9	0.0320	0.1610	0.3060	—
9	9	4	0.0100	0.0850	0.1760	—

表 3-3 节点参数

节点号	节点类型	节点电压	节点有功负荷/MW	节点无功负荷/Mvar
1	平衡节点	1	0	0
2	PV	1	0	0
3	PV	1.025	0	0
4	PQ	—	0	0
5	PQ	—	90	30
6	PQ	—	0	0
7	PQ	—	100	35
8	PQ	—	0	0
9	PQ	—	125	50

表 3-4 发电机参数

发电机节点	有功出力/MW	无功出力/Mvar	有功上限/MW	有功下限/MW	无功上限/Mvar	无功下限/Mvar
1	72.3	27.03	100	10	100	−100
2	163	6.54	200	10	200	−200
3	85	−10.95	100	10	100	−100

3.7.2 仿真结果

用 PowerWorld 搭建模型并进行潮流计算,得到的节点电压、发电机有功、无功出力如表 3-5 所示,线路上潮流结果如表 3-6 所示。

表 3-5 节点数据

节点号	电压幅值	电压相角	有功出力/MW	无功出力/Mvar	有功负荷/MW	无功负荷/Mvar
1	1.000	0.000*	71.91	17.22	—	—
2	1.000	9.516	163.00	6.44	—	—
3	1.025	4.410	85.00	8.16	—	—
4	0.991	−2.396	—	—	—	—
5	0.985	−4.020	—	—	90.00	30.00
6	1.021	1.684	—	—	—	—
7	0.996	0.492	—	—	100.00	35.00
8	1.001	3.676	—	—	—	—
9	0.962	−4.346	—	—	125.00	50.00

表 3-6 线路数据

支路号	节点i	节点j	节点i的有功输入/MW	节点i的无功输入/Mvar	节点j的有功输入/MW	节点j的无功输入/Mvar	有功损耗/MW	无功损耗/Mvar
1	1	4	71.91	17.22	−71.91	−14.07	0.00	3.15
2	4	5	30.31	−6.45	−30.15	−8.11	0.16	−14.56
3	5	6	−59.85	−21.89	61.30	−7.84	1.45	−29.73
4	3	6	85.00	8.16	−85.00	−4.10	0.00	4.07
5	6	7	23.70	11.94	−23.58	−32.17	0.12	−20.23
6	7	8	−76.42	−2.83	76.93	−7.78	0.50	−10.61
7	8	2	−163.00	10.19	163.00	6.44	0.00	16.63
8	8	9	86.07	−2.41	−83.66	−14.92	2.42	−17.33
9	9	4	−41.34	−35.08	41.61	20.52	0.26	−14.56

三机九节点系统建模步骤　　　　三机九节点系统潮流计算演示　　　　第 3 章小结

思考题与习题

3-1 什么是电压损耗和电压偏移?

3-2 如何计算输电线路和变压器阻抗元件上的电压降落?电压降落的大小主要取决于什么量?电压降落的相位主要取决于什么量?什么情况下会出现线路末端电压高于首端电压?

3-3 如何计算输电线路和变压器的功率损耗?其导纳支路上的功率损耗有何不同?

3-4 求闭环网络功率分布的力矩法计算公式是什么?用力矩法求出的初始功率分布是否考虑了网络中的功率损耗和电压降落?

3-5 什么是循环功率?多级环网在什么情况下会出现循环功率?

3-6 有哪些降低网损的技术措施?

3-7 输电系统如题 3-7 图所示。已知:每台变压器 $S_N=100\text{MV·A}$,$\Delta P_0=450\text{kW}$,$\Delta Q_0=3500\text{kvar}$,$\Delta P_S=1000\text{kW}$,$V_S\%=12.5$,工作在 -5% 的分接头;每回线路长 250km,$r_1=0.08\Omega/\text{km}$,$x_1=0.4\Omega/\text{km}$,$b_1=2.8\times10^{-6}\text{S/km}$;负荷 $P_{LD}=150\text{MW}$,$\cos\varphi=0.85$。线路首端电压 $V_A=242\text{kV}$,试分别计算:

(1) 输电线路、变压器以及输电系统的电压降落和电压损耗。

(2) 输电线路首端功率和输电效率。

(3) 线路首端 A、末端 B 及变压器低压侧 C 的电压偏移。

3-8 110kV 简单环网示于题 3-8 图,导线型号均为 LGJ-95,已知:$V_A=115\text{kV}$,线路 AB 段为 40km,AC 段为 30km,BC 段为 30km;变电站负荷为 $S_B=20+j15\text{MV·A}$,$S_C=10+j10\text{MV·A}$。试计算各节点电压、网络功率分布和最大电压损耗。

导线参数(LGJ-95):$r_1=0.33\Omega/\text{km}$,$x_1=0.429\Omega/\text{km}$,$b_1=2.65\times10^{-6}\text{S/km}$。

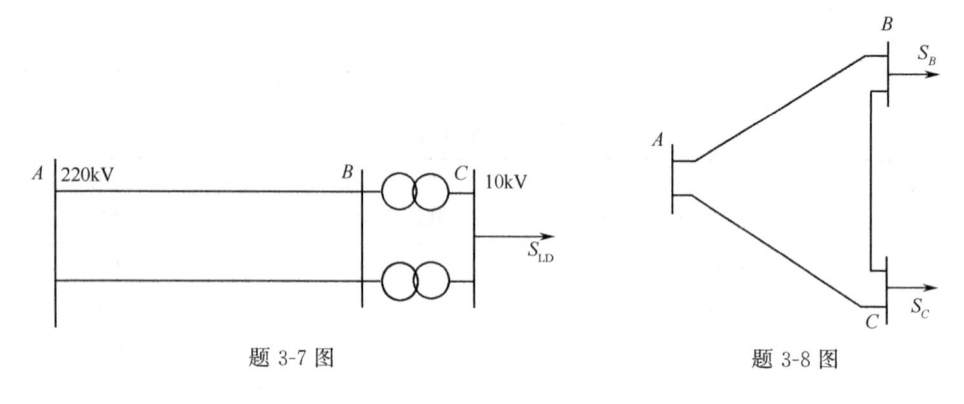

题 3-7 图

题 3-8 图

3-9 在题 3-9 图所示电力系统中,已知条件如下。变压器 T:SFT-40000/110,$\Delta P_S=200\text{kW}$,$V_S\%=10.5$,$\Delta P_0=42\text{kW}$,$I_0\%=0.7$,$k_T=k_N$;线路 AC 段:$l=50\text{km}$,$r_1=0.27\Omega/\text{km}$,$x_1=0.42\Omega/\text{km}$;线路 BC 段:$l=50\text{km}$,$r_1=0.45\Omega/\text{km}$,$x_1=0.41\Omega/\text{km}$;线路 AB 段:$l=40\text{km}$,$r_1=0.27\Omega/\text{km}$,$x_1=0.42\Omega/\text{km}$;各段线路的导纳均可略去不计;负荷功率:$S_{LDB}=25+j18\text{MV·A}$,$S_{LDD}=30+j20\text{MV·A}$;母线 D 额定电压为 10kV。当 C 点的运行电压 $V_C=108\text{kV}$ 时,求:

(1) 网络的功率分布及功率损耗。

(2) A、B、D 点的电压。

(3) 指出功率分点。

3-10 两台容量不同的降压变压器并联运行,如题 3-10 图所示。变压器的额定容量及归算到 35kV 侧的阻抗分别为:$S_{TN1}=10\text{MV·A}$,$Z_{T1}=0.8+j9\Omega$;$S_{TN2}=20\text{MV·A}$,$Z_{T2}=0.4+j6\Omega$。负荷 $S_{LD}=22.4+j16.8\text{MV·A}$。不计变压器损耗,试求:

题 3-9 图   题 3-10 图

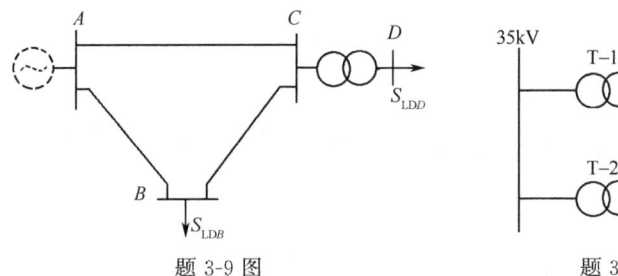

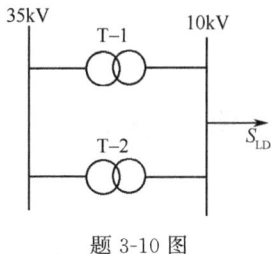

（1）两变压器变比相同且为额定变比 $k_{TN}=35/11$ 时各台变压器输出的视在功率。
（2）两台变压器均有 $\pm 4\times 2.5\%$ 的分接头，如何调整分接头才能使变压器间的功率分配合理？
（3）分析两变压器分接头不同对有功和无功分布的影响。

3-11　110kV 输电线路长 120km，$r_1=0.17\Omega/\text{km}$，$x_1=0.406\Omega/\text{km}$，$b_1=2.82\times 10^{-6}\text{S/km}$。线路末端最大负荷 $S_{\max}=32+\text{j}22\text{MV}\cdot\text{A}$，$T_{\max}=4500\text{h}$，求线路全年电能损耗。

3-12　若题 3-11 中负荷的功率因数提高到 0.92，电价为 0.20 元/(kW·h)，求降低电能损耗节约的费用。

3-13　若对题 3-11 的线路进行升压改造，线路电压升为 220kV，升压后线路参数为 $r_1=0.17\Omega/\text{km}$，$x_1=0.417\Omega/\text{km}$，$b_1=2.74\times 10^{-6}\text{S/km}$。负荷仍如题 3-11，试求全年电能损耗。若电价为 0.20 元/(kW·h)，试计算降低电能损耗所节约的费用。

3-14　两台型号为 SFL$_1$-40000/110 的变压器并联运行，如题 3-14 图所示。每台参数为：$\Delta P_0=41.5\text{kW}$，$I_0\%=0.7$，$\Delta P_S=203.4\text{kW}$，$V_S\%=10.5$。负荷 $S_{\max}=50+\text{j}36\text{MV}\cdot\text{A}$，$T_{\max}=4000\text{h}$，求全年电能损耗。

3-15　两台 SJL$_1$-2000/35 型变压器并联运行，每台的数据为 $\Delta P_0=4.2\text{kW}$，$\Delta P_S=24\text{kW}$。试求可以切除一台变压器的临界负荷。

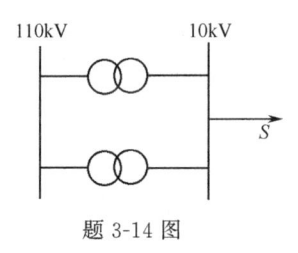

题 3-14 图　　　　　　第 3 章部分习题答案

第4章 电力系统有功功率和频率调整

4.1 有功平衡与频率调整

电力系统运行的根本目的是在保证电能质量符合标准的条件下,持续不断地供给用户所需要的电能,维持电力系统的功率平衡,保证系统运行的经济性。

衡量电能质量的主要指标是频率、电压和波形。电力系统运行中频率和电压变动时,对用户、发电厂和电力系统本身都会产生不同程度的影响。为保证良好的电能质量,电力系统运行时,必须将系统的频率和电压控制、调整在允许的偏移范围之内。

4.1.1 电力系统频率变化的影响

1. 频率变化对用户的影响

电力系统频率变化时,对用户有很大影响。

(1) 大多数用户使用异步电动机,电动机的转速与系统频率有关,频率变化将引起电动机转速的变化,这将影响用户生产产品的质量。如纺织工业、造纸工业,将因频率变化而出现残、次品。

(2) 电力系统的频率降低时,将使电动机的功率降低。一般恒定转矩负荷(如机床设备)的电动机,当频率降低1%时吸收的有功功率也降低1%。这种电动机有功功率的降低,将影响所传动机械的出力。

(3) 现代工业、国防和科学技术都已广泛使用电子设备,电力系统频率的不稳定,将会影响电子设备的准确度。有些用户使用电钟计时,频率的变化将影响电钟计时的准确性。雷达、电子计算机等重要设施将因频率过低而无法运行。

2. 频率变化对发电厂和电力系统本身的影响

电力系统频率变化对发电厂和电力系统本身均有影响。

(1) 发电厂有许多由异步电动机拖动的重要设备,如给水泵、循环水泵、风机等。频率降低将使它们的出力降低。若频率降低过多,有可能使电动机停止运转,这会引起严重后果。例如,给水泵停止运转,将迫使锅炉停炉。

(2) 电力系统在低频率运行时,容易引起汽轮机低压叶片的共振,缩短汽轮机叶片的寿命,严重时会使叶片断裂,造成重大事故。

(3) 电力系统的频率降低时,异步电动机和变压器的励磁电流将大为增加,引起系统的无功功率损耗增加,在系统中备用无功电源不足的情况下,将导致电压的降低。当系统的频率维持稳定时,系统中的电压调整也较容易。

总之,由于所有电气设备都是按系统的额定频率设计的,当电力系统的频率质量降低时将影响各行各业。而频率过低时,甚至会使整个系统瓦解,造成大面积停电。因此必须设法使系统频率保持在规定的范围内,这就要求进行频率的调整与控制。

4.1.2 电力系统的频率与有功功率平衡的关系

电力系统的频率是由发电机转速决定的,而发电机的转速与其轴上的转矩平衡有关。如图 4-1 所示,在发电机轴上主要作用两个转矩,一个是原动机输入的机械转矩 M_T,与之对应的机械功率为 P_T;另一个是发电机输出的电磁转矩 M_E,与之对应的电磁功率为 P_E。正常稳态运行时,若不计摩擦转矩的作用,则原动机的机械转矩与发电机的电磁转矩相平衡,即 $M_T = M_E$。在额定频率下运行时,机械功率与电磁功率相平衡,即 $P_T = P_E$。

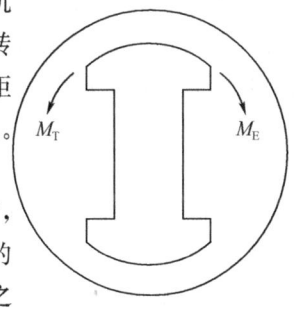

图 4-1 转矩平衡

如果原动机输入的机械功率能与发电机输出的电磁功率保持平衡,发电机的转速可维持恒定,系统的频率保持不变。但是,发电机输出的电磁功率是由系统的运行状态决定的,全系统发电机发出的有功功率之和,在任何时刻都与系统中有功功率负荷及网络上的有功功率损耗相平衡,我们称之为系统的有功功率平衡。因而,当系统中有功功率负荷变化时,将立即引起发电机输出功率相应的变化。且这种变化是经常的、瞬时出现的。而原动机输入的机械功率,由于调节系统及发电机组(发电机和原动机)转子的惯性,很难跟上发电机电磁功率的瞬时变化,因而将会出现原动机的机械功率与发电机的电磁功率不平衡,于是,发电机的转速将有所变化,系统的频率也将改变。由于电力系统的运行状态经常在变化,所以,严格地维持发电机转速或系统频率恒定不变是很困难的。但是,把频率对额定值的偏移限制在一个相当小的范围内是必要的,且是能够实现的。我国电力系统的额定频率 f_N 为 50Hz,规定频率偏差范围为 ±0.2Hz 到 ±0.5Hz。

综上所述,系统的频率与有功功率的平衡密切相关。当系统不能保持有功功率平衡时,系统频率发生变化,为维持系统的频率正常,使频率偏移不超过允许的波动范围,就必须使系统的有功功率保持或恢复平衡。

4.1.3 有功功率负荷的变化及其调整

由上述分析可知,电力系统中的负荷变化将会引起系统频率的变化。由于电力系统的负荷经常在变化,所以在电力系统运行中必须依靠调节电源侧,使电源发出的功率能跟随负荷的变化而变化,以维持系统的频率运行在允许的波动范围。分析电力系统的负荷曲线可知,负荷曲线的形状往往是不规则、无一定规律的。而我们可以把这种无规律可循的曲线看成是几种有规律的曲线叠加。如图 4-2 所示为负荷变化的示意图,把一条不规则的负荷曲线 4 分解成三种具有不同变化规律的负荷曲线。

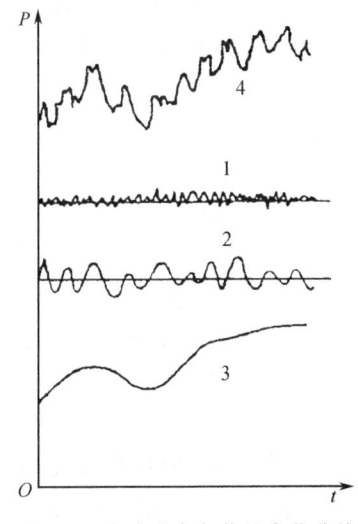

图 4-2 有功功率负荷的变化曲线
1—第一种负荷变化;2—第二种负荷变化;
3—第三种负荷变化;4—实际负荷变化曲线

第一种负荷曲线,变化的幅度很小,频率很高,周期很短(一般为 10s 以内)。这是由于想象不到的小负荷经常性的变化引起的,如系统末端的小操作,风雨造成的线路摇摆等。

第二种负荷曲线,变化的幅度较大,频率较低,周期较长(一般为 10s~3min)。这是由于一些冲击性、间歇性负荷的变动引起的。如工业中大电机、电炉、延压机、电气机车等用户的开停。

第三种负荷曲线,变化的幅度很大,且变化缓慢,周期也最长。这是由于人们的生产、生活及气象条件等引起的,这种负荷变化基本上可以预计。

这些负荷的变化都将会打破系统的功率平衡,使系统的频率发生变化。为保证电力系统的供电可靠性和电能质量,要求电源侧能够加以调整,以使系统的功率重新平衡,频率趋于稳定。电力系统的运行正是在这种功率平衡不断被打破而又不断恢复的过程中进行的。

对于第一种负荷变化引起的频率偏移一般是由发电机组的调速器进行调整,称为频率的一次调整。对于第二种负荷变化引起的频率变动仅靠调速器的作用往往不能将频率变化限制在允许范围,而调频器必须参与频率的调整,这种调整称为频率的二次调整。对于第三种负荷的变化,通常是根据负荷预测,按一定的优化原则,在各发电厂间、发电机间实现功率的经济分配,这称为电力系统的经济运行调整。

4.1.4 有功功率平衡及备用容量

电力系统稳态运行时,电力负荷需要一定的有功功率,同时传输这些功率也要在网络中造成有功功率损耗。因此,电源发出的有功功率应满足负荷消耗和网络损耗的需要,即电力系统的有功功率应保持平衡,其关系可用下述方程表示:

$$\sum P_G = \sum P_{LD} + P_L \tag{4-1}$$

式中,$\sum P_G$ 为所有电源发出的有功功率之和;$\sum P_{LD}$ 为所有负荷消耗的有功功率之和;P_L 为网络中有功功率损耗之和。

由式(4-1)可见,当电力系统中的负荷增大时,网络损耗也将增大,而电源发出的功率必须增加才能使整个系统的有功功率平衡。

电力系统中的有功功率电源是各类发电厂的发电机,所有发电机的额定容量之和称为系统的总装机容量。但并非系统中的电源容量始终等于总装机容量,因为既不能保证所有发电设备都能不间断地投入运行,也不能保证所有投入运行的发电设备都能按额定容量发电。例如,需要定期停机检修;某些水电厂的发电机由于水头的高度降低不能按额定容量运行等。因此电力调度部门应及时、确切地掌握系统中各发电厂预计可投入发电设备的可发功率。这些可投入发电设备的可发功率之和才是真正可供调度的系统电源容量。

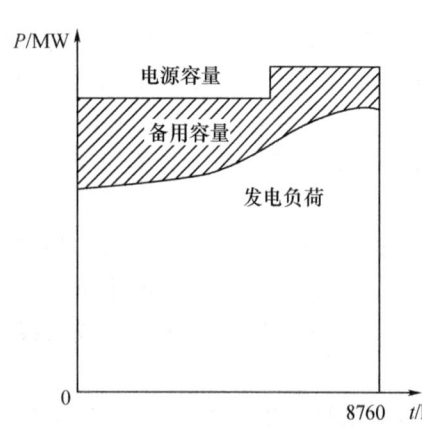

图 4-3 系统的备用容量

显然,系统电源容量应不小于包括网络损耗和厂用电在内的系统总发电负荷。欲想实现有功功率在各电厂的最优分配,则电厂中必须有足够的备用容量。系统中电源容量大于发电负荷的部分称为系统的备用容量,如图 4-3 所示。一般备用容量占最大发电负荷的 15%~20%。

系统中的备用容量可分为负荷备用、事故备用、检修备用和国民经济备用,或者按备用状态分为热备用和冷备用。

所谓负荷备用,是为满足系统中短时的负荷波动和一日中计划外的负荷增加而在系统中留有的备用容量。这种备用容量的大小应根据系统总负荷的大小及运行经验,并考虑系统中各类用户的比重来确定。一般为最大发电负荷的2%~5%。

事故备用是为防止系统中某些发电设备发生偶然事故时不致影响供电而在系统中留有的备用容量。这种备用是保证系统可靠性所必需的。事故备用的大小,要根据系统中机组的台数、机组容量的大小、机组的故障率以及系统的可靠性指标等来确定,一般为最大发电负荷的5%~10%,并且不小于系统中一台最大机组的容量。

检修备用是为保证系统的发电设备进行定期检修时不致影响供电而在系统中留有的备用容量。发电设备的检修分大修和小修,大修一般分批分期安排在一年中最小负荷季节进行,小修则利用节假日进行,以尽量减小因检修停机所需要的备用容量。这种备用的大小,应根据需要而定,一般为最大发电负荷的4%~5%。

国民经济备用是考虑到工业用户超计划生产及新用户的出现等而设置的备用容量。这种备用容量的大小,要根据国民经济的增长情况来确定。一般为最大发电负荷的3%~5%。

以上四种备用中,负荷备用和事故备用是要求在需要时能立即投入运行的容量,但是一般火电厂的锅炉和汽轮机,从停机状态启动到投入运行带上负荷要有一个过程,这一过程短则一二小时,长则十余小时,因此不能将火电厂停机状态的机组作为这两类备用。水电厂的水轮机组从停机状态启动到投入运行带上负荷,也需要几分钟,同样不能满足这两种备用的要求。故这两种需要立即投入运行的备用容量必须是处在运行状态的容量,这种备用容量称为热备用。热备用是指运转中的发电机可能发出的最大功率与实际发电负荷的差值。

但是考虑到系统运行的经济性,热备用容量也不宜过大,还有一部分为冷备用。冷备用是指未运转的发电机组可能发出的最大功率,故冷备用可作为检修备用、国民经济备用和一部分事故备用。

电力系统中只有拥有适当的备用容量,才可讨论有功功率在系统中各发电厂之间或各发电机之间的最优分配以及系统的频率调整问题。

根据系统的最大发电负荷和所需备用容量的多少,可确定发电厂的总装机容量,电厂的总装机容量应不小于最大发电负荷与备用容量的总和。最大发电负荷可表示为

$$P_\mathrm{M} = \sum P_\mathrm{LDmax} + P_\mathrm{Lmax} \tag{4-2}$$

式中,P_M表示系统中的最大发电负荷(有功功率),$\sum P_\mathrm{LDmax}$为所有负荷消耗的最大有功功率之和,P_Lmax为系统按最大负荷运行时的总有功网损。

$$总装机容量\begin{cases}最大发电负荷\ P_\mathrm{M}\\ 备用容量\begin{cases}负荷备用 & (2\%\sim 5\%)P_\mathrm{M}\\ 事故备用 & (5\%\sim 10\%)P_\mathrm{M}\\ 检修备用 & (4\%\sim 5\%)P_\mathrm{M}\\ 国民经济备用 & (3\%\sim 5\%)P_\mathrm{M}\end{cases}\end{cases}$$

一般总备用为$(15\%\sim 20\%)P_\mathrm{M}$。

4.2 电力系统的频率特性

4.2.1 系统负荷的有功功率-频率静态特性

当频率变化时,系统中的有功功率负荷也将发生变化。系统处于稳态运行时,系统中有功负荷随频率的变化特性称为负荷的静态频率特性。

根据所需的有功功率与频率的关系,可将负荷分成以下几种:

(1) 与频率变化无关的负荷,如照明、电弧炉、电阻炉和整流负荷等。

(2) 与频率一次方成正比的负荷,负荷的阻力矩等于常数的属于此类,如球磨机、切削机床、往复式水泵、压缩机和卷扬机等。

(3) 与频率二次方成正比的负荷,如变压器中的涡流损耗。

(4) 与频率三次方成正比的负荷,如通风机、静水头阻力不大的循环水泵等。

(5) 与频率更高次方成正比的负荷,如静水头阻力很大的给水泵。

整个系统的负荷功率与频率的关系可以写成

$$P_D = a_0 P_{DN} + a_1 P_{DN}\left(\frac{f}{f_N}\right) + a_2 P_{DN}\left(\frac{f}{f_N}\right)^2 + a_3 P_{DN}\left(\frac{f}{f_N}\right)^3 + \cdots \tag{4-3}$$

式中,P_D 为频率等于 f 时整个系统的有功负荷,P_{DN} 为频率等于额定值 f_N 时整个系统的有功负荷,a_i 为与频率的 i 次方成正比的负荷在 P_{DN} 中所占的份额($i=0,1,2,\cdots$)。

显然

$$a_0 + a_1 + a_2 + a_3 + \cdots = 1 \tag{4-4}$$

式(4-3)就是电力系统负荷的静态频率特性的数学表达式。若以 P_{DN} 和 f_N 分别作为功率和频率的基准值,以 P_{DN} 去除式(4-3)的各项,便得到用标幺值表示的功率-频率特性

$$P_{D*} = a_0 + a_1 f_* + a_2 f_*^2 + a_3 f_*^3 + \cdots \tag{4-5}$$

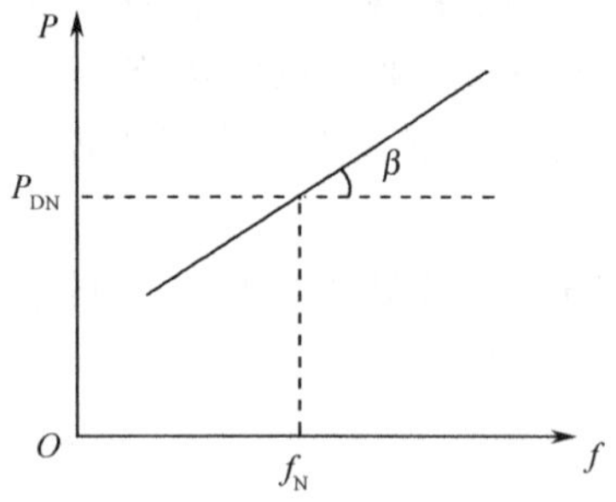

式(4-5)通常只取到频率的三次方为止,因为与频率的更高次方成正比的负荷所占的比重很小,可以忽略。

当频率偏离额定值不大时,负荷的静态频率特性常用一条直线近似表示,如图 4-4 所示。这就是说,在额定频率附近,系统负荷与频率呈线性关系。当系统频率略有下降时,负荷成比例自动减小。图中直线的斜率为

$$K_D = \tan\beta = \frac{\Delta P_D}{\Delta f} \tag{4-6}$$

图 4-4 有功负荷的频率静态特性

或用标幺值表示为

$$K_{D*} = \frac{\Delta P_D / P_{DN}}{\Delta f / f_N} = \frac{\Delta P_{D*}}{\Delta f_*} \tag{4-7}$$

K_D 和 K_{D*} 称为负荷的频率调节效应系数或简称为负荷的频率调节效应。K_{D*} 的数值取决于全系统各类负荷的比重,不同系统或同一系统不同时刻 K_{D*} 值都可能不同。

在实际系统中 $K_{D*}=1\sim3$,它表示频率变化 1% 时,负荷有功功率相应变化 1%~3%。K_{D*} 的具体数值通常由试验或计算求得。K_{D*} 的数值是调度部门必须掌握的一个数据,因为它是制订按频率减负荷方案和低频率事故时切除负荷来恢复频率的计算依据。

【例 4-1】 某电力系统中,与频率无关的负荷占 30%,与频率一次方成正比的负荷占 40%,与频率二次方成正比的负荷占 10%,与频率三次方成正比的负荷占 20%。求系统频率由 50Hz 降到 48Hz 和 45Hz 时,相应负荷功率的变化百分值。

解 (1) 频率降为 48Hz 时,$f_* = \frac{48}{50} = 0.96$,系统的负荷为

$$\begin{aligned}P_{D*} &= a_0 + a_1 f_* + a_2 f_*^2 + a_3 f_*^3 \\ &= 0.3 + 0.4 \times 0.96 + 0.1 \times 0.96^2 + 0.2 \times 0.96^3 = 0.953\end{aligned}$$

负荷变化为
$$\Delta P_{\mathrm{D}*}=1-0.953=0.047$$
其百分值为
$$\Delta P_{\mathrm{D}}\%=4.7\%$$

（2）频率降为 45Hz 时，$f_*=\dfrac{45}{50}=0.9$，系统的负荷为
$$P_{\mathrm{D}*}=0.3+0.4\times0.9+0.1\times0.9^2+0.2\times0.9^3=0.887$$
相应地
$$\Delta P_{\mathrm{D}*}=1-0.887=0.113$$
$$\Delta P_{\mathrm{D}}\%=11.3\%$$

4.2.2 发电机组的有功功率-频率静态特性

1. 调速系统的工作原理

当系统有功功率平衡遭到破坏，引起频率变化时，原动机的调速系统将自动改变原动机的进汽（水）量，相应增加或减少发电机的出力。当调速器的调节过程结束，建立新的稳态时，发电机的有功功率与频率之间的关系称为发电机组的有功功率-频率静态特性（简称为功频静态特性）。为了说明这种静态特性，必须对调速系统的工作原理作简要介绍。

原动机调速系统有很多种，根据测量环节的工作原理，可以分为机械液压调速系统和电气液压调速系统两大类。下面介绍离心式机械液压调速系统。

离心式机械液压调速系统由四个部分组成，其结构原理如图 4-5 所示。

这种调速系统的工作原理如下。转速测量元件由离心飞摆、弹簧和套筒组成，它与原动机转轴相连接，能直接反映原动机转速的变化。当原动机有某一恒定转速时，作用到飞摆上的离心力、重力及弹簧力在飞摆处于某一定位置时达到平衡。此时，套筒位于 B 点，杠杆 AOB 和 DEF 处在某种平衡位置，错油门的活塞将两个油孔堵塞，使高压油不能进入油动机（接力器），油动机活塞上、下两侧的油压相等，所以活塞不移动，进汽（水）阀门的开度也固定不变。当负荷增加时，原动机的转速（频率）降低，因而飞摆的离心力减小。在弹簧力和重力的作用下，飞摆靠拢到新的位置才能重新达到各力的平衡。于是套筒从 B 点下移到 B' 点。此时油动机还未动作，所以杠杆 AOB 中的 A 点仍在原处不动，整个杠杆便以 A 点为支点转动，使 O 点下降到 O' 点。杠杆 DEF 的 D 点是固定的，于是 F 点下移，错油门的活塞随之向下移动，打开了通向油动机的油孔，压力油便进入油动机活塞的下部，将活塞向上推，增大调节气门（或导水翼）的开度，增加进汽（水）量，使原动机的输出功率增加，机组的转速（频率）

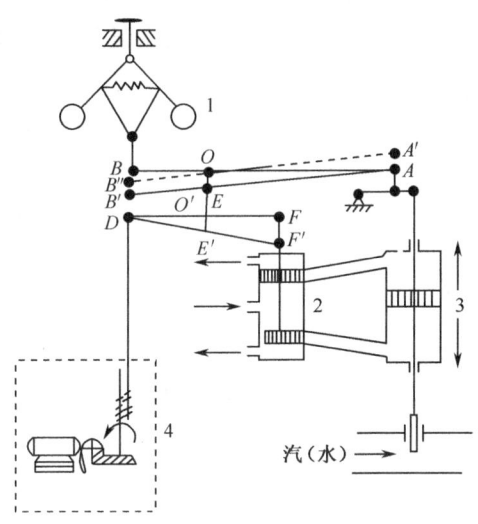

图 4-5 原动机调速系统示意图
1—转速测量元件—离心飞摆及其附件；
2—放大元件—错油门（或称配压阀）；
3—执行机构—油动机（或称接力器）；
4—转速控制机构或称同步器

调速器工作原理

便开始回升。随着转速的上升,套筒从 B' 点开始回升,与此同时油动机活塞上移,使杠杆 AOB 的 A 端也跟着上升,于是整个杠杆 AOB 便向上平移,并带动杠杆 DEF 以 D 点为支点向逆时针方向转动。当点 O 以及 DEF 恢复到原来位置时,错油门活塞重新堵住两个油孔,油动机活塞的上、下两侧油压又互相平衡,它就在一个新的位置稳定下来,调整过程便告结束。这时杠杆 AOB 的 A 端由于气门已开大而略有上升,到达 A' 点的位置,而 O 点仍保持原来位置,相应地 B 端将略有下降,到达 B'' 的位置,与这个位置相对应的转速,将略低于原来的数值。要使其恢复到原来的位置,得靠同步器来实现。由调速系统的工作原理可以看出,对应增大了的负荷,发电机组输出功率增加,频率低于初始值;反之,如果负荷减小,则调速器调整的结果使机组输出功率减小,频率高于初始值。这种调整就是频率的一次调整,由调速系统中的 1、2、3 元件按有差特性自动执行。

2. 同步器的工作原理

同步器由伺服电动机、蜗轮、蜗杆等装置组成,如图 4-5 所示。在人工手动操作或自动装置控制下,伺服电动机既可正转也可反转,从而使图 4-5 所示杠杆的 D 点上升或下降。从前面的讨论可知,如果 D 点固定,则当负荷增加引起转速下降时,由机组调速器自动进行的"一次调整"并不能使转速完全恢复。为了恢复初始的转速,可通过伺服电动机令 D 点上移。这时,由于 E 点不动,杠杆 DEF 便以 E 点为支点转动,使 F 点下降,错油门的油孔被打开。于是压力油进入油动机,使它的活塞向上移动,开大进汽(水)阀门,增加进汽(水)量,因而使原动机输出功率增加,机组转速随之上升。适当控制 D 点的移动,可使转速恢复到初始值。这时套筒位置较 D 点移动以前升高了一些,整个调速系统处于新的平衡状态。调整的结果使原来的功频静态特性 2 平行上移为特性 1,如图 4-6 所示。反之,如果机组负荷降低使转速升高,则可通过伺服电动机使 D 点下移来降低机组转速。调整的结果使原来的功频静特性 2 平行下移为特性 3。当机组负荷变动引起频率变化时,利用同步器平行移动机组功频静特性来调节系统频率和分配机组间的有功功率,就是频率的二次调整。同步器的控制既可以采用手动方式,也可采用自动方式。手动控制同步器称为人工调频,由自动调频装置控制调频器(同步器)称为自动调频。

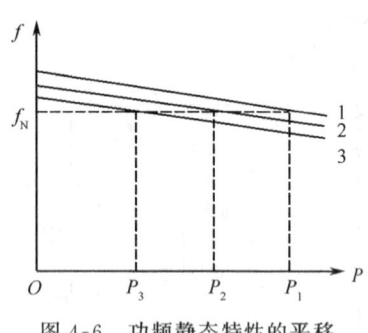

图 4-6 功频静态特性的平移

3. 发电机组的有功功率-频率静态特性

由上述调速器频率调整的工作原理可以看出,对应增大了的有功功率负荷,系统频率下降,经调速器调整,使发电机组输出的有功功率增加;反之,如果有功功率负荷减少,系统频率上升,则调速器调整的结果可使机组输出有功功率减少。如果以机组输出有功功率为横坐标、系统频率为纵坐标绘制关系曲线,得到一条向下倾斜的直线,如图 4-7 所示。这就是发电机组有功功率-频率静态特性曲线,简称功频静态特性。

发电机组功频静态特性的斜率为

$$K_G = -\frac{\Delta P_G}{\Delta f} \quad (4-8)$$

图 4-7 发电机组的功频静特性

式中,K_G 称为发电机组的单位调节功率,负号表示发电机组输出有功功率的变化与频率变化的

趋势相反,频率降低时,发电机输出的有功功率增加。K_G 标幺值为

$$K_{G*} = -\frac{\Delta P_G/P_{GN}}{\Delta f/f_N} = -\frac{\Delta P_{G*}}{\Delta f_*} = K_G \frac{f_N}{P_{GN}} \tag{4-9}$$

发电机组的单位调节功率与机组的调差系数有一定关系,调差系数也称为调差率,可定量表明某台机组负荷改变时相应的转速(频率)偏移,调差系数的倒数就是机组的单位调节功率(或称发电机组功频静态特性系数),即

$$\delta = -\frac{f_2-f_1}{P_2-P_1} = -\frac{\Delta f}{\Delta P_G} = \frac{1}{K_G} \tag{4-10}$$

或用标幺值表示

$$\delta_* = \frac{1}{K_{G*}} = -\frac{\Delta f_*}{\Delta P_{G*}} \tag{4-11}$$

调差系数也可用机组空载运行频率 f_0 与额定运行频率 f_N 差值的百分数表示,即

$$\delta(\%) = -\frac{\Delta f/f_N}{\Delta P_G/P_{GN}} = -\frac{(f_N-f_0)/f_N}{(P_{GN}-0)/P_{GN}} = \frac{f_0-f_N}{f_N}\times 100 \tag{4-12}$$

与负荷的频率调节效应 K_{D*} 不同,发电机组的调差系数 δ_* 或相应的单位调节功率 K_{G*} 是可以整定的。从式(4-10)和式(4-12)可以看出,调差系数的大小对频率偏移的影响很大,调差系数越小(即单位调节功率越大),频率偏移越小。但是因受机组调速机构的限制,调差系数的调整范围是有限的。通常

汽轮发电机组: $\delta_* = 0.04 \sim 0.06$, $K_{G*} = 25 \sim 16.7$

水轮发电机组: $\delta_* = 0.02 \sim 0.04$, $K_{G*} = 50 \sim 25$

4.2.3 电力系统的有功功率-频率静态特性

要确定电力系统负荷变化引起的频率波动,需要同时考虑负荷及发电机组两者的调节效应,为简单起见只考虑一台机组和一个负荷的情况。负荷和发电机组的静态特性如图 4-8 所示。在原始运行状态下,负荷的功频特性为 $P_D(f)$,它与发电机组功频静态特性的交点 A 确定了系统的频率为 f_1,发电机组的功率(也就是负荷功率)为 P_1。这就是说,在频率为 f_1 时达到了发电机组有功输出与系统的有功需求之间的平衡。

假定系统的负荷增加了 ΔP_{D0},其特性曲线变为 $P'_D(f)$。发电机组仍是原来的特性。那么新的稳态运行点将由 $P'_D(f)$ 和发电机组的静态特性的交点 B 决定,与此相应的系统频率为 f_2。由图 4-8 可见,由于频率变化了 Δf,且

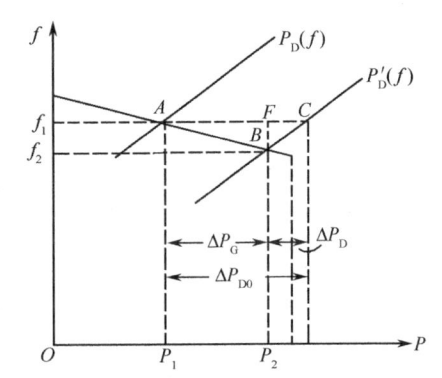

图 4-8 电力系统功频静态特性

$$\Delta f = f_2 - f_1 < 0 \tag{4-13}$$

发电机组功率输出的增量为

$$\Delta P_G = -K_G \Delta f \tag{4-14}$$

由于负荷的频率调节效应所产生的负荷功率变化为

$$\Delta P_D = K_D \Delta f \tag{4-15}$$

当频率下降时,ΔP_D 是负的。故负荷功率的实际增量为

$$\Delta P_{D0} + \Delta P_D = \Delta P_{D0} + K_D \Delta f \tag{4-16}$$

它应同发电机组的功率增量相平衡,即

$$\Delta P_{D0} + \Delta P_D = \Delta P_G \tag{4-17}$$

或

$$\Delta P_{D0} = \Delta P_G - \Delta P_D = -(K_G + K_D)\Delta f = -K\Delta f \tag{4-18}$$

式(4-18)说明,系统负荷增加时,在发电机组功率特性和负荷本身的调节效应共同作用下达到了新的功率平衡。即:一方面,负荷增加,频率下降,发电机按功频静态特性增加输出;另一方面,负荷实际取用的功率也因频率的下降而有所减小。

在式(4-18)中

$$K = K_G + K_D = -\frac{\Delta P_{D0}}{\Delta f} \tag{4-19}$$

称为系统的功率-频率静态特性系数,或系统的单位调节功率。它表示在计及发电机组和负荷的调节效应时,引起频率单位变化的负荷变化量。根据 K 值的大小,可以确定在允许的频率偏移范围内,系统所能承受的负荷变化量。显然,K 的数值越大,负荷增减引起的频率变化就越小,频率也就越稳定。

采用标幺制时

$$K_{G*}\frac{P_{GN}}{f_N} + K_{D*}\frac{P_{DN}}{f_N} = -\frac{\Delta P_{D0}}{\Delta f} \tag{4-20}$$

两端均除以 $\dfrac{P_{DN}}{f_N}$,便得

$$K_{G*}\frac{P_{GN}}{P_{DN}} + K_{D*} = -\frac{\Delta P_{D0}/P_{DN}}{\Delta f/f_N} = -\frac{\Delta P_{D0*}}{\Delta f_*} \tag{4-21}$$

或

$$K_* = k_r K_{G*} + K_{D*} = \frac{-\Delta P_{D0*}}{\Delta f_*} \tag{4-22}$$

式中,$k_r = P_{GN}/P_{DN}$ 为备用系数,表示发电机组额定容量与系统额定频率时的总有功负荷之比。在有备用容量的情况下($k_r > 1$)将相应增大系统的单位调节功率。

电力系统有功-频率静特性

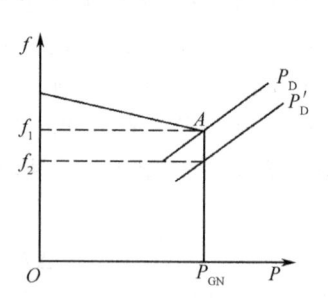

图 4-9 发电机组满载时的功频静态特性

如果在初始状态下,发电机组已经满载运行,即运行在图 4-9 中的 A 点。在 A 点以后,发电机组的静态特性将是一条与纵轴平行的直线,在这一段 $K_G = 0$。当系统的负荷再增加时,发电机已没有可调节的容量,不能再增加输出了,只有靠频率下降后负荷本身调节效应的作用来取

得新的平衡。这时 $K_* = K_{D*}$，由于 K_{D*} 的数值很小，负荷增加所引起的频率下降就相当严重了。由此可见，系统中有功功率电源的出力不仅应满足在额定频率下系统对有功功率的需求，并且为了适应负荷的增长，还应该有一定的备用容量。

4.3 电力系统的频率调整

电力系统的负荷随时都在变化，系统的频率也随之变化，要使系统的频率变化不超出允许的波动范围，就必须对频率进行调整。

4.3.1 频率的一次调整

上述系统功频静态特性实际上就是频率的一次调整。在实际电力系统中基本上所有发电机都具有自动调速系统，它们共同承担一次调整任务。下面将上述分析推广到多机系统。

当 n 台装有调速器的机组并联运行时，可根据各机组的调差系数或单位调节功率计算出等值调差系数 $\delta(\delta_*)$ 或等值单位调节功率 $K_G(K_{G*})$。

当系统频率变化 Δf 时，第 i 台机组的输出功率增量为

$$\Delta P_{Gi} = -K_{Gi}\Delta f \quad (i=1,2,\cdots,n) \tag{4-23}$$

n 台机组输出功率总增量为

$$\Delta P_G = \sum_{i=1}^{n}\Delta P_{Gi} = -\sum_{i=1}^{n}K_{Gi}\Delta f = -K_G\Delta f$$

故 n 台机组的等值单位调节功率为

$$K_G = \sum_{i=1}^{n}K_{Gi} = \sum_{i=1}^{n}K_{Gi*}\frac{P_{GiN}}{f_N} \tag{4-24}$$

由此可见，n 台机组的等值单位调节功率远大于一台机组的单位调节功率。在输出功率变化值 ΔP_G 相同的条件下，多台机组并列运行时的频率变化比一台机组运行时要小得多。

若把 n 台机组用一台等值机来代表，利用式(4-9)，并计及式(4-24)，即可求得等值单位调节功率的标幺值为

$$K_{G*} = \frac{\sum_{i=1}^{n}K_{Gi*}P_{GiN}}{P_{GN}} \tag{4-25}$$

其倒数为等值调差系数

$$\delta_* = \frac{1}{K_{G*}} = \frac{P_{GN}}{\sum_{i=1}^{n}\frac{P_{GiN}}{\delta_{i*}}} \tag{4-26}$$

式中，P_{GiN} 为第 i 台机组的额定功率；$P_{GN} = \sum_{i=1}^{n}P_{GiN}$ 为全系统 n 台机组额定功率之和。

必须注意，在求 K_G 或 δ 时，如第 j 台机组已满载运行，当负荷增加时应取 $K_{Gj}=0$ 或 $\delta_j=\infty$。

求出了 n 台机组的等值调差系数 δ 和等值单位调节功率 K_G 后，就可像一台机组时一样来分析频率的一次调整。利用式(4-19)可算出负荷功率初始变化量 ΔP_{D0} 引起的频率偏差 Δf。而各台机组所承担的功率增量则为

$$\Delta P_{Gi} = -K_{Gi}\Delta f = -\frac{1}{\delta_i}\Delta f = -\frac{\Delta f}{\delta_{i*}}\times\frac{P_{GiN}}{f_N} \tag{4-27}$$

或

$$\frac{\Delta P_{Gi}}{P_{GiN}} = -\frac{\Delta f_*}{\delta_{i*}} \tag{4-28}$$

由上式可见,调差系数越小的机组增加的有功功率输出(相对于本身的额定值)就越多。

【例 4-2】 某电力系统中,一半机组的容量已完全利用;占总容量 1/4 的火电厂尚有 10% 备用容量,其单位调节功率为 16.6;占总容量 1/4 的水电厂尚有 20% 的备用容量,其单位调节功率为 25;系统有功负荷的频率调节效应系数 $K_{D*}=1.5$。试求:(1) 系统的单位调节功率 K_*。(2) 负荷功率增加 5% 时的稳态频率 f。(3) 如频率容许降低 0.2Hz,系统能够承担的负荷增量。

解 (1) 计算系统的单位调节功率。

令系统中发电机的总额定容量等于 1,利用公式(4-25)可算出全部发电机组的等值单位调节功率

$$K_{G*} = 0.5 \times 0 + 0.25 \times 16.6 + 0.25 \times 25 = 10.4$$

系统负荷功率

$$P_{D*} = 0.5 + 0.25 \times (1-0.1) + 0.25 \times (1-0.2) = 0.925$$

系统备用系数

$$k_r = 1/0.925 = 1.081$$

于是

$$K_* = k_r K_{G*} + K_{D*} = 1.081 \times 10.4 + 1.5 = 12.742$$

(2) 系统负荷增加 5% 时的频率偏移为

$$\Delta f_* = -\frac{\Delta P_{D0*}}{K_*} = -\frac{0.05}{12.742} = -3.924 \times 10^{-3}$$

一次调整后的稳态频率为

$$f = 50 - 0.003924 \times 50 = 49.804 \text{(Hz)}$$

(3) 频率降低 0.2Hz,即 $\Delta f_* = -0.004$,系统能够承担的负荷增量

$$\Delta P_{D0*} = -K_* \cdot \Delta f_* = -12.742 \times (-0.004) = 5.097 \times 10^{-2} \text{ 或 } \Delta P_{D0*} = 5.097\%$$

【例 4-3】 同上例,但火电厂容量已全部利用,水电厂的备用容量已由 20% 降至 10%。

解 (1) 计算系统的单位调节功率。

$$K_{G*} = 0.5 \times 0 + 0.25 \times 0 + 0.25 \times 25 = 6.25$$

$$k_r = \frac{1}{0.5 + 0.25 + 0.25 \times (1-0.1)} = 1.026$$

$$K_* = 1.026 \times 6.25 + 1.5 = 7.912$$

(2) 系统负荷增加 5% 后

$$\Delta f_* = -\frac{0.05}{7.912} = -0.632 \times 10^{-2}$$

$$f = 50 - 0.00632 \times 50 = 49.68 \text{(Hz)}$$

(3) 频率允许降低 0.2Hz,系统能够承担的负荷增量为

$$\Delta P_{D0*} = -K_* \cdot \Delta f_* = -7.912 \times (-0.004) = 3.165 \times 10^{-2} \quad \text{或} \quad \Delta P_{D0*} = 3.165\%$$

上述算例说明,系统的单位调节功率越大,频率就越稳定。由于系统中发电机组的调差系数不能太小,系统的单位调节功率 K_* 的值就不可能很大,而且 K_* 值的大小随机组运行状态的不同而变化。备用容量较小时,K_* 亦较小。增加备用容量虽可增大 k_r 值以提高 K_*,但备用容量过大时发电设备则得不到充分的利用。因此,以系统的功频静态特性为基础的频率一次调整的

作用是有限的,它只能适应变化幅度小、变化周期较短的变化负荷。对于变化幅度较大,变化周期较长的变化负荷,一次调整不一定能保证频率偏移在允许范围内。在这种情况下,需要由发电机组的转速控制机构(调频器)来进行频率的二次调整。

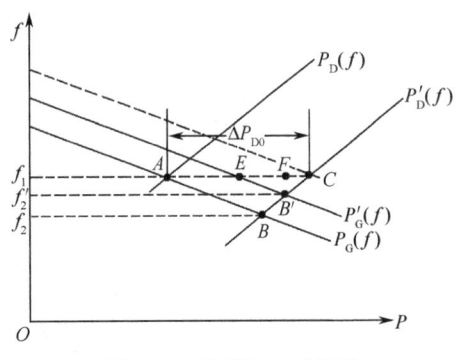

4.3.2 频率的二次调整

当电力系统由于负荷变化引起的频率偏移较大,频率一次调整不能使其保持在允许范围内时,只有通过频率的二次调整才能解决。频率的二次调整就是以自动或手动方式调节同步器(调频器),使发电机组的频率特性平行移动,从而使负荷变动引起的频率偏移缩小在允许的波动范围内。

1. 频率的二次调整过程

假定系统中只有一台发电机组向负荷供电,原始运行点为两条特性曲线 $P_G(f)$ 和 $P_D(f)$ 的交点 A,系统的频率为 f_1,如图 4-10 所示。系统的负荷增加 ΔP_{D0} 后,在还未进行二次调整时,运行点将移到 B,系统的频率便下降到 f_2。在调频器的作用下,机组的静态特性上移为 $P'_G(f)$,运行点也随之转移到点 B'。此时系统的频率为 f'_2,频率的偏移值为 $\Delta f = f'_2 - f_1$。由图可见,系统负荷的初始增量 ΔP_{D0} 由三部分组成

图 4-10 频率的二次调整

$$\Delta P_{D0} = \Delta P_G - K_G \Delta f - K_D \Delta f \tag{4-29}$$

式中,ΔP_G 是由二次调整而得到的发电机组的功率增量(图中 $\overline{AE}$);$-K_G \Delta f$ 是由一次调整而得到的发电机组的功率增量(图中 $\overline{EF}$);$-K_D \Delta f$ 是由负荷本身的调节效应所得到的功率增量(图中 $\overline{FC}$)。

式(4-29)就是有二次调整时的功率平衡方程。该式也可改写成

$$\Delta P_{D0} - \Delta P_G = -(K_G + K_D)\Delta f = -K \Delta f \tag{4-30}$$

或

$$\Delta f = -\frac{\Delta P_{D0} - \Delta P_G}{K} \tag{4-31}$$

由式(4-31)可见,进行频率的二次调整并不能改变系统的单位调节功率 K 的数值。但是由于二次调整增加了发电机的出力,在同样的频率偏移下,系统能承受的负荷变化量增加了,或者说,在相同的负荷变化量下,系统频率的偏移减小了。由图中的虚线可见,当二次调整所得到的发电机组功率增量能完全抵偿负荷的初始增量,即 $\Delta P_{D0} - \Delta P_G = 0$ 时,频率将维持不变(即 $\Delta f = 0$),这样就实现了无差调节。而当二次调整所得到的发电机组功率增量不能满足负荷变化的需要时,不足的部分需由系统的调节效应所产生的功率增量来抵偿,因此系统的频率就不能恢复到原来的数值。

在有许多台机组并联运行的电力系统中,当负荷变化时,配置了调速器的机组,只要还有可调的容量,都毫无例外地按静态特性参加频率的一次调整。而频率的二次调整一般只是由一台或少数几台发电机组(一个或几个厂)承担,这些机组(厂)称为调频机组(厂)。

2. 主调频厂的选择

全系统有调节能力的发电机组都会参与频率的一次调整,但只有少数发电机组承担频率的

二次调整。按照是否承担二次调整可将电厂分为主调频厂、辅助调频厂和非调频厂。其中,主调频厂(一般只有一两个电厂)负责全系统的频率调整(即二次调整);辅助调频厂只在系统超过某一规定的偏移范围时才参与调整,这样的电厂一般也只有少数几个;非调频厂在系统正常运行情况下按预先给定的负荷曲线发电。

选择主调频厂应满足以下条件:
(1) 具有足够的调整容量及调整范围;
(2) 调频机组具有与负荷变化速度相适应的调整速度;
(3) 调整出力符合安全及经济原则。

此外,还应考虑由于调频所引起的联络线上交换功率的波动,以及网络中某些中枢点的电压波动是否超出允许范围。

水轮机组具有较宽的出力调整范围,一般可达额定容量的50%以上,调节速度快,一般在一分钟以内可从空载过渡到满载,且操作方便、安全。火力发电厂的锅炉和汽轮机都受允许最小技术负荷的限制,其中锅炉为25%(中温中压)~70%(高温高压)的额定容量,汽轮机为10%~15%的额定容量。因此,火力发电厂的出力调整范围不大,而且调节速度受汽轮机各部分热膨胀的限制,不能过快。在50%~100%额定负荷范围内,每分钟仅能上升2%~5%。

所以,从调节范围和调节速度来看,水电厂最适合承担调频任务,应选大容量的水电厂作为调频厂。当水电厂的调整容量不够或没有水电厂时,则选中温中压的火电厂作为调频厂。但是在安排各类电厂的负荷时,还应考虑整个电力系统运行的经济性及节能调度的要求。在枯水季节,宜选水电厂作为主调频厂,火电厂中效率较低的机组则承担辅助调频的任务;在丰水季节,为了充分利用水力资源,水电厂宜带稳定的负荷,而由效率不高的火电厂承担调频任务。

当调频厂不位于负荷的中心时,在调整系统频率的同时,还应控制调频厂与其他系统联系的联络线上流通的功率不要超出允许值。

【例 4-4】 设电力系统中各类发电机组的台数、容量和它们的调差系数分别为

水轮机组　G1　100MW×5 台＝500MW,$\delta\%=2.5$
　　　　　G2　75MW×5 台＝375MW,$\delta\%=2.75$
汽轮机　　G3　100MW×6 台＝600MW,$\delta\%=3.5$
　　　　　G4　50MW×20 台＝1000MW,$\delta\%=4.0$
较小容量汽轮机合计　G5　1000MW,$\delta\%=4.0$

系统额定频率为50Hz,总负荷为3000MW,负荷响应系数$K_{D*}=1.5$。

试计算在以下两种情况下,系统总负荷增大到3300MW时,系统频率的变化情况和各类机组所增加的功率。(1)全部机组参加一次调整;(2)仅有水轮发电机组参加一次调整。

解 首先计算出各发电机组的单位调节功率和负荷的频率响应系数

$$K_{G1}=\frac{100}{2.5}\times\frac{500}{50}=400(\text{MW/Hz})$$

$$K_{G2}=\frac{100}{2.75}\times\frac{375}{50}=273(\text{MW/Hz})$$

$$K_{G3}=\frac{100}{3.5}\times\frac{600}{50}=343(\text{MW/Hz})$$

$$K_{G4}=K_{G5}=\frac{100}{4.0}\times\frac{1000}{50}=500(\text{MW/Hz})$$

$$K_D = 1.5 \times \frac{3000}{50} = 90(\text{MW/Hz})$$

(1) 全部机组参加一次调整。
$$K = K_{G1} + K_{G2} + K_{G3} + K_{G4} + K_{G5} + K_D$$
$$= 400 + 273 + 343 + 500 + 500 + 90 = 2106(\text{MW/Hz})$$
$$\Delta f = -\frac{\Delta P_{D0}}{K} = -\frac{3300 - 3000}{2106} = -0.14(\text{Hz})$$

系统频率变化为
$$f = f_N + \Delta f = 50 - 0.14 = 49.86(\text{Hz})$$

各类机组增加的功率为
$$\Delta P_{G1} = -K_{G1}\Delta f = 400 \times 0.14 = 56(\text{MW})$$
$$\Delta P_{G2} = -K_{G2}\Delta f = 273 \times 0.14 = 38.22(\text{MW})$$
$$\Delta P_{G3} = -K_{G3}\Delta f = 343 \times 0.14 = 48.02(\text{MW})$$
$$\Delta P_{G4} = -K_{G4}\Delta f = 500 \times 0.14 = 70(\text{MW})$$
$$\Delta P_{G5} = -K_{G5}\Delta f = 500 \times 0.14 = 70(\text{MW})$$

负荷自身调节效应减少的功率
$$\Delta P'_D = K_D \Delta f = -90 \times 0.14 = -12.6(\text{MW})$$

(2) 仅有水轮机组参加一次调整。
$$K = K_{G1} + K_{G2} + K_D = 400 + 273 + 90 = 763(\text{MW/Hz})$$
$$\Delta f = -\frac{\Delta P_{D0}}{K} = -\frac{300}{763} = -0.39(\text{Hz})$$

系统频率变化为
$$f = 50 - 0.39 = 49.61(\text{Hz})$$

各类机组增加的功率为
$$\Delta P_{G1} = -K_{G1}\Delta f = 400 \times 0.39 = 156(\text{MW})$$
$$\Delta P_{G2} = -K_{G2}\Delta f = 273 \times 0.39 = 106.47(\text{MW})$$
$$\Delta P_{G3} = \Delta P_{G4} = \Delta P_{G5} = 0$$

负荷自身调节效应减少的功率
$$\Delta P'_D = K_D \Delta f = -90 \times 0.39 = -35.1(\text{MW})$$

【例 4-5】 系统条件与例 4-4(2)相同,试求:

(1) 频率无差调节时,发电机二次调频的功率;

(2) 频率不低于 49.8Hz 时,发电机二次调频的功率。

解 (1) 有二次调频时,系统频率变化增量为
$$\Delta f = -\frac{\Delta P_{D0} - \Delta P_G}{K}$$

因此,要实现无差调节 $\Delta f = 0$,发电机二次调频的功率应为
$$\Delta P_G = \Delta P_{D0} = 300\text{MW}$$

(2) 经过二次调整,系统频率偏移允许值为
$$\Delta f = 49.8 - 50 = -0.2(\text{Hz})$$

根据例 4-4(2)的结果,$K = 763\text{MW/Hz}$。所以

$$\Delta P_{G} = \Delta P_{D0} + K\Delta f = 300 - 763 \times 0.2 = 147.4(\text{MW})$$

为使系统频率不低于49.8Hz，二次调频功率不得小于147.4MW。

【例4-6】 某发电厂装有三台发电机，参数见表4-1。若该电厂总负荷为500MW，负荷频率调节响应系数 $K_D = 45\text{MW/Hz}$。3号机组设定为调频机组；负荷波动+10%时，3号机组调频器动作：(1) 3号机组出力增加25MW；(2) 3号机组出力增加50MW，试求对应的频率变化增量和各发电机输出功率。

表 4-1

发电机号	额定容量/MW	原始发电功率/MW	K_G/(MW/Hz)
1	125	100	55
2	125	100	50
3	500	300	150

解 系统单位调节功率为

$$K = K_D + K_G = 45 + 55 + 50 + 150 = 300(\text{MW/Hz})$$

(1) 3号机组出力增加25MW。

由式(4-31)可得频率变化增量

$$\Delta f = -\frac{\Delta P_{D0} - \Delta P_G}{K} = -\frac{50-25}{300} = -\frac{1}{12}(\text{Hz})$$

发电机出力的变化，1号发电机增加出力

$$\Delta P_{G1} = -K_{G1}\Delta f = 55 \times \frac{1}{12} = 4.583(\text{MW})$$

$$P_{G1} = 100 + 4.583 = 104.583(\text{MW})$$

2号发电机增加出力

$$\Delta P_{G2} = -K_{G2}\Delta f = 50 \times \frac{1}{12} = 4.167(\text{MW})$$

$$P_{G2} = 100 + 4.167 = 104.167(\text{MW})$$

3号发电机增加出力

$$\Delta P_{G3} = \Delta P_G - K_{G3}\Delta f = 25 + 150 \times \frac{1}{12} = 37.5(\text{MW})$$

$$P_{G3} = 300 + 37.5 = 337.5(\text{MW})$$

(2) 3号机组出力增加50MW。

由式(4-31)可得频率变化增量

$$\Delta f = -\frac{\Delta P_{D0} - \Delta P_G}{K} = -\frac{50-50}{300} = 0$$

频率一次调整与二次调整的差异

即实现无差调节。因 $\Delta f = 0$，所以，1号和2号发电机组出力不变，即 $\Delta P_{G1} = \Delta P_{G2} = 0$。3号发电机组出力增加50MW。

4.3.3 互联系统的频率调整

大型电力系统的供电地区幅员宽广，电源和负荷的分布情况比较复杂，频率调整难免引起网络中潮流的重新分布。如果把整个电力系统看作是由若干个分系统通过联络线连接而成的互联系统,那么在调整频率时,还必须注意联络线交换功率的控制问题。

图 4-11 表示系统 A 和 B 通过联络线组成互联系统。假定系统 A 和 B 的负荷变化量分别为 ΔP_{DA} 和 ΔP_{DB};由二次调整得到的发电机功率增量分别为 ΔP_{GA} 和 ΔP_{GB};单位调节功率分别为 K_A 和 K_B;联络线交换功率增量为 ΔP_{AB},功率 P_{AB} 以由 A 至 B 为正方向。这样,ΔP_{AB} 对系统 A 相当于负荷增量;对于系统 B 相当于发电机功率增量。因此,对于系统 A 有

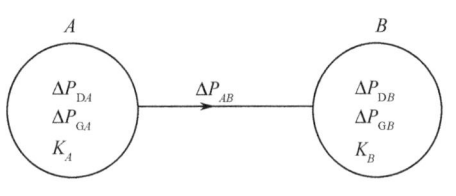

图 4-11 互联系统的功率交换

$$\Delta P_{DA} + \Delta P_{AB} - \Delta P_{GA} = -K_A \Delta f_A$$

对于系统 B 有

$$\Delta P_{DB} - \Delta P_{AB} - \Delta P_{GB} = -K_B \Delta f_B$$

互联系统应有相同的频率,故 $\Delta f_A = \Delta f_B = \Delta f$。于是,由以上两式可解出

$$\Delta f = -\frac{(\Delta P_{DA} + \Delta P_{DB}) - (\Delta P_{GA} + \Delta P_{GB})}{K_A + K_B} = -\frac{\Delta P_D - \Delta P_G}{K} \tag{4-32}$$

$$\Delta P_{AB} = \frac{K_A(\Delta P_{DB} - \Delta P_{GB}) - K_B(\Delta P_{DA} - \Delta P_{GA})}{K_A + K_B} \tag{4-33}$$

式(4-32)说明,若互联系统发电机功率的二次调整增量 ΔP_G 能与全系统负荷增量 ΔP_D 相平衡,则可实现无差调节,即 $\Delta f = 0$;否则,将出现频率偏移。

现在讨论联络线交换功率增量。当 A、B 两系统都进行二次调整,而且两系统的功率缺额又恰同其单位调节功率成比例,即满足条件

$$\frac{\Delta P_{DA} - \Delta P_{GA}}{K_A} = \frac{\Delta P_{DB} - \Delta P_{GB}}{K_B} \tag{4-34}$$

时,联络线上的交换功率增量 ΔP_{AB} 便等于零。如果没有功率缺额,则 $\Delta f = 0$。

如果对其中的一个系统(例如系统 B)不进行二次调整,则 $\Delta P_{GB} = 0$,其负荷变化量 ΔP_{DB} 将由系统 A 的二次调整来承担,这时联络线的功率增量为

$$\Delta P_{AB} = \frac{K_A \Delta P_{DB} - K_B(\Delta P_{DA} - \Delta P_{GA})}{K_A + K_B} = \Delta P_{DB} - \frac{K_B(\Delta P_D - \Delta P_{GA})}{K_A + K_B} \tag{4-35}$$

当互联系统的功率能够平衡时 $\Delta P_D - \Delta P_{GA} = 0$,于是有

$$\Delta P_{AB} = \Delta P_{DB}$$

系统 B 的负荷增量全部由联络线的功率增量来平衡,这时联络线的功率增量最大。

在其他情况下联络线的功率变化量将介于上述两种情况之间。

可以看出,联络线交换功率 ΔP_{AB} 取决于两个系统的单位调节功率、二次调整的能力及负荷变化的情况。当 ΔP_{AB} 超过线路允许的范围时,即使互联系统具有足够的二次调整能力,由于受联络线交换功率的限制,系统频率也不能保持不变。

【例 4-7】 两系统由联络线连接为互联系统。正常运行时,联络线上没有交换功率流通。两系统的容量分别为 1500MW 和 1000MW,各自的单位调节功率(分别以两系统容量为基准的标幺值)如图 4-12 所示。设 A 系统负荷增加 100MW,试计算下列情况的频率变化增量和联络线上流过的交换功率。

(1) A、B 两系统的机组都参加一、二次调频,A、B 两系统都增发 50MW。

(2) A、B 两系统的机组都参加一次调频,A 系统有机组参加二次调频,增发 60MW。

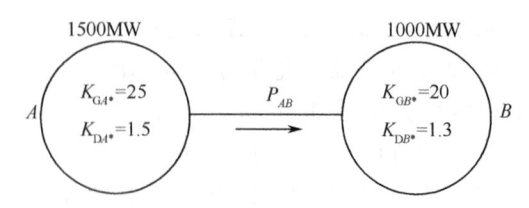

图 4-12 两个系统的互联系统

(3) A、B 两系统的机组都参加一次调频,B 系统有机组参加二次调频,增发 60MW。

(4) A 系统所有机组都参加一次调频,且有部分机组参加二次调频,增发 60MW,B 系统有一半机组参加一次调频,另一半机组不能参加调频。

解 (1) A、B 两系统机组都参加一、二次调频,且都增发 50MW 时

$$\Delta P_{GA} = \Delta P_{GB} = 50 \text{MW}, \quad \Delta P_{DA} = 100 \text{MW}, \quad \Delta P_{DB} = 0$$

$$K_A = K_{GA} + K_{DA} = 795 \text{MW/Hz}, \quad K_B = K_{GB} + K_{DB} = 426 \text{MW/Hz}$$

$$\Delta P_A = \Delta P_{DA} - \Delta P_{GA} = 100 - 50 = 50 (\text{MW})$$

$$\Delta P_B = \Delta P_{DB} - \Delta P_{GB} = 0 - 50 = -50 (\text{MW})$$

$$\Delta f = -\frac{\Delta P_A + \Delta P_B}{K_A + K_B} = -\frac{50 - 50}{795 + 426} = 0$$

$$\Delta P_{AB} = \frac{K_A \Delta P_B - K_B \Delta P_A}{K_A + K_B} = \frac{795 \times (-50) - 426 \times 50}{795 + 426} = -50 (\text{MW})$$

这种情况说明,由于进行二次调频,发电机增发功率的总和与负荷增量平衡,系统频率无偏移,B 系统增发的功率全部通过联络线输往 A 系统。

(2) A、B 两系统机组都参加一次调频,且 A 系统有部分机组参加二次调频,增发 60MW 时

$$\Delta P_{GA} = 60 \text{MW}, \quad \Delta P_{GB} = 0, \quad \Delta P_{DA} = 100 \text{MW}, \quad \Delta P_{DB} = 0$$

K_A 和 K_B 同上

$$\Delta P_A = 100 - 60 = 40 (\text{MW}), \quad \Delta P_B = 0$$

$$\Delta f = -\frac{\Delta P_A + \Delta P_B}{K_A + K_B} = -\frac{40}{795 + 426} = -0.0328 (\text{Hz})$$

$$\Delta P_{AB} = \frac{K_A \Delta P_B - K_B \Delta P_A}{K_A + K_B} = -\frac{426 \times 40}{795 + 426} = -13.956 (\text{MW})$$

这种情况较理想,频率偏移很小,通过联络线由 B 系统输往 A 系统的交换功率也较小。

(3) A、B 两系统机组都参加一次调频,且 B 系统有部分机组参加二次调频,增发 60MW 时

$$\Delta P_{GA} = 0, \quad \Delta P_{GB} = 60 \text{MW}, \quad \Delta P_{DA} = 100 \text{MW}, \quad \Delta P_{DB} = 0$$

K_A 和 K_B 同上

$$\Delta P_A = 100 \text{MW}, \quad \Delta P_B = -60 \text{MW}$$

$$\Delta f = -\frac{\Delta P_A + \Delta P_B}{K_A + K_B} = -\frac{100 - 60}{795 + 426} = -0.0328 (\text{Hz})$$

$$\Delta P_{AB} = \frac{K_A \Delta P_B - K_B \Delta P_A}{K_A + K_B} = \frac{795 \times (-60) - 426 \times 100}{795 + 426} = -73.956 (\text{MW})$$

这种情况和上一种相比,频率偏移相同,因互联系统的功率缺额都是 40MW。由于 B 系统部分

机组进行二次调频,联络线上流过的交换功率增加了60MW。一般不希望联络线上传输功率的变化增量太大。

(4) A 系统所有机组都参加一次调频,并有部分机组参加二次调频,增发60MW,B 系统仅有一半机组参加一次调频时

$$\Delta P_{GA} = 60\text{MW}, \quad \Delta P_{GB} = 0, \quad \Delta P_{DA} = 100\text{MW}, \quad \Delta P_{DB} = 0$$

$$K_A \text{ 同上}, \quad K_B = \frac{1}{2}K_{GB} + K_{DB} = 226\text{MW/Hz}$$

$$\Delta P_A = 100 - 60 = 40(\text{MW}), \quad \Delta P_B = 0$$

$$\Delta f = -\frac{\Delta P_A + \Delta P_B}{K_A + K_B} = -\frac{40}{795 + 226} = -0.0392(\text{Hz})$$

$$\Delta P_{AB} = \frac{K_A \Delta P_B - K_B \Delta P_A}{K_A + K_B} = \frac{-226 \times 40}{795 + 226} = -8.854(\text{MW})$$

这种情况说明,由于 B 系统中有一半机组不能参加调频,频率的偏移将增大,但也正由于有一半机组不能参加调频,B 系统所能供应 A 系统,从而通过联络线传输的交换功率将有所减少。

各类发电厂的合理组合

4.4 电力系统有功功率的最优分配

4.4.1 发电机组的耗量特性

反映发电设备(或其组合)单位时间内能量输入和输出关系的曲线,称为该设备(或其组合)的耗量特性。锅炉的输入是燃料(t标准煤/h),输出是蒸汽(t/h),汽轮发电机组的输入是蒸汽(t/h),输出是电功率(MW)。整个火电厂的耗量特性如图 4-13 所示,其横坐标为电功率(MW),纵坐标为燃料(t标准煤/h)。水电厂耗量特性曲线的形状也大致如此,但其输入是水(m^3/h)。为便于分析,假定耗量特性连续可导(实际的特性并不都是这样)。

耗量特性曲线上某点的纵坐标和横坐标之比,即输入与输出之比称为比耗量 $\mu = F/P$,其倒数 $\eta = P/F$ 表示发电厂的效率。耗量特性曲线上某点切线的斜率称为该点的耗量微增率 $\lambda = dF/dP$,它表示在该点运行时输入增量对输出增量之比。以输出电功率为横坐标的效率曲线和微增率曲线如图 4-14 所示。

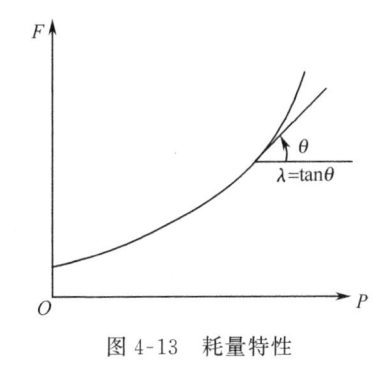

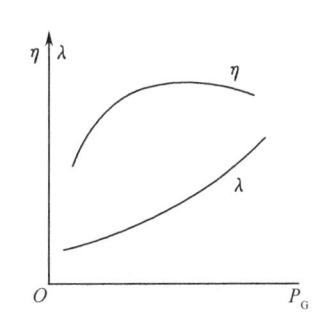

图 4-13 耗量特性

图 4-14 效率曲线和微增率曲线

4.4.2 目标函数和约束条件

有功功率负荷最优分配的目的是:在满足对一定量负荷持续供电的前提下,使发电设备在产生电能的过程中单位时间内消耗的燃料最少。在数学上,这个问题可表示为

在满足等式约束条件
$$f(x,u,d) = 0 \tag{4-36}$$

和不等式约束条件
$$g(x,u,d) \leqslant 0 \tag{4-37}$$

的前提下,使目标函数
$$F = F(x,u,d) \tag{4-38}$$

为最优。

可见,这些约束条件和目标函数均是状态变量(x)、控制变量(u)、扰动变量(d)的非线性函数。

问题在于,应如何表示分析有功功率负荷最优分配时的目标函数和约束条件。从有功功率负荷最优分配的目的可知,这里的目标应该是总耗量最小,而且满足一定的约束条件。

1. 目标函数

为实现有功功率负荷在各个电厂的最优分配,首先需要建立目标函数,而且这个目标函数将随电厂的类型不同而不同。

火力发电厂的能源消耗主要是燃料消耗,而燃料的消耗主要与发电设备发出的有功功率有关。因此,在 n 机系统中,整个系统单位时间内所消耗的燃料可表示为

$$F_\Sigma = F_1(P_{G1}) + F_2(P_{G2}) + \cdots + F_n(P_{Gn}) = \sum_{i=1}^{n} F_i(P_{Gi}) \tag{4-39}$$

式中,以 $F_i(P_{Gi})$ 表示某发电设备发出有功功率 P_{Gi} 时,单位时间内所需消耗的燃料;F_Σ 表示整个系统单位时间内的燃料总耗量,单位为"t/h"。由式(4-39)可知,整个系统的总耗量即是系统中各发电设备的耗量之和。这里以此总耗量最小为优化目标。可见,目标函数是各发电设备发出有功功率的函数,它描述的是单位时间内能源的消耗量。

2. 约束条件

这里的等式约束条件也就是有功功率必须保持平衡的条件,对于 n 机系统,设系统中有 m 个负荷,则系统中有功功率的平衡关系为

$$\sum_{i=1}^{n} P_{Gi} = \sum_{j=1}^{m} P_{LDj} + P_L \tag{4-40}$$

上式中若忽略有功网损 P_L,则有

$$\sum_{i=1}^{n} P_{Gi} = \sum_{j=1}^{m} P_{LDj} \tag{4-41}$$

式中,$\sum_{i=1}^{n} P_{Gi}$ 为 n 台机发出的有功功率之和;$\sum_{j=1}^{m} P_{LDj}$ 为 m 个负荷消耗的有功功率之和。

目标函数除了满足等式约束条件外,还应满足一定的不等式约束条件,因为运行中各机组的功率不允许超过其上下限 $P_{Gi\min}$、$P_{Gi\max}$、$Q_{Gi\min}$、$Q_{Gi\max}$,所以不等式约束条件为

$$\left. \begin{array}{l} P_{Gi\min} \leqslant P_{Gi} \leqslant P_{Gi\max} \\ Q_{Gi\min} \leqslant Q_{Gi} \leqslant Q_{Gi\max} \end{array} \right\} \tag{4-42}$$

4.4.3 等耗量微增率准则

为确定在满足对一定负荷供电的前提下,燃料消耗最少时的各台机组的发电功率,下面讨论在满足等式约束条件和不等式约束条件下,使目标函数最优的问题,从而得出有功功率负荷最优分配的原则。

为了简化分析,只考虑火电厂之间的功率最优分配,且忽略有功网损。

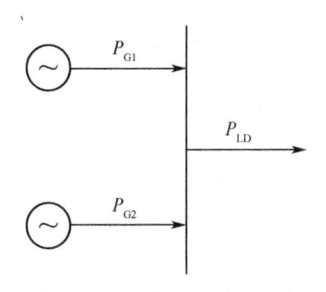

图 4-15 两台机组并联运行

现以并联运行的两台机组间的负荷分配为例(图 4-15),说明等耗量微增率准则的基本概念。已知两台机组的耗量特性 $F_1(P_{G1})$ 和 $F_2(P_{G2})$ 以及总负荷功率 P_{LD}。假定各台机组燃料消耗量和输出功率都不受限制,要求确定负荷功率在两台机组间的分配,使总的燃料消耗为最小。这就是说,要在满足等式约束

$$P_{G1} + P_{G2} - P_{LD} = 0 \tag{4-43}$$

的条件下,使目标函数

$$F = F_1(P_{G1}) + F_2(P_{G2}) \tag{4-44}$$

为最小。

对于这个简单问题,可以用作图法求解。设图 4-16 中线段 OO' 的长度等于负荷功率 P_{LD}。在线段的上、下两方分别以 O 和 O' 为原点作出机组 1 和 2 的燃料消耗特性曲线 1 和 2,前者的横坐标 P_{G1} 自左向右,后者的横坐标 P_{G2} 自右向左计算。显然,在横坐标上任取一点 A,都有 $OA + AO' = OO'$,即 $P_{G1} + P_{G2} = P_{LD}$。因此,都表示一种可能的功率分配方案。如过 A 点作垂线分别交于两机组耗量特性曲线的 B_1 和 B_2 点,则

$$B_1B_2 = B_1A + AB_2$$
$$= F_1(P_{G1}) + F_2(P_{G2}) = F$$

图 4-16 负荷在两台机组间的经济分配

就代表了总的燃料消耗量。由此可见,只要在 OO' 上找到一点,通过它所作垂线与两耗量特性曲线的交点间距离为最短,则该点所对应的负荷分配方案就是最优的。图中的点 A' 就是这样的点,通过 A' 点所作垂线与两特性曲线的交点为 B_1' 和 B_2'。在耗量特性曲线具有凸性的情况下,曲线 1 在 B_1' 点的切线与曲线 2 在 B_2' 点的切线相互平行。耗量特性曲线在某点的斜率即是该点的耗量微增率。由此可得结论:负荷在两台机组间分配时,如它们的燃料消耗微增率相等,即

$$\frac{dF_1}{dP_{G1}} = \frac{dF_2}{dP_{G2}}$$

则总的燃料消耗量将是最小的。这就是著名的等耗量微增率准则。

等耗量微增率准则的物理意义是明显的。假定两台机组在微增率不等的状态下运行,且 $\dfrac{dF_1}{dP_{G1}} > \dfrac{dF_2}{dP_{G2}}$。我们可以在两台机组的总输出功率不变的条件下调整负荷分配,让 1 号机组减少输出 ΔP,2 号机组增加输出 ΔP。于是 1 号机组将减少燃料消耗 $\dfrac{dF_1}{dP_{G1}}\Delta P$,2 号机组将增加燃料

· 101 ·

消耗 $\dfrac{\mathrm{d}F_2}{\mathrm{d}P_{G2}}\Delta P$，而总的燃料消耗将可节约

$$\Delta F = \frac{\mathrm{d}F_1}{\mathrm{d}P_{G1}}\Delta P - \frac{\mathrm{d}F_2}{\mathrm{d}P_{G2}}\Delta P = \left(\frac{\mathrm{d}F_1}{\mathrm{d}P_{G1}} - \frac{\mathrm{d}F_2}{\mathrm{d}P_{G2}}\right)\Delta P > 0 \tag{4-45}$$

这样的负荷调整可以一直进行到两台机组的微增率相等为止。不难理解，等耗量微增率准则也适用于多台机组(或多个发电厂)间的负荷分配。

4.4.4 多个发电厂间的负荷经济分配

1. 不计网损的有功最优分配

假定有 n 个火电厂，其燃料消耗特性分别为 $F_1(P_{G1}),F_2(P_{G2}),\cdots,F_n(P_{Gn})$，系统的总负荷为 P_{LD}，暂不考虑网络中的功率损耗，假定各个发电厂的输出功率不受限制，则系统负荷在 n 个发电厂间的经济分配问题可表述如下：

$$\min F = \min \sum_{i=1}^{n} F_i(P_{Gi}) \tag{4-46}$$

$$\text{St.} \sum_{i=1}^{n} P_{Gi} - P_{LD} = 0$$

这是多元函数求条件极值的问题。可以应用拉格朗日乘数法来求解。为此，先构造拉格朗日函数

$$L = F - \lambda\left(\sum_{i=1}^{n} P_{Gi} - P_{LD}\right) \tag{4-47}$$

式中，λ 称为拉格朗日乘数。

拉格朗日函数 L 无条件极值的必要条件为

$$\frac{\partial L}{\partial P_{Gi}} = \frac{\partial F}{\partial P_{Gi}} - \lambda = 0 \quad (i=1,2,\cdots,n) \tag{4-48}$$

或

$$\frac{\partial F}{\partial P_{Gi}} = \lambda \tag{4-49}$$

由于每个发电厂的燃料消耗只是该厂输出功率的函数，因此式(4-49)又可写成

$$\frac{\mathrm{d}F_i}{\mathrm{d}P_{Gi}} = \lambda \quad (i=1,2,\cdots,n) \tag{4-50}$$

这就是多个火电厂间负荷经济分配的等耗量微增率准则。按这个条件决定的负荷分配是最经济的。

以上的讨论都没有涉及不等式约束条件。负荷经济分配中的不等式约束条件也与潮流计算的一样；任一发电厂的有功功率和无功功率都不应超出它的上、下限，即

$$P_{Gi\min} \leqslant P_{Gi} \leqslant P_{Gi\max} \tag{4-51}$$

$$Q_{Gi\min} \leqslant Q_{Gi} \leqslant Q_{Gi\max} \tag{4-52}$$

各节点的电压也必须维持在规定范围内

$$V_{i\min} \leqslant V_i \leqslant V_{i\max} \tag{4-53}$$

在计算发电厂间有功功率负荷经济分配时，这些不等式约束条件可以暂不考虑，待算出结果后，再按式(4-51)进行检验。对于有功功率值越限的发电厂，可按其限值(上限或下限)分配负荷。然后，再对其余的发电厂分配剩下的负荷功率。至于约束条件(4-52)和(4-53)可留在有功负荷分配已基本确定以后的潮流计算中再行处理。

【例 4-8】 某火电厂三台机组并联运行,各机组的燃料消耗特性及功率约束条件如下:

$$F_1 = 4 + 0.3P_{G1} + 0.0007P_{G1}^2 \text{ t/h}, \quad 100\text{MW} \leqslant P_{G1} \leqslant 200\text{MW}$$
$$F_2 = 3 + 0.32P_{G2} + 0.0004P_{G2}^2 \text{ t/h}, \quad 120\text{MW} \leqslant P_{G2} \leqslant 250\text{MW}$$
$$F_3 = 3.5 + 0.3P_{G3} + 0.00045P_{G3}^2 \text{ t/h}, \quad 150\text{MW} \leqslant P_{G3} \leqslant 300\text{MW}$$

试确定当总负荷分别为 400MW、700MW 和 600MW 时,发电厂间功率的经济分配(不计网损的影响),且计算总负荷为 600MW 时经济分配比平均分担节约多少煤?

解 (1) 按所给耗量特性可得各厂的微增耗量特性为

$$\lambda_1 = \frac{\mathrm{d}F_1}{\mathrm{d}P_{G1}} = 0.3 + 0.0014P_{G1}, \quad \lambda_2 = \frac{\mathrm{d}F_2}{\mathrm{d}P_{G2}} = 0.32 + 0.0008P_{G2}$$

$$\lambda_3 = \frac{\mathrm{d}F_3}{\mathrm{d}P_{G3}} = 0.3 + 0.0009P_{G3}$$

令 $\lambda_1 = \lambda_2 = \lambda_3$,可解出

$$P_{G1} = 14.29 + 0.572P_{G2} = 0.643P_{G3}, \quad P_{G3} = 22.22 + 0.889P_{G2}$$

(2) 总负荷为 400MW,即

$$P_{G1} + P_{G2} + P_{G3} = 400\text{MW}$$

将 P_{G1} 和 P_{G3} 都用 P_{G2} 表示,可得 $2.461P_{G2} = 363.49$。于是

$$P_{G2} = 147.7\text{MW}$$

$$P_{G1} = 14.29 + 0.572P_{G2} = 14.29 + 0.572 \times 147.7 = 98.77(\text{MW})$$

由于 P_{G1} 已低于下限,故应取 $P_{G1} = 100\text{MW}$。剩余的负荷功率 300MW,应在电厂 2 和 3 之间重新分配。

$$P_{G2} + P_{G3} = 300\text{MW}$$

将 P_{G3} 用 P_{G2} 表示,便得

$$P_{G2} + 22.22 + 0.889P_{G2} = 300\text{MW}$$

由此可解出:$P_{G2} = 147.05\text{MW}$ 和 $P_{G3} = 300 - 147.05 = 152.95(\text{MW})$,都在限值以内。

(3) 总负荷为 700MW,即

$$P_{G1} + P_{G2} + P_{G3} = 700\text{MW}$$

将 P_{G1} 和 P_{G3} 都用 P_{G2} 表示,便得

$$14.29 + 0.572P_{G2} + P_{G2} + 22.22 + 0.889P_{G2} = 700\text{MW}$$

由此可算出 $P_{G2} = 270\text{MW}$,已越出上限值,故应取 $P_{G2} = 250\text{MW}$。剩余的负荷功率 450MW 再由电厂 1 和 3 进行经济分配。

$$P_{G1} + P_{G3} = 450\text{MW}$$

将 P_{G1} 用 P_{G3} 表示,便得

$$0.643P_{G3} + P_{G3} = 450\text{MW}$$

由此解出:$P_{G3} = 274\text{MW}$ 和 $P_{G1} = 450 - 274 = 176(\text{MW})$,都在限值以内。

(4) 总负荷为 600MW,即

$$P_{G1} + P_{G2} + P_{G3} = 600\text{MW}$$

将 P_{G1} 和 P_{G3} 都用 P_{G2} 表示,便得

$$14.29 + 0.572P_{G2} + P_{G2} + 22.22 + 0.889P_{G2} = 600\text{MW}$$

$$P_{G2} = \frac{600 - 14.29 - 22.22}{0.572 + 1 + 0.889} = 228.97(\text{MW})$$

进一步可得
$$P_{G1} = 14.29 + 0.572 P_{G2} = 14.29 + 0.572 \times 228.97 = 145.26 \text{(MW)}$$
$$P_{G3} = 22.22 + 0.889 P_{G2} = 22.22 + 0.889 \times 228.97 = 225.77 \text{(MW)}$$

均在限值以内。按此经济分配时，三台机组消耗的燃料为
$$F_1 = 4 + 0.3 P_{G1} + 0.0007 P_{G1}^2$$
$$= 4 + 0.3 \times 145.26 + 0.0007 \times 145.26^2 = 62.35 \text{(t/h)}$$
$$F_2 = 3 + 0.32 \times 228.97 + 0.0004 \times 228.97^2 = 97.24 \text{(t/h)}$$
$$F_3 = 3.5 + 0.3 \times 225.77 + 0.00045 \times 225.77^2 = 94.17 \text{(t/h)}$$
$$F_\Sigma = F_1 + F_2 + F_3 = 62.35 + 97.24 + 94.17 = 253.76 \text{(t/h)}$$

三台机组平均分担 600MW 时，消耗的燃料
$$F'_1 = 4 + 0.3 P_{G1} + 0.0007 P_{G1}^2$$
$$= 4 + 0.3 \times 200 + 0.0007 \times 200^2 = 92 \text{(t/h)}$$
$$F'_2 = 3 + 0.32 \times 200 + 0.0004 \times 200^2 = 83 \text{(t/h)}$$
$$F'_3 = 3.5 + 0.3 \times 200 + 0.00045 \times 200^2 = 81.5 \text{(t/h)}$$
$$F'_\Sigma = F'_1 + F'_2 + F'_3 = 92 + 83 + 81.5 = 256.5 \text{(t/h)}$$

经济分配比平均分担每小时节约煤
$$\Delta F = F'_\Sigma - F_\Sigma = 256.5 - 253.76 = 2.74 \text{(t/h)}$$

经济分配比平均分担每天节约煤
$$2.74 \times 24 = 65.76 \text{(t)}$$

本例还可用另一种解法，由微增耗量特性解出各厂的有功功率同耗量微增率 λ 的关系
$$P_{G1} = \frac{\lambda - 0.3}{0.0014}, \quad P_{G2} = \frac{\lambda - 0.32}{0.0008}, \quad P_{G3} = \frac{\lambda - 0.3}{0.0009}$$

对 λ 取不同的值，可算出各厂所发功率及其总和，然后制成表 4-2（亦可绘成曲线）。

利用表 4-2 可以找出在总负荷功率为不同的数值时，各厂发电功率的最优分配方案。用表中数字绘成的微增率特性如图 4-17 所示。根据等微增率准则，可以直接在图上分配各厂的负荷功率。

表 4-2　负荷的经济方案

λ	0.43	0.44	0.45	0.46	0.47	0.48	0.49	0.50
P_{G1}/MW	100.0	100.0	107.14	114.29	121.43	128.57	135.71	142.86
P_{G2}/MW	137.50	150.00	162.50	175.00	187.50	200.00	212.50	225.00
P_{G3}/MW	150.00	155.56	166.67	177.78	188.89	200.00	211.11	222.22
$\sum P_{Gi}$/MW	387.50	405.56	436.31	467.07	497.82	528.57	559.32	590.08
λ	0.51	0.52	0.53	0.54	0.55	0.56	0.57	0.58
P_{G1}/MW	150.00	157.14	164.29	171.43	178.57	185.71	192.86	200.00
P_{G2}/MW	237.50	250.00	250.00	250.00	250.00	250.00	250.00	250.00
P_{G3}/MW	233.33	244.44	255.56	266.67	277.78	288.89	300.00	300.00
$\sum P_{Gi}$/MW	620.83	651.58	669.85	688.10	706.35	724.60	742.86	750.00

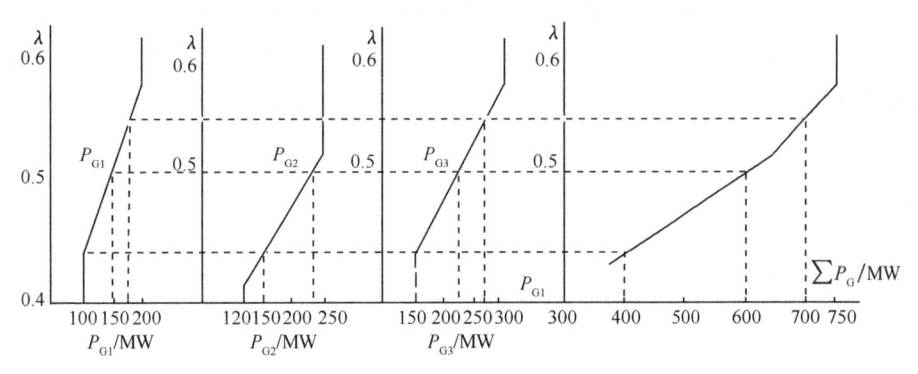

图 4-17　按等微增率分配负荷

2. 计及网损的有功最优分配

电力网络中的有功功率损耗是进行发电厂间有功负荷分配时不容忽视的一个因素。假定网络损耗为 P_L，则等式约束条件式(4-46)将改为

$$\sum_{i=1}^{n} P_{Gi} - P_L - P_{LD} = 0 \tag{4-54}$$

拉格朗日函数可写成

$$L = \sum_{i=1}^{n} F_i - \lambda \left(\sum_{i=1}^{n} P_{Gi} - P_L - P_{LD} \right) \tag{4-55}$$

于是函数 L 取极值的必要条件为

$$\frac{\partial L}{\partial P_{Gi}} = \frac{\mathrm{d} F_i}{\mathrm{d} P_{Gi}} - \lambda \left(1 - \frac{\partial P_L}{\partial P_{Gi}} \right) = 0 \tag{4-56}$$

或

$$\frac{\mathrm{d} F_i}{\mathrm{d} P_{Gi}} \times \frac{1}{\left(1 - \frac{\partial P_L}{\partial P_{Gi}} \right)} = \frac{\mathrm{d} F_i}{\mathrm{d} P_{Gi}} \alpha_i = \lambda \quad (i = 1, 2, \cdots, n) \tag{4-57}$$

这就是经过网损修正后的等微增率准则。式(4-57)亦称为 n 个发电厂负荷经济分配的协调方程式。式中，$\alpha_i = 1 / \left(1 - \frac{\partial P_L}{\partial P_{Gi}} \right)$ 称为网损修正系数；$\frac{\partial P_L}{\partial P_{Gi}}$ 称为网损微增率，表示网络有功损耗对第 i 个发电厂有功功率输出的微增率。

由于各个发电厂在网络中所处的位置不同，各厂的网损微增率是不一样的。当 $\partial P_L / \partial P_{Gi} > 0$ 时，说明发电厂 i 功率输出增加会引起网损的增加，这时网损修正系数 $\alpha_i > 1$，发电厂本身的燃料消耗微增率宜取较小的数值。若 $\partial P_L / \partial P_{Gi} < 0$，则表示发电厂 i 功率输出增加将导致网损的减少，这时 $\alpha_i < 1$，发电厂的燃料消耗微增率宜取较大的数值。

水电厂与火电厂的有功负荷最优分配

4.5　面向实际的频率调整方案

我国新能源装机容量持续增长，一方面，新能源机组呈现出强不确定性，增大了系统的功率波动；另一方面，随着传统机组被大量替代，系统的单位调节功率减小，使得电力系统抵御频率波动的能力大幅被削弱,引发频率安全问题。为了保证电网在规定标准下的频率稳定,系统必须确保一定的单位调节功率及一次调频容量,可通过合理的机组开机安排保证系统频率稳定,也可从建设储能和抽水蓄能等灵活资源的角度进行调节。此外,还可以采用虚拟惯性控制策略使新能源机组参与系统一次调频。

4.5.1 系统介绍

三机九节点系统的基本参数同 3.7 节中所示,各发电机的单位调节功率如表 4-3 所示,负荷的频率响应系数为 30MW/Hz。可使用 3.7 节中三机九节点 PowerWorld 模型计算线损与发电机有功功率。

表 4-3 发电机参数

发电机节点	单位调节功率/(MW/Hz)
1	30
2	60
3	40

正常运行情况下,位于节点 1 的发电机故障,假设负荷的频率响应系数不变,分析以下问题:
(1) 考虑系统一次调频后的稳态频率;
(2) 分析此时系统是否需要进行二次调频;
(3) 考虑系统二次调频后,频率是否能够回到 50Hz;
(4) 如果频率不能回到 50Hz,求可以切除多少负荷来使系统频率恢复 50Hz;
(5) 为了尽可能减少切负荷,试求最少切多少负荷能够使频率偏差范围为 0.2Hz。

4.5.2 结果分析

(1) 位于节点 1 的机组故障后,功率缺额为 71.91MW,只有位于节点 2、3 的机组和负荷参与一次调频

$$K = K_{G2} + K_{G3} + K_D = 60 + 40 + 30 = 130 (\text{MW/Hz})$$

$$\Delta f = -\frac{\Delta P}{K} = -\frac{71.91}{130} = -0.553 (\text{Hz})$$

考虑系统一次调频后的稳态频率为

$$f = f_N + \Delta f = 50 - 0.553 = 49.447 (\text{Hz})$$

(2) 考虑到我国电力系统规定的频率偏差范围为 ±0.2~±0.5Hz,位于节点 1 的发电机故障后,系统需要进行二次调频。

(3) 故障前考虑线损的负荷为 319.91MW(故障后考虑线损的负荷为 326.49MW),位于节点 2、3 的机组的容量为 200MW、100MW,通过二次调频增发功率到最大功率只有 300MW,小于故障前负荷,所以频率不能够回到 50Hz。

(4) 如果频率要恢复到 50Hz,需要切除 19.91MW(26.49MW)的负荷。

(5) 通过二次调频,将机组出力增加到额定出力,此时机组不再具有一次调频能力,系统只能通过降低频率,减少负荷消耗功率,通过降低频率 0.2Hz,负荷消耗的功率减少 $\Delta P'_D = K_D \Delta f = 30 \times 0.2 = 6 (\text{MW})$,此时只需要切除 13.91MW

第 4 章小结

(20.49MW)负荷。

思考题与习题

4-1 电力系统频率偏高偏低有哪些危害？

4-2 什么是电力系统频率的一次和二次调整？电力系统有功功率负荷变化的情况与电力系统频率的一次和二次调整有何关系？

4-3 什么是电力系统负荷的有功功率-频率的静态特性？什么是有功负荷的频率调节效应？何为发电机组的有功功率-频率静态特性？发电机的单位调节功率是什么？

4-4 什么是电力系统的单位调节功率？试说明电力系统频率的一次调整（一次调频）和二次调整（二次调频）的基本原理。

4-5 互联电力系统怎样调频才为合理？为什么？

4-6 某电力系统的额定频率 $f_N=50Hz$，负荷的频率静态特性为 $P_{D*}=0.2+0.4f_*+0.3f_*^2+0.1f_*^3$。试求：(1) 当系统运行频率为 50Hz 时，负荷的调节效应系数 K_{D*}。(2) 当系统运行频率为 48Hz 时，负荷功率变化的百分数及此时的调节效应系数 K_{D*}。

4-7 某电力系统有 4 台额定功率为 100MW 的发电机，每台发电机的调速器的调差系数 $\delta\%=4$，额定频率 $f_N=50Hz$，系统总负荷 $P_D=320MW$，负荷的频率调节效应系数 $K_D=0$。在额定频率运行时，若系统增加负荷 60MW，试计算下列两种情况下系统频率的变化值。(1) 4 台机组原来平均承担负荷。(2) 原来 3 台机组满载，1 台带 20MW 负荷。说明两种情况下频率变化不同的原因。

4-8 系统条件同问题 4-7，但负荷的调节效应系数 $K_D=20MW/Hz$，试作上题同样的计算，并比较分析计算结果。

4-9 系统条件仍如题 4-7，$K_D=20MW/Hz$，当发电机平均分配负荷，且有两台发电机参加二次调频时，求频率变化值。

4-10 A、B 两系统由联络线相连如题 4-10 图所示。已知 A 系统 $K_{GA}=800MW/Hz$，$K_{DA}=50MW/Hz$，$\Delta P_{DA}=100MW$；B 系统 $K_{GB}=700MW/Hz$，$K_{DB}=40MW/Hz$，$\Delta P_{DB}=50MW$。

求在下列情况下频率的变化量 Δf 和联络线功率的变化量 ΔP_{AB}。(1) 当两系统机组都参加一次调频时。(2) 当 A 系统机组参加一次调频，而 B 系统机组不参加一次调频时。(3) 当两系统机组都不参加一次调频时。

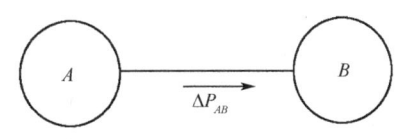

题 4-10 图　两系统的联合

4-11 仍按题 4-10 中已知条件，试计算下列情况的频率变化增量 Δf 和联络线上的功率增量 ΔP_{AB}。(1) A、B 两系统机组参加一、二次调频，A、B 两系统机组都增发 50MW。(2) A、B 两系统机组都参加一次调频，并 A 系统有机组参加二次调频，增发 60MW。(3) A、B 两系统都参加一次调频，并 B 系统有机组参加二次调频，增发 60MW。

4-12 两个火电厂并联运行，其燃料耗量特性如下：

$$f_1=4+0.3P_{G1}+0.0008P_{G1}^2 \quad t/h, \quad 200MW \leqslant P_{G1} \leqslant 300MW;$$

$$f_2=3+0.33P_{G2}+0.0004P_{G2}^2 \quad t/h, \quad 300MW \leqslant P_{G2} \leqslant 560MW。$$

系统总负荷分别为 850MW 和 600MW，试确定不计网损时各厂负荷的经济分配。总负荷为 600MW 时经济分配比平均分担节约多少煤？

第 4 章部分习题答案

第 5 章　电力系统无功功率和电压调整

5.1　电压调整的一般概念

5.1.1　电压调整的必要性

电力系统中各种电气设备和用电设备都是按其额定电压设计制造的,只有在额定电压下运行,才能取得最佳的运行效果,并保证其使用寿命。因此,电压是电力系统正常运行的重要指标之一,调整电压,使其偏移保持在允许范围内是电力系统运行调整的基本任务。

如果电压偏移过大,将会给电力用户和电力系统带来很大影响和危害。例如,可能造成设备损坏、产品的质量和产量降低等,甚至引起电力系统"电压崩溃",造成大面积停电。电压偏移过大造成的影响和危害主要有以下几方面。

(1) 影响用电设备的工作效率和寿命。以最简单而常见的照明负荷为例,白炽灯对电压变化的反应最灵敏。电压过高,白炽灯的寿命将大为缩短,电压过低,亮度和发光效率又大幅度下降,如图 5-1(a)所示。日光灯的反应较迟钝,但电压偏离其额定值时,也将影响启动或缩短其寿命,如图 5-1(b)所示。

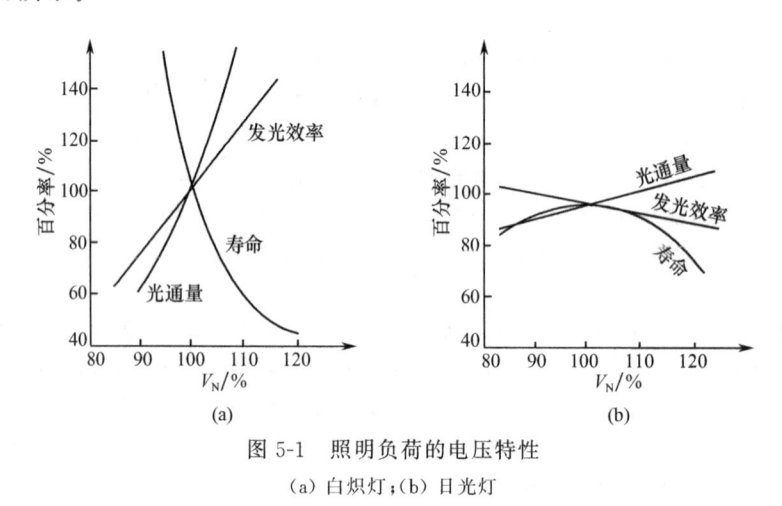

图 5-1　照明负荷的电压特性
(a) 白炽灯;(b) 日光灯

(2) 系统电压过低时,各类负荷中占比重最大的异步电动机的转差率增大,由此引起工业产品出现次品、废品;同时,转差增大的结果使异步电动机电流增加、温度升高、效率降低、寿命缩短,甚至损坏。而且,某些电动机的机械转矩与转速的高次方成正比,转差率增大、转速下降时,其功率将迅速减小。例如,发电厂厂用电动机,由于功率的减小会影响锅炉、汽轮机的工作,从而影响发电厂的发电。尤为严重的是,系统电压降低后,电动机启动过程增长,可能在启动过程中因温度过高而烧毁电机。

(3) 电炉的有功功率与电压的平方成正比,炼钢厂中的电炉将因电压过低而影响冶炼时间,从而影响产量。

(4) 系统电压降低时,发电机定子电流将因其功率角的增大而增大。如果电流增大超过其额定值,可使发电机过热,因此,不得不减少发电机所发功率。

(5) 系统电压过高将使所有电气设备绝缘受损;而且变压器、电动机铁心要饱和,铁心损耗增大,温度升高,寿命缩短。

(6) 系统电压过低会使电网的电压损耗和功率损耗增加,影响系统的经济运行;过低的电压甚至严重影响电力系统的稳定性。例如,系统无功功率不足,电压水平低下时,某些枢纽变电站母线电压在微小扰动下顷刻之间大幅度下降,产生电压崩溃,如图 5-2 所示,从而导致发电厂之间失步、系统瓦解、大面积停电的灾难性事故,2003 年美加"8.14"大停电可充分说明这一点。

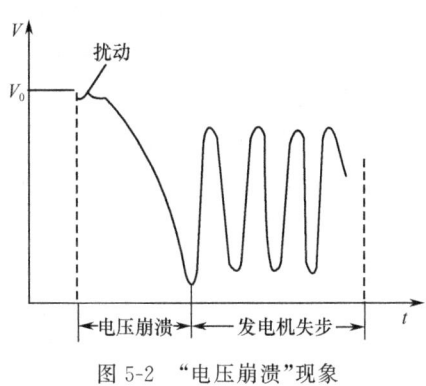

图 5-2 "电压崩溃"现象

5.1.2 电力系统允许的电压偏移

虽然电力系统中的各节点电压要求能保持在额定值,但是在实际运行中是不可能实现的,其主要原因有:

(1) 在正常稳态运行方式下,一个互相连接的电力系统具有同一频率。但是,电压与频率不同,因为电力系统中每一元件都有可能产生电压降落,所以电力系统中各点电压不同,不可能同时将所有节点保持在额定电压。例如,一条线路上接有几个负荷,如图 5-3 所示,因线路各段均有电压降落,节点 1,2,3,4 的电压都不相同。如将节点 4 维持在额定电压 V_N,节点 1 的电压太高;反之,如将节点 1 的电压维持在额定值,则节点 4 的电压又太低。

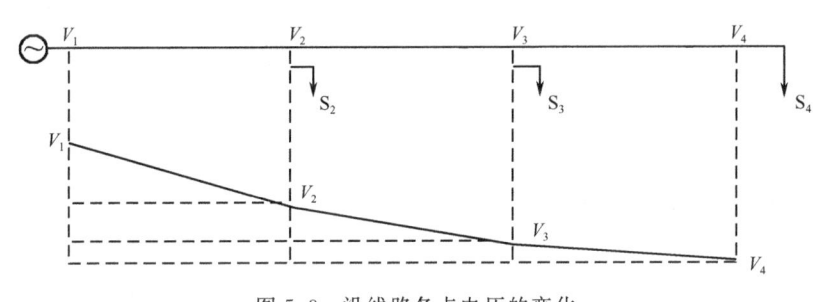

图 5-3 沿线路各点电压的变化

(2) 负荷随时都在变化,负荷的变化必然导致电力系统中每一元件电压降落的变化,因而即使是在同一点上,也很难保证电压始终维持在额定电压。

(3) 电力系统正常运行时,由于运行方式的不断改变,引起电网中功率分布的不断变化,造成电网中电压损耗的改变,因而系统中的运行电压也不断变化。运行方式的改变主要有:负荷大小的改变;电网中个别设备因检修或故障而退出工作,造成电网阻抗参数的改变,并引起相应电压损耗的改变;接线方式的改变,有时为适应某种要求,需要改变电力系统的接线方式,从而引起电网中功率分布的改变和元件阻抗的变化,进而造成电压损耗的改变。

因此,严格保证所有用户在任何时刻的电压都为额定值几乎是不可能的。从用电方面讲,用电设备在其额定电压下运行时性能最好。但从实际出发,大多数用电设备都允许有一定的电压偏移。鉴于上述原因,同时考虑到用电设备对电压的要求,电力系统一般规定一个电压偏移的最大允许范围,例如±5%以内。

允许的电压偏移是根据用电设备对电压偏移的敏感性和电压偏移对用电设备所造成后果的严重性而定的。从供电方面来讲,允许的电压偏移大一些,供电系统的技术指标越容易达到。因而,应从技术上、经济上综合考虑供电和用电两个方面的情况,确定反映国民经济整体利益的合理的允许电压偏移的标准,目前,我国规定的各类用户的允许电压偏移在正常状况下为

35kV 及以上电压供电的负荷	±5%
10kV 及以下电压供电的负荷	±7%
低压照明负荷	−10%～+5%
农村电网	−10%～+7.5%

在事故状况下,允许在上述电压偏移基础上再增加 5%,但正偏移最大不能超过+10%。

电压质量标准随着国民经济和科学技术的发展也会有所变化。在发达国家,对电压质量的要求更严格。

一般在供电范围较小的电网中,由于电压损耗的绝对值不是很大,所以用户端电压偏移的幅度也不会很大。但是在较大的电力系统中,如果不采取任何调压措施,电压损耗的百分数值最大可能达 20%甚至 30%以上。因此在较大的电力系统中,如不采取调压措施,则无法满足用户对电压的要求。为使网络中各处的电压达到所规定的标准,必须采取各种调整电压的措施。

5.2 电力系统的无功功率平衡

电压是衡量电能质量的重要指标。保证用户处的电压接近额定值是电力系统运行调整的基本任务之一。

电力系统的运行电压水平取决于无功功率的平衡。系统中各种无功电源的无功功率输出(简称无功出力)应能满足系统负荷和网络损耗在额定电压下对无功功率的需求,否则电压就会偏离额定值。为此,先要对无功负荷、网络损耗和各种无功电源的特点作一些说明(假定系统的频率维持在额定值不变)。

5.2.1 无功功率负荷和无功功率损耗

1. 无功功率负荷

异步电动机在电力系统负荷(特别是无功负荷)中占的比重很大。系统无功负荷的电压特性主要由异步电动机决定。异步电动机的简化等值电路如图 5-4 所示,它所消耗的无功功率为

$$Q_M = Q_m + Q_\sigma = \frac{V^2}{X_m} + I^2 X_\sigma \tag{5-1}$$

式中,Q_m 为励磁功率,它与电压平方成正比,实际上,当电压较高时,由于饱和影响,励磁电抗 X_m 的数值还有所下降,因此,励磁功率 Q_m 随电压变化的曲线稍高于二次曲线;Q_σ 为漏抗 X_σ 中的无功损耗,如果负载功率不变,则异步电动机消耗的有功功率 $P_M = I^2 R(1-s)/s = $常数,当电压降低时,转差率将增大,定子电流随之增大,相应地,在漏抗中的无功损耗 Q_σ 也要增大。综合这两部分无功功率的变化特点,可得图 5-5 所示的曲线,其中 β 为电动机的实际负荷与额定负荷之比,称为电动机的受载系数。由图可见,在额定电压附近,电动机的无功功率随电压的升降而增减。当电压明显低于额定值时,无功功率主要由漏抗中的无功损耗决定,因此,随电压下降反而具有上升的性质。

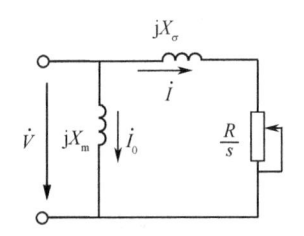

图 5-4 异步电动机的简化等值电路 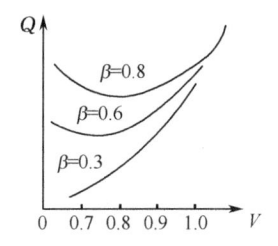　　图 5-5 异步电动机的无功功率与端电压的关系

2. 变压器的无功损耗

变压器的无功损耗 Q_{LT} 包括励磁损耗 ΔQ_0 和漏抗中的损耗 ΔQ_T。

$$Q_{LT} = \Delta Q_0 + \Delta Q_T = V^2 B_T + \left(\frac{S}{V}\right)^2 X_T \approx \frac{I_0\%}{100} S_N + \frac{V_S\% S^2}{100 S_N}\left(\frac{V_N}{V}\right)^2 \quad (5-2)$$

励磁损耗与电压平方成正比。当通过变压器的视在功率不变时,漏抗中损耗的无功功率与电压平方成反比。因此,变压器的无功损耗电压特性与异步电动机相似。

变压器的无功功率损耗在系统的无功需求中占有相当的比重。假定一台变压器的空载电流 $I_0\% = 2.5$,短路电压 $V_S\% = 10.5$,由式(5-2)可知,在额定满载下运行时,无功功率的消耗将达到额定容量的 13%。如果从电源到用户需要经过好几级变压,则变压器的无功功率损耗会很大。

3. 输电线路的无功损耗

如图 5-6 所示,输电线路用 Π 形等值电路表示,线路串联电抗中的无功功率损耗 ΔQ_L 与电压的平方成反比,即

$$\Delta Q_L = \frac{P_1^2 + Q_1^2}{V_1^2} X = \frac{P_2^2 + Q_2^2}{V_2^2} X \quad (5-3)$$

线路对地分布电容的充电功率 ΔQ_B 与电压平方成正比,当作无功损耗时应取负号。

$$\Delta Q_B = -\frac{B}{2}(V_1^2 + V_2^2) \quad (5-4)$$

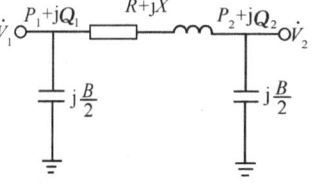

图 5-6 输电线路的 Π 形等值电路

式中,$B/2$ 为 Π 形电路中的等值电纳。线路的无功功率总损耗为

$$\Delta Q_L + \Delta Q_B = \frac{P_1^2 + Q_1^2}{V_1^2} X - \frac{V_1^2 + V_2^2}{2} B \quad (5-5)$$

35kV 及以下架空线路的充电功率很小,一般这种线路都是消耗无功功率的。110kV 及以上的架空线路,当传输功率较大时,电抗中消耗的无功功率将大于电纳中产生的无功功率,线路成为无功负载;当传输的功率较小(小于自然功率)时,电纳中产生的无功功率除了抵偿电抗中的损耗以外,还有多余,这时线路就成为无功电源。

5.2.2 无功功率电源

电力系统的无功功率电源,除了发电机外,还有同步调相机、静电电容器及静止补偿器,这三种装置又称为无功补偿装置。

1. 发电机

发电机既是唯一的有功功率电源,又是最基本的无功功率电源。发电机在额定状态下运行

时,可发出无功功率

$$Q_{GN} = S_{GN}\sin\varphi_N = P_{GN}\tan\varphi_N \tag{5-6}$$

式中,S_{GN},P_{GN},φ_N 分别为发电机的额定视在功率、额定有功功率和额定功率因数角。

现在讨论发电机在非额定功率因数下运行时可能发出的无功功率。假定隐极发电机连接在恒压母线上,母线电压为 V_N,空载电势为 E,定子全电流为 I_N,定子电抗为 X_d。发电机的等值电路和相量图如图 5-7 所示。图 5-7(b)中的 C 点是额定运行点。电压降相量 $\overline{AC}$ 的长度代表 $X_d I_N$,正比于定子额定全电流,即正比于发电机的额定视在功率 S_{GN},它在纵轴上的投影为 P_{GN},在横轴上的投影为 Q_{GN}。相量 $\overline{OC}$ 的长度代表空载电势 $\dot{E}$,它正比于发电机的额定励磁电流。当改变功率因数时,发电机的有功功率 P 和无功功率 Q 要受定子电流额定值 I_N(额定视在功率)、转子电流额定值(空载电势 E)、原动机出力(额定有功功率 P_{GN})的限制。在图 5-7(b)中,以 A 为圆心,以 AC 为半径的圆弧表示额定视在功率的限制;以 O 为圆心,以 OC 为半径的圆弧表示额定转子电流的限制;而水平线 $P_{GN}C$ 表示原动机出力的限制。这就是发电机的 P-Q 极限曲线。从图中可以看到,发电机只有在额定电压、电流和功率因数(即运行点 C)下运行时,视在功率才能达到额定值,使其容量得到最充分的利用。

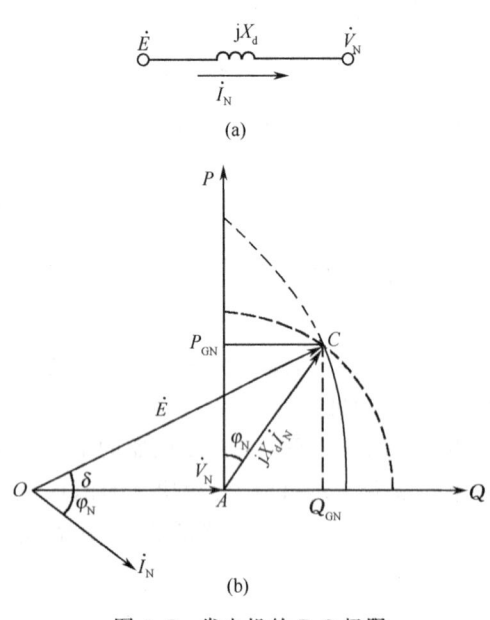

图 5-7 发电机的 P-Q 极限

当系统无功电源不足,而有功备用容量较充裕时,可利用靠近负荷中心的发电机降低功率因数,使之在低功率因数下运行,从而多发出无功功率以提高电力网的电压水平,但是发电机的运行点不应越出 P-Q 极限曲线的范围。

2. 同步调相机

同步调相机相当于空载运行的同步电动机。在过励磁运行时,它向系统供给感性无功功率而起无功电源的作用,能提高系统电压;在欠励磁运行时,它从系统吸取感性无功功率而起无功负荷的作用,可降低系统电压。由于实际运行的需要和对稳定性的要求,欠励磁最大容量只有过励磁容量的 50%~65%。装有自动励磁调节装置的同步调相机,能根据装设地点电压的数值平滑改变输出(或吸取)的无功功率,进行电压调节。特别是有强行励磁装置时,在系统故障情况下,还能调整系统的电压,有利于提高系统的稳定性。但是同步调相机是旋转机械,运行维护比较复杂。它的有功功率损耗较大,在满负荷时约为额定容量的 1.5%~5%,容量越小,百分值越大。小容量的调相机每千伏安容量的投资费用也较大。故同步调相机宜于大容量集中使用,容量小于 5MV·A 的一般不装设。在我国,同步调相机常安装在枢纽变电站,以便平滑调节电压和提高系统稳定性。

3. 静电电容器

静电电容器可按三角形和星形接法连接在变电站母线上。它供给的无功功率 Q_C 值与所在节点电压的平方成正比,即

$$Q_C = V^2/X_C \tag{5-7}$$

式中，$X_C=1/(\omega C)$为静电电容器的容抗。

当节点电压下降时，它供给系统的无功功率减少。因此，当系统发生故障或由于其他原因电压下降时，静电电容器无功输出的减少将导致电压继续下降。换言之，静电电容器的无功功率调节性能比较差。

静电电容器的装设容量可大可小，而且既可集中使用，又可以分散装设来就地提供无功功率，以降低网络的电能损耗。电容器每单位容量的投资费用较小且与总容量的大小无关，运行时功率损耗较小，约为额定容量的0.3%～0.5%。此外由于它没有旋转部件，维护也较方便。为了在运行中调节电容器的功率，可将电容器连接成若干组，根据负荷的变化，分组投入或切除，可控硅投切电容器型补偿装置就可以实现补偿功率的不连续调节。

4. 静止无功补偿器

同步调相机虽可连续调节，但投资大、不便于维护；静电电容器虽投资小，但不可连续调节。为此，人们研究出了结合两者优点的静止无功补偿器(Static Var Compensator,SVC)。SVC最早出现在20世纪70年代，它由静电电容器和电抗器并联组成，即通过电容发出无功，又可通过电抗器吸收无功，再配备调节装置，就能够平滑改变输出或吸收的无功功率。

常见静止无功补偿器有饱和电抗器(SR)型、晶闸管控制电抗器(TCR)型和晶闸管投切电容器(TSC)型三种，其原理图分别如图5-8所示。这三种基本类型补偿器可以组合使用，如晶闸管控制电抗器(TCR)与晶闸管投切电容器TSC并联组成静止补偿器。

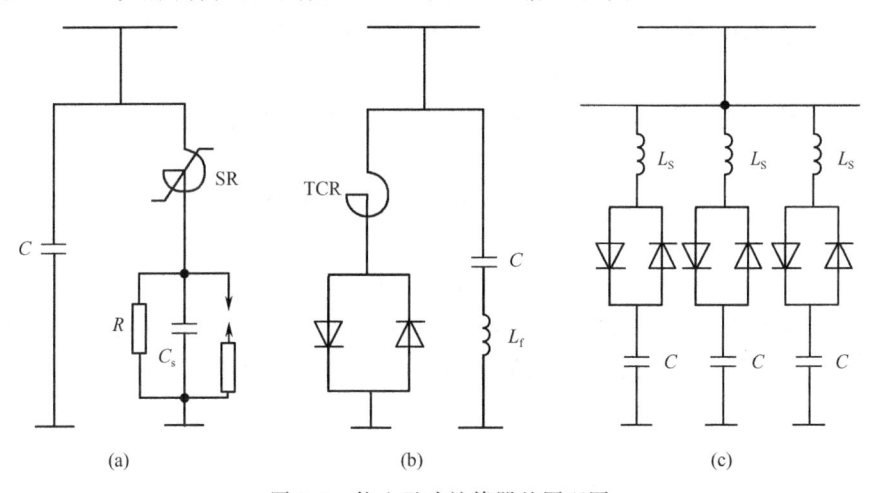

图5-8 静止无功补偿器的原理图
(a) SR型；(b) TCR型；(c) TSC型

SVC能够在电压变化时快速平滑地调节无功，以满足动态无功补偿的需要。与同步调相机相比，它运行维护简单、功率损耗较小、响应时间较短、对冲击负荷有较强的适应性。TCR和TSC型静止补偿器还能做到分相补偿以适应不平衡的负荷变化。由于SVC调节性能好、投资小，已得到广泛应用。

虽然SVC有许多优点，但仍然与静电电容器一样，存在当系统电压越低时反而提供感性无功越少的缺点。这是由于其本质还是依靠静电电容器产生无功的缘故，这也是无源无功补偿设备无法克服的缺点。静止无功发生器则是除调相机外的一种新型有源无功补偿器。

5. 静止无功发生器

静止无功发生器(Static Var Generator,SVG)，也称为静止同步补偿器(STATCOM)或静止调相机(STATCON),它的主体是一个电压源型逆变器,其原理图如图 5-9 所示。逆变器中 6 个可关断晶闸管(GTO)分别与 6 个二极管反向并联,适当控制 GTO 的通断,可以把电容上的直流电压转换成与系统电压同步的三相交流电压。逆变器的交流侧通过电抗器或变压器并联接入系统。适当控制逆变器的输出电压 $\dot{V}_a$,即可以灵活地改变 SVG 的运行工况,使其处于容性负荷、感性负荷或零负荷状态。

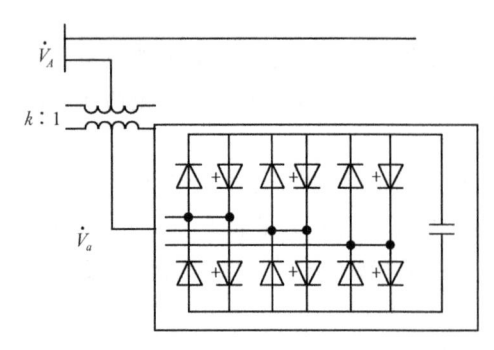

图 5-9 静止无功发生器原理图

与静止补偿器相比,静止无功发生器的优点是:响应速度快,运行范围宽,谐波电流含量少。尤其重要的是,电压较低时仍可向系统注入较大的无功电流,它的储能元件(如电容器)的容量远比它所提供的无功容量小。

5.2.3 无功功率平衡

电力系统无功功率平衡的基本要求是:系统中无功电源可以发出的无功功率应该大于或至少等于负荷所需的无功功率和网络中的无功损耗。为了保证运行可靠性和适应无功负荷的增长,系统还必须配置一定的无功备用容量。令 Q_{GC} 为电源供应的无功功率之和,Q_{LD} 为无功负荷之和,Q_L 为网络无功功率损耗之和,Q_{res} 为无功功率备用,则系统中无功功率的平衡关系式为

$$Q_{GC} - Q_{LD} - Q_L = Q_{res} \tag{5-8}$$

$Q_{res}>0$ 表示系统中无功功率可以平衡且有适量的备用;$Q_{res}<0$ 则表示系统中无功功率不足,应考虑加设无功补偿装置。

系统无功电源的总输出功率 Q_{GC} 包括发电机的无功功率 $Q_{G\Sigma}$ 和各种无功补偿设备的无功功率 $Q_{C\Sigma}$,即

$$Q_{GC} = Q_{G\Sigma} + Q_{C\Sigma} \tag{5-9}$$

一般要求发电机接近于额定功率因数运行,故可按额定功率因数计算它所发出的无功功率。调相机和静电容器等无功补偿装置按额定容量来计算其无功功率。

总无功负荷 Q_{LD} 按负荷的有功功率和功率因数计算。为了减少输送无功功率引起的网损,我国现行规程规定,以 35kV 及以上电压等级直接供电的工业负荷,功率因数不得低于 0.90,对其他负荷,功率因数不得低于 0.85。但实际上有些用户的功率因数往往达不到这些标准。

网络的总无功功率损耗 Q_L 包括变压器的无功损耗 $Q_{T\Sigma}$、线路电抗的无功损耗 $\Delta Q_{L\Sigma}$ 和线路电纳的无功功率 $\Delta Q_{B\Sigma}$(一般只计算 110kV 及以上电压线路的充电功率),即

$$Q_L = \Delta Q_{T\Sigma} + \Delta Q_{L\Sigma} + \Delta Q_{B\Sigma} \tag{5-10}$$

从改善电压质量和降低网络功率损耗考虑,应该尽量避免通过电网大量地传送无功功率。因此,仅从全系统的角度进行无功功率平衡是不够的,更重要的是应该分地区分电压等级进行无功功率平衡。有时候,某一地区无功功率电源有剩余,另一地区存在缺额,调余补缺往往是不适宜的,这时就应该分别进行处理。在现代大型电力系统中,超高压输电网的线路分布电容能产生大量的无功功率,从系统安全运行考虑,需要装设并联电抗器予以吸收,与此同时,较低电压等级的配电网却要配置大量的并联电容补偿,这种情况也是正常的。

电力系统的无功功率平衡应分别按正常运行时的最大和最小负荷进行计算。必要时还应校验某些设备检修时或故障后等特殊运行方式下的无功功率平衡。

经过无功功率平衡计算发现无功功率不足时，可以采取的措施有：

（1）要求各类用户将负荷的功率因数提高到现行规程规定的数值。

（2）挖掘系统的无功潜力。例如将系统中暂时闲置的发电机改作调相机运行；动员用户的同步电动机过励磁运行等。

（3）根据无功平衡的需要，增添必要的无功补偿容量，并按无功功率就地平衡的原则进行补偿容量的分配。小容量的、分散的无功补偿可采用静电容电器；大容量的、配置在系统中枢点的无功补偿则宜采用同步调相机、静止补偿器或静止无功发生器。

电力系统在不同的运行方式下，可能分别出现无功功率不足和无功功率过剩的情况，在采取补偿措施时应该统筹兼顾，选用既能发出又能吸收无功功率的补偿设备。拥有大量超高压线路的大型电力系统在低谷负荷时，无功功率往往过剩，导致电压升高超出容许范围，如不妥善解决，将危及系统和用户用电设备的安全运行。为了改善电压质量，除了借助各类补偿装置以外，还应考虑发电机进相（即功率因数超前）运行的可能性。

5.2.4 无功功率平衡和电压水平的关系

在电力系统运行中，电源的无功功率输出在任何时刻都同负荷的无功功率和网络的无功损耗之和相等，即

$$Q_{GC} = Q_{LD} + Q_L \tag{5-11}$$

问题在于无功功率平衡是在什么样的电压水平下实现的。现在以一个最简单的网络为例来说明。

隐极发电机经过一段线路向负荷供电，略去各元件电阻，用 X 表示发电机电抗与线路电抗之和，等值电路如图 5-10(a)所示。假定发电机和负荷的有功功率为定值。根据相量图（图 5-10(b)）可以确定发电机送到负荷节点的功率为

$$P = VI\cos\varphi = \frac{EV}{X}\sin\delta \tag{5-12}$$

$$Q = VI\sin\varphi = \frac{EV}{X}\cos\delta - \frac{V^2}{X} \tag{5-13}$$

当 P 为一定值时，可得

$$Q = \sqrt{\left(\frac{EV}{X}\right)^2 - P^2} - \frac{V^2}{X} \tag{5-14}$$

当电势 E 为一定值时，Q 与 V 的关系如图 5-11 曲线 1 所示，是一条向下开口的抛物线。负荷的主要成分是异步电动机，其无功电压特性如图中曲线 2 所示。这两条曲线的交点 a 确定了负荷节点的电压值 V_a，或者说，系统在电压 V_a 下达到了无功功率的平衡。

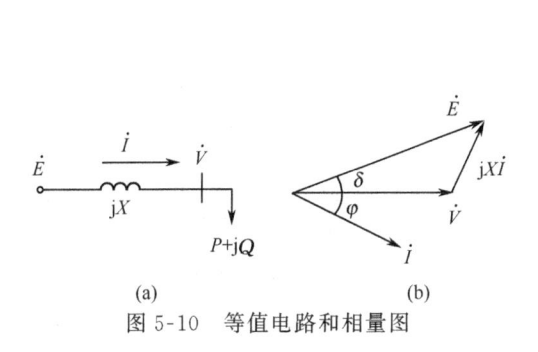

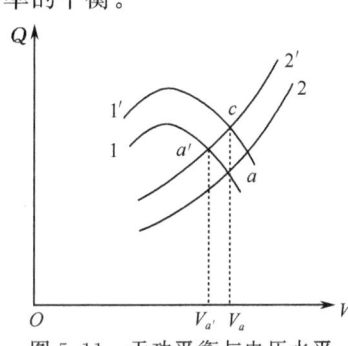

图 5-10 等值电路和相量图

图 5-11 无功平衡与电压水平

当负荷增加时,其无功负荷电压特性如曲线 2′ 所示。如果系统的无功电源没有相应增加(发电机励磁电流不变,电势也就不变),电源的无功特性仍然是曲线 1。这时曲线 1 和 2′ 的交点 a′ 就代表了新的无功平衡点,并由此决定了负荷点的电压为 $V_{a'}$。显然 $V_{a'} < V_a$。这说明负荷增加后,系统的无功电源已不能满足在电压 V_a 下无功平衡的需要,因而只好降低电压运行,以取得在较低电压下的无功平衡。如果发电机具有充足的无功备用,通过调节励磁电流,增大发电机的电势 E,则发电机的无功特性曲线将上移至曲线 1′ 的位置,从而使曲线 1′ 和 2′ 的交点 c 所确定的负荷节点电压达到或接近原来的数值 V_a。由此可见,系统的无功电源比较充足,能满足较高电压水平下的无功平衡的需要,系统就能运行在较高电压水平;反之,无功不足就反映为运行电压水平偏低。因此,应该力求实现在额定电压下的系统无功功率平衡,并根据这个要求装设必要的无功补偿装置。

电力系统的供电地区幅员宽广,无功功率不宜长距离输送,负荷所需的无功功率应尽量做到就地平衡。

总之,实现无功功率在额定电压下的平衡是保证电压质量的基本条件。

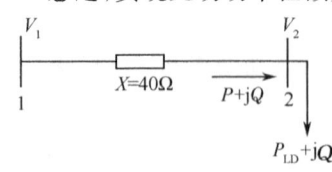

图 5-12 等值电路图

【**例 5-1**】 某输电系统的等值电路如图 5-12 所示。已知电压 $V_1 = 115 \text{kV}$ 维持不变。负荷有功功率 $P_{LD} = 40 \text{MW}$ 保持恒定,无功功率与电压平方成正比,即 $Q_{LD} = Q_0 \left(\dfrac{V_2}{110} \right)^2$。试就 $Q_0 = 20 \text{Mvar}$ 和 $Q_0 = 30 \text{Mvar}$ 两种情况按无功功率平衡的条件确定节点 2 的电压 V_2。

解 用式(5-14)计算线路送到节点 2 的无功功率为

$$Q = \sqrt{\left(\dfrac{V_1 V_2}{X}\right)^2 - P^2} - \dfrac{V_2^2}{X} = \sqrt{\left(\dfrac{115 V_2}{40}\right)^2 - 40^2} - \dfrac{V_2^2}{40}$$

$$= \sqrt{8.2656 V_2^2 - 1600} - 0.025 V_2^2$$

两种情况下负荷的无功功率分别为 $Q_{LD(1)} = 20 \left(\dfrac{V_2}{110} \right)^2$ 和 $Q_{LD(2)} = 30 \left(\dfrac{V_2}{110} \right)^2$。表 5-1 列出 V_2 为不同值时的 Q、$Q_{LD(1)}$ 和 $Q_{LD(2)}$ 的数值。

表 5-1 无功功率的电压静特性表

V_2/kV	Q/Mvar	$Q_{LD(1)}$/Mvar	$Q_{LD(2)}$/Mvar
102	30.41	17.20	25.80
103	28.19	17.54	26.30
104	25.91	17.88	26.82
105	23.59	18.22	27.33
106	21.21	18.57	27.86
107	18.79	18.92	28.39
108	16.31	19.28	28.92
109	13.79	19.64	29.46
110	11.21	20	30

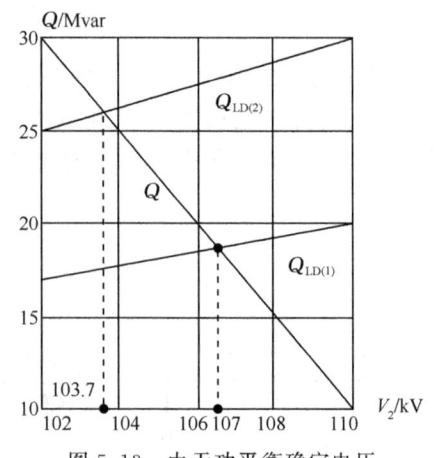

图 5-13 由无功平衡确定电压

利用表5-1中数据所作的无功电压特性如图5-13所示。由图中特性曲线的交点可以确定：当 $Q_0=20$Mvar 时，$V_2=107$kV，当 $Q_0=30$Mvar 时，$V_2=103.7$kV。

5.3 电力系统中枢点的电压管理

前面已指出，系统中拥有较充足的无功功率电源是保证电力系统有较好的运行电压水平的必要条件。但是，要使各用户的电压质量都符合要求，还需采用相应的调整措施。电力系统中电压调整的目的，是要在各种运行方式下，能维持各用户的电压偏移不超过规定的允许波动范围，保证电力系统运行的电压质量和经济性。

由于电力系统的结构复杂，用电设备数量极大，电力系统运行部门对网络中各母线电压及各用电设备的端电压进行监视和调整是不可能的，而且也没有必要。然而，常常在系统中选择一些有集中负荷的母线作为电压中枢点，运行人员监视中枢点电压，将中枢点电压控制调整在允许的电压偏移范围内。只要这些中枢点的电压质量满足要求，系统中其他各处的电压质量也基本上满足要求。

5.3.1 电压中枢点的选择

所谓电压中枢点是指那些能够反映和控制整个系统电压水平的节点（母线）。一般可选择下列母线作为电压中枢点。

(1) 大型发电厂的高压母线（高压母线上有多回出线）；
(2) 枢纽变电站的二次母线；
(3) 有大量地方性负荷的发电厂母线。

如图5-14所示，图中发电厂低压母线Ⅰ和末端枢纽变电站二次母线Ⅱ可作为中枢点。

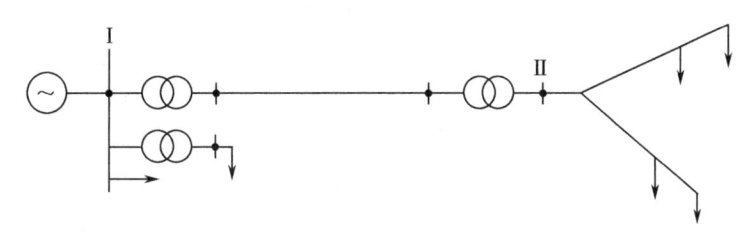

图 5-14 电力系统的电压中枢点

5.3.2 中枢点电压允许变化范围

为了对中枢点电压进行控制和调整，必须首先确定中枢点电压允许波动的范围，以使中枢点电压满足 $V_{i\min} \leqslant V_i \leqslant V_{i\max}$。

如图5-15所示，节点 i 为电压中枢点。中枢点的最低电压 $V_{i\min}$ 等于在地区负荷最大时某用户允许的最低电压 $V_{\min}$ 加上到中枢点的电压损耗 $\Delta V_{\max}$，如图5-15(a)所示。中枢点的最高电压 $V_{i\max}$ 等于地区负荷最小时某用户允许的最高电压 $V_{\max}$ 加上到中枢点的电压损耗 $\Delta V_{\min}$，如图5-15(b)所示。

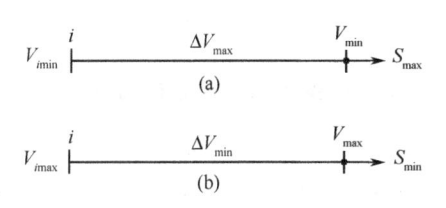

图 5-15 负荷电压与中枢点电压

对于一个实际运行的电力系统,已知网络参数和负荷,确定中枢点的电压波动范围,就是所谓中枢点电压曲线的编制。如图 5-16(a)所示由一个中枢点 O 向两个负荷节点 i,j 供电的简单网络。i,j 两节点负荷的简化日负荷曲线如图 5-16(b)、(c)所示,假设由于这两个负荷功率的流通,线路 Oi、Oj 上的电压损耗分别如图 5-16(d)、(e)所示,i,j 两节点负荷允许电压偏移均为 $±5\%$,如图 5-16(f)所示。求中枢点电压的允许波动范围。

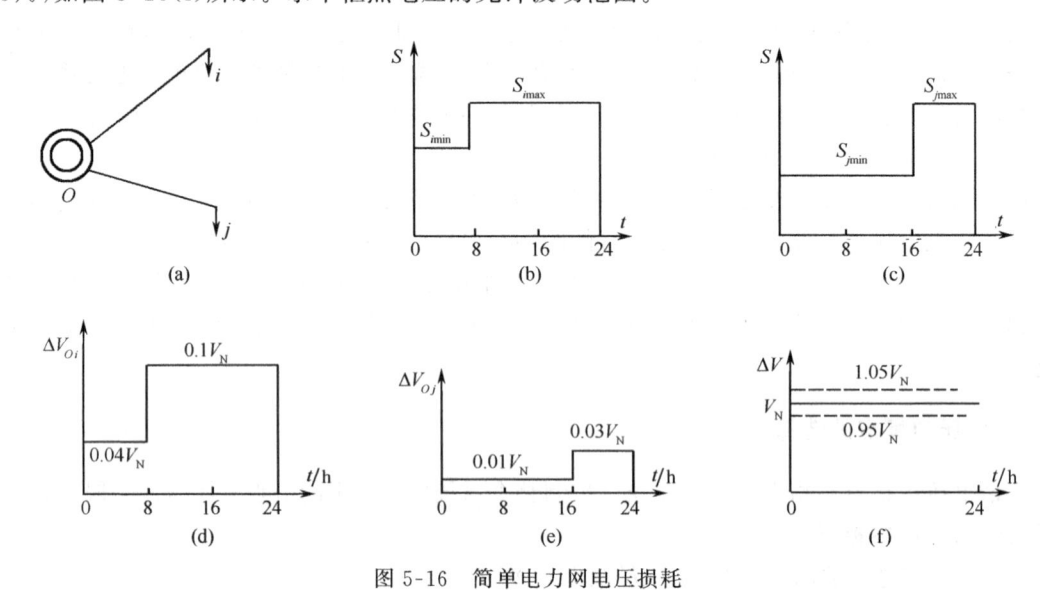

图 5-16 简单电力网电压损耗
(a) 简单网络;(b)、(c) 分别为负荷 i、j 的日负荷曲线;
(d)、(e) 分别为线路 Oi、Oj 不同时刻的电压损耗;(f) 负荷 i、j 允许的电压偏移

下面分别从节点 i 和节点 j 出发求出中枢点应维持的电压变化范围。

只满足 i 节点负荷时,中枢点电压 V_O 应维持的电压变化范围为

$0 \sim 8\text{h}$:$V_O = V_i + \Delta V_{Oi} = (0.95 \sim 1.05)V_N + 0.04V_N = (0.99 \sim 1.09)V_N$

$8 \sim 24\text{h}$:$V_O = V_i + \Delta V_{Oi} = (0.95 \sim 1.05)V_N + 0.10V_N = (1.05 \sim 1.15)V_N$

只满足 j 节点负荷时,中枢点电压 V_O 应维持的电压变化范围为

$0 \sim 16\text{h}$:$V_O = V_j + \Delta V_{Oj} = (0.95 \sim 1.05)V_N + 0.01V_N = (0.96 \sim 1.06)V_N$

$16 \sim 24\text{h}$:$V_O = V_j + \Delta V_{Oj} = (0.95 \sim 1.05)V_N + 0.03V_N = (0.98 \sim 1.08)V_N$

同时考虑 i,j 两个负荷对 O 点的要求,可得出 O 点电压的变化范围,如图 5-17(a)所示。图中阴影部分表示同时满足 i,j 两个负荷点的电压要求时 O 点电压的变化范围。尽管 i,j 两节点允许电压偏移都是 $±5\%$,即有 10% 的变化范围,但由于 ΔV_{Oi} 及 ΔV_{Oj} 的大小和变化规律不同,使得 $8 \sim 16\text{h}$ 中枢点允许电压变化范围只有 1%。由此可见,当电压损耗 ΔV_{Oi} 及 ΔV_{Oj} 变化较大,彼此相差悬殊时,中枢点电压就不易同时满足 i,j 两节点的电压要求。例如,在 $8 \sim 24\text{h}$ ΔV_{Oi} 增大为 $0.12V_N$,则 $8 \sim 16\text{h}$ 中枢点电压不论取什么值都不能满足要求,如图 5-17(b)所示。

5.3.3 中枢点电压调整的方式

在实际运行或规划设计中,由于缺乏必要的数据而无法确定中枢点电压控制范围时,可根据中枢点所管辖的电力网中负荷分布的远近及负荷变化的程度,对中枢点的电压调整方式提出原则性要求,以确定一个大致的电压变化范围。这种确定电压调整范围的方式一般分为三类:逆调

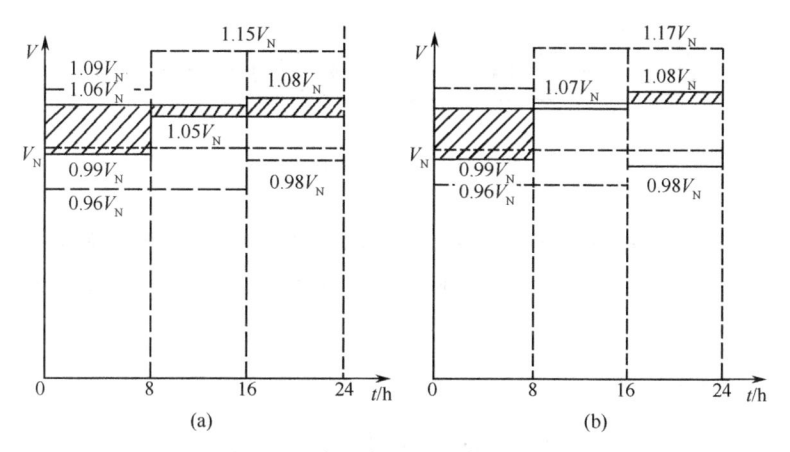

图 5-17 中枢点电压允许变化范围

(a) 中枢点 O 到 i 及 j 变电站的电压损耗不大时的电压变化范围;
(b) 中枢点 O 到 i 及 j 变电站的电压损耗相差较大时的电压变化范围

压、顺调压和常调压。

1) 逆调压

对大型网络,如中枢点到负荷的线路较长,且负荷变化较大(即最大负荷与最小负荷的差值较大),则在最大负荷时提高中枢点的电压,以抵偿线路上因负荷增大而增大的电压损耗;在最小负荷时则将中枢点电压降低一些,以防止负荷点的电压过高,一般这种情况的中枢点实行"逆调压"。采用逆调压方式的中枢点电压,在最大负荷时较线路的额定电压高 5%,即 $1.05V_N$;在最小负荷时等于线路的额定电压,即 $1.0V_N$。

2) 顺调压

对小型网络,如中枢点到负荷点的线路不长,负荷变化很小,线路上的电压损耗也很小,这种情况下,可对中枢点采用"顺调压"。采用"顺调压"方式的中枢点电压,在最大负荷时,允许中枢点电压低一些,但不低于线路额定电压的 102.5%,即 $1.025V_N$;在最小负荷时允许中枢点电压高一些,但不高于线路额定电压的 107.5%,即 $1.075V_N$。

3) 常调压

对中型网络,负荷变化较小,线路上电压损耗也较小,这种情况只要把中枢点电压保持在较线路额定电压高 2%~5% 的数值,即 $(1.02\sim1.05)V_N$,不必随负荷变化来调整中枢点的电压,仍可保证负荷点的电压质量,这种调压方式称为"常调压"。

这三种调压方式中,逆调压方式要求最高,实现较难,常调压次之,顺调压较容易实现。以上都是指系统正常运行时的调压方式。当系统发生事故时,因电压损耗比正常时大,故电压质量的要求允许降低一些,如前所述,事故时负荷点的电压偏移允许较正常时再增大 5%。

5.4 电力系统的电压调整

5.4.1 电压调整的基本原理

电力系统电压调整必须根据具体的调压要求,在不同的地点采取不同的调压方法。现以图 5-18 所示简单电力系统为例,说明采用各种调压措施所依据的基本原理。

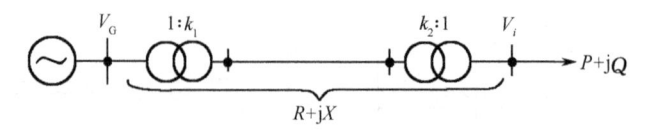

图 5-18 电压调整原理图

发电机通过升压变压器、线路和降压变压器向用户供电,要求调整负荷节点 i 的电压。为了简单起见,略去线路的对地电容和变压器励磁支路的参数,线路及变压器的参数归算到高压侧,以 $R+jX$ 代表,则负荷处的母线电压为

$$V_i = (V_G k_1 - \Delta V)/k_2 = \left(V_G k_1 - \frac{PR+QX}{V_N}\right)/k_2 \tag{5-15}$$

式中,ΔV 为网络的电压损耗;V_N 为网络高压侧的额定电压。

由式(5-15)可以看出,要调整负荷点的电压 V_i,可采取以下措施:

(1) 调节发电机励磁电流以改变发电机机端电压 V_G;
(2) 改变变压器的变比 k_1、k_2;
(3) 改变功率分布 $P+jQ$(主要是 Q),使电压损耗 ΔV 减小;
(4) 改变网络参数 $R+jX$(主要是 X),减小电压损耗 ΔV。

从以上几点出发,电力系统的电压调整方法很多。下面将具体介绍四种调压方法,即改变发电机端电压调压、改变变压器变比调压、利用无功功率补偿调压和改变线路参数调压。

5.4.2 改变发电机机端电压调压

现代同步发电机在机端电压偏离额定值不超过±5%的范围内,能够以额定功率运行。目前大中型同步发电机都装有自动励磁调节装置,可以根据运行情况调节励磁电流来改变其机端电压。对于不同类型的供电网络,发电机调压所起的作用是不同的。

由孤立发电厂不经升压直接供电的小型电网,因供电线路不长,线路上电压损耗不大,故改变发电机端电压(例如实行逆调压)就可以满足负荷点的电压质量要求,而不必另外再增加调压设备。这是最经济合理的调压方式。

对于线路较长、供电范围较大、有多级变压的供电系统,从发电厂到最远处的负荷点之间,电压损耗的数值和变化幅度都比较大。图 5-19 所示为一多级变压供电系统,其各元件在最大和最小负荷时的电压损耗如图中标注。从发电机端到最远处负荷点之间在最大负荷时的总电压损耗达 35%,最小负荷为 15%,其变化幅度达 20%。这时调压的困难不仅在于电压损耗的绝对值过大,而且更主要的是在于不同运行方式下电压损耗之差(即变化幅度)太大。因而单靠发电机调压无法满足调压要求。在上述情况下,发电机调压主要是为了满足近处地方负荷的电压质量要求,发电机电压在最大负荷时提高 5%,最小负荷时保持为额定电压,采取这种逆调压方式,对于解决多级变压供电系统的调压问题也是有利的。

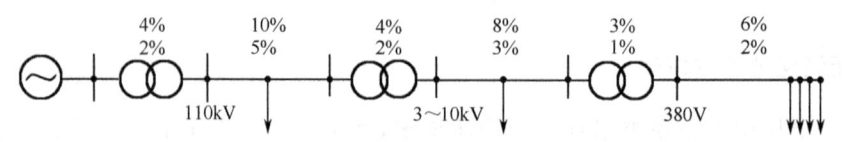

图 5-19 多级变压供电系统的电压损耗分布

对于有若干发电厂并列运行的电力系统,利用发电机调压会出现新的问题。前面提到过,节点的无功功率与节点的电压有密切的关系。例如,两个发电厂相距 60km,由 110kV 线路相连,如果要把一个电厂的 110kV 母线的电压提高 5%,大约要该电厂多输出 25Mvar 的无功功率。因而要求进行电压调整的电厂需有相当充裕的无功储备容量,一般这是不易满足的。此外,在系统内并列运行的发电厂中,调整个别发电厂的母线电压,会引起系统中无功功率的重新分配,这还可能与无功功率的经济分配发生矛盾。所以在大型电力系统中发电机调压一般只作为一种辅助性的调压措施。

5.4.3 改变变压器变比调压

改变变压器的变比可以升高或降低次级绕组的电压。为了实现调压,在双绕组变压器的高压绕组上设有若干个分接头以供选择,其中对应额定电压 V_N 的称为主接头。容量为 6300kV·A 及以下的变压器,高压侧有三个分接头,即在主接头的左右各有一个分接头,每个分接头使电压变化 5%,各接头电压分别为 $1.05V_N$、V_N、$0.95V_N$。容量为 8000kV·A 及以上的变压器,高压侧有 5 个分接头,即在主接头左右各有两个分接头,每个分接头使电压变化 2.5%,各接头分别对应于电压 $1.05V_N$、$1.025V_N$、V_N、$0.975V_N$、$0.95V_N$。变压器的低压绕组不设分接头。对于三绕组变压器,一般是在高压绕组和中压绕组设置分接头。

改变变压器的变比调压实际上就是根据调压要求适当选择分接头。

1. 降压变压器分接头的选择

图 5-20 所示为一降压变压器。若通过功率为 $P+jQ$,高压侧实际电压为 V_1,归算到高压侧的变压器阻抗为 R_T+jX_T,归算到高压侧的变压器电压损耗为 ΔV_T,低压侧要求得到的电压为 V_2,则有

$$\Delta V_T = (PR_T + QX_T)/V_1 \quad (5-16)$$

$$V_2 = V'_2/k = (V_1 - \Delta V_T)/k \quad (5-17)$$

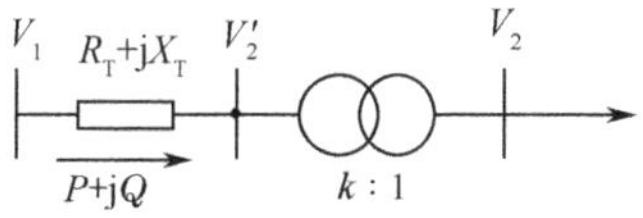

图 5-20 降压变压器

式中,$k=V_{1t}/V_{2N}$ 是变压器的变比,即高压绕组分接头电压 V_{1t} 和低压绕组额定电压 V_{2N} 之比。

将 k 代入式(5-17),便得高压侧分接头电压

$$V_{1t} = \frac{V_1 - \Delta V_T}{V_2} V_{2N} \quad (5-18)$$

当变压器通过不同功率时,高压侧电压 V_1、电压损耗 ΔV_T 以及低压侧所要求的电压 V_2 都要发生变化。通过计算可以求出在不同负荷下为满足低压侧调压要求所应选择的高压侧分接头电压。

普通双绕组变压器的分接头只能在停电时改变。在正常运行中无论负荷怎样变化只能使用一个固定的分接头。这时可以分别算出最大负荷和最小负荷下所要求的分接头电压

$$V_{1tmax} = \frac{V_{1max} - \Delta V_{Tmax}}{V_{2max}} V_{2N} = \frac{V'_{2max}}{V_{2max}} V_{2N} \quad (5-19)$$

$$V_{1tmin} = \frac{V_{1min} - \Delta V_{Tmin}}{V_{2min}} V_{2N} = \frac{V'_{2min}}{V_{2min}} V_{2N} \quad (5-20)$$

然后取其算术平均值,即

$$V_{1t \cdot av} = \frac{V_{1tmax} + V_{1tmin}}{2} \quad (5-21)$$

根据 $V_{1t \cdot av}$ 值选一个与它最接近的分接头。然后根据所选取的分接头校验最大负荷和最小负荷时低压母线上的实际电压是否满足要求。

【例 5-2】 某变电站由阻抗为 $4.32+j10.5\Omega$ 的 35kV 线路供电。变电站负荷集中在变压器 10kV 母线 B 点。最大负荷 $8+j5MV\cdot A$，最小负荷 $4+j3MV\cdot A$，线路送端母线 A 的电压在最大负荷与最小负荷时均为 36kV，要求变电站 10kV 母线上的电压在最小负荷与最大负荷时电压偏差不超过 $\pm 5\%$，试选变压器分接头。变压器阻抗为 $0.69+j7.84\Omega$，变比为 $35\pm 2\times 2.5\%/10.5kV$。

解 变压器阻抗与线路阻抗合并得等值阻抗
$$Z = R + jX = 5.01 + j18.34\Omega$$

线路首端输送功率为
$$S_{A\max} = (P_A + jQ_A)_{\max} = 8 + j5 + \frac{8^2+5^2}{35^2}(5.01+j18.34)$$
$$= 8.36 + j6.33(\text{MV}\cdot\text{A})$$
$$S_{A\min} = (P_A + jQ_A)_{\min} = 4 + j3 + \frac{4^2+3^2}{35^2}(5.01+j18.34)$$
$$= 4.1 + j3.37(\text{MV}\cdot\text{A})$$

B 点折算到高压侧电压为
$$V'_{B\max} = 36 - \frac{8.36\times 5.01 + 6.33\times 18.34}{36} = 31.6(\text{kV})$$
$$V'_{B\min} = 36 - \frac{4.1\times 5.01 + 3.37\times 18.34}{36} = 33.7(\text{kV})$$

按调压要求，10kV 母线电压在最大负荷时不低于 9.5kV 和最小负荷运行不高于 10.5kV，则由式(5-19)和式(5-20)可得最大和最小负荷时对应的分接头电压
$$V_{t\max} = \frac{V'_{B\max}}{V_{B\max}}\times V_{BN} = \frac{31.6}{0.95\times 10}\times 10.5 = 34.9(\text{kV})$$
$$V_{t\min} = \frac{V'_{B\min}}{V_{B\min}}\times V_{BN} = \frac{33.7}{1.05\times 10}\times 10.5 = 33.7(\text{kV})$$

取平均值
$$V_t = \frac{V_{t\max}+V_{t\min}}{2} = \frac{34.9+33.7}{2} = 34.3(\text{kV})$$

选择变压器最接近的分接头
$$\left(\frac{34.3}{35} - 1\right)\times 100\% = -2\%$$

所以选 -2.5% 分接头，即
$$V_t = (1-0.025)\times 35 = 0.975\times 35 = 34.125(\text{kV})$$

按所选分接头校验 10kV 母线的实际电压
$$V_{B\max} = 31.6\times \frac{10.5}{34.125} = 9.72(\text{kV})$$

电压偏移 $= \dfrac{9.72-10}{10}\times 100\% = -2.8\%$

$$V_{B\min} = 33.7\times \frac{10.5}{34.125} = 10.37(\text{kV})$$

$$电压偏移 = \frac{10.375 - 10}{10} \times 100\% = +3.7\%$$

可见,10kV 母线在最大负荷时的电压偏移小于 -5%,最小负荷时的电压偏移小于 $+5\%$,因此所选择变压器分接头满足调压要求。

2. 升压变压器分接头的选择

选择升压变压器分接头的方法与选择降压变压器的基本相同。但因升压变压器中功率方向是从低压侧送往高压侧的(如图 5-21 所示),故式(5-18)中 ΔV_T 前的符号应相反,即应将电压损耗和高压侧电压相加。因而有

$$V_{1t} = \frac{V_2'}{V_2} V_{2N} = \frac{V_1 + \Delta V_T}{V_2} V_{2N} \quad (5-22)$$

图 5-21 升压变压器

式中,V_2 为变压器低压侧的实际电压或给定电压;V_1 为高压侧所要求的电压。

这里要注意升压变压器与降压变压器绕组的额定电压是有差别的(见表 1-3)。此外,选择发电厂中升压变压器的分接头时,在最大和最小负荷情况下,要求发电机的端电压都不能超过规定的允许范围。如果在发电机电压母线上有地方负荷,则应当满足地方负荷对发电机母线的调压要求,一般可采用逆调压方式调压。

【例 5-3】 一升压变压器,其归算至高压侧的参数、负荷、分接头范围如图 5-22 所示,最大负荷时高压母线电压为 120kV,最小负荷时高压母线电压为 114kV,发电机电压的调节范围为 6~6.6kV,试选择变压器分接头。

图 5-22 升压变压器

例 5-3 讲解

解 最大负荷时变压器的电压降为

$$\Delta V_{max} = \frac{P_{1max}R + Q_{1max}X}{V_{1max}} = \frac{25 \times 3 + 18 \times 30}{120} = 5.125 (\text{kV})$$

归算至高压侧的低压侧电压为

$$V_{2max}' = V_{1max} + \Delta V_{max} = 120 + 5.125 = 125.125 (\text{kV})$$

最小负荷时变压器电压降落为

$$\Delta V_{min} = \frac{P_{1min}R + Q_{1min}X}{V_{1min}} = \frac{14 \times 3 + 10 \times 30}{114} = 3 (\text{kV})$$

归算至高压侧的低压侧电压为

$$V_{2min}' = V_{1min} + \Delta V_{min} = 114 + 3 = 117 (\text{kV})$$

假定最大负荷时发电机电压为 6.6kV,最小负荷时电压为 6kV。从而

$$V_{1tmax} = 125.125 \times \frac{6.3}{6.6} = 119.43 (\text{kV})$$

$$V_{1tmin} = 117 \times \frac{6.3}{6} = 122.8 (\text{kV})$$

$$V_{1t} = \frac{V_{1tmax} + V_{1tmin}}{2} = \frac{119.43 + 122.85}{2} = 121.14 (\text{kV})$$

选择最接近的分接头 121kV。

校验：

最大负荷时发电机机端实际电压为

$$125.125 \times \frac{6.3}{121} = 6.51 (\text{kV})$$

最小负荷时发电机机端实际电压为

$$117 \times \frac{6.3}{121} = 6.09 (\text{kV})$$

均满足要求。

3. 普通三绕组变压器分接头的选择

三绕组变压器一般在高、中压绕组有分接头可供选择使用，而低压侧没有分接头。其分接头选择的方法可两次套用双绕组变压器分接头的选择方法。一般可先按低压侧调压要求，由高、低压两侧，确定出高压绕组的分接头；然后再用选定的高压绕组的分接头，考虑中压侧的调压要求，由高、中压两侧，选择中压绕组的分接头。同样，也有校验过程。如在最大、最小负荷时，高、中压绕组选择的分接头能满足调压要求，说明分接头选择得合适，若不能满足调压要求，还需另选其他分接头，或采用有载调压变压器。

【例 5-4】 三绕组变压器的额定电压为 110/38.5/6.6kV，等值电路如图 5-23 所示，各绕组最大负荷功率已示于图中，最小负荷为最大负荷的二分之一。设与该变压器相连的高压母线电压在最大与最小负荷时分别为 112kV，115kV；中、低压母线电压偏移在最大与最小负荷时分别允许为 0 与 +7.5%，试选择该变压器高、中压绕组的分接头。

例 5-4 讲解

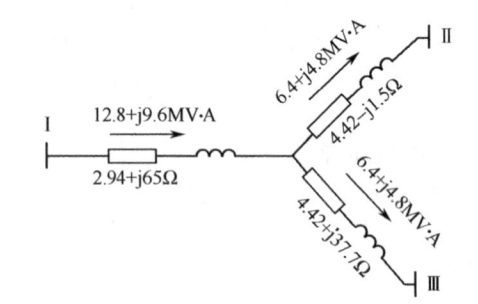

图 5-23 三绕组变压器等值电路

解 分析思路：先以低压侧调压要求 0%～+7.5% 为准，由高、低压两侧选择出高压绕组的分接头；再由高、中压两侧选择出中压绕组的分接头。

(1) 求最大、最小负荷时各绕组的电压损耗。

最大负荷时：

$$\Delta V_{\text{I max}} = \frac{P_{\text{I}} R_{\text{I}} + Q_{\text{I}} X_{\text{I}}}{V_{\text{I max}}} = \frac{12.8 \times 2.94 + 9.6 \times 65}{112} = 5.91 (\text{kV})$$

$$\Delta V_{\text{II max}} = \frac{P_{\text{II}} R_{\text{II}} + Q_{\text{II}} X_{\text{II}}}{V_{\text{I max}} - \Delta V_{\text{I max}}} = \frac{6.4 \times 4.42 - 4.8 \times 1.5}{112 - 5.91} = 0.198 (\text{kV})$$

$$\Delta V_{\text{III max}} = \frac{P_{\text{III}} R_{\text{III}} + Q_{\text{III}} X_{\text{III}}}{V_{\text{I max}} - \Delta V_{\text{I max}}} = \frac{6.4 \times 4.42 + 4.8 \times 37.7}{112 - 5.91} = 1.97 (\text{kV})$$

最小负荷时：

$$\Delta V_{\text{I min}} = \frac{P_{\text{I}} R_{\text{I}} + Q_{\text{I}} X_{\text{I}}}{V_{\text{I min}}} = \frac{6.4 \times 2.94 + 4.8 \times 65}{115} = 2.88 (\text{kV})$$

$$\Delta V_{\text{II min}} = \frac{P_{\text{II}} R_{\text{II}} + Q_{\text{II}} X_{\text{II}}}{V_{\text{I min}} - \Delta V_{\text{I min}}} = \frac{3.2 \times 4.42 - 2.4 \times 1.5}{115 - 2.88} = 0.0932 (\text{kV})$$

$$\Delta V_{\text{III min}} = \frac{P_{\text{III}} R_{\text{III}} + Q_{\text{III}} X_{\text{III}}}{V_{\text{I min}} - \Delta V_{\text{I min}}} = \frac{3.2 \times 4.42 + 2.4 \times 37.7}{115 - 2.88} = 0.935 (\text{kV})$$

（2）求最大、最小负荷时各母线电压。

最大负荷时：Ⅰ高压 $V_{\text{I max}} = 112 \text{kV}$

　　　　　　Ⅱ中压 $V'_{\text{II max}} = 112 - 5.91 - 0.198 = 105.9 (\text{kV})$

　　　　　　Ⅲ低压 $V'_{\text{III max}} = 112 - 5.91 - 1.97 = 104.1 (\text{kV})$

最小负荷时：Ⅰ高压 $V_{\text{I min}} = 115 \text{kV}$

　　　　　　Ⅱ中压 $V'_{\text{II min}} = 115 - 2.88 - 0.0932 = 112.0 (\text{kV})$

　　　　　　Ⅲ低压 $V'_{\text{III min}} = 115 - 2.88 - 0.935 = 111.1 (\text{kV})$

（3）根据低压母线调压要求，由高、低压两侧，选择高压绕组的分接头。

最大、最小负荷时低压母线调压要求电压为

$$V_{\text{III max}} = V_{\text{N}}(1 + 0\%) = 6 \times (1 + 0\%) = 6 (\text{kV})$$

$$V_{\text{III min}} = V_{\text{N}}(1 + 7.5\%) = 6 \times (1 + 7.5\%) = 6.45 (\text{kV})$$

最大、最小负荷时高压绕组分接头电压为

$$V_{\text{tI max}} = V'_{\text{III max}} \frac{V_{\text{N3}}}{V_{\text{III max}}} = 104.1 \times \frac{6.6}{6} = 114.5 (\text{kV})$$

$$V_{\text{tI min}} = V'_{\text{III min}} \frac{V_{\text{N3}}}{V_{\text{III min}}} = 111.1 \times \frac{6.6}{6.45} = 113.7 (\text{kV})$$

因此

$$V_{\text{tI}} = \frac{V_{\text{tI max}} + V_{\text{tI min}}}{2} = \frac{114.5 + 113.7}{2} = 114.1 (\text{kV})$$

于是可选用 110+5% 的分接头，分接头电压为 115.5kV。

（4）校验低压母线电压。

最大负荷时　　$V_{\text{III max}} = V'_{\text{III max}} \dfrac{V_{\text{N3}}}{V_{\text{tI}}} = 104.1 \times \dfrac{6.6}{115.5} = 5.95 (\text{kV})$

最小负荷时　　$V_{\text{III min}} = V'_{\text{III min}} \dfrac{V_{\text{N3}}}{V_{\text{tI}}} = 111.1 \times \dfrac{6.6}{115.5} = 6.35 (\text{kV})$

低压母线电压偏移：

最大负荷时　　$\Delta V_{\text{III max}}\% = \dfrac{V_{\text{III max}} - V_{\text{N}}}{V_{\text{N}}} \times 100\% = \dfrac{5.95 - 6}{6} \times 100\% = -0.833\%$

最小负荷时　　$\Delta V_{\text{III min}}\% = \dfrac{V_{\text{III min}} - V_{\text{N}}}{V_{\text{N}}} \times 100\% = \dfrac{6.35 - 6}{6} \times 100\% = 5.83\%$

虽然最大负荷时的电压偏移比要求的低 0.833%，但由于分接头之间的电压差为 2.5%，求得的电压偏移距要求不超过 1.25% 是允许的，所以，选择的分接头认为合适。进而可确定变压器高、低压侧的变比为 115.5/6.6kV。

（5）根据中压母线的调压要求，由高、中压两侧，选择中压绕组的分接头。最大、最小负荷时中压母线调压要求电压为

$$V_{\text{II max}} = 35 \times (1+0\%) = 35 (\text{kV})$$
$$V_{\text{II min}} = 35 \times (1+7.5\%) = 37.6 (\text{kV})$$

最大、最小负荷时中压绕组分接头电压为

$$V_{\text{tII max}} = V_{\text{II max}} \frac{V_{\text{tI}}}{V'_{\text{II max}}} = 35 \times \frac{115.5}{105.9} = 38.2 (\text{kV})$$

$$V_{\text{tII min}} = V_{\text{II min}} \frac{V_{\text{tI}}}{V'_{\text{II min}}} = 37.6 \times \frac{115.5}{112} = 38.8 (\text{kV})$$

因此

$$V_{\text{tII}} = \frac{38.2 + 38.8}{2} = 38.5 (\text{kV})$$

于是,就选电压为 38.5kV 的主抽头。

(6) 校验中压侧母线电压。

最大负荷时

$$V_{\text{II max}} = V'_{\text{II max}} \frac{V_{\text{tII}}}{V_{\text{tI}}} = 105.9 \times \frac{38.5}{115.5} = 35.3 (\text{kV})$$

最小负荷时

$$V_{\text{II min}} = V'_{\text{II min}} \frac{V_{\text{tII}}}{V_{\text{tI}}} = 112 \times \frac{38.5}{115.5} = 37.3 (\text{kV})$$

中压母线电压偏移：

最大负荷时

$$\Delta V_{\text{II max}}\% = \frac{35.3 - 35}{35} \times 100\% = 0.86\%$$

最小负荷时

$$\Delta V_{\text{II min}}\% = \frac{37.3 - 35}{35} \times 100\% = 6.57\%$$

可见,电压偏移在要求的范围 0～7.5% 之内,也满足调压要求。于是,该变压器应选择的分接头电压或变比为 115.5/38.5/6.6kV。

通过以上的例题可以看出,采用固定分接头的变压器进行调压,不可能改变电压损耗的数值,也不能改变负荷变化时次级电压的变化幅度；通过对变比的适当选择,只能把这一电压变化幅度对于次级额定电压的相对位置进行适当的调整(升高或降低)。如果计及变压器电压损耗在内的总电压损耗,最大负荷和最小负荷时的电压变化幅度(例如 12%)超过了分接头可能调整的范围(例如 ±5%),或者调压要求的变化趋势与实际的相反(例如逆调压时),则依靠选普通变压器的分接头的方法就无法满足调压要求。这时可以装设带负荷调压的变压器或采用其他调压措施。

带负荷调压的变压器通常有两种：一种是本身就具有调压绕组的有载调压变压器；另一种是带有附加调压器的加压调压变压器。

5.4.4　有载调压变压器

有载调压变压器可以在带负荷的条件下切换分接头而且调节范围也比较大,一般在 15% 以上。目前我国暂定,110kV 级的有载调压变压器有 7 个分接头,即 $V_N\pm3\times2.5\%$;220kV 级的有 9 个分接头,即 $V_N\pm4\times2.0\%$。采用有载调压变压器时,可以根据最大负荷算得的 V_{Itmax} 值和最小负荷算得的 V_{Itmin} 分别选择各自合适的分接头。这样就能缩小次级电压的变化幅度,甚至改变电压变化的趋势。

有载调压变压器能够在电网电压变化和负荷变化时,不停电地改变分接头位置满足调压要求,调节速度也较快,改变一档分接头约需 2~5s,而且便于实现自动化,是一种有效的调压措施。但它的价格较高,运行维护较复杂,所以应首先用在确有必要的地方。例如两个电网间的联络变压器,如果潮流方向是变化的或负荷变化范围很大,就需要采用有载调压变压器。同时,还可利用有载调压改变电网间无功功率的分布。对于枢纽变电站,一般需要使用有载调压变压器,作为控制中枢点电压的手段。此外,负荷变化大或调压要求高的变电站,用普通变压器不能满足调压要求时,也可应用有载调压变压器。选择有载调压变压器时,要根据调压要求和负荷变化情况,确定所需的分接头调节范围和每档分接头的调节量。

图 5-24 为有载调压变压器的原理接线图。该变压器的主绕组同一个具有若干个分接头的调压绕组串联,依靠特殊的切换装置,可以在负荷电流下改换分接头。切换装置有两个可动触头,改变分接头时,先将一个可动触头移动到相邻的分接头上,然后再把另一个可动触头也移到该分接头上,这样逐步地移动,直到两个可动触头都移到所选定的分接头为止。为了防止可动触头在切换过程中产生电弧,从而使变压器绝缘油劣化,在可动触头 K_a 和 K_b 的前面接入接触器 J_a 和 J_b,它们放在单独的油箱里。当变压器切换分接头时,首先断开接触器 J_a,将可动触头 K_a 切换到另一个分接头上,然后再将接触器 J_a 接通。另一个触头也采用相同的切换步骤,使两个触头都接到另一个分接头上。在切换过程中,当两个可动触头在不同分接头上时,切换装置中的电抗器 DK 是用来限制两个分接头间的短路电流。有的调压变压器用限流电阻来替代限流电抗器。

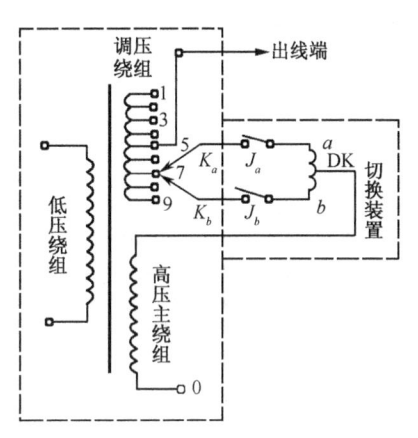

图 5-24 有载调压变压器原理接线图

对 110kV 及以上电压等级的变压器,一般将调压绕组放在变压器中性点侧。因为变压器的中性点接地,中性点侧电压很低,调节装置的绝缘比较容易解决。

【例 5-5】 如果例 5-2 中变电站 10kV 母线的调压要求改为逆调压;变压器改用有载调压变压器,试确定变压器分接头的调节范围。

解 最大负荷时 $V'_{Bmax}=31.6$kV,要求 10kV 母线电压为 1.05×10kV,所需分接头电压:

$$V_{tmax}=\frac{31.6}{1.05\times10}\times10.5=31.6(kV)$$

分接头位置为

$$\left(\frac{31.6}{35}-1\right)\times100\%=-9.7\%$$

最小负荷时 $V'_{Bmin}=33.7$kV,要求 10kV 母线电压为 10kV,所需分接头电压:

$$V_{tmin}=\frac{33.7}{10}\times10.5=35.4(kV)$$

分接头位置为

$$\left(\frac{35.4}{35}-1\right)\times100\%=1.2\%$$

选择 35+(2～-4)×2.5%/10.5kV 或 35+(3～-5)×2%/10.5kV 有载调压变压器都可满足调压要求。

5.4.5 加压调压变压器

加压调压变压器由电源变压器和串联变压器组成,如图 5-25 所示。串联变压器的次级绕组串联在主变压器的引出线上,作为加压绕组。这相当于在线路上串联了一个附加电势。改变附加电势的大小和相位就可以改变线路上电压的大小和相位。通常把附加电势的相位与线路电压相位相同的变压器称为纵向调压变压器,把附加电势与线路电压有 90°相位差的变压器称为横向调压变压器,把附加电势与线路电压之间有不等于 90°相位差的调压变压器称为混合型调压变压器。

1. 纵向调压变压器

纵向调压变压器的原理接线图如图 5-26 所示。

图 5-25 加压调压变压器
1—主变压器;2—加压调压变压器;
3—电源变压器;4—串联变压器

图 5-26 纵向调压变压器
(a) 原理接线图;(b) 相量图

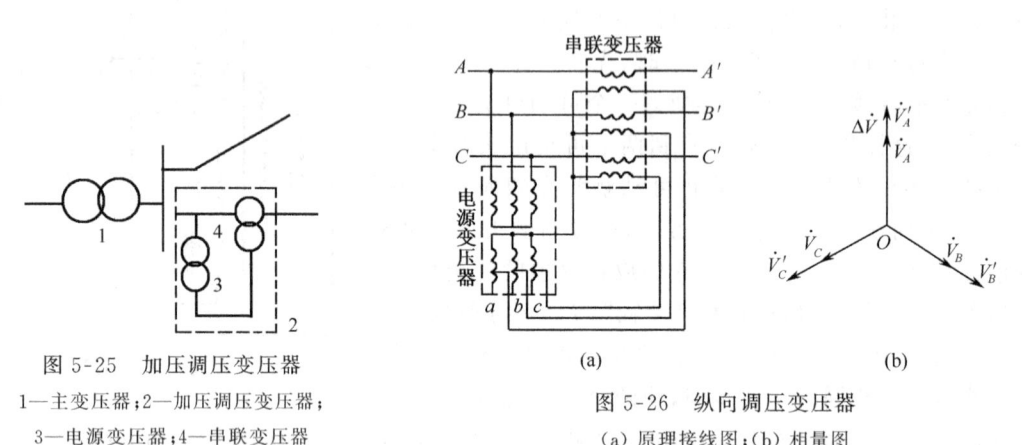

图 5-26(a)中电源变压器的次级绕组供电给串联变压器的励磁绕组,因而在串联变压器的次级绕组中产生附加电势 $\Delta \dot{V}$。当电源变压器取图中所示的接线方式时,附加电势的方向与主变压器的相电压相同,可以提高线路电压,如图 5-26(b)所示。反之,如将串联变压器反接,则可降低线路电压。纵向调压变压器只有纵向电势,它只改变线路电压的大小,不改变线路电压的相位,其作用与具有调压绕组的调压变压器相同。

2. 横向调压变压器

如果电源变压器取图 5-27 所示的接线方式,则加压绕组中产生的附加电势与线路相电压的相位差为 90°,称为横向电势。从相量图中可以看出,由于 $\Delta \dot{V}$ 超前线路电压 90°,调

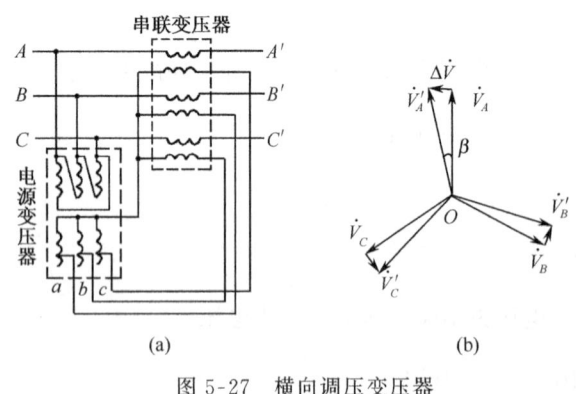

图 5-27 横向调压变压器
(a) 原理接线图;(b) 相量图

压后的电压 $\dot{V}'_A$ 比调压前的电压 $\dot{V}_A$ 超前一个 β 角,但调压前后电压幅值的改变甚小。如将串联变压器反接,使附加电势反向,则调压后可得到较原电压滞后的线路电压(电压幅值的变化仍很小)。

横向调压变压器只产生横向电势,所以它只改变线路电压的相位而几乎不改变电压的大小。

3. 混合型调压变压器

混合型调压变压器中既有纵向加压变压器,又有横向加压变压器,接线如图 5-28 所示。它既产生纵向电势 $\Delta\dot{V}'$,又产生横向电势 $\Delta\dot{V}''$。因此,它既能改变线路电压的大小,又能改变其相位。

加压调压变压器和主变压器配合使用,相当于有载调压变压器,也可以单独串接在线路上使用。对于辐射形网络,它可以作为调压设备。对于环形网络除起调压作用外,还可以改变网络中的功率分布。例如,在图 5-29 所示环网中串联一个加压调压变压器,其附加电势 $\Delta V = \Delta V' + j\Delta V''$ 将在环网中产生循环功率(亦称均衡功率)S_c。根据式(3-52)可得

$$S_c = P_c + jQ_c = \frac{\Delta V^*}{Z_\Sigma^*}V_N = \frac{\Delta V' - j\Delta V''}{R_\Sigma - jX_\Sigma}V_N \tag{5-23}$$

$$P_c = \frac{\Delta V' R_\Sigma + \Delta V'' X_\Sigma}{R_\Sigma^2 + X_\Sigma^2}V_N \tag{5-24}$$

$$Q_c = \frac{\Delta V' X_\Sigma - \Delta V'' R_\Sigma}{R_\Sigma^2 + X_\Sigma^2}V_N \tag{5-25}$$

式中,$Z_\Sigma = R_\Sigma + jX_\Sigma$ 为环网的总阻抗。

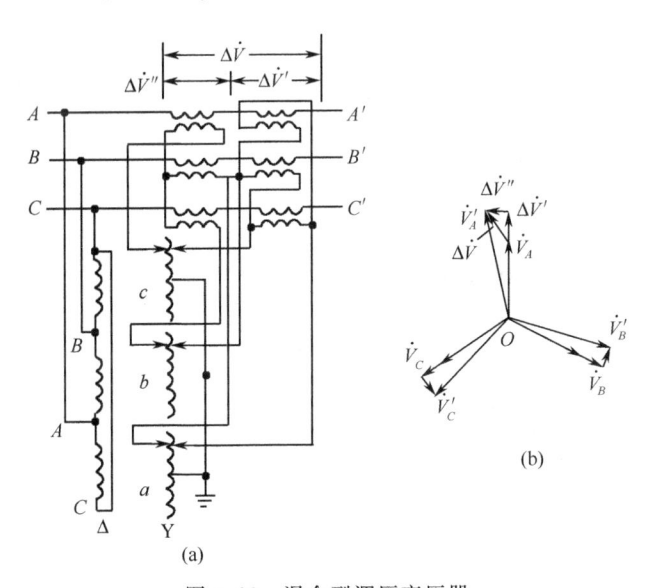

图 5-28 混合型调压变压器
(a) 原理接线图;(b) 相量图

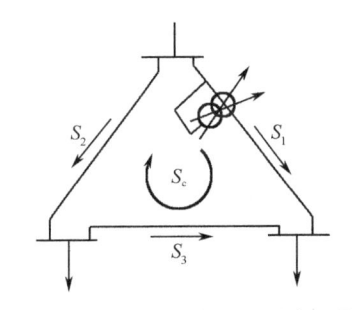

图 5-29 环网中的加压调压变压器
S_1,S_2,S_3—功率的自然分布

在高压网络中主要是架空线路,电抗比电阻大得多。由上述公式可见,纵向电势主要影响无功功率,横向电势主要影响有功功率。环网中的实际功率分布将由功率的自然分布(即没有附加电势时网络的功率分布)和循环功率叠加而成,即可以改变环形网的

讨论:系统无功功率不足时,调节变压器变比升高电压是否适宜

功率分布。

5.4.6 无功功率补偿调压

在以上介绍的发电机和变压器调压方式中,除采用附加串联加压调压变压器外,都是不需要附加设备的调压手段。但是,它们只适用于系统有充裕无功功率的场合,即系统中不仅无功功率可以平衡且具有一定的储备。系统中无功功率不够充裕时,就要考虑采用各种附加的补偿设备进行调压。

并联补偿设备有并联电容器、调相机、静止补偿器等,它们的作用都是在重负荷时发出感性无功功率,以补偿负荷所消耗无功,减少由于沿电网传送无功功率而引起的有功功率损耗和电压损耗,从而提高负荷端电压。当然,调相机和静止补偿器也可用于长距离输电线路的末端,在轻载时吸收无功功率,实现电压的双向调节。

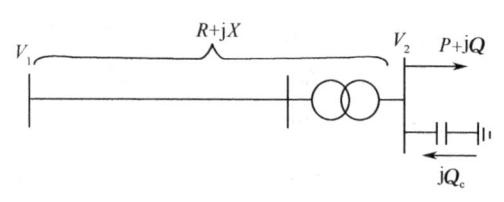

图 5-30 简单电网的无功功率补偿

下面讨论按调压要求选择无功功率补偿容量的问题。图 5-30 所示一简单电网,供电点电压 V_1 和负荷功率 $P+jQ$ 已给定,线路对地分布电容和变压器的励磁功率略去不计。在未加补偿装置前若不计电压降落的横分量,便有

$$V_1 = V_2' + \frac{PR + QX}{V_2'} \tag{5-26}$$

式中,V_2' 为归算到高压侧的变电站低压母线电压。

在变电站低压侧设置容量为 Q_c 的无功补偿设备后,网络传送到负荷点的无功功率将变为 $Q-Q_c$,这时变电站低压母线的归算电压也相应变为 V_{2c}',故有

$$V_1 = V_{2c}' + \frac{PR + (Q-Q_c)X}{V_{2c}'} \tag{5-27}$$

如果补偿前后 V_1 保持不变,则有

$$V_2' + \frac{PR + QX}{V_2'} = V_{2c}' + \frac{PR + (Q-Q_c)X}{V_{2c}'} \tag{5-28}$$

由此可解得使变电站低压母线的归算电压从 V_2' 改变到 V_{2c}' 时所需要的无功补偿容量为

$$Q_c = \frac{V_{2c}'}{X}\left[(V_{2c}' - V_2') + \left(\frac{PR+QX}{V_{2c}'} - \frac{PR+QX}{V_2'}\right)\right] \tag{5-29}$$

上式方括号中第二项的数值一般很小,可以略去,于是式(5-29)便简化为

$$Q_c = \frac{V_{2c}'}{X}(V_{2c}' - V_2') \tag{5-30}$$

若变压器的变比选为 k,经过补偿后变电站低压侧要求保持的实际电压为 V_{2c},则 $V_{2c}' = kV_{2c}$。将其代入式(5-30),可得

$$Q_c = \frac{kV_{2c}}{X}(kV_{2c} - V_2') = \frac{k^2V_{2c}}{X}\left(V_{2c} - \frac{V_2'}{k}\right) \tag{5-31}$$

由此可见,补偿容量与调压要求和降压变压器的变比选择均有关。变比 k 的选择原则是:在满足调压要求下,使无功补偿容量为最小。

由于无功补偿设备的性能不同,选择变比的条件也不相同,下面分别阐述补偿设备为静电电容器和同步调相机的情况。

1. 补偿设备为静电电容器

通常在大负荷时降压变电站电压偏低，小负荷时电压偏高。电容器只能发出感性无功功率以提高电压，但在电压过高时却不能吸收感性无功功率来降低电压。为了充分利用补偿容量，在最大负荷时电容器应全部投入，在最小负荷时全部退出。

首先，根据调压要求，按最小负荷时没有补偿的情况确定变压器的分接头。

令 $V'_{2\min}$ 和 $V_{2\min}$ 分别为最小负荷时低压母线归算到高压侧的电压和要求保持的实际电压，则 $V'_{2\min}/V_{2\min}=V_t/V_{2N}$，由此可算出变压器的分接头电压应为

$$V_t = \frac{V_{2N} V'_{2\min}}{V_{2\min}} \tag{5-32}$$

选定与 V_t 最接近的分接头 V_{1t}，并由此确定变比

$$k = V_{1t}/V_{2N}$$

其次，按最大负荷时的调压要求计算补偿容量，即

$$Q_c = \frac{V_{2c\max}}{X}\left(V_{2c\max} - \frac{V'_{2\max}}{k}\right)k^2 \tag{5-33}$$

式中，$V'_{2\max}$ 和 $V_{2c\max}$ 分别为补偿前变电站低压母线归算到高压侧的电压和补偿后要求保持的实际电压。最后，根据式(5-33)算得的补偿容量，进行电压校验。

2. 补偿设备为同步调相机

调相机的特点是既能过励磁运行，发出感性无功功率使电压升高，也能欠励磁运行，吸收感性无功功率使电压降低。如果调相机在最大负荷时按额定容量过励磁运行，在最小负荷时按(0.5～0.65)额定容量欠励磁运行，那么，调相机的容量将得到最充分的利用。

根据上述条件可确定变比 k。最大负荷时，同步调相机容量为

$$Q_c = \frac{V_{2c\max}}{X}\left(V_{2c\max} - \frac{V'_{2\max}}{k}\right)k^2 \tag{5-34}$$

用 α 代表数值范围(0.5～0.65)，则最小负荷时调相机容量应为

$$-\alpha Q_c = \frac{V_{2c\min}}{X}\left(V_{2c\min} - \frac{V'_{2\min}}{k}\right)k^2 \tag{5-35}$$

两式相除，得

$$-\alpha = \frac{V_{2c\min}(kV_{2c\min} - V'_{2\min})}{V_{2c\max}(kV_{2c\max} - V'_{2\max})} \tag{5-36}$$

由此可解出

$$k = \frac{\alpha V_{2c\max} V'_{2\max} + V_{2c\min} V'_{2\min}}{\alpha V_{2c\max}^2 + V_{2c\min}^2} \tag{5-37}$$

按式(5-37)算出的 k 值选择最接近的分接头电压 V_{1t}，并确定实际变比 $k=V_{1t}/V_{2N}$，将其代入式(5-34)即可求出需要的调相机容量。根据产品目录选出与此容量相近的调相机。最后按所选容量进行电压校验。

电压损耗 $\Delta V=\dfrac{(PR+QX)}{V}$ 中包含两个分量：一个是有功负荷及电阻产生的 PR/V 分量；另一个是无功负荷及电抗产生的 QX/V 分量。利用无功补偿调压的效果与网络性质及负荷情况有关。在低压电力网中，一般导线截面小，线路的电阻比电抗大，负荷的功率因数也高一些，因此 ΔV 中，由有功功率引起的 PR/V 分量占较大比重；在高压电力网中，导线截面较大，多数情况下，线路电抗比电阻大，再加上变压器的电抗远大于其电阻，这时 ΔV 中无功功率引起的 QX/V

分量就占很大的比重。例如,某系统从水电厂到系统的高压电力网,包括升压和降压变压器在内,其电抗与电阻之比为 8∶1。在这种情况下,减少输送无功功率可以产生比较显著的调压效果。反之,对截面不大的架空线路和所有电缆线路,用这种方法调压就不合适。

【例 5-6】 某一降压变电站由双回 110kV,长 70km 的架空输电线路供电,导线型号为 LGJ-120,单位长度阻抗为 $0.263+j0.423\Omega/km$。变电站有两台变压器并联运行,其参数为:$S_N=31.5MV\cdot A$,V_N 为 $110\pm2\times2.5\%kV/11kV$,$V_S\%=10.5$。变电站最大负荷为 $40+j30MV\cdot A$,最小负荷为 $30+j20MV\cdot A$。线路首端电压为 116kV,且维持不变。变电站二次侧母线上的允许电压偏移在最大、最小负荷时为额定电压的 2.5%～7.5%。试根据调压要求,按电容器和调相机两种措施,确定变电站二次侧母线上所需补偿的最小容量。

解 (1) 计算线路和变压器等值阻抗。

$$Z_L = \frac{1}{2} l_1 \times (r_1 + jx_1) = 9.205 + j14.805(\Omega)$$

$$X_T = \frac{1}{2} \times \frac{V_S\% V_N^2}{100 S_N} = \frac{1}{2} \times \frac{10.5 \times 110^2}{100 \times 31.5} = 20.167(\Omega)$$

总阻抗

$$Z = R + jX = 9.205 + j34.972\Omega$$

(2) 计算补偿前变电站二次侧母线归算到高压侧的电压。

因为首端电压已知,宜用首端功率计算网络的电压损耗。为此,先按额定电压计算输电系统的功率损耗

$$\Delta S_{max} = \frac{40^2 + 30^2}{110^2} \times (9.205 + j34.972) = 1.902 + j7.226(MV\cdot A)$$

$$\Delta S_{min} = \frac{30^2 + 20^2}{110^2} \times (9.205 + j34.972) = 0.989 + j3.757(MV\cdot A)$$

于是

$$S_{1max} = S_{max} + \Delta S_{max} = 40 + j30 + 1.902 + j7.226$$
$$= 41.902 + j37.226(MV\cdot A)$$

$$S_{1min} = S_{min} + \Delta S_{min} = 30 + j20 + 0.989 + j3.757$$
$$= 30.989 + j23.757(MV\cdot A)$$

利用首端功率可以算出

$$V'_{2max} = V_1 - \frac{P_{1max}R + Q_{1max}X}{V_1}$$
$$= 116 - \frac{41.902 \times 9.205 + 37.226 \times 34.972}{116} = 101.452(kV)$$

$$V'_{2min} = V_1 - \frac{P_{1min}R + Q_{1min}X}{V_1}$$
$$= 116 - \frac{30.989 \times 9.205 + 23.757 \times 34.972}{116} = 106.379(kV)$$

(3) 选择静电电容器的容量。

按最小负荷时无补偿确定变压器的分接头电压

$$V_t = \frac{V_{2N}V'_{2\min}}{V_{2\min}} = \frac{11 \times 106.379}{10 \times 1.075} = 108.85(\text{kV})$$

最接近的抽头电压为110kV，由此可得降压变压器的变比为

$$k = \frac{110}{11} = 10$$

按式(5-33)求补偿容量

$$Q_c = \frac{V_{2c\max}}{X}\left(V_{2c\max} - \frac{V'_{2\max}}{k}\right)k^2 = \frac{10.25}{34.972}\left(10.25 - \frac{101.452}{10}\right) \times 10^2 = 3.072(\text{Mvar})$$

取补偿容量 $Q_C = 3\text{Mvar}$，且校验变电站二次侧母线电压

$$\Delta S_{c\max} = \frac{40^2 + (30-3)^2}{110^2}(9.205 + j34.972) = 1.772 + j6.731(\text{MV}\cdot\text{A})$$

$$S_{1c\max} = 40 + j(30-3) + 1.772 + j6.731 = 41.772 + j33.731(\text{MV}\cdot\text{A})$$

$$V'_{2c\max} = V_1 - \frac{P_{1c\max}R + Q_{1c\max}X}{V_1}$$

$$= 116 - \frac{41.772 \times 9.205 + 33.731 \times 34.972}{116} = 102.8(\text{kV})$$

故

$$V_{2c\max} = \frac{V'_{2c\max}}{k} = \frac{102.8}{10} = 10.28(\text{kV})$$

$$V_{2c\min} = \frac{V'_{2c\min}}{k} = \frac{106.379}{10} = 10.638(\text{kV})$$

变电站二次侧母线电压满足调压要求。

（4）选择同步调相机的容量。

按式(5-37)确定降压变压器变比

$$k = \frac{\alpha V_{2c\max}V'_{2\max} + V_{2c\min}V'_{2\min}}{\alpha V_{2c\max}^2 + V_{2c\min}^2} = \frac{\alpha \times 10.25 \times 101.452 + 10.75 \times 106.379}{\alpha \times 10.25^2 + 10.75^2}$$

当 α 分别取为 0.5 和 0.65 时，可算出相应的变比 k 分别为 9.896 和 9.897，选取最接近的标准分接头变比 $k=10$。

按式(5-34)确定调相机容量

$$Q_c = \frac{V_{2c\max}}{X}\left(V_{2c\max} - \frac{V'_{2\max}}{k}\right)k^2 = \frac{10.25}{34.972}\left(10.25 - \frac{101.452}{10}\right) \times 10^2 = 3.07(\text{Mvar})$$

选取最接近标准容量的同步调相机，其额定容量为3MV·A。

验算变电站二次侧母线电压。最大负荷调相机按额定容量过励磁运行，因而有

$$\Delta S_{c\max} = \frac{40^2 + (30-3)^2}{110^2}(9.205 + j34.972) = 1.772 + j6.731(\text{MV}\cdot\text{A})$$

最小负荷时调相机按50%额定容量欠励磁运行，因而有

$$\Delta S_{c\min} = \frac{30^2 + (20+1.5)^2}{110^2}(9.205 + j34.972) = 1.036 + j3.937(\text{MV}\cdot\text{A})$$

$$S_{1c\max} = S_{c\max} + \Delta S_{c\max} = 40 + j27 + 1.772 + j6.731$$

$$= 41.772 + j33.731(\text{MV}\cdot\text{A})$$

$$S_{1cmin} = S_{cmin} + \Delta S_{cmin} = 30 + j21.5 + 1.036 + j3.937$$
$$= 31.036 + j25.437 (\text{MV} \cdot \text{A})$$

$$V_{2cmax} = \left(V_1 - \frac{P_{1cmax}R + Q_{1cmax}X}{V_1}\right)\Big/k$$
$$= \left(116 - \frac{41.772 \times 9.205 + 33.731 \times 34.972}{116}\right)\Big/10 = 10.28(\text{kV})$$

$$V_{2cmin} = \left(V_1 - \frac{P_{1cmin}R + Q_{1cmin}X}{V_1}\right)\Big/k$$
$$= \left(116 - \frac{31.036 \times 9.205 + 25.437 \times 34.972}{116}\right)\Big/10 = 10.59(\text{kV})$$

变电站二次侧母线电压满足调压要求。

5.4.7 改变输电线路参数调压

由式(5-15)可以看出，传输功率一定时电压损耗的大小取决于线路参数电阻和电抗的大小。因此，改变线路参数也可起到调压的作用。一般来说，只有增大导线截面积才能减小电阻R，这将多消耗有色金属，在经济和技术上都不合理。而且，在高压电网中，由于$R \ll X$，在电压损耗中$\frac{PR}{V}$所占比例比$\frac{QX}{V}$小得多。因此，通常采用减小电抗来降低电压损耗。减小电抗的方法有：采用分裂导线(不可调)，在线路串联静电电容器(可调节)。

线路串联电容器，既可用于提高末端电压，改善电压质量，也可用于提高系统运行的稳定性。但由于两种应用的目的不同、场合不同，考虑问题的角度也有很大不同。前者一般用于较低电压等级，如110kV及以下，仅一端有电源的分支线；后者一般用于较高电压等级，如220kV及以上，两端有电源的主干线。本章仅讨论前者，后者将在第8章讨论。

对于35~110kV的架空线路，如果线路长度很长、负荷变化范围很大，或向冲击负荷供电等情况下，可在线路上串联电容器，用容性电抗抵消线路的一部分感性电抗，使线路电压损耗减小，线路末端电压提高，以改善电压质量。图5-31所示的架空输电线路，未加串联电容时线路电压损耗为

$$\Delta V = \frac{P_1 R + Q_1 X}{V_1} \quad (5\text{-}38)$$

线路上串联容抗X_C后改变为

$$\Delta V_C = \frac{P_1 R + Q_1 (X - X_C)}{V_1} \quad (5\text{-}39)$$

图5-31 串联电容补偿

上述两种情况下的电压损耗之差就是线路末端电压提高的数值，它与电容器容抗的关系为

$$\Delta V - \Delta V_C = Q_1 X_C / V_1 \quad (5\text{-}40)$$

即

$$X_C = \frac{V_1 (\Delta V - \Delta V_C)}{Q_1} \quad (5\text{-}41)$$

根据线路末端电压需要提高的数值($\Delta V - \Delta V_C$)，就可求得需要串联电容器的容抗值X_C。

线路上串联接入的电容器是由许多单个电容器串、并联组成(如图5-32所示)。如果每台电容器的额定电流为I_{NC}，额定

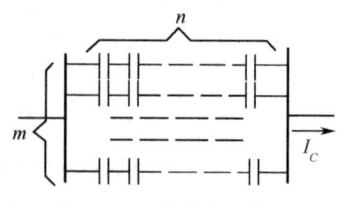

图5-32 串联电容器组

电压为 V_{NC}，额定容量为 $Q_{NC}=V_{NC}I_{NC}$，则可根据通过的最大负荷电流 $I_{C\max}$ 和所需的容抗值 X_C 分别计算电容器串、并联的台数 n,m 以及三相电容器的总容量 Q_C。

$$mI_{NC} \geqslant I_{C\max} \tag{5-42}$$

$$nV_{NC} \geqslant I_{C\max}X_C \tag{5-43}$$

$$Q_C = 3mnQ_{NC} = 3mnV_{NC}I_{NC} \tag{5-44}$$

三相总共需要的电容器台数为 $3mn$。安装时，全部电容器串、并联后装在绝缘平台上。

串联接入的电容器安装地点与负荷和电源的分布有关。地点选择的原则是，使沿线电压尽可能均匀，而且各负荷点电压都在允许范围内。在单电源线路上，当负荷集中在线路末端时，可将串联电容器安装在线路末端，以免始端电压过高和通过电容器的短路电流过大；当沿线有若干个负荷时，可安装在未加串联电容时产生二分之一线路电压损耗处，如图 5-33 所示。

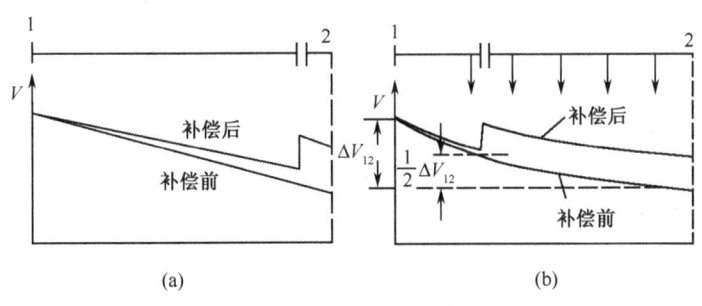

图 5-33 串联电容补偿前后的沿线电压分布
(a) 负荷集中在线路末端；(b) 沿线路有若干个负荷

串联电容器提升的末端电压的数值 QX_C/V（即调压效果）随无功负荷增大而增大，随无功负荷的减小而减小，恰好与调压的要求一致。这是串联电容器调压的一个显著优点。但对负荷功率因数高($\cos\varphi>0.95$)或导线截面小的线路，由于 PR/V 分量的比重大，串联电容的调压效果就很小。补偿所需的容抗值 X_C 与被补偿线路原来的感抗值 X_L 之比

$$k_C = X_C/X_L$$

称为补偿度。在配电网络中以调压为目的的串联电容补偿，其补偿度常接近于 1 或大于 1。

【例 5-7】 如图 5-34 所示，一条阻抗为 $21+j34\Omega$ 的 110kV 单回线路，将降压变电站与负荷中心连接，最大负荷为 $22+j20$MV·A。线路允许的电压损耗为 6%，为满足此要求，在线路上串联标准为单相、0.66kV、40kV·A 的电容器。试确定所需电容器数量和容量。（不计线路功率损耗）

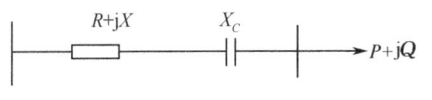

图 5-34 线路串联电容器

解 未加串联电容器时线路的电压损耗

$$\Delta V = \frac{PR+QX}{V_N} = \frac{22\times 21+20\times 34}{110} = 10.38(\text{kV})$$

允许电压损耗

$$\Delta V_{\text{perm}} = 110\times 6\% = 6.6(\text{kV})$$

由此可求得所需电容器组的容抗

$$X_C = \frac{(\Delta V - \Delta V_{\text{perm}})V_N}{Q} = \frac{(10.38-6.6)\times 110}{20} = 20.8(\Omega)$$

线路的最大负荷电流

$$I_{C\max}=\frac{\sqrt{P^2+Q^2}}{\sqrt{3}V_N}=\frac{\sqrt{22^2+20^2}}{\sqrt{3}\times 110}\times 10^3=156.05(\text{A})$$

单个电容器的额定电流及额定容抗分别为

$$I_{NC}=\frac{Q_{NC}}{V_{NC}}=\frac{40}{0.66}=60.61(\text{A})$$

$$X_{NC}=\frac{V_{NC}}{I_{NC}}=\frac{0.66\times 10^3}{60.6}=10.89(\Omega)$$

电容器组并联的组数应为

$$m\geqslant \frac{I_{C\max}}{I_{NC}}=\frac{156.05}{60.61}=2.57 \qquad 取\ m=3$$

每组串联的个数应为

$$n\geqslant \frac{I_{C\max}X_C}{V_{NC}}=\frac{156.05\times 20.8}{0.66\times 10^3}=4.92$$

如果取 $n=5$,则 $X_C=18.15<20.8$,即小于所需要的补偿容量。因此,取 $n=6$,电容器组总数量为 $3mn=3\times 3\times 6=54$(个)。

电容器组总容量为

$$Q_C=54Q_{NC}=54\times 40\times 10^{-3}=2.16(\text{Mvar})$$

验算电压损耗:实际电容器组的容抗

$$X_C=\frac{nX_{NC}}{m}=\frac{6\times 10.89}{3}=21.78(\Omega)$$

这时线路的电压损耗为

$$\Delta V=\frac{22\times 21+20\times(34-21.8)}{110}=6.42(\text{kV})$$

其百分值

$$\Delta V\%=\frac{6.42}{110}\times 100\%=5.8\%$$

低于允许值,满足要求。(若取 $n=5$,$\Delta V\%=6.4\%>\Delta V_{\text{perm}}$)

如果采用并联电容器补偿,为达同样的目的,所需电容器的容量为

$$\Delta V_{\text{perm}}=\frac{PR+(Q-Q_C)X}{V_N}=\frac{22\times 21+(20-Q_C)\times 34}{110}=6.6\text{kV}$$

$$Q_C=12.24\text{Mvar}$$

$$Q_{C串}/Q_{C并}=2.16/12.24=17.6\%$$

可见串联电容器容量仅为并联电容器容量的 17.6%。

电力线路采用串联电容补偿,也带来一些特殊问题,例如串联电容器的过电压保护,继电保护的复杂化,投入有饱和铁心设备时的次同步谐振,异步电动机自励磁等问题。运行维护也比较复杂。因此作为改善电压质量的措施,串联电容器只用于 110kV 及以下电压等级、特别长或有冲击负荷的架空分支线路上。10kV 及以下电压的架空线路,由于 R_L/X_L 很大,所以使用串联电容补偿是不经济和不合理的。

220kV 以上电压等级的远距离输电线路中采用串联电容补偿,其作用在于提高运行稳定性和输电能力。

5.4.8 各种调压措施的比较及合理选用

在电力系统中,很少用单一调压措施解决调压问题,而是根据具体情况,将可能选用的措施进行技术、经济比较,确定合理的综合调压方案,使之在技术上合理,即满足调压要求;在经济上也合理,即投资回收费、折旧维修费及电能损耗之和最小。一般而言,对上述各种调压措施的合理选用可概括如下。

(1) 利用发电机调压不需要增加额外费用,是发电机直接供电小系统的主要调压手段。发电机母线有负荷时,一般采用逆调压就可满足母线直馈负荷的电压要求。在多机系统中,调节发电机的励磁电流要引起发电机间无功功率的重新分配,应该根据发电机与系统的连接方式和承担有功负荷情况,合理地规定各发电机调压装置的整定值。而且,因受发电机机端电压和无功出力的限制,以及无功功率的传输增加电压损耗和电能损耗,在大系统中发电机调压一般作为辅助手段。

(2) 当系统的无功功率供应比较充裕时,各变电站的调压问题可以通过选择变压器的分接头来解决。当最大负荷和最小负荷两种情况下的电压变化幅度不是很大又不要求逆调压时,适当调整普通变压器的分接头一般就可满足要求。当电压变化幅度比较大或要求逆调压时,宜采用有载调压变压器。有载调压变压器可以装设在枢纽变电站,也可以装设在大容量的用户处。加压调压变压器还可以串联在线路上,对于辐射形线路,其主要目的是为了调压,对于环网,还能改善功率分布。装设在系统间联络线上的串联加压器,还可起隔离作用,使两个系统的电压调整互不影响。

必须指出,在系统无功功率不足的情况下,不宜采用调整变压器分接头的办法来提高电压。因为当某一地区的电压由于变压器分接头的改变而升高后,该地区所需的无功功率也增大了,这就可能扩大系统的无功缺额,从而导致系统的电压水平进一步下降。从全局来看,这样做是不适宜的。

(3) 从调压的角度看,并联电容补偿和串联电容的作用都在于减少电压损耗中的 QX/V 分量,并联补偿减少 Q,串联电容则减少 X。只有在电压损耗中 QX/V 分量占有较大比重时,其调压效果才明显。对于 35kV 或 10kV 的较长线路,导线截面积较大(在 70mm^2 以上),负荷波动大而频繁,功率因数又偏低时,采用串联电容调压较适宜。这两种调压措施都需要增加设备费用,采用并联补偿时可以从网损节约中得到抵偿。

(4) 对于 10kV 及以下系统,包括电缆线路,由于电阻比较大、负荷分散、容量不大,常按允许电压损耗来选择导线截面以解决电压问题。

(5) 超高压系统并联电抗器调压。为了减少输电损耗,现代电力系统利用超高压甚至特高压进行远距离输送电力,这种线路产生的容性无功非常大,在线路空载或轻载时,会造成线路末端电压升高。为了防止出现过电压损坏设备,因而需要在超高压线路两端以及高压变电站装设并联电抗器。电源型并联补偿装置中的调相机、静止补偿器和静止调相器等,同样具有并联电抗器的调压功能。因此,可将并联电抗器与静止补偿器和静止调相器进行比较后,合理选用。

上述各种调压措施的具体运用,只是一种粗略的概括。对于实际电力系统的调压问题,需要根据具体的情况对可能采用的措施进行技术经济比较后,才能找出合理的解决方案。从更高的角度来看,现代电力系统的调压问题是一个综合优化问题。其目标函数可以是有功网损最小,或者是电压监测点电压越线的平方和最小;等式约束条件是潮流方程,不等式约束是各监测点电压的上下限、各无功电源的上下限及各变压器变比的上下限。可采用数学优化方法或人工智能方法求解该优化问题,得到更为科学和优化的调压方案。

最后还要指出,在处理电压调整问题时,保证系统在正常运行方式下有合乎标准的电压是最基本的要求。此外还要使系统在某些特殊(例如检修或故障后)运行方式下的电压偏移不超出允许的范围。如果正常状态下的调压措施不能满足这一要求时,还应考虑采取特殊运行方式下的补充调压手段。

5.5 面向实际的电压调整方案

5.5.1 系统介绍

三机九节点系统、线路参数、系统最小负荷及其对应发电机输出功率同 3.7 节中所示,系统最大负荷及其对应发电机输出功率如表 5-2 和表 5-3 所示。

表 5-2 系统最大负荷参数

节点号	节点类型	节点有功负荷/MW	节点无功负荷/Mvar
5	PQ	100	40
7	PQ	110	85
9	PQ	165	80

表 5-3 系统最大负荷时发电机参数

发电机节点	有功出力/MW	无功出力/Mvar	有功上限/MW	有功下限/MW	无功上限/Mvar	无功下限/Mvar
1	84.02	64.09	100	10	100	−100
2	200	60.54	200	10	200	−200
3	100	47.12	100	10	100	−100

假设变压器分接头在最大和最小负荷时不能改变,根据调压要求(节点电压允许偏移为 −5%~+5%),分析以下问题:

(1)若只调整变压器 T2 的分接头,分析改变变压器 T2 的分接头是否能够满足调压需求,如果可以,试确定变压器分接头;

(2)分析改变发电机 G2 和 G3 机端电压是否能够满足调压需求;

(3)考虑分别在节点 5、7、9 采用并联电容器补偿措施(电容器单位补偿容量为 10Mvar),试确定所需要补偿的最小容量;

(4)考虑在节点 5、7、9 采用同步调相机补偿措施,试确定所需要补偿的最小容量;

(5)综合调压:考虑只能调整变压器 T2 的分接头和改变发电机 G3 的机端电压,试确定在节点 9 并联电容器所需要补偿的最小容量。

(6)综合调压:考虑只能调整变压器 T2 的分接头和改变发电机 G3 的机端电压,试确定在节点 9 采用同步调相机所需要补偿的最小容量。

可在 3.7 节中三机九节点 PowerWorld 模型基础上调整变压器变比、改变发电机极端电压、在节点添加并联电容器,需要注意的是,PowerWorld 中没有同步调相机模型,可用负的负荷代替。

5.5.2 仿真结果

最大负荷和最小负荷时系统初始仿真电压数据如表 5-4 所示,可以看出,最小负荷时节点电压满足要求,不需要进行电压调整;但是最大负荷时,节点 5、7、9 电压偏低,不能满足要求,需要进行电压调整。

表 5-4 系统最大负荷和最小负荷时的电压幅值

节点号	最大负荷时电压幅值	最小负荷时电压幅值
1	1.000	1.000
2	1.000	1.000
3	1.025	1.025
4	0.964	0.991
5	0.949	0.985
6	1.000	1.021
7	0.945	0.996
8	0.970	1.001
9	0.905	0.962

(1)只调整变压器 T2 分接头不能满足调压需求。

最大负荷时,调整变压器 T2 的变比为 0.95,节点 5 的电压为 0.960p.u.,节点 7 的电压为 0.974p.u.,节点 9 的电压为 0.927p.u.,节点 9 不满足调压要求。

(2)只改变发电机 G2 和 G3 的机端电压不能满足调压需求。

最大负荷时,调整发电机 G2、G3 的机端电压为 1.050p.u.,节点 5 的电压为 0.970p.u.,节点 7 的电压为 0.984p.u.,节点 9 的电压为 0.931p.u.,节点 9 不满足调压要求。

(3)最大负荷时,要调整节点 9 的电压为 0.950p.u.,需在节点 5 并联容量为 142Mvar 的电容器,此时节点 5 的电压为 1.096p.u.,超过电压偏移范围,不满足调压要求;需在节点 7 并联容量为 192Mvar 的电容器,此时节点 6 和节点 7 的电压分别为 1.056p.u. 和 1.106p.u.,均不满足调压要求。而只需在节点 9 并联容量为 50Mvar 的电容器,就可将节点 9 的电压调整为 0.950p.u.,此时节点 5 和节点 7 的电压分别为 0.963p.u. 和 0.954p.u.,所有节点均满足调压要求,即所需要补偿的静电电容器容量为 50Mvar。

(4)同理,最大负荷时在节点 5 和节点 7 分别选择同步调相机进行补偿,其他节点无法同时满足调压要求。在节点 9 选择容量为 45Mvar 的同步调相机,可将节点 9 的电压调整为 0.950p.u.,此时节点 5 和节点 7 的电压分别为 0.963p.u. 和 0.954p.u.,满足调压要求,即同步调相机所需要补偿的容量为 45Mvar。

(5)最大负荷时,为满足调压要求,调整变压器 T2 的变比为 0.95 和改变发电机 G3 的机端电压为 1.050p.u.,节点 9 并联电容器所需要补偿的最小容量为 20Mvar。

(6)同理,最大负荷时,调整变压器 T2 的变比为 0.95 和改变发电机 G3 的机端电压为 1.050p.u.,节点 9 同步调相机所需要补偿的最小容量为 18Mvar。

实例电压调整仿真结果分析

5.6 频率调整与电压调整的关系

频率调整主要通过调节有功功率实现,电压调整主要通过调节无功功率实现。粗略看二者很相似,但从实际系统运行来看,两种调节存在较大差异,主要体现在以下几方面。

(1) 全系统频率相同,在系统任何地方调节有功功率,均可起到频率调整的作用;但是,系统各处的电压值却可以不同。局部地区调节无功功率,一般来说只会影响附近地区的电压。这就是所谓统一性(频率)与局部性(电压)的差异。

(2) 从允许偏差看,允许的频率偏差比电压偏差更严格。

(3) 频率与系统有功功率密切相关,有功电源集中于发电机,调节原动机功率是调整频率的唯一手段(由新型能源组成的微电网除外);而电压则与无功功率密切相关,无功电源除各类发电厂的发电机外,可以是分散于各变电站的其他无功电源。

(4) 无功功率电源基本上不消耗一次能源,投资和运行费用都比有功功率电源低。在考虑有功功率电源的配置和负荷分配时,经济性的因素较无功功率电源更为突出。

(5) 就无功功率平衡而言,白天与晚上遇到的问题不同。例如,在白天无功功率最大时,最关心的问题是如何分配无功负荷可把线路损耗降到最低;而当深夜无功功率负荷最小时,关心的是如何吸收过剩的无功功率。因此,从数学角度看,无功负荷最优分配的优化问题比有功负荷分配的优化要复杂。

由于电力系统的有功功率和无功功率需求既与电压有关,也与频率有关,频率或电压的变化都将通过系统的负荷特性同时影响到有功功率和无功功率的平衡。因此,频率调整与电压调整并非完全独立。

当系统频率下降时,发电机发出的无功功率将要减小(因为发电机电势以励磁接线不同,与频率的平方或三次方成正比),变压器和异步电动机励磁所需无功功率将增加,绕组漏抗的无功损耗将减小,线路对地分布电容的充电功率和电抗的无功损耗都要减小。总的来说,频率下降时,系统的无功功率需求略有增加。如果系统无功电源不足,则在频率下降时很难维持电压的正常水平。通常频率下降1%,电压下降0.8%~2%。如果系统无功电源充足,则在频率下降时,为满足正常电压水平下的无功功率平衡,发电机将输出更多的无功功率。

当系统频率升高时,发电机电势将增高,系统无功功率需求略有减少,因此系统电压将上升。为维持电压正常水平,发电机输出的无功功率可略有减少。

当系统中电压水平提高时,负荷所需有功功率增加,电网中的损耗略有减少,系统总的有功需求有所增加。如果有功电源不很充裕,将引起频率下降。当电压水平降低时,系统总的有功需求减小、频率升高。在事故后的运行方式下,由于某些发电机(或电厂)退出运行,系统的有功功率和无功功率都不足时,电压的下降将减少有功功率的缺额,从而在一定程度上阻止频率的急剧下降。

频率调整与
电压调整的关系

讨论:当系统有功功率和无功功率不
足而引起频率和电压都偏低时,应该
先调节电压还是先调节频率

第5章小结

思考题与习题

5-1 电压变化对用户有什么影响?电力系统中无功功率平衡与节点电压有什么关系?

5-2 电力系统中无功负荷和无功功率损耗主要是指什么?

5-3 电力系统中无功功率电源有哪些?发电机的运行极限是如何确定的?

5-4 电力系统中电压中枢点一般选在何处?电压中枢点的调压方式有哪几种?哪一种方式容易实现,哪一种方式最不易实现,为什么?

5-5 电力系统电压调整的基本原理是什么?电力系统有哪几种主要调压措施?当电力系统无功不足时,是否可以只通过改变变压器的变比调压?为什么?

5-6 试比较并联电容器补偿和串联电容器补偿的特点,及其在电力系统中的应用。

5-7 35kV 电力网如题 5-7 图所示。已知:线路长 20km,$r_1=0.2\Omega/km$,$x_1=0.35\Omega/km$;变压器归算到高压侧的阻抗 $Z_T=1.6+j9.0\Omega$,变比为 $35\pm2\times2.5\%/10.5$;最大负荷 $S_{LDmax}=4.8+j3.0 MV\cdot A$,最小负荷 $S_{LDmin}=2.6+j1.8 MV\cdot A$。调压要求最大负荷时不低于 10.25kV,最小负荷时不高于 10.75kV,若线路首端电压维持 36kV 不变,试选择变压器分接头。

5-8 题 5-8 图所示一升压变压器,其额定容量为 31.5MV·A,变比为 $10.5/121\pm2\times2.5\%$,归算到高压侧的阻抗 $Z_T=3+j48\Omega$,通过变压器的功率 $S_{max}=24+j16MV\cdot A$,$S_{min}=13+j10MV\cdot A$。高压侧调压要求 $V_{max}=120kV$,$V_{min}=110kV$,发电机电压的可调整范围为 $10\sim11kV$,试选变压器分接头。

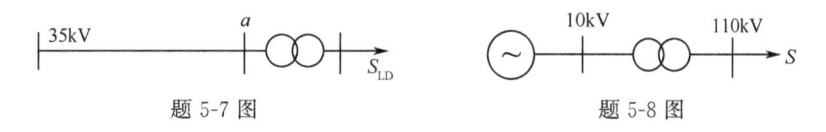

题 5-7 图   题 5-8 图

5-9 有一降压变压器,$S_N=20MV\cdot A$,$V_N=110\pm2\times2.5\%/11kV$,$\Delta P_S=163kW$,$V_S\%=10.5$。变压器低压母线最大负荷为 18MV·A,$\cos\varphi=0.8$;最小负荷为 7MV·A,$\cos\varphi=0.7$。已知变压器高压母线在任何方式下均维持电压为 107.5kV,如果变压器低压侧要求顺调压,试选择该变压器的分接头。

5-10 三绕组降压变压器的等值电路示于题 5-10 图。归算到高压侧的阻抗为:$Z_I=3+j65\Omega$,$Z_{II}=4-j1\Omega$,$Z_{III}=5+j30\Omega$。最大和最小负荷时的功率分别为:$S_{I\,max}=12+j9MV\cdot A$,$S_{I\,min}=6+j4MV\cdot A$;$S_{II\,max}=6+j5MV\cdot A$,$S_{II\,min}=4+j3MV\cdot A$;$S_{III\,max}=6+j4MV\cdot A$,$S_{III\,min}=2+j1MV\cdot A$。

给出的电压偏移范围为:$V_I=112\sim115kV$,$V_{II}=35\sim38kV$,$V_{III}=6\sim6.5kV$。变压器的变比为 $110\pm2\times2.5\%/38.5\pm2\times2.5\%/6.6$,试选择高、中压绕组的分接头。

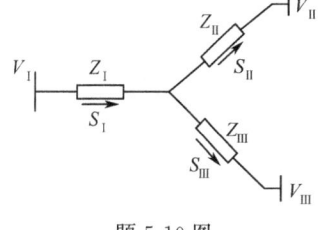

题 5-10 图

5-11 在题 5-11 图的网络中,线路和变压器归算到高压侧的阻抗分别为 $Z_L=17+j40\Omega$ 和 $Z_T=2.32+j40\Omega$,10kV 侧负荷为 $S_{LDmax}=30+j18MV\cdot A$,$S_{LDmin}=12+j9MV\cdot A$。若供电点电压 $V_S=117kV$ 保持恒定,变电站低压母线为常调压方式(取值 10.4kV),试配合变压器分接头($110\pm2\times2.5\%$)的选择,确定并联补偿无功设备的容量:(1)采用静电电容器。(2)采用同步调相机。

5-12 35kV 电力网如题 5-12 图所示,线路和变压器归算到 35kV 侧的阻抗分别为 $Z_L=9.9+j12\Omega$ 和 $Z_T=1.3+j10\Omega$,负荷功率 $S_{LD}=8+j6MV\cdot A$。线路首端电压保持为 37kV,降压变电站低压母线的调压要求为 10.25kV,若变压器工作在主抽头不调,试:

题 5-11 图   题 5-12 图

(1)分别计算采用串联和并联电容补偿调压所需的最小容量。

(2) 若使用 YY6.3-12-Ⅰ型电容器(每个 $V_N=6.3\text{kV}, Q_{NC}=12\text{kvar}$),分别确定采用串联和并联补偿所需电容器的实际个数和容量。

5-13 有一个降压变电站由一回 110kV 架空电力线路供电,导线型号 LGJ-240,线路长度为 105km,$r_1=0.131\Omega/\text{km}, x_1=0.407\Omega/\text{km}, b_1=2.8\times 10^{-6}\text{S/km}$。变电站装有一台有载调压变压器,型号为 SFZL-40500/110,$S_N=40.5\text{MV}\cdot\text{A}, V_N$ 为 $110\pm 4\times 2.5\%/11\text{kV}, \Delta P_S=230\text{kW}, V_S\%=10.5, I_0\%=2.5, \Delta P_0=45\text{kW}$。变电站低压母线的最大负荷为 26MW,$\cos\varphi=0.8$,最小负荷为最大负荷的 0.75 倍,$\cos\varphi=0.8$。在最大、最小负荷时电力线路始端均维持电压为 121kV。变电站低压母线要求逆调压。试根据调压要求(按用并联电容器和同步调相机两种措施)确定在低压母线上进行无功补偿的容量。

第 5 章部分习题答案

第6章 同步发电机的基本方程

同步发电机的基本方程是电力系统暂态过程分析的基础。本章根据理想同步发电机内部各电磁量的关系,首先建立同步发电机原始的电势方程和磁链方程,然后经过派克变换转换到 $dq0$ 坐标系统得到同步发电机的派克方程,即同步发电机的基本方程;并由此推导同步发电机稳态、暂态和次暂态过程的电势方程。

6.1 理想同步发电机的结构

同步发电机的实际结构很复杂,但就电磁关系而言,它不过是由若干个有电磁耦合关系的线圈所组成,如图 6-1 所示。定子方面有静止的三相绕组 a、b、c,转子方面有与转子一起旋转的励磁绕组 f、纵轴等效阻尼绕组 D 和横轴等效阻尼绕组 Q。对于凸极式同步发电机,两个等效的阻尼绕组用来模拟分布在转子上的阻尼条所产生的阻尼作用;对于隐极式同步发电机,则用于模拟整块转子铁心内由涡流产生的阻尼作用。为了简化分析,通常对被研究的同步发电机作如下的假设:

(1) 电机导磁部分的磁导率为常数,即忽略磁饱和、磁滞、涡流和集肤效应的影响,把同步发电机简化为一线性元件。

(2) 电机转子在结构上对纵轴 d 和横轴 q 分别对称。

(3) 定子 a、b、c 三相绕组在空间互差 120°,是完全对称而又相同的三个绕组。

(4) 定子绕组沿定子作均匀分布。这样可使定子电流在空气隙中产生正弦分布的磁势,定子绕组与转子绕组间的互感磁通在空气隙中也按正弦分布。

符合上述条件的同步发电机称为理想同步发电机,按此来研究同步发电机,误差在工程允许范围内。

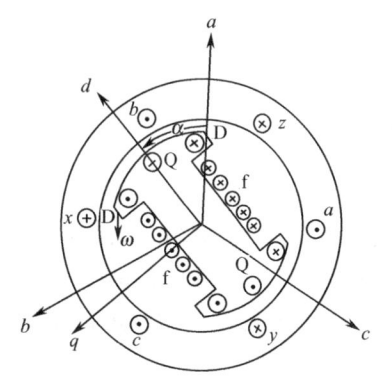

图 6-1 同步发电机各绕组轴线正方向示意图

6.2 同步发电机的原始方程

为建立同步发电机的磁链方程式和回路方程式,首先要选定磁链、电流和电压的正方向。图 6-1 中标出了定子各相绕组的轴线 a、b、c 和转子绕组的轴线 d、q。其中,转子的 d 轴(纵轴)滞后于 q 轴(横轴)90°。本书中,选定定子各相绕组轴线的正方向作为各相绕组磁链的正方向。励磁绕组和纵轴阻尼绕组磁链的正方向与转子 d 轴正方向相同;横轴阻尼绕组磁链的正方向与转子 q 轴正方向相同。定子各相绕组电流产生的磁通方向与各相绕组轴线的正方向相反时,这些电流为正值;转子各绕组电流产生的磁通方向与 d 轴或 q 轴正方向相同时,这些电流为正值。图 6-1 中也标出了各绕组电流的正方向。定子各相端电压和励磁电压的正方向则如图 6-2 所示。在定子回路中向负荷侧观察,电压降的正方向与定子电流的正方向一致；在励磁回路中向励磁绕组侧观察，电压降的正方向与励磁电流的正方向一致。阻尼绕组为短接回路，电压为零。

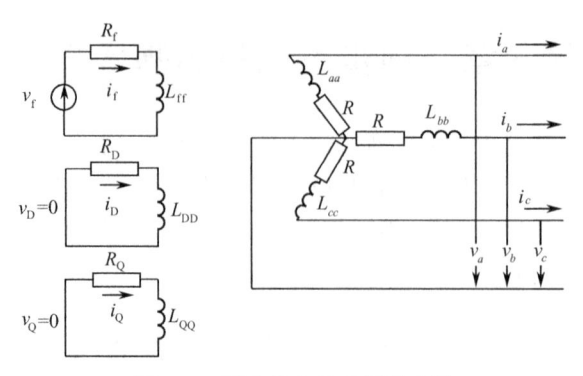

图 6-2 同步发电机各回路电路

6.2.1 电势方程和磁链方程

根据以上规定的正方向，定子和转子各回路的电势方程可用矩阵写成

$$\begin{pmatrix} v_a \\ v_b \\ v_c \\ \hdashline v_f \\ 0 \\ 0 \end{pmatrix} = \begin{pmatrix} \dot{\psi}_a \\ \dot{\psi}_b \\ \dot{\psi}_c \\ \hdashline \dot{\psi}_f \\ \dot{\psi}_D \\ \dot{\psi}_Q \end{pmatrix} + \begin{pmatrix} R & 0 & 0 & & & \\ 0 & R & 0 & & 0 & \\ 0 & 0 & R & & & \\ \hdashline & & & R_f & 0 & 0 \\ & 0 & & 0 & R_D & 0 \\ & & & 0 & 0 & R_Q \end{pmatrix} \begin{pmatrix} -i_a \\ -i_b \\ -i_c \\ \hdashline i_f \\ i_D \\ i_Q \end{pmatrix} \quad (6-1)$$

式中，v 为各绕组端电压；i 为各绕组电流；ψ 为各绕组的总磁链；$\dot{\psi} = \mathrm{d}\psi/\mathrm{d}t$ 为磁链对时间的导数；R 为定子每相绕组电阻。

如按矩阵中的虚线进行分块，并将各子块用相应的符号代表，则方程式(6-1)可写成

$$\begin{pmatrix} \boldsymbol{v}_{abc} \\ \boldsymbol{v}_{fDQ} \end{pmatrix} = \begin{pmatrix} \dot{\boldsymbol{\psi}}_{abc} \\ \dot{\boldsymbol{\psi}}_{fDQ} \end{pmatrix} + \begin{pmatrix} \boldsymbol{R}_S & 0 \\ 0 & \boldsymbol{R}_R \end{pmatrix} \begin{pmatrix} -\boldsymbol{i}_{abc} \\ \boldsymbol{i}_{fDQ} \end{pmatrix} \quad (6-2)$$

式中，$\boldsymbol{R}_S$ 和 $\boldsymbol{R}_R$ 分别为定子和转子电阻矩阵。

由于各个绕组是互相耦合的，与各绕组相交链的磁通将包括本绕组电流所产生的磁通和由其他绕组电流产生而与本绕组交链的互感磁通。各绕组的磁链方程可用矩阵形式表示为

$$\begin{pmatrix} \psi_a \\ \psi_b \\ \psi_c \\ \hdashline \psi_f \\ \psi_D \\ \psi_Q \end{pmatrix} = \begin{pmatrix} L_{aa} & L_{ab} & L_{ac} & L_{af} & L_{aD} & L_{aQ} \\ L_{ba} & L_{bb} & L_{bc} & L_{bf} & L_{bD} & L_{bQ} \\ L_{ca} & L_{cb} & L_{cc} & L_{cf} & L_{cD} & L_{cQ} \\ \hdashline L_{fa} & L_{fb} & L_{fc} & L_{ff} & L_{fD} & L_{fQ} \\ L_{Da} & L_{Db} & L_{Dc} & L_{Df} & L_{DD} & L_{DQ} \\ L_{Qa} & L_{Qb} & L_{Qc} & L_{Qf} & L_{QD} & L_{QQ} \end{pmatrix} \begin{pmatrix} -i_a \\ -i_b \\ -i_c \\ \hdashline i_f \\ i_D \\ i_Q \end{pmatrix} \quad (6-3)$$

式中，L_{aa} 为 a 相绕组的自感系数；L_{ab} 为 a 相绕组和 b 相绕组之间的互感系数；其余类推。

方程式(6-3)也可以按虚线所作的分块简写成

$$\begin{pmatrix} \boldsymbol{\psi}_{abc} \\ \boldsymbol{\psi}_{fDQ} \end{pmatrix} = \begin{pmatrix} \boldsymbol{L}_{SS} & \boldsymbol{L}_{SR} \\ \boldsymbol{L}_{RS} & \boldsymbol{L}_{RR} \end{pmatrix} \begin{pmatrix} -\boldsymbol{i}_{abc} \\ \boldsymbol{i}_{fDQ} \end{pmatrix} \tag{6-4}$$

方程组(6-1)和(6-3)共有 12 个方程式,包含了 6 个绕组的磁链、电流和电压共 18 个运行变量。一般是把各绕组的电压作为给定量,这样就剩下 6 个绕组的磁链和电流共 12 个待求量。作为电机参数的各绕组电阻和自感以及绕组间的互感都应是已知量。

转子旋转时,定、转子绕组的相对位置不断地变化,在凸极机中有些磁通路径的磁阻也随着转子的旋转作周期性变化。因此,式(6-3)中的许多自感和互感系数也就随转子位置而变化。为此先分析这些自感和互感系数的变化规律。

6.2.2 电感系数

1. 定子各相绕组的自感系数

现以 a 相绕组 L_{aa} 为例分析自感系数的变化。在图 6-3(a)中画出了转子在四个不同位置时 a 相绕组磁通的磁路。以 α 表示 d 轴超前 a 相轴线的角度,当 α 为 0°和 180°时,d 轴与 a 相绕组轴线重叠,a 相磁通路径的磁阻最小,相应地 a 相自感具有最大可能值;当 α 为 90°和 270°时,q 轴与 a 相绕组轴线重叠,a 相磁通路径的磁阻最大,因此 a 相自感系数最小。由此可见,a 相自感系数是 α 角的周期函数,其变化周期为 π。

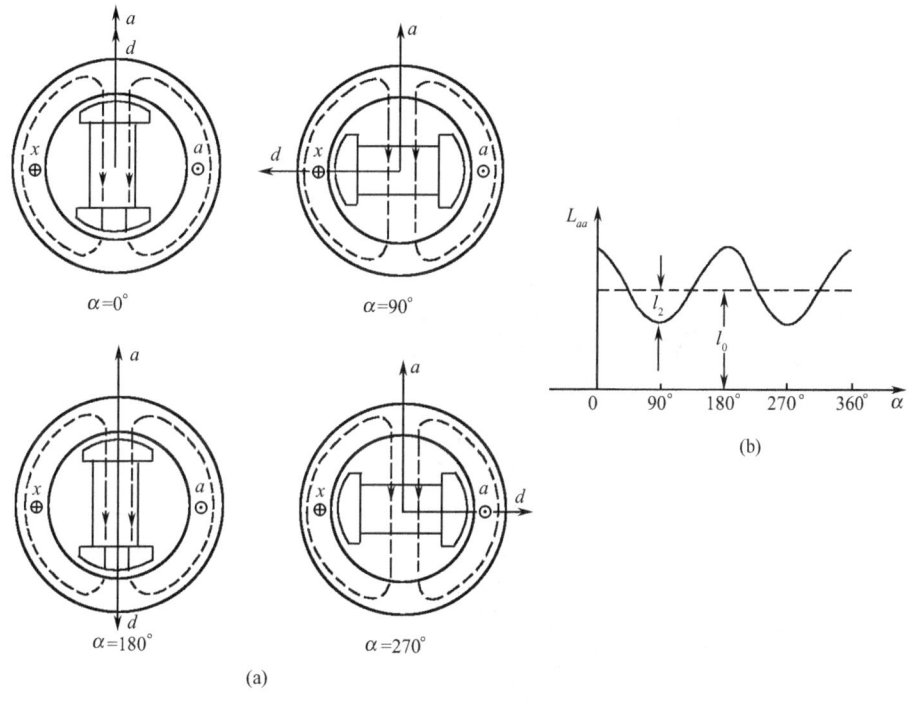

图 6-3 定子绕组的自感
(a)转子的不同位置;(b)自感 L_{aa} 的变化规律

由于转子对于 d 轴和 q 轴分别是对称的,当 d 轴超前或落后于 a 轴的角度相同时,a 相绕组磁通路径的磁阻相等,所以自感系数亦相等,$L(-\alpha) = L(\alpha)$,即定子自感系数是 α 角的偶函数。用傅里叶级数表示时,计及其变化周期为 π,可得

$$L_{aa} = l_0 + l_2\cos2\alpha + l_4\cos4\alpha + \cdots$$

略去式中四次及四次以上的高次谐波分量，便有

$$L_{aa} = l_0 + l_2\cos2\alpha \tag{6-5}$$

其变化曲线示于图 6-3(b)。

同理可得

$$\begin{cases} L_{bb} = l_0 + l_2\cos2(\alpha - 120°) \\ L_{cc} = l_0 + l_2\cos2(\alpha + 120°) \end{cases} \tag{6-6}$$

式中，l_0 为自感的平均值；l_2 为自感变化部分的幅值。由于自感总是正的，所以 l_0 恒大于 l_2。

2. 定子绕组间的互感

凸极机中，定子各绕组间的互感系数也与转子的位置有关。现以 a 相绕组与 b 相绕组之间的互感系数 L_{ab} 为例，分析其变化规律。由图 6-4(a)可见，当转子轴线在 a、b 两相绕组轴线的中间位置（$\alpha=60°$ 及 240°）时，由于通过两相绕组的公共磁通遇到的磁阻最大，因而绕组间互感系数的绝对值最小；当转子转过 90°（$\alpha=150°$ 及 $-30°$）时，公共磁通路径的磁阻最小，因而互感系数的绝对值最大。由此可见，定子互感系数也是 α 角的周期函数，其周期为 π。根据前述同样的理由，它又是角 α'（$\alpha'=\alpha+30°$）的偶函数。由于两个绕组的空间位置相差 120°，a 相绕组的正磁通交链到 b 相绕组时就成了负磁通，所以互感系数 L_{ab} 总是负的。同理，b、c 相绕组间以及 c、a 相绕组间的互感系数也是负的。根据上述分析，可以写出

$$\begin{cases} L_{ab} = L_{ba} = -[m_0 + m_2\cos2(\alpha+30°)] \\ L_{bc} = L_{cb} = -[m_0 + m_2\cos2(\alpha-90°)] \\ L_{ca} = L_{ac} = -[m_0 + m_2\cos2(\alpha+150°)] \end{cases} \tag{6-7}$$

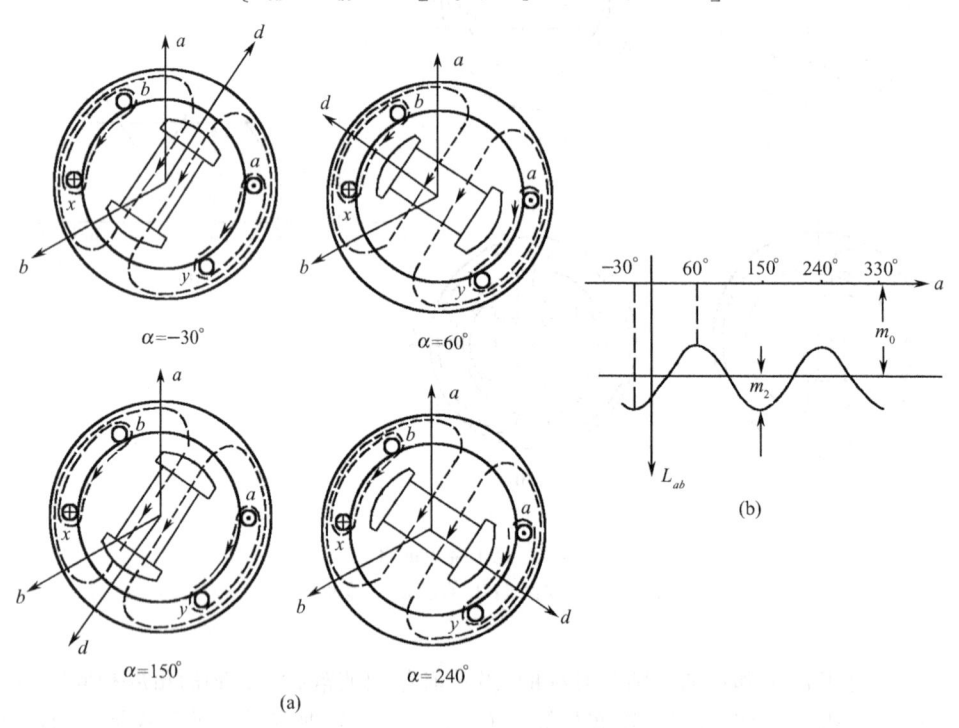

图 6-4 定子绕组间的互感
(a) 转子的不同位置；(b) 互感 L_{ab} 的变化规律

由于互感系数恒有负值,故 m_0 恒大于 m_2。实验和分析结果还指出,互感系数变化部分的幅值与自感系数变化部分的幅值几乎相等,即 $m_2 \approx l_2$。

互感系数 L_{ab} 的变化曲线示于图 6-4(b)。

3. 转子上各绕组的自感系数和互感系数

由于定子的内缘呈圆柱形,不管转子位置如何,凸极机和隐极机一样,对于转子绕组电流产生的磁通,其磁路的磁阻总是不变的,因此转子各绕组的自感系数 L_{ff}、L_{DD} 和 L_{QQ} 都是常数,并分别改记为 L_f、L_D 和 L_Q。

同理,转子各绕组间的互感系数亦应为常数。两个纵轴绕组(励磁绕组 f 和阻尼绕组 D)之间的互感系数 $L_{fD}=L_{Df}=$ 常数。由于转子纵轴绕组和横轴绕组的轴线互相垂直,它们之间的互感系数为零,即 $L_{fQ}=L_{Qf}=L_{DQ}=L_{QD}=0$。

4. 定子绕组和转子绕组间的互感系数

无论是凸极机还是隐极机,这些互感系数都与定子绕组和转子绕组的相对位置有关。现以励磁绕组 f 与定子 a 相绕组间的互感 L_{af} 为例,如图 6-5 所示。当转子纵轴(d 轴)与 a 相绕组轴线重合时($\alpha=0°$),两个绕组间的互感有正的最大值;当转子旋转到 $\alpha=90°$ 或 $\alpha=270°$ 时,由于两个绕组的轴线互相垂直,它们之间的互感为零;而当 $\alpha=180°$ 时,两绕组轴线反向,两者之间的互感系数有负的最大值。互感系数 L_{af} 的变化规律示于图 6-5(b),其变化周期为 2π。对于 b 相和 c 相绕组也可做类似的分析。由此可得

$$\begin{cases} L_{af}=L_{fa}=m_{af}\cos\alpha \\ L_{bf}=L_{fb}=m_{af}\cos(\alpha-120°) \\ L_{cf}=L_{fc}=m_{af}\cos(\alpha+120°) \end{cases} \quad (6-8)$$

同理,定子各相绕组与纵轴阻尼绕组间的互感系数为

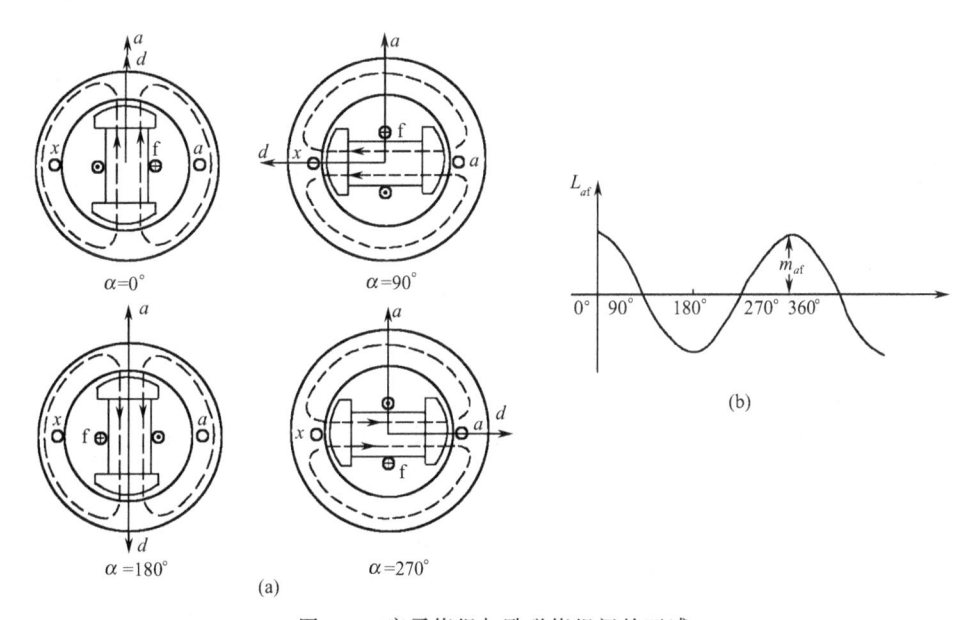

图 6-5 定子绕组与励磁绕组间的互感

(a) 转子在不同位置时的互感磁链;(b) 互感 L_{af} 的变化规律

$$\begin{cases} L_{aD}=L_{Da}=m_{aD}\cos\alpha \\ L_{bD}=L_{Db}=m_{aD}\cos(\alpha-120°) \\ L_{cD}=L_{Dc}=m_{aD}\cos(\alpha+120°) \end{cases} \quad (6-9)$$

由于转子横轴超前纵轴90°，以$(\alpha+90°)$替换式(6-9)中的α，可得定子绕组和横轴阻尼绕组之间的互感系数为

$$\begin{cases} L_{aQ}=L_{Qa}=-m_{aQ}\sin\alpha \\ L_{bQ}=L_{Qb}=-m_{aQ}\sin(\alpha-120°) \\ L_{cQ}=L_{Qc}=-m_{aQ}\sin(\alpha+120°) \end{cases} \quad (6-10)$$

由此可见，在磁链方程中许多电感系数都随转子角α而周期变化。转子角α又是时间的函数，因此，一些自感系数和互感系数也将随时间而周期变化。若将磁链方程式代入电势方程式，则电势方程将成为一组以时间的周期函数为系数的微分方程。这类方程组的求解是颇为困难的。为了解决这个困难，可以通过"坐标变换"，用一组新的变量代替原来的变量，将变系数的微分方程变换成常系数微分方程，然后求解。下面介绍同步电机暂态分析中最常用的一种"坐标变换"。

6.3 同步发电机的派克方程

6.3.1 派克变换

在同步发电机原始方程中，定子各电磁变量是按三个相绕组也就是对于空间静止不动的三相abc坐标系统列写的，而转子各绕组的电磁变量则是对于随转子一起旋转的dq两相坐标系统列写的。磁链方程式中出现变系数的原因主要是：

(1) 转子的旋转使定、转子绕组间产生相对运动，致使定、转子绕组间的互感系数发生相应的周期性变化。

(2) 转子在磁路上只是分别对于d轴和q轴对称而不是任意对称的，转子的旋转也导致定子各绕组的自感和互感的周期性变化。

在电机学中，为了分析凸极电机中电枢磁势对转子磁场的作用，一般采用双反应理论把电枢磁势分解为纵轴分量和横轴分量。电机在转子的纵轴向和横轴向磁路的磁阻都是完全确定的，这就避免了在同步电机的稳态分析中出现变参数的问题。

同步电机稳态对称运行时，电枢磁势幅值不变，转速恒定，对于转子相对静止。它可以用一个以同步转速旋转的矢量$\dot{F}_a$来表示。如果定子电流用一个同步旋转的通用相量$\dot{I}$表示，那么，相量$\dot{I}$与矢量$\dot{F}_a$在数值上成比例，这样当通用相量$\dot{I}$在以ω角速度顺转子旋转方向旋转时，它在静止的abc三相坐标轴上的投影即为对称的三相正序电流的瞬时值i_a、i_b、i_c，如图6-6所示。取通用相量$\dot{I}$的正方向与电枢磁势$\dot{F}_a$(定子磁通)的正方向一致，则按前述定子电流、磁通正方向的规定有

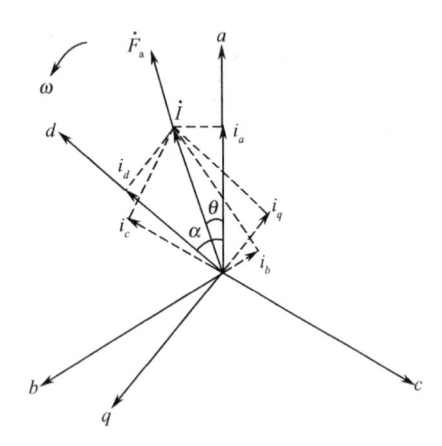

图6-6 通用电流相量在两种坐标系统上的投影关系

$$\begin{cases} i_a = -I\cos\theta \\ i_b = -I\cos(\theta-120°) \\ i_c = -I\cos(\theta+120°) \end{cases} \quad (6\text{-}11)$$

依照电枢磁势的分解方法,也可以把电流相量 $\dot{I}$ 分解为纵轴分量 i_d 和横轴分量 i_q。令 θ 表示电流通用相量 $\dot{I}$ 与 a 相绕组轴线之间的夹角,按规定的正方向,则有

$$\begin{cases} i_d = -I\cos(\alpha-\theta) \\ i_q = I\sin(\alpha-\theta) \end{cases} \quad (6\text{-}12)$$

利用三角恒等式

$$\cos(\alpha-\theta) = \frac{2}{3}[\cos\alpha\cos\theta + \cos(\alpha-120°)\cos(\theta-120°)$$
$$+ \cos(\alpha+120°)\cos(\theta+120°)]$$

$$\sin(\alpha-\theta) = \frac{2}{3}[\sin\alpha\cos\theta + \sin(\alpha-120°)\cos(\theta-120°)$$
$$+ \sin(\alpha+120°)\cos(\theta+120°)]$$

即可从式(6-11)和式(6-12)得到

$$\begin{cases} i_d = \frac{2}{3}[i_a\cos\alpha + i_b\cos(\alpha-120°) + i_c\cos(\alpha+120°)] \\ i_q = -\frac{2}{3}[i_a\sin\alpha + i_b\sin(\alpha-120°) + i_c\sin(\alpha+120°)] \end{cases} \quad (6\text{-}13)$$

通过这种变换,将三相电流 i_a、i_b、i_c 变换成了等效的两相电流 i_d 和 i_q。可以设想,这两个电流是定子的两个等效绕组 dd 和 qq 中的电流。这组等效的定子绕组 dd 和 qq 不像实际的 a、b、c 三相绕组那样在空间静止不动,而是随着转子一起旋转。等效绕组中的电流产生的磁势对转子相对静止,它所遇到的磁路磁阻恒定不变,相应的电感系数也就变为常数了。

当定子绕组内存在幅值恒定的三相对称电流时,由式(6-13)确定的 i_d 和 i_q 都是常数。这就是说,等效的 dd、qq 绕组中的电流是直流。

如果定子绕组中存在三相不对称的电流,只要是一个平衡的三相系统,即满足

$$i_a + i_b + i_c = 0 \quad (6\text{-}14)$$

仍然可以用一个通用相量来代表三相电流,不过这时通用相量的幅值和转速都不是恒定的,因而它在 d 轴和 q 轴上的投影也是幅值变化的。

当定子三相电流构成不平衡系统时,即 $i_a + i_b + i_c \neq 0$,此时三相电流是三个独立的变量,仅用两个新变量(d 轴分量和 q 轴分量)不足以代表原来的三个变量。这时可以找出 $i_a = i_a' + i_0$,$i_b = i_b' + i_0$,$i_c = i_c' + i_0$ 的关系,使 $i_a' + i_b' + i_c' = 0$。这样可以用通用相量 $\dot{I}$ 表示 i_a',i_b' 和 i_c',再分别加上 i_0 即可。i_0 称为零序电流,其值为

$$i_0 = \frac{1}{3}(i_a + i_b + i_c) \quad (6\text{-}15)$$

式(6-15)与常见的对称分量法中零序电流的表达式相似。所不同的是,这里用的是电流的瞬时值,而对称分量法中用的是正弦电流的相量。

式(6-13)和式(6-15)构成了一个从 abc 坐标系到 $dq0$ 坐标系的变换,可写成矩阵形式

$$\begin{bmatrix} i_d \\ i_q \\ i_0 \end{bmatrix} = \frac{2}{3} \begin{bmatrix} \cos\alpha & \cos(\alpha-120°) & \cos(\alpha+120°) \\ -\sin\alpha & -\sin(\alpha-120°) & -\sin(\alpha+120°) \\ \frac{1}{2} & \frac{1}{2} & \frac{1}{2} \end{bmatrix} \begin{bmatrix} i_a \\ i_b \\ i_c \end{bmatrix} \qquad (6\text{-}16)$$

或缩记为

$$\boldsymbol{i}_{dq0} = \boldsymbol{P} \boldsymbol{i}_{abc} \qquad (6\text{-}17)$$

式中

$$\boldsymbol{P} = \frac{2}{3} \begin{bmatrix} \cos\alpha & \cos(\alpha-120°) & \cos(\alpha+120°) \\ -\sin\alpha & -\sin(\alpha-120°) & -\sin(\alpha+120°) \\ \frac{1}{2} & \frac{1}{2} & \frac{1}{2} \end{bmatrix} \qquad (6\text{-}18)$$

为变换矩阵,容易验证,矩阵 $\boldsymbol{P}$ 非奇异,因此存在逆阵 $\boldsymbol{P}^{-1}$,即

$$\boldsymbol{P}^{-1} = \begin{bmatrix} \cos\alpha & -\sin\alpha & 1 \\ \cos(\alpha-120°) & -\sin(\alpha-120°) & 1 \\ \cos(\alpha+120°) & -\sin(\alpha+120°) & 1 \end{bmatrix} \qquad (6\text{-}19)$$

利用逆变换可得

$$\boldsymbol{i}_{abc} = \boldsymbol{P}^{-1} \boldsymbol{i}_{dq0} \qquad (6\text{-}20)$$

或展开写成

$$\begin{bmatrix} i_a \\ i_b \\ i_c \end{bmatrix} = \begin{bmatrix} \cos\alpha & -\sin\alpha & 1 \\ \cos(\alpha-120°) & -\sin(\alpha-120°) & 1 \\ \cos(\alpha+120°) & -\sin(\alpha+120°) & 1 \end{bmatrix} \begin{bmatrix} i_d \\ i_q \\ i_0 \end{bmatrix} \qquad (6\text{-}21)$$

由此可见,当三相电流不平衡时,每相电流中都含有相同的零轴分量 i_0。由于定子三相绕组完全对称,在空间互差120°电角度,三相零轴电流在气隙中的合成磁势为零,故不产生与转子绕组相交链的磁通。它只产生与定子绕组交链的磁通,其值与转子的位置无关。

上述变换一般称为派克(Park)变换,不仅对定子电流,而且对定子绕组电压和磁链都可以施行这种变换,变换关系式与电流的相同。

【例 6-1】 设有三相对称电流 $i_a = I\cos\theta, i_b = I\cos(\theta-120°), i_c = I\cos(\theta+120°), \theta = \theta_0 + \omega' t$。若 d、q 轴的旋转速度为 ω,即 $\alpha = \alpha_0 + \omega t$。试求三相电流的 d、q、0 轴分量。

解 利用变换式(6-16),可得

$$i_d = I\cos(\alpha-\theta) = I\cos[(\alpha_0-\theta_0)+(\omega-\omega')t]$$
$$i_q = -I\sin(\alpha-\theta) = -I\sin[(\alpha_0-\theta_0)+(\omega-\omega')t]$$
$$i_0 = 0$$

现就 $\omega'=0, \omega'=\omega$ 和 $\omega'=2\omega$ 三种情况,将 abc 坐标系统和 $dq0$ 坐标系统的电流列于表 6-1。

表 6-1 abc 系统和 $dq0$ 系统的电流

	abc 系统	$dq0$ 系统
$\omega'=0$	$i_a = I\cos\theta_0$ $i_b = I\cos(\theta_0-120°)$ $i_c = I\cos(\theta_0+120°)$	$i_d = I\cos[(\alpha_0-\theta_0)+\omega t]$ $i_q = -I\sin[(\alpha_0-\theta_0)+\omega t]$ $i_0 = 0$

	abc 系统	$dq0$ 系统
$\omega'=\omega$	$i_a=I\cos(\theta_0+\omega t)$ $i_b=I\cos(\theta_0+\omega t-120°)$ $i_c=I\cos(\theta_0+\omega t+120°)$	$i_d=I\cos(\alpha_0-\theta_0)$ $i_q=-I\sin(\alpha_0-\theta_0)$ $i_0=0$
$\omega'=2\omega$	$i_a=I\cos(\theta_0+2\omega t)$ $i_b=I\cos(\theta_0+2\omega t-120°)$ $i_c=I\cos(\theta_0+2\omega t+120°)$	$i_d=I\cos[(\alpha_0-\theta_0)-\omega t]$ $i_q=-I\sin[(\alpha_0-\theta_0)-\omega t]$ $i_0=0$

由表 6-1 可见，三相系统中的对称倍频交流和直流经过派克变换后，所得的 d 轴和 q 轴分量是基频电流，三相系统的对称基频交流则转化为 dq 轴分量中的直流。由于变换可逆，也可以说 dq 轴分量中的直流对应于 abc 三相系统的对称基频交流，dq 轴分量中的基频交流则对应于 abc 系统的直流和倍频电流。

6.3.2 $dq0$ 坐标系统的电势方程

派克变换是一种线性变换，它将 abc 三相变量转换为 $dq0$ 轴分量。显然，只应对定子各量施行变换。定子的电势方程为

$$\boldsymbol{v}_{abc}=\dot{\boldsymbol{\psi}}_{abc}-\boldsymbol{R}_S\boldsymbol{i}_{abc} \tag{6-22}$$

全式左乘 $\boldsymbol{P}$，便得

$$\boldsymbol{v}_{dq0}=\boldsymbol{P}\dot{\boldsymbol{\psi}}_{abc}-\boldsymbol{R}_S\boldsymbol{i}_{dq0}$$

由于 $\boldsymbol{\Psi}_{dq0}=\boldsymbol{P}\boldsymbol{\Psi}_{abc}$，分别在两端求取对时间的导数，便有

$$\dot{\boldsymbol{\psi}}_{dq0}=\dot{\boldsymbol{P}}\boldsymbol{\psi}_{abc}+\boldsymbol{P}\dot{\boldsymbol{\psi}}_{abc}$$

$$\boldsymbol{P}\dot{\boldsymbol{\psi}}_{abc}=\dot{\boldsymbol{\psi}}_{dq0}-\dot{\boldsymbol{P}}\boldsymbol{\psi}_{abc}=\dot{\boldsymbol{\psi}}_{dq0}-\dot{\boldsymbol{P}}\boldsymbol{P}^{-1}\boldsymbol{\psi}_{dq0}=\dot{\boldsymbol{\psi}}_{dq0}+\boldsymbol{S} \tag{6-23}$$

式中，$\boldsymbol{S}=-\dot{\boldsymbol{P}}\boldsymbol{P}^{-1}\boldsymbol{\psi}_{dq0}$

$$=-\frac{2}{3}\begin{bmatrix}-\sin\alpha\dfrac{d\alpha}{dt} & -\sin(\alpha-120°)\dfrac{d\alpha}{dt} & -\sin(\alpha+120°)\dfrac{d\alpha}{dt}\\ -\cos\alpha\dfrac{d\alpha}{dt} & -\cos(\alpha-120°)\dfrac{d\alpha}{dt} & -\cos(\alpha+120°)\dfrac{d\alpha}{dt}\\ 0 & 0 & 0\end{bmatrix}\boldsymbol{P}^{-1}\boldsymbol{\psi}_{dq0}$$

$$=-\frac{2}{3}\begin{bmatrix}0 & \dfrac{3}{2}\dfrac{d\alpha}{dt} & 0\\ -\dfrac{3}{2}\dfrac{d\alpha}{dt} & 0 & 0\\ 0 & 0 & 0\end{bmatrix}\begin{bmatrix}\psi_d\\ \psi_q\\ \psi_0\end{bmatrix}=\begin{bmatrix}0 & -\omega & 0\\ \omega & 0 & 0\\ 0 & 0 & 0\end{bmatrix}\begin{bmatrix}\psi_d\\ \psi_q\\ \psi_0\end{bmatrix}=\begin{bmatrix}-\omega\psi_q\\ \omega\psi_d\\ 0\end{bmatrix}$$

这样，便得到用 $dq0$ 轴分量表示的电势方程式如下

$$\boldsymbol{v}_{dq0}=(\dot{\boldsymbol{\psi}}_{dq0}+\boldsymbol{S})-\boldsymbol{R}_S\boldsymbol{i}_{dq0} \tag{6-24}$$

或者展开写成

$$\begin{cases}v_d=\dot{\psi}_d-\omega\psi_q-Ri_d\\ v_q=\dot{\psi}_q+\omega\psi_d-Ri_q\\ v_0=\dot{\psi}_0-Ri_0\end{cases} \tag{6-25}$$

同原来的方程组(6-22)比较，可以看出，dd 和 qq 绕组中的电势都包含了两个分量，一个是磁链对时间的导数，另一个是磁链同转速的乘积。前者称为变压器电势，后者称为发电机电势。

还可以看到式(6-25)中的第三个方程是独立的,这就是说,等效的零轴绕组从磁的意义上说,对其他绕组是隔离的。

从 abc 坐标系统到 dq0 坐标系统的转换,在数学上代表了一种线性变换,而它的物理意义则在于把观察者的立场从静止的定子上转移到了转子上。由于这一转变,定子的静止三相绕组被两个同转子一起旋转的等效绕组所代替,并且三相的对称交流变成了直流。

6.3.3 $dq0$ 坐标系统的磁链方程

现在讨论磁链方程的变换。将式(6-4)展开写成

$$\boldsymbol{\psi}_{abc} = -\boldsymbol{L}_{SS}\boldsymbol{i}_{abc} + \boldsymbol{L}_{SR}\boldsymbol{i}_{fDQ} \tag{6-26}$$

$$\boldsymbol{\psi}_{fDQ} = -\boldsymbol{L}_{RS}\boldsymbol{i}_{abc} + \boldsymbol{L}_{RR}\boldsymbol{i}_{fDQ} \tag{6-27}$$

对式(6-26)左乘以 $\boldsymbol{P}$,并利用关系式(6-20),便得

$$\boldsymbol{\psi}_{dq0} = -\boldsymbol{PL}_{SS}\boldsymbol{P}^{-1}\boldsymbol{i}_{dq0} + \boldsymbol{PL}_{SR}\boldsymbol{i}_{fDQ} \tag{6-28}$$

$$\boldsymbol{\psi}_{fDQ} = -\boldsymbol{L}_{RS}\boldsymbol{P}^{-1}\boldsymbol{i}_{dq0} + \boldsymbol{L}_{RR}\boldsymbol{i}_{fDQ} \tag{6-29}$$

通过矩阵演算可得

$$\boldsymbol{PL}_{SR} = \begin{bmatrix} m_{af} & m_{aD} & 0 \\ 0 & 0 & m_{aQ} \\ 0 & 0 & 0 \end{bmatrix}, \quad \boldsymbol{L}_{RS}\boldsymbol{P}^{-1} = \begin{bmatrix} \frac{3}{2}m_{af} & 0 & 0 \\ \frac{3}{2}m_{aD} & 0 & 0 \\ 0 & \frac{3}{2}m_{aQ} & 0 \end{bmatrix}$$

$$\boldsymbol{PL}_{SS}\boldsymbol{P}^{-1} = \begin{bmatrix} L_d & 0 & 0 \\ 0 & L_q & 0 \\ 0 & 0 & L_0 \end{bmatrix}$$

式中

$$L_d = l_0 + m_0 + \frac{3}{2}l_2$$

$$L_q = l_0 + m_0 - \frac{3}{2}l_2$$

$$L_0 = l_0 - 2m_0$$

将上述各表达式代入磁链方程(6-28)和式(6-29),并将其合写如下:

$$\begin{bmatrix} \psi_d \\ \psi_q \\ \psi_0 \\ \psi_f \\ \psi_D \\ \psi_Q \end{bmatrix} = \begin{bmatrix} L_d & 0 & 0 & m_{af} & m_{aD} & 0 \\ 0 & L_q & 0 & 0 & 0 & m_{aQ} \\ 0 & 0 & L_0 & 0 & 0 & 0 \\ \frac{3}{2}m_{af} & 0 & 0 & L_f & L_{fD} & 0 \\ \frac{3}{2}m_{aD} & 0 & 0 & L_{Df} & L_D & 0 \\ 0 & \frac{3}{2}m_{aQ} & 0 & 0 & 0 & L_Q \end{bmatrix} \begin{bmatrix} -i_d \\ -i_q \\ -i_0 \\ i_f \\ i_D \\ i_Q \end{bmatrix} \tag{6-30}$$

这就是变换到 $dq0$ 坐标系统的磁链方程。可以看到,方程中的各项电感系数都变为常数了。因为定子三相绕组已被假想的等效绕组 dd 和 qq 所代替,这两个绕组的轴线总是分别与 d

轴和 q 轴一致的,而 d 轴向和 q 轴向的磁阻是与转子位置无关的,因此磁链与电流的关系(电感系数)自然亦与转子角 α 无关。

式(6-30)中的 L_d 和 L_q 分别是定子的等效绕组 dd 和 qq 的电感系数,称为纵轴同步电感和横轴同步电感。与其对应的电抗分别为纵轴同步电抗 X_d 和横轴同步电抗 X_q。

当转子各绕组开路,定子通以三相零轴电流时,定子任一相绕组(计及另两相的互感)的电感系数就是零轴电感系数 L_0。

习惯上常将 $dq0$ 系统中的电势方程和磁链方程合称为同步电机的基本方程,亦称派克方程。这组方程比较精确地描述了同步电机内部的电磁过程,它是同步电机(也是电力系统)暂态分析的基础。

还须指出,式(6-30)右端的系数矩阵变得不对称了,即定子等效绕组和转子绕组间的互感系数不可逆了。从数学上讲,这是由于所采用的变换矩阵 $\boldsymbol{P}$ 不是正交矩阵的缘故。在物理意义上,定子对转子的互感中出现系数 3/2,是因为定子三相合成磁势的幅值为一相磁势的 3/2 倍。

为了解决等效定子绕组与转子绕组间互感系数不可逆的问题,可以通过恰当地选择同步发电机定子侧和转子侧各电磁量的基准值,使标幺值表示的互感系数为可逆。同步发电机的标幺值系统见二维码,以标幺值表示的电势方程和磁链方程如下(略去标幺值"*"号):

$$\begin{cases} v_d = \dot{\psi}_d - \omega\psi_q - Ri_d \\ v_q = \dot{\psi}_q + \omega\psi_d - Ri_q \\ v_0 = \dot{\psi}_0 - Ri_0 \\ v_f = \dot{\psi}_f + R_f i_f \\ 0 = \dot{\psi}_D + R_D i_D \\ 0 = \dot{\psi}_Q + R_Q i_Q \end{cases} \quad (6\text{-}31)$$

$$\begin{cases} \psi_d = -L_d i_d + m_{af} i_f + m_{aD} i_D \\ \psi_q = -L_q i_q + m_{aQ} i_Q \\ \psi_0 = -L_0 i_0 \\ \psi_f = -m_{af} i_d + L_f i_f + L_{fD} i_D \\ \psi_D = -m_{aD} i_d + L_{fD} i_f + L_D i_D \\ \psi_Q = -m_{aQ} i_q + L_Q i_Q \end{cases} \quad (6\text{-}32)$$

顺便指出,由于 $\boldsymbol{P}$ 不是正交矩阵,同步发电机的功率公式在两种坐标系中也不一致。abc 坐标系中,同步发电机定子绕组输出的总电磁功率为

$$P = \boldsymbol{v}_{abc}^{\mathrm{T}} \boldsymbol{i}_{abc} = v_a i_a + v_b i_b + v_c i_c \quad (6\text{-}33)$$

经过派克变换,可得 $dq0$ 坐标系下同步发电机的三相功率为

$$\begin{aligned} P &= \boldsymbol{v}_{abc}^{\mathrm{T}} \boldsymbol{i}_{abc} = [\boldsymbol{P}^{-1} \boldsymbol{v}_{dq0}]^{\mathrm{T}} \boldsymbol{P}^{-1} \boldsymbol{i}_{dq0} = \boldsymbol{v}_{dq0}^{\mathrm{T}} [\boldsymbol{P}^{-1}]^{\mathrm{T}} \boldsymbol{P}^{-1} \boldsymbol{i}_{dq0} \\ &= 3 v_0 i_0 + \frac{3}{2} (v_d i_d + v_q i_q) \end{aligned} \quad (6\text{-}34)$$

6.4 各种运行方式下同步发电机的电势方程

基本方程(6-31)和(6-32)是描述同步发电机电磁关系完整而精确的数学模型,在不同的运

行方式下,其电势方程可以相应的简化。下面根据同步发电机不同运行方式的特点,从基本方程出发,推导同步发电机对称稳态运行、暂态和次暂态运行过程的电势方程,并作出相应的等值电路和相量图。下面将基本方程作一些实用化的简化假设。

6.4.1 基本方程的实用化假设

(1) 转子转速不变并等于额定转速;有了这条假设,采用标幺值时,电感与电抗相等。

(2) 电机纵轴向三个绕组只有一个公共磁通,而不存在只同两个绕组交链的漏磁通。如果纵轴向三个绕组的公共磁通为 ψ_{ad},相应的电枢反应电抗为 X_{ad},这一假设即认为 $X_{af}=X_{aD}=X_{fD}=X_{ad}$。设横轴方向两个绕组的互感磁通为 ψ_{aq},相应的电枢反应电抗为 X_{aq},即将 X_{aQ} 改记为 X_{aq}。再以 $X_{\sigma a}$、$X_{\sigma f}$、$X_{\sigma D}$ 和 $X_{\sigma Q}$ 分别表示定子绕组、励磁绕组、纵轴和横轴阻尼绕组的漏抗。这样定子、转子各绕组的电抗就可写成

$$\begin{cases} X_d = X_{\sigma a} + X_{ad} \\ X_f = X_{\sigma f} + X_{ad} \\ X_D = X_{\sigma D} + X_{ad} \\ X_q = X_{\sigma a} + X_{aq} \\ X_Q = X_{\sigma Q} + X_{aq} \end{cases} \tag{6-35}$$

根据这两条假设条件,可将基本方程(6-31)、(6-32)改写如下:

$$\begin{cases} v_d = \dot{\psi}_d - \psi_q - Ri_d \\ v_q = \dot{\psi}_q + \psi_d - Ri_q \\ v_f = \dot{\psi}_f + R_f i_f \\ 0 = \dot{\psi}_D + R_D i_D \\ 0 = \dot{\psi}_Q + R_Q i_Q \end{cases} \tag{6-36}$$

$$\begin{cases} \psi_d = -X_d i_d + X_{ad} i_f + X_{ad} i_D \\ \psi_q = -X_q i_q + X_{aq} i_Q \\ \psi_f = -X_{ad} i_d + X_f i_f + X_{ad} i_D \\ \psi_D = -X_{ad} i_d + X_{ad} i_f + X_D i_D \\ \psi_Q = -X_{aq} i_q + X_Q i_Q \end{cases} \tag{6-37}$$

在本书以后的有关论述中将使用这些方程。

为了便于实际应用,还可根据所研究问题的特点,对基本方程作进一步的简化:

(3) 略去定子电势方程中的变压器电势,即认为 $\dot{\psi}_d = \dot{\psi}_q = 0$,这条假设适用于不计定子回路电磁暂态过程或者对定子电流中的非周期分量另行考虑的场合。

(4) 定子回路的电阻只在计算定子电流非周期分量衰减时予以计及,而在其他计算中则略去不计。

6.4.2 稳态运行的电势方程、等值电路和相量图

稳态运行时,$\dot{\psi}_d = \dot{\psi}_q = 0$,等效阻尼绕组中电流为零,励磁电流 $i_f = v_f / R_f$ 是常数。略去定子电阻 R,定子电势方程将为

$$\begin{cases} v_q = \psi_d = X_{ad} i_f - X_d i_d = \psi_{fd} - X_d i_d = E_q - X_d i_d \\ v_d = -\psi_q = X_q i_q \end{cases} \tag{6-38}$$

式中,$E_q = \psi_{fd} = X_{ad} i_f$,$\psi_{fd}$ 和 E_q 分别代表励磁电流对定子绕组产生的互感磁链(即空载磁链)和相应的感应电势,E_q 即通常所指的空载电势。

定子电压和电流的 d、q 轴分量是三相交流系统中电压和电流通用相量在旋转的 dq 坐标轴上的投影。若选 q 轴作为虚轴,比 q 轴落后 90°的方向作为实轴,则有 $\dot{V}_d = v_d$,$\dot{I}_d = i_d$,$\dot{V}_q = jv_q$,$\dot{I}_q = ji_q$,$\dot{E}_q = jE_q$,电势方程式(6-38)就可改写成交流相量的形式

$$\begin{cases} \dot{V}_q = \dot{E}_q - jX_d \dot{I}_d \\ \dot{V}_d = -jX_q \dot{I}_q \end{cases} \quad (6-39)$$

相应的交流等值电路如图 6-7 所示。

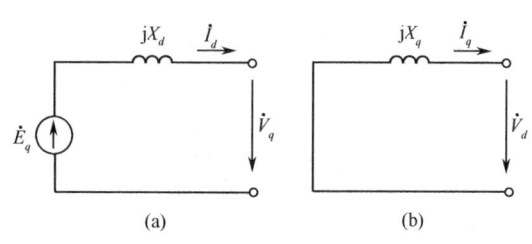

图 6-7 凸极机的等值电路
(a)纵轴向;(b)横轴向

再令 $\dot{V} = \dot{V}_d + \dot{V}_q$ 和 $\dot{I} = \dot{I}_d + \dot{I}_q$,又可将式(6-39)合写成

$$\dot{V} = \dot{E}_q - jX_q \dot{I}_q - jX_d \dot{I}_d = \dot{E}_q - j(X_d - X_q)\dot{I}_d - jX_q \dot{I} \quad (6-40)$$

在凸极机中,$X_d \neq X_q$,电势方程(6-40)中含有电流两个轴向分量,等值电路图也只能沿两个轴向分别作出,这是不便于实际应用的。为了能用一个等值电路来代表凸极同步发电机,或者仅用定子全电流列写电势方程,虚拟一个计算用的电势 $\dot{E}_Q$,且

$$\dot{E}_Q = \dot{E}_q - j(X_d - X_q)\dot{I}_d \quad (6-41)$$

借助这个假想电势,方程式(6-40)便简化为

$$\dot{V} = \dot{E}_Q - jX_q \dot{I} \quad (6-42)$$

相应的等值隐极机电路如图 6-8 所示。实际的凸极机被表示为具有电抗 X_q 和电势 $\dot{E}_Q$ 的等值隐极机。这种处理方法称为等值隐极机法。稳态运行时同步发电机的相量图如图 6-9 所示,图中 $\dot{E}_Q$ 和 $\dot{E}_q$ 同相位,但是 E_Q 的数值既同电势 E_q 有关,又同定子电流纵轴分量 I_d 有关,因此,即使励磁电流是常数,E_Q 也会随着运行状态而变化。

同步发电机的对称稳态运行

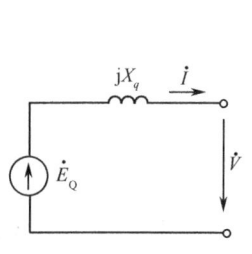

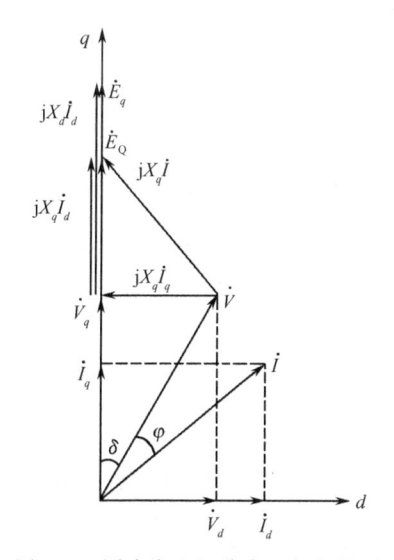

图 6-8 等值隐极机电路   图 6-9 同步发电机稳态运行相量图

在实际计算中往往是已知发电机的端电压和电流(或功率),要确定空载电势 $\dot{E}_q$。为了计算凸极机的电势 $\dot{E}_q$,需要将定子电流分解为两个轴向分量,但是 q 轴的方向还是未知的。这种情况下利用式(6-42)确定 $\dot{E}_Q$ 是极为方便的。通过 $\dot{E}_Q$ 的计算也就确定了 q 轴的方向。

【例 6-2】 已知同步电机的参数为:$X_d=1.1$,$X_q=0.75$,$\cos\varphi=0.85$。试求额定满载运行时的电势 E_q 和 E_Q。

解 用标幺值计算,额定满载时 $V=1.0$,$I=1.0$。

(1) 先计算 E_Q。由图 6-10 的相量图可得

$$E_Q=\sqrt{(V+X_qI\sin\varphi)^2+(X_qI\cos\varphi)^2}$$
$$=\sqrt{(1+0.75\times0.53)^2+(0.75\times0.85)^2}$$
$$=1.536$$

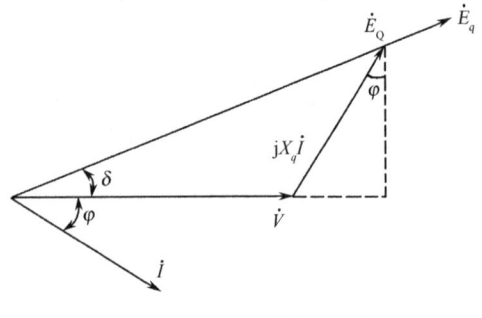

图 6-10 电势相量图

(2) 确定 $\dot{E}_Q$ 的相位。相量 $\dot{E}_Q$ 和 $\dot{V}$ 间的相角差

$$\delta=\arctan\frac{X_qI\cos\varphi}{V+X_qI\sin\varphi}$$
$$=\arctan\frac{0.75\times0.85}{1+0.75\times0.53}=24.5°$$

也可以直接计算 $\dot{E}_Q$ 同 $\dot{I}$ 的相位差 $(\delta+\varphi)$

$$\delta+\varphi=\arctan\frac{V\sin\varphi+X_qI}{V\cos\varphi}$$
$$=\arctan\frac{0.53+0.75}{0.85}=56.4°$$

(3) 计算电流和电压的两个轴向分量。

$$I_d=I\sin(\delta+\varphi)=I\sin 56.4°=0.83$$
$$I_q=I\cos(\delta+\varphi)=I\cos 56.4°=0.55$$
$$V_d=V\sin\delta=V\sin 24.5°=0.41$$
$$V_q=V\cos\delta=V\cos 24.5°=0.91$$

(4) 计算空载电势 E_q。

$$E_q=E_Q+(X_d-X_q)I_d=1.536+(1.10-0.75)\times0.83=1.827$$

6.4.3 同步发电机的暂态电势和暂态电抗

对于无阻尼绕组同步发电机,由式(6-37)的磁链平衡方程并计及式(6-35),可得

$$\begin{cases}\psi_d=-X_di_d+X_{ad}i_f=-X_{\sigma a}i_d+X_{ad}(i_f-i_d)\\ \psi_q=-X_qi_q\\ \psi_f=-X_{ad}i_d+X_fi_f=X_{ad}(i_f-i_d)+X_{\sigma f}i_f\end{cases} \quad (6\text{-}43)$$

与方程(6-43)相适应的等值电路如图 6-11 所示。

如果从式(6-43)ψ_d 和 ψ_f 的方程中消去励磁电流 i_f,可得

$$\psi_d=\frac{X_{ad}}{X_f}\psi_f-\left(X_d-\frac{X_{ad}^2}{X_f}\right)i_d=\frac{X_{ad}}{X_f}\psi_f-\left(X_{\sigma a}+\frac{X_{\sigma f}X_{ad}}{X_{\sigma f}+X_{ad}}\right)i_d \quad (6\text{-}44)$$

如果定义

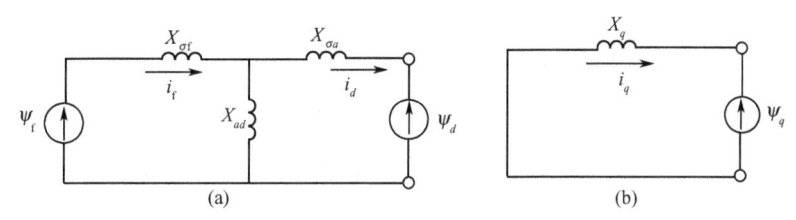

图 6-11 无阻尼绕组发电机的磁链平衡等值电路
(a) 纵轴向；(b) 横轴向

$$E'_q = \frac{X_{ad}}{X_f}\psi_f \tag{6-45}$$

$$X'_d = X_{\sigma a} + \frac{X_{\sigma f}X_{ad}}{X_{\sigma f}+X_{ad}} = X_d - \frac{X_{ad}^2}{X_f} \tag{6-46}$$

于是得到方程

$$\psi_d = E'_q - X'_d i_d \tag{6-47}$$

E'_q 习惯上称为暂态电势，它同励磁绕组的总磁链 ψ_f 成正比。在运行状态突变瞬间，励磁绕组磁链守恒，ψ_f 不能突变，暂态电势 E'_q 也就不能突变。X'_d 称为暂态电抗，如果沿纵轴向把同步电机看作是双绕组变压器，则当副边绕组(即励磁绕组)短路时，从原边(即定子绕组)测得的电抗就是 X'_d。

当变压器电势 $\dot{\psi}_d = \dot{\psi}_q = 0$ 时，根据派克方程(6-36)有，$\psi_d = v_q$, $\psi_q = -v_d$。于是由式(6-47)和式(6-43)可得

$$\begin{cases} v_q = E'_q - X'_d i_d \\ v_d = X_q i_q \end{cases} \tag{6-48}$$

式(6-48)反映了定子方面电势、电压和电流的基频分量之间的关系，它既适合于稳态分析，也适合于暂态分析中将变压器电势略去或另作处理的场合。与之相应的等值电路如图 6-12 所示。

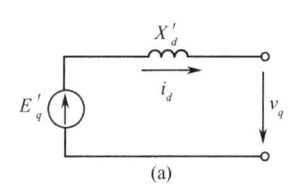

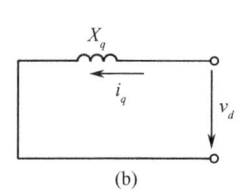

图 6-12 用暂态参数表示的同步发电机等值电路
(a) 纵轴向；(b) 横轴向

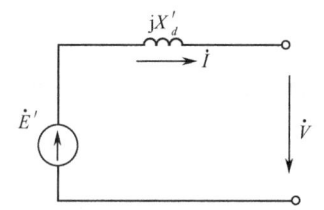

图 6-13 用 E' 和 X'_d 表示的同步发电机的等值电路

式(6-48)写成相量的形式有

$$\begin{cases} \dot{V}_q = \dot{E}'_q - jX'_d \dot{I}_d \\ \dot{V}_d = -jX_q \dot{I}_q \end{cases} \tag{6-49}$$

将式(6-49)两个方程相加可得

$$\dot{V} = \dot{E}'_q - jX_q \dot{I}_q - jX'_d \dot{I}_d \tag{6-50}$$

然而，无论是凸极机还是隐极机，一般都有 $X'_d \neq X_q$。为了便于工程计算，常常采用电势 $\dot{E}'$ 和电抗 X'_d 作等值电路。

令
$$\dot{E}' = \dot{E}'_q - \mathrm{j}(X_q - X'_d)\dot{I}_q \tag{6-51}$$

于是式(6-50)可写成

$$\dot{V} = \dot{E}' - \mathrm{j}X'_d \dot{I} \tag{6-52}$$

电势 $\dot{E}'$ 常称为暂态电抗后的电势，它没有什么物理意义，纯粹是虚构的计算用电势，其相位落后于暂态电势 $\dot{E}'_q$。在不要求精确计算的场合，常认为 E'_q 守恒即是 E' 守恒，并且用 $\dot{E}'$ 的相位代替转子 q 轴的方向。

与式(6-52)相适应的等值电路如图 6-13 所示。采用暂态参数时，同步发电机的相量图如图 6-14 所示。

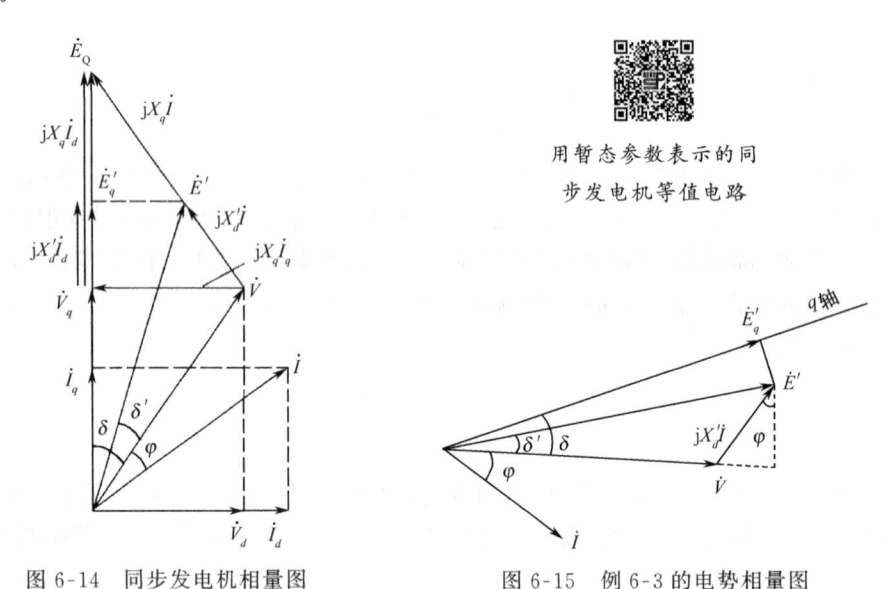

用暂态参数表示的同步发电机等值电路

图 6-14 同步发电机相量图　　图 6-15 例 6-3 的电势相量图

【例 6-3】　就例 6-2 的同步电机及所给运行条件，再给出 $X'_d = 0.36$，试计算电势 E'_q 和 E'。

解　例 6-2 中已算出 $V_q = 0.91$ 和 $I_d = 0.83$，因此

$$E'_q = V_q + X'_d I_d = 0.91 + 0.36 \times 0.83 = 1.209$$

根据相量图 6-15，可知

$$\begin{aligned}E' &= \sqrt{(V + X'_d I \sin\varphi)^2 + (X'_d I \cos\varphi)^2} \\ &= \sqrt{(1 + 0.36 \times 0.53)^2 + (0.36 \times 0.85)^2} \\ &= 1.229\end{aligned}$$

电势 $\dot{E}'$ 同机端电压 $\dot{V}$ 的相位差为

$$\delta' = \arctan \frac{X'_d I \cos\varphi}{V + X'_d I \sin\varphi} = \frac{0.36 \times 0.85}{1 + 0.36 \times 0.53} = 14.4°$$

6.4.4　同步发电机的次暂态电势和次暂态电抗

对于有阻尼绕组同步发电机，由式(6-37)的磁链平衡方程，并计及式(6-35)，可作出如图 6-16 所示的等值电路。

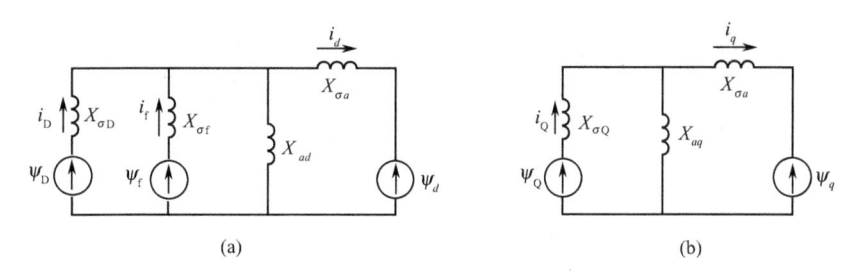

图 6-16 有阻尼绕组发电机的磁链平衡等值电路
(a) 纵轴向;(b) 横轴向

纵横向的等值电路又可简化为图 6-17(a)所示的电路。应用戴维南定理可以导出

$$E''_q = \frac{\dfrac{\psi_f}{X_{\sigma f}} + \dfrac{\psi_D}{X_{\sigma D}}}{\dfrac{1}{X_{ad}} + \dfrac{1}{X_{\sigma f}} + \dfrac{1}{X_{\sigma D}}} \tag{6-53}$$

$$X''_d = X_{\sigma a} + \frac{1}{\dfrac{1}{X_{ad}} + \dfrac{1}{X_{\sigma f}} + \dfrac{1}{X_{\sigma D}}} \tag{6-54}$$

E''_q 称为次暂态电势的横轴分量,它同励磁绕组的总磁链 ψ_f 和纵轴阻尼绕组的总磁链 ψ_D 呈线性关系。在运行状态突变瞬间,ψ_f 和 ψ_D 不能突变,所以电势 E''_q 也不能突变。X''_d 称为纵轴次暂态电抗,如果沿纵轴向把同步发电机看作是三绕组变压器,纵轴次暂态电抗 X''_d 就是这个变压器的两个副边绕组(即励磁绕组和纵轴阻尼绕组)都短路时从原边(即定子绕组侧)测得的电抗(见图 6-17(b))。

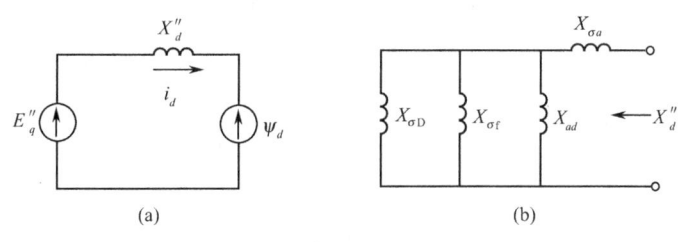

图 6-17 次暂态电势 E''_q 和次暂态电抗 X''_d 的等值电路
(a) 纵轴向;(b) 横轴向

同样的,横轴方向的等值电路也可做类似的简化(图 6-18(a))。

$$E''_d = -\frac{\dfrac{\psi_Q}{X_{\sigma Q}}}{\dfrac{1}{X_{\sigma Q}} + \dfrac{1}{X_{aq}}} \tag{6-55}$$

$$X''_q = X_{\sigma a} + \frac{1}{\dfrac{1}{X_{\sigma Q}} + \dfrac{1}{X_{aq}}} \tag{6-56}$$

E''_d 称为次暂态电势的纵轴分量,它同横轴阻尼绕组的总磁链 ψ_Q 成正比,运行状态发生突变时,ψ_Q 不能突变,所以电势 E''_d 也不能突变。X''_q 称为横轴次暂态电抗,其等值电路如图 6-18(b)所示。

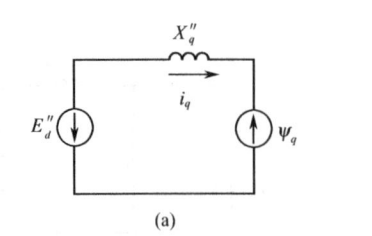

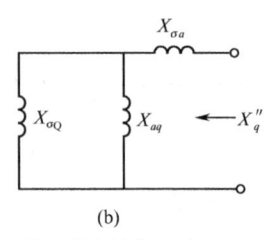

图 6-18 次暂态电势 E''_d 和次暂态电抗 X''_q 的等值电路

根据图 6-17(a) 和图 6-18(a)，可以写出如下的方程：

$$\begin{cases} \psi_d = E''_q - X''_d i_d \\ \psi_q = -E''_d - X''_q i_q \end{cases} \tag{6-57}$$

当电机处于稳态或忽略变压器电势时，$\psi_d = v_q$，$-\psi_q = v_d$，便得定子电势方程如下：

$$\begin{cases} v_q = E''_q - X''_d i_d \\ v_d = E''_d + X''_q i_q \end{cases} \tag{6-58}$$

也可用交流相量的形式写成

$$\begin{cases} \dot{V}_q = \dot{E}''_q - jX''_d \dot{I}_d \\ \dot{V}_d = \dot{E}''_d - jX''_q \dot{I}_q \end{cases} \tag{6-59}$$

或

$$\dot{V} = (\dot{E}''_q + \dot{E}''_d) - jX''_d \dot{I}_d - jX''_q \dot{I}_q = \dot{E}'' - jX''_d \dot{I}_d - jX''_q \dot{I}_q \tag{6-60}$$

式中，$\dot{E}'' = \dot{E}''_d + \dot{E}''_q$ 称为次暂态电势。电势相量图示于图 6-19。

为了避免按两个轴向制作等值电路和列写方程，可采用等值隐极机的处理方法，将式(6-60)改写为

$$\dot{V} = \dot{E}'' - jX''_d \dot{I} - j(X''_q - X''_d) \dot{I}_q \tag{6-61}$$

图 6-19 同步发电机相量图

由于 X''_q 和 X''_d 相差不大，因此略去此式右端的第三项，便得

$$\dot{V} = \dot{E}'' - jX''_d \dot{I} \tag{6-62}$$

与式(6-62)相应的等值电路如图 6-20 所示，这样确定的次暂态电势在相量图 6-19 中用虚线示出。由于按式(6-60)和式(6-62)确定的次暂态电势在数值上和相位上都相差很小，因此，实用计算中，对于有阻尼绕组同步电机常采用根据式(6-62)作出的等值电路（见图 6-20），并认为其中的次暂态电势 E'' 是不能突变的。

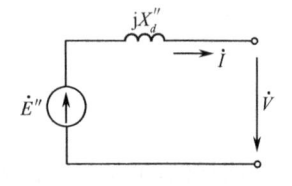

图 6-20 简化的次暂态参数等值电路

还需指出，正如暂态参数一样，次暂态电抗 X''_d 和 X''_q 都是电机实在的参数，而次暂态电势 E''_d、E''_q 和 E'' 则是虚拟的计算用参数。

【例 6-4】 同步发电机有如下的参数：$X_d = 1.1$，$X_q = 0.75$，$X'_d = 0.36$，$X''_d = 0.26$，$X''_q = 0.35$，$\cos\varphi = 0.85$。试计算额定满载情况下的电势 E_q，E'_q，E''_q，E''_d，E''。

用次暂态参数表示的同步发电机等值电路

解 本例电机参数除次暂态电抗外，都与例 6-3 的电机相同，可以直接利用例 6-2 和例 6-3 的下列计算结果：$E_q = 1.827$，$E'_q = 1.21$，$\delta = 24.5°$，$V_q = 0.91$，$V_d = 0.41$，$I_q = 0.55$，$I_d = 0.83$。

· 160 ·

根据上述数据可以继续算出

$$E''_q = V_q + X''_d I_d = 0.91 + 0.26 \times 0.83 = 1.126$$
$$E''_d = V_d - X''_q I_q = 0.41 - 0.35 \times 0.55 = 0.211$$
$$E'' = \sqrt{(E''_q)^2 + (E''_d)^2} = 1.146$$
$$\delta'' = \delta - \arctan\frac{E''_d}{E''_q} = 24.5° - 10.6° = 13.9°$$

电势相量图如图 6-21 所示。

如果按近似式(6-62)计算，由相量图 6-21 可知

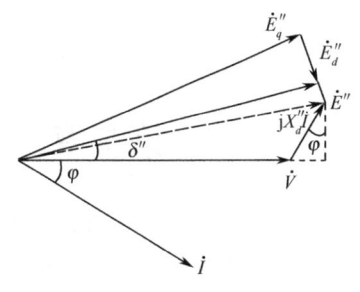

图 6-21 例 6-4 的电势相量图

$$E'' = \sqrt{(V + X''_d I \sin\varphi)^2 + (X''_d I \cos\varphi)^2}$$
$$= \sqrt{(1 + 0.26 \times 0.53)^2 + (0.26 \times 0.85)^2} = 1.159$$
$$\delta'' = \arctan\frac{X''_d I \cos\varphi}{V + X''_d I \sin\varphi} = \arctan\frac{0.221}{1.1378} = 10.99°$$

同前面的精确计算结果相比较，电势幅值相差甚小，相角误差略大。

根据同步发电机不同运行方式下的电势方程、等值电路和相量图，可以求得同步发电机空载电势、暂态和次暂态电势，这些电势是电力系统暂态分析所需的初始值。

第 6 章小结

思考题与习题

6-1 同步发电机原始磁链方程中，定子各绕组的自感系数和互感系数，以及定子和转子绕组间的互感系数是如何变化的？为什么？

6-2 为什么要进行派克变换？其实质是什么？

6-3 派克变换后，为什么磁链方程中的电感系数矩阵不再对称，而是出现了系数 3/2？

6-4 同步发电机稳态、暂态、次暂态参数表示的电势方程、等值电路及相量图的形式如何？

6-5 虚拟电势 $\dot{E}_Q$ 有何作用？E_q 的物理意义是什么？

6-6 同步发电机定子三相通入直流，$i_A = 2, i_B = -1, i_C = -1$，求转换到 $dq0$ 坐标系的 i_d, i_q, i_0。

6-7 同步发电机定子三相通入基频交流，$i_A = \cos\omega_N t, i_B = \cos(\omega_N t + 120°), i_C = \cos(\omega_N t - 120°)$，求转换到 $dq0$ 坐标系的 i_d, i_q, i_0。

6-8 已知同步发电机的参数为 $X_d = 1.2, X_q = 0.8$。在额定运行时 $V = 1.0, I = 1.0, \cos\varphi = 0.8$，试计算在额定运行状态下同步发电机的电势 E_Q 和 E_q。并作出该同步发电机稳态运行时的等值电路、画出相量图。

6-9 同步发电机参数如下：$X_d = 1.1, X_q = 1.08$，如果负载的 $\dot{V} = 1.0 \underline{/30°}, \dot{I} = 0.8 \underline{/-15°}$。试计算电势 E_q 的值。

6-10 已知同步发电机的参数为 $X_d = 1.2, X_q = 0.8, X'_d = 0.29, X''_d = 0.25, X''_q = 0.35$。在额定运行时 $V = 1.0, I = 1.0, \cos\varphi = 0.8$，试计算在额定运行状态下同步发电机的电势 E'_q, E', E''_q, E''_d 及 E'' 之值，并作出该同步发电机暂态、次暂态时的等值电路。

6-11 同步发电机参数如下：$X_d = 1.10, X_q = 1.08, X'_d = 0.23, X''_d = 0.12, X''_q = 0.15$，如果负载的 $\dot{V} = 1.0 \underline{/30°}, \dot{I} = 0.8 \underline{/-15°}$。试计算电势 E'_q, E''_q, E''_d, E'' 的值，并画出相量图。

第 6 章部分习题答案

第7章 电力系统三相短路的分析计算

电力系统在运行中常常会发生故障。电力系统的故障可以分为简单故障和复杂故障,简单故障一般是指某一时刻只在电力系统的一个地方发生故障;复杂故障一般是指某一时刻在电力系统两个及两个以上的地方同时发生故障。电力系统的故障通常有短路故障和断线故障。一般情况下,短路故障比断线故障发生的概率大,也比断线故障严重。

短路是电力系统的严重故障。当短路发生时,系统将从一种运行状态剧变到另一种运行状态,并伴随产生复杂的暂态现象。本章主要讨论突然三相短路时的电磁暂态现象以及三相短路电流的计算方法。

7.1 短路的一般概念

所谓短路,是指一切不正常的相与相之间或相与地之间(对于中性点接地的系统)发生通路的情况。正常运行时,除中性点外,相与相之间或相与地之间是绝缘的。如果由于某种原因使其绝缘破坏而构成了通路,就称电力系统发生了短路故障。

7.1.1 短路的类型

电力系统短路故障共有四种类型:三相短路、两相短路、两相短路接地和单相接地短路。其中三相短路又称为对称短路,其他三种类型的短路都称为不对称短路。电力系统的运行经验表明,单相接地短路发生的概率最大,约占70%左右;两相短路较少;三相短路发生的概率最少。三相短路发生的概率虽然少,但后果较严重,所以要给以足够的重视,况且,从短路计算的方法来看,一切不对称短路的计算,在采用对称分量法以后,都归结为对称短路的计算。因此,对三相短路的研究具有重要的意义。

各种短路的示意图和代表符号参见表7-1。

表7-1 各种短路的示意图和代表符号

短路种类	示意图	代表符号
三相短路		$f^{(3)}$
两相短路接地		$f^{(1,1)}$
两相短路		$f^{(2)}$
单相短路		$f^{(1)}$

7.1.2 短路的主要原因

发生短路的原因很多,既有主观原因也有客观原因,但其根本原因还是电气设备载流部分相与相之间或相与地之间的绝缘受到损坏。主要有以下几个方面:①绝缘材料的自然老化,设计、安装及维护不良所带来的设备缺陷发展成短路。②雷击造成的闪络放电或避雷器动作,架空线路由于大风或导线覆冰引起电杆倒塌等。③人为误操作,如运行人员带负荷拉刀闸,线路或设备检修后未拆除地线就加上电压引起短路。④挖沟损伤电缆,鸟兽跨接在裸露的载流部分等。

7.1.3 短路的危害

短路故障对电力系统的正常运行和电气设备有很大的危害。短路的类型、发生的地点和持续的时间不同,其后果也不相同。可能只破坏局部地区的正常供电,也可能威胁整个系统的安全运行。短路的危险后果一般有以下几个方面:

(1) 发生短路时,由于电源供电回路的总阻抗突然减小以及由此产生暂态过程,使短路电流急剧增加,可能超过额定值的许多倍。短路点距发电机的电气距离越近,短路电流越大。短路电流流过电气设备时,使发热增加,若短路持续时间较长,可能使设备过热甚至损坏。由于短路电流的电动力效应,导体间还将产生很大的机械应力,致使导体变形甚至损坏。

(2) 短路会引起系统电压大幅度下降,对用户影响很大。系统中最主要的电力负荷是异步电动机,它的电磁转矩与端电压的平方成正比,电压下降时,电动机的电磁转矩显著减小,转速随之下降。当电压大幅度下降时,电动机甚至可能停转,造成产品报废,设备损坏等严重后果。

(3) 当短路发生地点离电源不远而持续时间又较长时,并列运行的发电机可能失去同步,破坏系统运行的稳定性,造成大面积停电,这是短路最严重的后果。

(4) 发生不对称短路时,线路的三相不平衡电流所产生的总磁通(特别是零序磁通)会在相邻的通信线路上感应出很大的电动势,干扰通信系统的正常运行。

7.1.4 计算短路电流的目的

短路电流计算是解决一系列电力技术问题所不可缺少的基本计算。在发电厂、变电站及整个电力系统的设计、运行中均以短路计算结果作为依据。即短路电流计算结果是选择电气设备(断路器、互感器、瓷瓶、母线、电缆等)的依据;是电力系统继电保护设计和整定的基础;是比较和选择发电厂和电力系统电气主接线图的依据,根据它可以确定限制短路电流的措施。

7.2 恒定电势源电路的三相短路

恒定电势源(又称无限大功率电源)是指端电压幅值和频率都保持恒定的电源。它的内阻抗等于零。这是一种理想的情况,实际上,在短路后的暂态过程中,电源电压幅值要降低;而且由于系统平衡状态被破坏,发电机转速要发生变化,即电源频率也要发生变化。不过当电源与短路点的电气距离很远时,外阻抗相对于内阻抗要大得多,由短路而引起的电源送出功率的变化远小于电源所具有的功率,这样,电源电压的幅值和频率不会发生可察觉的变化。这样的电源可近似地认为是恒定电势源。

7.2.1 三相短路的暂态过程

图 7-1 所示为一恒定电势源供电的简单三相电路。

短路前电路处于稳态，每相的电阻和电感分别为 $R+R'$ 和 $L+L'$。由于电路对称，只写出一相（a 相）的电势和电流如下：

$$\begin{cases} e = E_m \sin(\omega t + \alpha) \\ i = I_m \sin(\omega t + \alpha - \varphi') \end{cases} \tag{7-1}$$

式中，I_m 为短路前电流幅值，$I_m = \dfrac{E_m}{\sqrt{(R+R')^2 + \omega^2(L+L')^2}}$；$\varphi'$ 为短路前电路的阻抗角，$\varphi' = \arctan \dfrac{\omega(L+L')}{R+R'}$；$\alpha$ 为电源电势的初始相角，即 $t=0$ 时的相位角，亦称为合闸角。

当 f 点发生三相短路时，整个电路被分成两个独立的回路。其中 f 点右边的回路变为没有电源的短接电路，其电流将从短路前的值逐渐衰减到零；而 f 点左边的回路仍与电源相连接，但每相的阻抗已减小为 $R+j\omega L$，其电流将由短路前的数值逐渐变化到由阻抗 $R+j\omega L$ 所决定的新稳态值，短路电流计算主要是针对这一电路进行的。

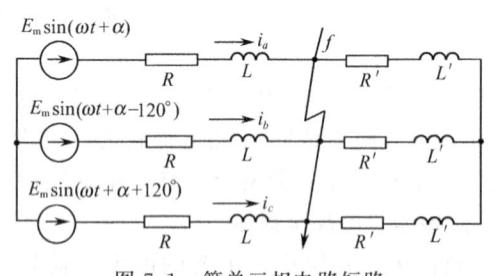

图 7-1 简单三相电路短路

假定短路在 $t=0$ 时刻发生，短路后左侧电路仍然是对称的，因此可以只研究其中的一相，例如 a 相。为此，写出 a 相的微分方程式如下：

$$Ri + L\frac{di}{dt} = E_m \sin(\omega t + \alpha) \tag{7-2}$$

方程(7-2)的解就是短路的全电流，它由两部分组成：第一部分是方程(7-2)的特解，它代表短路电流的周期分量；第二部分是方程(7-2)对应的齐次方程的通解，它代表短路电流的自由分量。

短路电流的强制分量与外加电源电势有相同的变化规律，也是幅值恒定的正弦交流，习惯上称为周期分量，记为 i_P，用下式表示：

$$i_P = I_{Pm} \sin(\omega t + \alpha - \varphi) \tag{7-3}$$

式中，I_{Pm} 为短路电流周期分量的幅值，$I_{Pm} = \dfrac{E_m}{\sqrt{R^2 + (\omega L)^2}}$；$\varphi$ 为短路回路的阻抗角，$\varphi = \arctan \dfrac{\omega L}{R}$。

短路电流的自由分量与外加电源无关，它是按指数规律衰减的直流，称为非周期电流，记为

$$i_{aP} = Ce^{pt} = Ce^{-\frac{t}{T_a}} \tag{7-4}$$

式中，p 为特征方程 $R+pL=0$ 的根，$p=-R/L$；T_a 为非周期分量电流衰减的时间常数，$T_a = -1/p = L/R$；C 为由初始条件决定的积分常数，即非周期分量电流的初始值 i_{aP0}。

这样，短路的全电流可表示为

$$i = i_P + i_{aP} = I_{Pm} \sin(\omega t + \alpha - \varphi) + Ce^{-t/T_a} \tag{7-5}$$

根据电路的开闭定律，电感中的电流不能突变，短路前瞬间的电流 $i_{[0]}$ 应等于短路发生后瞬间的电流 i_0。将 $t=0$ 分别代入短路前和短路后的电流算式(7-1)和式(7-5)中可得

$$I_m \sin(\alpha - \varphi') = I_{Pm} \sin(\alpha - \varphi) + C$$

因此

$$C = i_{aP0} = I_m \sin(\alpha - \varphi') - I_{Pm} \sin(\alpha - \varphi) \tag{7-6}$$

将此式代入式(7-5),便得短路全电流

$$i = I_{Pm}\sin(\omega t + \alpha - \varphi) + [I_m \sin(\alpha - \varphi') - I_{Pm}\sin(\alpha - \varphi)]e^{-t/T_a} \qquad (7-7)$$

式(7-7)是 a 相短路电流的算式。如果用 $\alpha - 120°$ 和 $\alpha + 120°$ 分别代替式中的 α,就可以得到 b 相和 c 相的短路电流算式。

短路电流各分量之间的关系也可以用相量图表示,如图 7-2 所示。图中旋转相量 $\dot{E}_m$、$\dot{I}_m$ 和 $\dot{I}_{Pm}$ 在静止的时间轴 t 上的投影分别代表电源电势、短路前电流和短路后周期电流的瞬时值。图中所示是 $t=0$ 的情况。此时,短路前电流相量 $\dot{I}_m$ 在时间轴上的投影为 $I_m\sin(\alpha-\varphi')=i_{[0]}$;短路后周期电流相量 $\dot{I}_{Pm}$ 的投影为 $I_{Pm}\sin(\alpha-\varphi)=i_{P0}$。一般情况下,$i_{P0}\neq i_{[0]}$。为了保持电感中的电流在短路前后瞬间不发生突变,电路中必须产生一个非周期自由电流,它的初值应为 $i_{[0]}$ 和 i_{P0} 之差。在相量图中,短路发生瞬间相量差 $\dot{I}_m - \dot{I}_{Pm}$ 在时间轴上的投影就等于非周期电流的初值 i_{aP0}。由此可见,非周期电流初值的大小同短路发生的时刻有关,亦即与短路发生时电源电势的初始相位角(或合闸角)α 有关。当相量差 $\dot{I}_m - \dot{I}_{Pm}$ 与时间轴平行时,i_{aP0} 的值最大;而当它与时间轴垂直时,$i_{aP0}=0$。在后一种情况下,自由分量不存在,短路发生瞬间,短路前电流的瞬时值刚好等于短路后强制电流的瞬时值,电路从一种稳态直接进入另一种稳态,而不经历过渡过程。以上所说是一相的情况,对另外两相也可做类似的分析,当然,b 相和 c 相的电流相量应分别落后于 a 相电流相量 120°和 240°。三相短路时,只有周期分量才是对称的,而各相短路电流的非周期分量并不相等。由此可见,非周期分量为最大值和零值的情况只可能在一相出现。

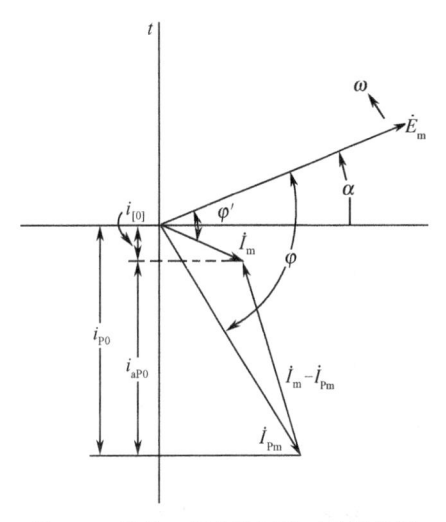

图 7-2 简单三相电路短路时的相量图

7.2.2 短路冲击电流

短路电流最大可能的瞬时值称为短路冲击电流,以 i_{im} 表示。短路冲击电流主要用来校验电气设备的电动力稳定度。

当电路的参数已知时,短路电流周期分量的幅值是一定的,而短路电流的非周期分量则按指数规律单调衰减,因此,非周期电流的初值越大,暂态过程中短路全电流的最大瞬时值就越大。由前面的讨论可知,使非周期电流有最大初值的条件应为

(1) 相量差 $\dot{I}_m - \dot{I}_{Pm}$ 有最大可能值。

(2) 相量差 $\dot{I}_m - \dot{I}_{Pm}$ 在 $t=0$ 时与时间轴平行。

由此可见,非周期电流的初值既与短路前和短路后的电路情况有关,又与短路发生的时刻(或合闸角 α)有关。一般电力系统中,由于短路回路的感抗比电阻大得多,即 $\omega L \gg R$,故可近似认为 $\varphi \approx 90°$,于是,非周期电流有最大初值的条件是:短路前电路处于空载状态(即 $I_m=0$),并且短路发生时电源电势刚好过零值(即合闸角 $\alpha=0$),如图 7-3 所示。将这些条件代入式(7-6)可知,非周期电流的最大初值 $i_{aP0}=I_{Pm}$。

将 $I_m=0, \varphi \approx 90°$ 和 $\alpha=0$ 代入式(7-7)可得

$$i = -I_{Pm}\cos\omega t + I_{Pm}e^{-t/T_a} \tag{7-8}$$

短路电流的波形如图 7-4 所示。由图可见，短路电流的最大瞬时值在短路发生后约半个周期时出现。若 $f=50\text{Hz}$，这个时间约为 0.01 秒，将其代入式(7-8)，可得短路冲击电流

$$i_{im} = I_{Pm} + I_{Pm}e^{-0.01/T_a} = (1+e^{-0.01/T_a})I_{Pm} = k_{im}I_{Pm} \tag{7-9}$$

式中，$k_{im}=1+e^{-0.01/T_a}$ 称为冲击系数，它表示冲击电流为短路电流周期分量幅值的多少倍。当时间常数 T_a 由零变到无穷大时，k_{im} 的取值范围为 $1 \leqslant k_{im} \leqslant 2$。在短路电流的实用计算中，当短路发生在发电机电压母线时，取 $k_{im}=1.9$；当短路发生在发电厂高压母线侧时，取 $k_{im}=1.85$；在其他地点短路时，取 $k_{im}=1.8$。

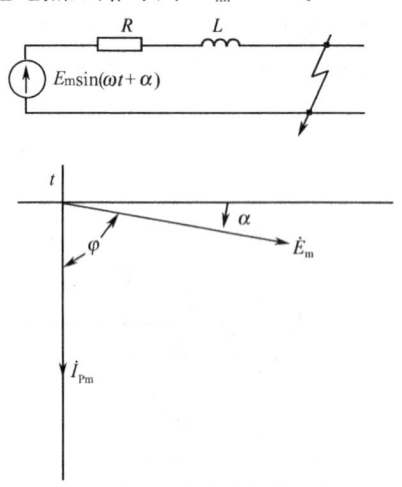

图 7-3 短路电流非周期分量有最大可能值的条件图

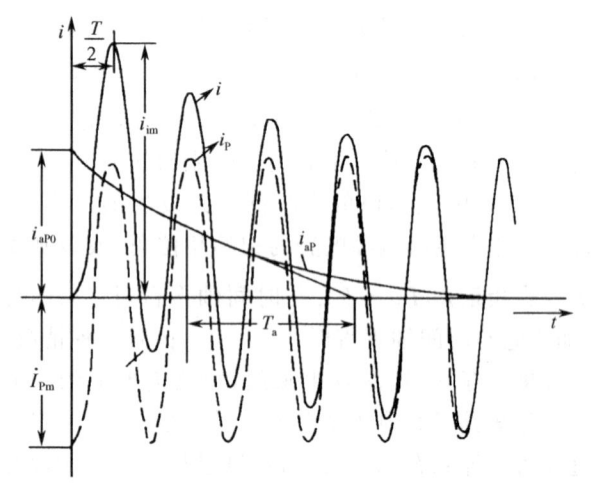

图 7-4 非周期分量有最大可能值时的短路电流波形图

7.2.3 短路电流的有效值

在短路过程中，任意时刻 t 的短路电流有效值 I_t，是指以时刻 t 为中心的一个周期内瞬时电流的均方根值，即

$$I_t = \sqrt{\frac{1}{T}\int_{t-T/2}^{t+T/2} i_t^2 dt} = \sqrt{\frac{1}{T}\int_{t-T/2}^{t+T/2} (i_{Pt}+i_{aPt})^2 dt} \tag{7-10}$$

式中，i_t 为 t 时刻的短路电流；i_{Pt} 为 t 时刻短路电流的周期分量；i_{aPt} 为 t 时刻短路电流的非周期分量。

在电力系统中，短路电流周期分量的幅值，只当由无限大功率电源供电时才是恒定的，而在一般的情况下则是衰减的（见图 7-5）。因此，利用公式(7-10)进行计算相当复杂。为了简化计算，通常假定：非周期电流在以时间 t 为中心的一个周期内恒定不变，因而它在时刻 t 的有效值就等于它的瞬时值，即 $I_{aPt}=i_{aPt}$。

对于周期电流，也认为它在所计算的周期内是幅值恒定的，其数值即等于由周期电流包络线所确定的 t 时刻的幅值。因此，t 时刻的周期电流有效值应为 $I_{Pt}=\dfrac{I_{Pmt}}{\sqrt{2}}$。

根据上述假定条件，公式(7-10)就可以简化为

$$I_t = \sqrt{I_{Pt}^2 + I_{aPt}^2} \tag{7-11}$$

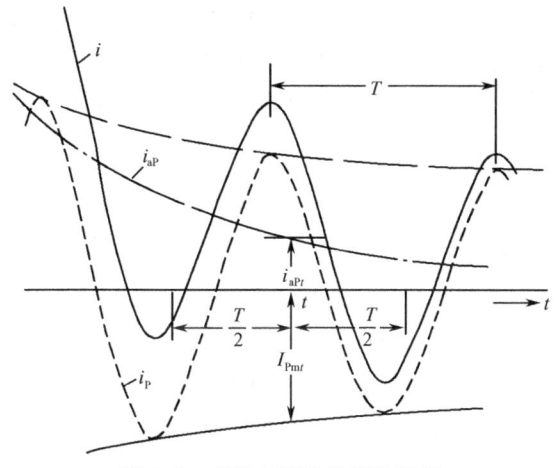

图 7-5 短路电流有效值的确定

短路电流的最大有效值出现在短路后的第一个周期。在最不利的情况发生短路时 $i_{aP0}=I_{Pm}$，而第一个周期的中心为 $t=0.01\text{s}$，这时非周期分量的有效值为

$$I_{aP}=I_{Pm}e^{-0.01/T_a}=(k_{im}-1)I_{Pm}$$

将这些关系代入公式(7-11)，便得到短路电流最大有效值 I_{im} 的计算公式为

$$I_{im}=\sqrt{I_P^2+[(k_{im}-1)\sqrt{2}I_P]^2}=I_P\sqrt{1+2(k_{im}-1)^2} \tag{7-12}$$

当冲击系数 $k_{im}=1.9$ 时，$I_{im}=1.62I_P$；当 $k_{im}=1.8$ 时，$I_{im}=1.51I_P$。

短路电流的最大有效值常用于校验某些电气设备的断流能力或耐力强度。

7.2.4 短路容量

短路容量也称为短路功率，它等于短路电流有效值同短路处的正常工作电压（一般用平均额定电压）的乘积，即

$$S_t=\sqrt{3}V_{av}I_t \tag{7-13}$$

用标幺值表示时

$$S_{t*}=\frac{\sqrt{3}V_{av}I_t}{\sqrt{3}V_B I_B}=\frac{I_t}{I_B}=I_{t*} \tag{7-14}$$

短路容量主要用来校验开关的切断能力。把短路容量定义为短路电流和工作电压的乘积，是因为一方面开关要能切断这样大的短路电流，另一方面，在开关断流时其触头应能经受住工作电压的作用。在短路的实用计算中，常只用周期分量电流的初始有效值来计算短路容量。

从上述分析可见，为了确定冲击电流、短路电流非周期分量、短路电流的有效值以及短路容量等，都必须计算短路电流的周期分量。实际上，大多数情况下短路计算的任务也只是计算短路电流的周期分量。在给定电源电势时，短路电流周期分量的计算只是一个求解稳态正弦交流电路的问题。具体计算方法将在 7.5 节介绍。

7.3 同步电机三相短路的暂态过程

实际电力系统中，真正的恒定电势源是不存在的。因为，实际系统中发生短路故障时，同步发电机的电势在短路后的暂态过程中是随时间而变化的，并不能保持其端电压不变，且发

电机的内阻抗也不为零。因此，一般情况下，分析和计算电力系统短路时，必须考虑作为电源的同步发电机内部的暂态过程。由于同步发电机转子的惯性较大，可以认为在短路后的暂态过程中，转子的转速没有什么变化，仍然保持同步速不变，即认为在短路后的暂态过程中频率保持恒定。这样，在分析突然短路的暂态过程时，只需考虑同步发电机内部的电磁暂态过程。

7.3.1 突然短路暂态过程的特点

同步发电机由多个有磁耦合关系的绕组构成，定子绕组同转子绕组之间还有相对运动，同步发电机突然短路暂态过程要比恒定电势源电路复杂得多，其特点如下：同步发电机对称稳态运行时，电枢磁势的大小不随时间而变化，在空间以同步速度旋转，它同转子没有相对运动，因此不会在转子绕组中感应电流。突然短路时，定子电流在数值上发生急剧变化，电枢反应磁通也随着变化，并在转子绕组中感应电流，这种电流又反过来影响定子电流的变化。这种定子和转子绕组电流的互相影响使暂态过程变得非常复杂，这就是突然短路暂态过程的特点。

7.3.2 无阻尼绕组同步电机突然三相短路的物理分析

同步发电机正常稳态运行时，励磁机施加于励磁绕组两端的电压为恒定的 v_f，励磁绕组中流过大小不变的直流电流 i_f，它产生的归算到定子侧的总磁链为 ψ_F，其中一部分磁链 $\psi_{f\sigma}$ 只与励磁绕组交链，称为励磁绕组漏磁链；另一部分磁链 ψ_{fd} 经空气隙进入定子，并与定子绕组交链，称为同步发电机的工作磁链（或空载磁链）。ψ_{fd} 随转子以同步速旋转，因而为定子绕组所切割，在定子绕组中感应产生空载电势 E_q。定子绕组与外部电路接通时，绕组中将有同步频率的交流电流 i_∞ 流通。定子三相绕组中的电流所产生的磁场在气隙中形成一个大小不变、以同步速随转子旋转的旋转磁场。其中只与定子绕组交链的这部分磁链称为定子绕组的漏磁链 ψ_σ；经空气隙进入转子并与转子绕组交链的那部分磁链称为电枢反应磁链。电枢反应磁链一般可分为纵轴电枢反应磁链 ψ_{ad} 和横轴电枢反应磁链 ψ_{aq} 两个分量。图 7-6 表示同步发电机稳态运行时的磁链分解示意图。

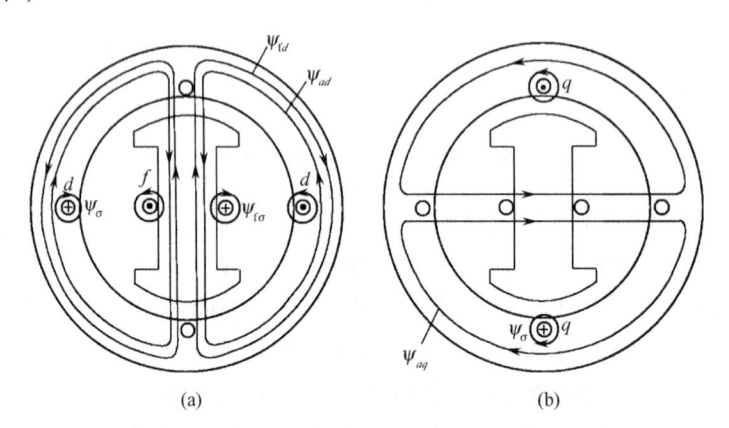

图 7-6 无阻尼绕组同步发电机正常稳态运行时的磁链分解示意图
(a) 纵轴方向；(b) 横轴方向

当同步发电机机端突然三相短路时，由于外接阻抗减小，定子绕组电流将增大，相应的电枢反应磁链也将增大，原来稳定状态下电机内部的电磁平衡关系遭到破坏。但在突变瞬间，为遵守磁链守恒定律，电机中各绕组为保持自身的磁链不变，都将出现若干新的磁链和电流分量。这些磁链和电流分量的产生和变化形成从一种稳定运行状态过渡到另一种稳定运行状态的过渡过程,即暂态过程。

以下分别从定子绕组和转子绕组磁链守恒的角度来分析突然短路的暂态过程中将出现哪些电流分量(或磁链分量)。

短路瞬间,由于外接阻抗减小,定子绕组将产生一个基频电流增量 Δi_ω,相应的电枢反应磁链也将增大,电枢反应磁链的增大将减小励磁绕组原有的磁链。励磁绕组为保持它的合成磁链守恒,必然会增大励磁电流和相应的磁链以抵消电枢反应磁链的作用,于是励磁绕组中除原有的励磁电流 $i_{f[0]}$ 外,还将增加一直流电流分量 $\Delta i_{f\alpha}$。随着励磁电流的增加,工作磁链和相应的空载电势也要增大,与此相对应,定子绕组中将增加一新的基频电流分量 $\Delta i'_\omega$。$\Delta i'_\omega$ 随 $\Delta i_{f\alpha}$ 的产生而产生,它们都是没有外部电源供给的自由电流分量。如果各绕组没有电阻,短路过程中,它们的大小都将保持短路瞬间的初值不变。但实际上,由于电机各绕组都有电阻,因此,短路过程中,$\Delta i'_\omega$ 将随 $\Delta i_{f\alpha}$ 以定子绕组短接时励磁绕组的时间常数 T'_d 按指数规律衰减到零。

就定子绕组而言,电枢反应磁链的增大(包括 Δi_ω 和 $\Delta i'_\omega$ 二者所引起的磁链增量),将改变它原有磁链的大小,定子绕组为了保持它的合成磁链不变,短路瞬间必须产生一大小与电枢反应磁链的增量相等、方向与之相反的磁链。与这磁链相对应的磁场在空间静止不动。为了形成这样一个磁场,定子绕组中应有一直流电流分量。在凸极发电机中,由于定子绕组磁通路径上的磁阻随转子的旋转以两倍同步频率周期变化,因而这些直流电流的大小将以两倍同步频率脉动。为便于分析,一般将每相绕组中的脉动直流分解为恒定直流电流 $i_{\alpha p}$ 和两倍同步频率的交流电流 $i_{2\omega}$ 两个分量。

再就定子绕组和转子绕组的关系而言,励磁绕组随转子旋转将切割定子绕组在空间形成的静止不动的磁场,并感应产生一同步频率的交流电流 $\Delta i_{f\omega}$。这一电流在转子中产生同步频率的脉振磁场,这个脉振磁场可以分解为两个以同步速、反方向旋转的旋转磁场,其中与转子旋转方向相反的反转磁场与定子绕组相对静止,它与 $i_{\alpha p}$ 产生的磁场相对应;与转子旋转方向相同的正转磁场相对于定子绕组以两倍同步速旋转,它与 $i_{2\omega}$ 产生的磁场相对应。定子绕组中出现的脉动直流($i_{\alpha p}$ 和 $i_{2\omega}$)和转子绕组中出现的基频交流($\Delta i_{f\omega}$),它们也都是没有外部电源供给的自由电流分量。如果各绕组没有电阻,短路过程中,它们的大小都将保持短路瞬间的初值不变。但实际上,由于发电机各绕组都有电阻,因此,短路过程中,$\Delta i_{f\omega}$ 将随($i_{\alpha p}+i_{2\omega}$)以励磁绕组短接时定子绕组的时间常数 T_a 按指数规律衰减到零。

定子和转子绕组中的各种电流分量及它们之间的相互依存关系如图 7-7 所示。

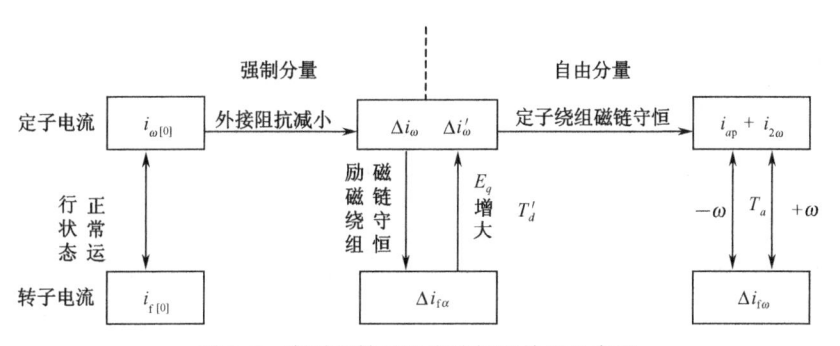

图 7-7 定子和转子电流的相互关系示意图

对于有阻尼绕组的同步发电机,在转子的纵轴向有励磁绕组和阻尼绕组,在横轴向也有阻尼绕组。其突然短路的暂态过程同无阻尼绕组同步发电机的基本相似,定子电流中包含有基频电流的增量、直流分量和倍频分量;转子各绕组中也要出现自由直流和自由基频电流。这些电流分量出现的原因,如同无阻尼绕组的情况一样,可以从磁链守恒原则得到说明。

需要说明的是,在以上的分析中,定子和转子绕组在短路的暂态过程中都出现了新的电流增量,但实际上短路前后瞬间定子和转子绕组的电流并没有发生变化(磁链守恒),也就是说,各绕组新增的电流分量之和在短路瞬间等于零。并且,在以上的叙述中,将短路电流分解为各种分量,也只是为了分析和计算上的方便,实际上每个绕组中都只有一个总电流。

7.4 同步发电机三相短路电流计算

7.4.1 无阻尼绕组同步发电机三相短路电流计算

1. 不计自由分量衰减时的短路电流

在同步电机突然三相短路的暂态过程中,定子绕组和转子各绕组都将出现各种电流分量以维持各自绕组的磁链守恒。如前所述,这些电流分量之间存在着两组对应关系,利用这些关系和磁链平衡条件,可以计算定子和转子绕组的各电流分量,从而求得定子和转子绕组的总电流。

如图7-7所示,定子基频交流和励磁绕组的直流是相互对应的一组,在它们的共同作用下使定子各相绕组磁链为零,励磁绕组磁链保持初值 $\psi_{f[0]}$;定子电流中的直流分量(非周期分量)和倍频分量以及励磁绕组中的基频电流是相互对应的一组,在它们的共同作用下使励磁绕组的磁链为零,定子三相绕组的磁链保持初值。将这两组分量叠加起来,即是定子绕组和励磁绕组都维持磁链守恒的绕组电流。

1) 计算定子基频交流和励磁绕组的直流

与这组分量对应的磁链平衡等值电路如图7-8所示。其中,$X_{\sigma a}$、$X_{\sigma f}$、X_{ad} 分别为定子绕组和励磁绕组的漏抗以及它们之间的互感电抗。根据等值电路可列写如下的方程式

$$\begin{cases} X_{ad}(i_{f[0]} + \Delta i_{fa}) - X_d i'_d = 0 \\ X_f(i_{f[0]} + \Delta i_{fa}) - X_{ad} i'_d = \psi_{f0} \end{cases} \quad (7\text{-}15)$$

其中,$X_d = X_{\sigma a} + X_{ad}$,$X_f = X_{\sigma f} + X_{ad}$。且

$$\psi_{f0} = \psi_{f[0]} = X_f i_{f[0]} - X_{ad} i_{d[0]} \quad (7\text{-}16)$$

式中,$i_{d[0]}$ 为短路前瞬间定子电流的 d 轴分量,由式(6-48)可得

$$i_{d[0]} = \frac{E'_{q0} - v_{q[0]}}{X'_d} = \frac{E'_{q0} - V_{[0]}\cos\delta_0}{X'_d} \quad (7\text{-}17)$$

式中,$V_{[0]}$ 为短路前的机端电压。

将式(7-16)和式(7-17)的关系代入式(7-15),并利用式(6-46)的关系可得

$$i'_d = \frac{\dfrac{X_{ad}}{X_f}\psi_{f0}}{X'_d} = \frac{E'_{q0}}{X'_d} \quad (7\text{-}18)$$

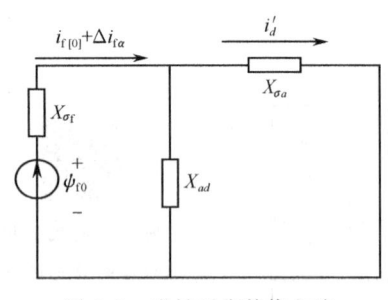

图 7-8 磁链平衡等值电路

$$\Delta i_{\text{fa}} = \frac{X_{ad}}{X_f}(i'_d - i_{d[0]}) = \frac{X_{ad}}{X_f} \frac{V_{[0]}\cos\delta_0}{X'_d} = \frac{(X_d - X'_d)V_{[0]}\cos\delta_0}{X_{ad}X'_d} \tag{7-19}$$

定子基频交流的纵轴分量 i'_d 为正值,故位于转子 d 轴的负方向,并产生去磁性电枢反应。而转子自由直流 Δi_{fa} 也是正的,同原有励磁电流同方向。由于短路瞬间暂态电势 E'_q 不能突变,有 $E'_{q0} = E'_{q[0]}$,于是根据短路前瞬间的运行状态算出的暂态电势值,可以直接应用于短路后瞬间的计算中。

短路进入稳态后,如果励磁电压没有变化,励磁绕组的电流将恢复初值,相应地将有 $E_{q\infty} = E_{q[0]} = X_{ad}i_{f[0]}$。于是可以用下式确定稳态短路电流,即

$$i_{d\infty} = \frac{E_{q\infty}}{X_d} = \frac{E_{q[0]}}{X_d} \tag{7-20}$$

于是,基频电流的自由分量为

$$\Delta i'_\omega = i'_d - i_{d\infty} = \frac{E'_{q0}}{X'_d} - \frac{E_{q\infty}}{X_d} = \frac{E'_{q0}}{X'_d} - \frac{E_{q[0]}}{X_d} \tag{7-21}$$

2) 计算定子电流中的直流分量和倍频分量以及励磁绕组中的基频电流

直流电流分量和倍频电流分量 $(i_{ap} + i_{2\omega})$ 对应 $dq0$ 坐标系的基频交流 $i_{d\omega}$ 和 $i_{q\omega}$。由于定子磁链通用相量 $\dot{\psi}$ 比定子端电压通用相量 $\dot{V}$ 超前 $90°$,因而根据凸极同步发电机稳态运行的相量图 7-9 可知,相量 $\dot{\psi}$ 同转子纵轴的夹角为 δ,在数值上 $\psi = V$。于是,短路前瞬间定子三相绕组的磁链初值为

$$\begin{cases} \psi_{a[0]} = V_{[0]}\cos(\alpha_0 - \delta_0) \\ \psi_{b[0]} = V_{[0]}\cos(\alpha_0 - \delta_0 - 120°) \\ \psi_{c[0]} = V_{[0]}\cos(\alpha_0 - \delta_0 + 120°) \end{cases} \tag{7-22}$$

转换到 $dq0$ 坐标系便得

$$\begin{cases} \psi_{d0} = \psi_{d\omega} = V_{[0]}\cos(\omega t + \delta_0) \\ \psi_{q0} = \psi_{q\omega} = V_{[0]}\sin(\omega t + \delta_0) \end{cases} \tag{7-23}$$

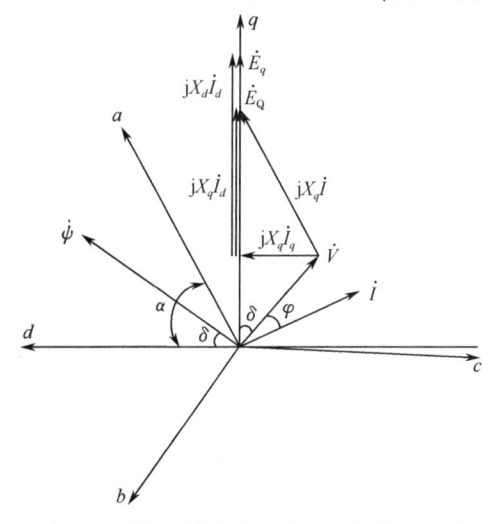

图 7-9 凸极同步发电机稳态运行的相量图

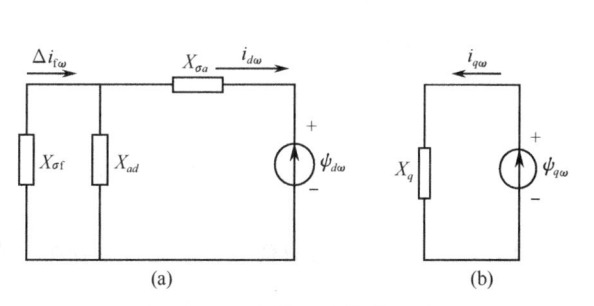

图 7-10 磁链平衡等值电路
(a) 纵轴向;(b) 横轴向

于是，根据磁链平衡条件，可就纵轴向和横轴向分别作出等值电路如图7-10所示。相应的方程式为

$$\begin{cases} X_{ad}\Delta i_{f\omega} - X_d i_{d\omega} = \psi_{d\omega} \\ X_f \Delta i_{f\omega} - X_{ad} i_{d\omega} = 0 \\ X_q i_{q\omega} = \psi_{q\omega} \end{cases} \quad (7\text{-}24)$$

由此可以解出：

$$i_{d\omega} = -\frac{\psi_{d\omega}}{X'_d} = -\frac{V_{[0]}}{X'_d}\cos(\omega t + \delta_0) \quad (7\text{-}25)$$

$$\Delta i_{f\omega} = \frac{X_{ad}}{X_f} i_{d\omega} = -\frac{(X_d - X'_d)V_{[0]}}{X_{ad} X'_d}\cos(\omega t + \delta_0) \quad (7\text{-}26)$$

$$i_{q\omega} = \frac{\psi_{q\omega}}{X_q} = \frac{V_{[0]}}{X_q}\sin(\omega t + \delta_0) \quad (7\text{-}27)$$

至此，就求得了定子d、q轴电流的全部分量以及励磁绕组的电流分量。

3) 定子绕组和转子绕组电流

定子绕组和转子绕组电流的各分量算出后，就可得到定子绕组和转子绕组的总电流。

定子d轴电流为

$$i_d = i'_d + i_{d\omega} = i_{d\infty} + (i'_d - i_{d\infty}) + i_{d\omega} = \frac{E_{q[0]}}{X_d} + \left(\frac{E'_{q0}}{X'_d} - \frac{E_{q[0]}}{X_d}\right) - \frac{V_{[0]}}{X'_d}\cos(\omega t + \delta_0) \quad (7\text{-}28)$$

定子q轴电流为

$$i_q = i_{q\omega} = \frac{V_{[0]}}{X_q}\sin(\omega t + \delta_0) \quad (7\text{-}29)$$

从上我们看到，在$dq0$坐标系统中定子短路电流包含有直流分量和基频分量，经过坐标变换，$dq0$坐标系中的直流分量电流便转化为abc坐标系中的基频交流，而$dq0$坐标系中的基频交流则转化为abc坐标系中的直流电流和倍频电流。经过坐标变换可得定子a相电流为

$$\begin{aligned} i_a &= -i_d\cos(\omega t + \alpha_0) + i_q\sin(\omega t + \alpha_0) \\ &= -\frac{E_{q[0]}}{X_d}\cos(\omega t + \alpha_0) - \left(\frac{E'_{q0}}{X'_d} - \frac{E_{q[0]}}{X_d}\right)\cos(\omega t + \alpha_0) \\ &\quad + \frac{V_{[0]}}{2}\left(\frac{1}{X'_d} + \frac{1}{X_q}\right)\cos(\alpha_0 - \delta_0) + \frac{V_{[0]}}{2}\left(\frac{1}{X'_d} - \frac{1}{X_q}\right)\cos(2\omega t + \alpha_0 + \delta_0) \end{aligned} \quad (7\text{-}30)$$

由式(7-30)可见，同步发电机突然三相短路时定子绕组短路电流包含三部分分量：同步频率的交流分量、直流分量和两倍同步频率交流分量。其中直流分量(非周期分量)的出现同合闸角α_0有关，当$\alpha_0 = 90°$时，a相电流中将没有非周期分量；但倍频分量则同α_0的数值无关，它只是由于转子纵轴向和横轴向的磁阻不同而产生的，当$X'_d = X_q$时，倍频分量为零。

励磁绕组电流为

$$\begin{aligned} i_f &= i_{f[0]} + \Delta i_{fa} + \Delta i_{f\omega} \\ &= i_{f[0]} + \frac{(X_d - X'_d)V_{[0]}\cos\delta_0}{X_{ad}X'_d} - \frac{(X_d - X'_d)V_{[0]}}{X_{ad}X'_d}\cos(\omega t + \delta_0) \end{aligned} \quad (7\text{-}31)$$

由式(7-31)可见，励磁绕组电流包含直流分量和同步频率的交流分量两部分。

2. 计及自由分量衰减时的短路电流

由于定子和转子的每个绕组都存在电阻，随着时间的推移，短路暂态过程中所产生的自由电流分量都将衰减到零。各自由分量衰减的快慢取决于各绕组的时间常数，对于一个孤立的绕组，

时间常数等于它的电感同电阻的比值,即 $T=L/R$。时间常数的负倒数 $-1/T$ 就是描述绕组暂态过程的微分方程式的特征方程的根。当几个绕组之间存在磁耦合关系,计算某绕组的时间常数时,则要考虑其他绕组的互感影响。

按照在短路瞬间为了保持本绕组磁链不变而出现的自由电流,按本绕组的时间常数衰减,一切同它发生依存关系的其他自由电流(本绕组的或外绕组的)均按同一时间常数衰减的原则,如前所述,定子自由电流的直流分量、倍频分量及转子电流的基频分量将按定子绕组的时间常数 T_a 衰减;励磁绕组的自由直流和定子绕组的自由基频电流将按励磁绕组的时间常数 T'_d 衰减。

时间常数 T_a 由定子绕组的电感(计及励磁绕组的互感影响)和电阻之比确定。定子直流分量产生的磁通在空间相对静止,而转子以同步转速旋转,致使该磁通路径的磁阻不断地变化,也就是使定子绕组的等效电抗不断变化。当此磁通通过转子纵轴时,定子绕组的等效电抗为 X'_d;而通过横轴时,则为 X_q,所以定子绕组的等效电抗介乎 X'_d 与 X_q 之间。因此,为了确定 T_a,需要求出 X'_d 和 X_q 的某一平均值。从式(7-30)也可以看到,限制直流分量的电抗恰为 X'_d 和 X_q 并联值的两倍,因此,就取它作为计算 T_a 的等效电抗。于是,时间常数 T_a 可表示为

$$T_a = \frac{2X'_d X_q}{\omega R_a (X'_d + X_q)} \tag{7-32}$$

式中,R_a 为定子绕组电阻,$\omega = 2\pi f = 314 \text{rad/s}(f = 50\text{Hz})$。计算时电抗和电阻用标幺值,$T_a$ 的单位是 s。

确定时间常数 T'_d 时,也应计及短路的定子绕组的影响。把励磁绕组作为原方,短路的定子绕组作为副方,利用图 7-11 所示的变压器等值电路,可以求得励磁绕组的时间常数。

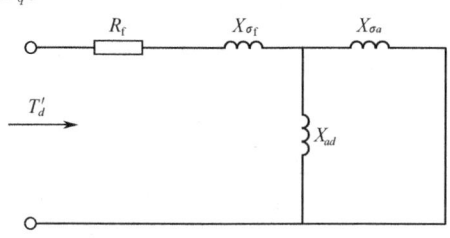

图 7-11 确定 T'_d 的等值电路

$$\begin{aligned} T'_d &= \frac{1}{\omega R_f}\left(X_{\sigma f} + \frac{X_{\sigma a} X_{ad}}{X_{\sigma a} + X_{ad}}\right) \\ &= \frac{X_f}{\omega R_f} \times \frac{X_{\sigma f} X_{\sigma a} + X_{\sigma f} X_{ad} + X_{\sigma a} X_{ad}}{X_f (X_{\sigma a} + X_{ad})} \\ &= \frac{X_f}{\omega R_f} \times \frac{1}{X_d}\left(X_{\sigma a} + \frac{X_{\sigma f} X_{ad}}{X_f}\right) = T'_{d0} \frac{X'_d}{X_d} \end{aligned} \tag{7-33}$$

式中,$T'_{d0} = \dfrac{X_f}{\omega R_f}$ 是定子绕组开路时励磁绕组的时间常数,R_f 为励磁绕组的电阻。

除稳态短路电流外,所有的自由分量都将按指数规律衰减到零。于是,计及自由电流的衰减后,无阻尼绕组同步发电机突然三相短路时,定子 a 相绕组和励磁绕组的短路电流分别为

$$\begin{aligned} i_a &= -\frac{E_{q[0]}}{X_d}\cos(\omega t + \alpha_0) - \left(\frac{E'_{q0}}{X'_d} - \frac{E_{q[0]}}{X_d}\right)\exp\left(-\frac{t}{T'_d}\right)\cos(\omega t + \alpha_0) \\ &\quad + \frac{V_{[0]}}{2}\left(\frac{1}{X'_d} + \frac{1}{X_q}\right)\exp\left(-\frac{t}{T_a}\right)\cos(\alpha_0 - \delta_0) \\ &\quad + \frac{V_{[0]}}{2}\left(\frac{1}{X'_d} - \frac{1}{X_q}\right)\exp\left(-\frac{t}{T_a}\right)\cos(2\omega t + \alpha_0 + \delta_0) \end{aligned} \tag{7-34}$$

$$\begin{aligned} i_f &= i_{f[0]} + \frac{(X_d - X'_d)V_{[0]}\cos\delta_0}{X_{ad} X'_d}\exp\left(-\frac{t}{T'_d}\right) \\ &\quad - \frac{(X_d - X'_d)V_{[0]}}{X_{ad} X'_d}\cos(\omega t + \delta_0)\exp\left(-\frac{t}{T_a}\right) \end{aligned} \tag{7-35}$$

如果短路不是直接发生在发电机端，而是在有外接电抗 X_e 之后，可以认为是发电机定子绕组的漏电抗增大了 X_e。因此，在计算电流或时间常数时，只要用 (X_d+X_e)、$(X_d'+X_e)$ 和 (X_q+X_e) 去分别代替 X_d、X_d' 和 X_q 就可以了。由于外接电抗 X_e 已记入定子漏抗，公式中的电压 $V_{[0]}$ 将不再是机端电压，而应取为短路点的电压。

有阻尼绕组同步发电机三相短路电流计算

7.4.2 有阻尼绕组同步发电机三相短路电流计算

详细计算过程请扫描二维码查看。

7.5 电力系统三相短路的实用计算

三相短路的暂态过程中定子绕组将出现各种电流分量（基频、直流及倍频交流），而在电力系统三相短路的实用计算中，如计算短路冲击电流、短路电流有效值和短路容量等，主要是短路电流周期分量（基频）的计算。当电源电势给定时，这实际上就是求解稳态交流电路的问题。下面主要介绍短路瞬间和短路后任意时刻短路电流周期分量的实用计算。

7.5.1 三相短路实用计算的基本假设

在短路的实际计算中，为了简化计算，常采用以下一些假设：

（1）短路过程中各发电机之间不发生摇摆，并认为所有发电机的电势都同相位。对于短路点而言，计算所得的电流数值稍稍偏大。

（2）负荷只作近似估计，或当作恒定电抗，或当作某种临时附加电源，视具体情况而定。

（3）不计磁路饱和。系统各元件的参数都是恒定的，可以应用叠加原理。

（4）对称三相系统。除不对称故障处出现局部的不对称以外，实际的电力系统通常都当作是对称的。

（5）忽略高压输电线的电阻和电容，忽略变压器的电阻和励磁电流（三相三柱式变压器的零序等值电路除外），这就是说，发电、输电、变电和用电的元件均用纯电抗表示。加上所有发电机电势都同相位的条件，这就避免了复数运算。

（6）金属性短路。短路处相与相（或地）的接触往往经过一定的电阻（如外物电阻、电弧电阻、接触电阻等），这种电阻通常称为"过渡电阻"。所谓金属性短路，就是不计过渡电阻的影响，即认为过渡电阻等于零的短路情况。

7.5.2 三相短路电流的计算方法

对于简单的电力系统，可以采用网络变换与化简计算短路电流。计算时，首先作出整个系统的等值电路，然后进行网络变换与化简，将网络化简成只保留电源节点和短路点，即图 7-12(a) 或 (b) 所示的形式，相应地，短路电流可按式 (7-36) 或式 (7-37) 计算。

$$\dot{I}_f = \frac{\dot{E}_1}{Z_{1f}} + \frac{\dot{E}_2}{Z_{2f}} + \cdots + \frac{\dot{E}_m}{Z_{mf}} = \sum_{i=1}^{m} \frac{\dot{E}_i}{Z_{if}} \tag{7-36}$$

或

$$\dot{I}_f = \frac{\dot{E}_\Sigma}{Z_{f\Sigma}} \tag{7-37}$$

式中，$\dot{E}_1, \dot{E}_2, \cdots, \dot{E}_m$ 为各电源的电势；$Z_{1f}, Z_{2f}, \cdots, Z_{mf}$ 分别为各电源点对短路点 f 的转移阻抗；$\dot{E}_\Sigma$ 为等值的组合电势；$Z_{f\Sigma}$ 为短路点 f 的组合阻抗或输入阻抗。

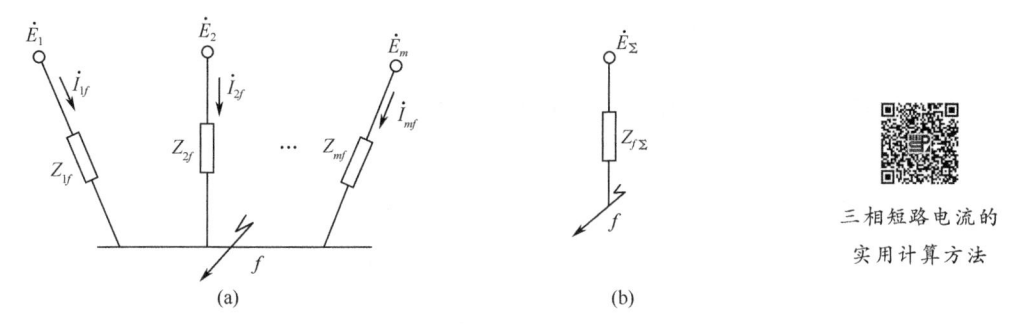

图 7-12 网络化简后的等值电路

三相短路电流的实用计算方法

由此可知，要求短路电流，最关键的是要根据网络化简求出电源点对短路点的转移阻抗或输入阻抗。根据式(7-36)，当网络中只有电势源 i 单独存在，其他电源电势都等于零时，电势 $\dot{E}_i$ 与短路点电流 $\dot{I}_{if}$ 的比值即等于电源点 i 对短路点 f 的转移阻抗 Z_{if}。短路点 f 的输入阻抗 $Z_{f\Sigma}$（自阻抗），是从短路点 f 看进去的总阻抗。

7.5.3 网络变换与化简的主要方法

1. 网络的等值变换

等值变换是网络化简的一个最基本的方法。等值变换的要求是变换前后网络未被变换部分的状态（指电流和电压分布）保持不变。除了常用的串联和并联外，主要有以下几种。

1) 无源网络的星网变换

星形和三角形的接线方式如图 7-13 所示，它们之间的变换是星网变换最简单的情况，在"电路"课程中已经介绍过，这里直接列出其变换公式。

由星形变为三角形时

$$\begin{cases} Z_{12} = Z_1 + Z_2 + \dfrac{Z_1 \cdot Z_2}{Z_3} \\ Z_{23} = Z_2 + Z_3 + \dfrac{Z_2 \cdot Z_3}{Z_1} \\ Z_{31} = Z_3 + Z_1 + \dfrac{Z_3 \cdot Z_1}{Z_2} \end{cases} \quad (7\text{-}38)$$

由三角形变为星形时

$$\begin{cases} Z_1 = \dfrac{Z_{12} \cdot Z_{31}}{Z_{12} + Z_{23} + Z_{31}} \\ Z_2 = \dfrac{Z_{12} \cdot Z_{23}}{Z_{12} + Z_{23} + Z_{31}} \\ Z_3 = \dfrac{Z_{23} \cdot Z_{31}}{Z_{12} + Z_{23} + Z_{31}} \end{cases} \quad (7\text{-}39)$$

公式中各符号的含义如图 7-13 所示。

对于如图 7-14 所示的有 n 个顶点的多支路星形变为网形时，网形网络中任意两节点 i, j 间的阻抗如式(7-40)所示。

$$Z_{ij} = Z_i Z_j \sum \frac{1}{Z} \tag{7-40}$$

式中，$\sum \frac{1}{Z} = \frac{1}{Z_1} + \frac{1}{Z_2} + \cdots + \frac{1}{Z_i} + \cdots + \frac{1}{Z_n}$，即星形网络所有支路阻抗的倒数之和。式(7-40)中各符号的含义如图 7-14 所示。

应该注意的是，由网形网络变换为星形网络的逆变换是不成立的。

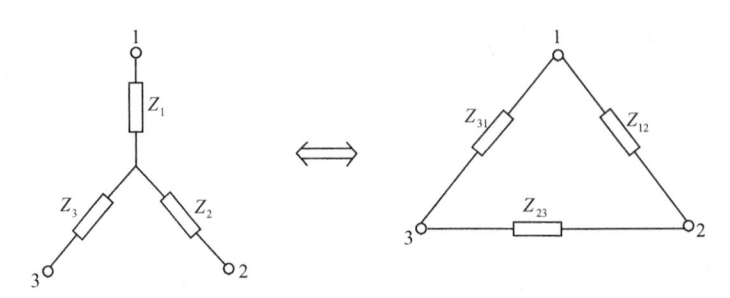

图 7-13 星形和三角形接线

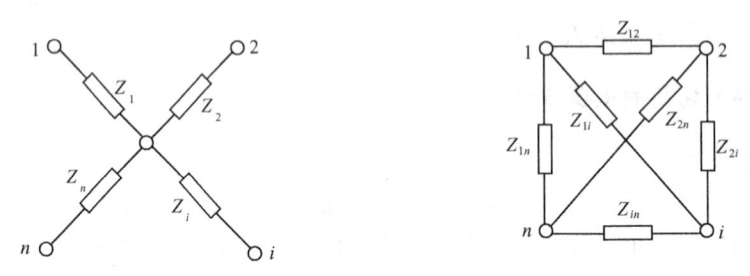

图 7-14 多支路星形变为网形

2) 有源支路的并联

对于由 m 条有源支路并联的网络(图 7-15(a))，可以根据戴维南等值定理简化为一条有源支路(图 7-15(b))。

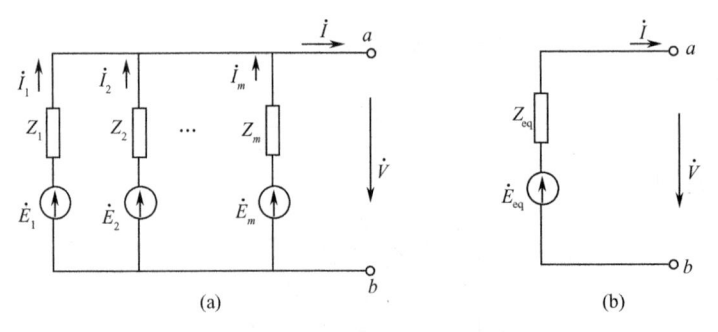

图 7-15 并联有源支路的化简

根据戴维南等值定理，等值电源的电势 $\dot{E}_{eq}$ 等于外部电路断开(即 $\dot{I}=0$)时端口 ab 间的开路电压 $\dot{V}^{(0)}$，等值电抗 Z_{eq} 等于所有电源电势都为零时从端口 ab 看进去的总阻抗。

根据图 7-15(a)可以写出

$$\sum_{i=1}^{m}\frac{\dot{E}_i-\dot{V}}{Z_i}=\dot{I} \tag{7-41}$$

令上式中 $\dot{E}_i=0(i=1,2,\cdots,m)$，便得

$$Z_{eq}=-\frac{\dot{V}}{\dot{I}}=\frac{1}{\sum_{i=1}^{m}\frac{1}{Z_i}} \tag{7-42}$$

式(7-42)说明 Z_{eq} 即为 m 条支路阻抗的并联值。

再令式(7-41)中 $\dot{I}=0$，便得

$$\dot{E}_{eq}=\dot{V}^{(0)}=Z_{eq}\sum_{i=1}^{m}\frac{\dot{E}_i}{Z_i} \tag{7-43}$$

如果只有两条有源支路并联，则

$$Z_{eq}=\frac{Z_1Z_2}{Z_1+Z_2},\quad E_{eq}=\frac{\dot{E}_1Z_2+\dot{E}_2Z_1}{Z_1+Z_2} \tag{7-44}$$

下面通过图 7-16 说明网络等值变换方法求输入阻抗和转移阻抗的过程。

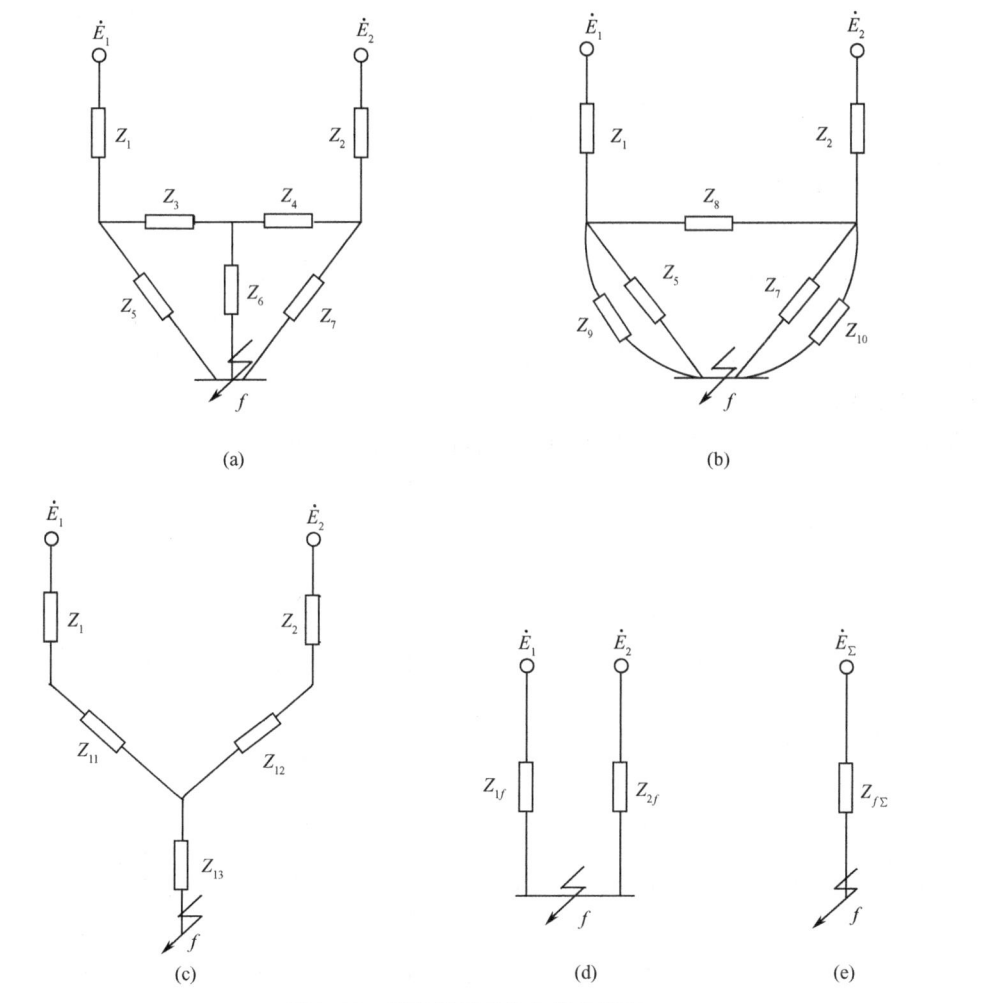

图 7-16 网络等值变换化简的过程

原等值电路如图 7-16(a)所示。首先将 Z_3、Z_4、Z_6 构成的星形化为 Z_8、Z_9、Z_{10} 组成的三角形，如图 7-16(b)所示；并联 Z_5、Z_9 以及 Z_7、Z_{10}，再将图中三角形化为星形，如图7-16(c)所示；最后将 Z_1+Z_{11}、Z_2+Z_{12}、Z_{13} 构成的星形化为三角形，并将电源点之间的支路断开，即得到电源点到短路点之间转移阻抗 Z_{1f}、Z_{2f}，如图 7-16(d)所示，将两条有源支路并联，即可求得短路点的输入阻抗 $Z_{f\Sigma}$ 和组合电势 E_Σ，如图 7-16(e)所示。

2. 分裂电势源和分裂短路点

分裂电势源就是将连接在一个电源上的各支路拆开，拆开后各支路分别连接在与原来电源电势相等的电源上。分裂短路点就是将连接在短路点上的各支路从短路点拆开，拆开后各支路分别接在原来的短路点上。

如图 7-17，首先将图 7-17(a)所示网络中的电势源 $\dot{E}_1$ 和 $\dot{E}_2$ 分裂成图7-17(b)所示的形式，然后将短路点 f 分开，化简成图 7-17(c)的形式。很显然，两个独立的电路再作进一步的计算就容易了。

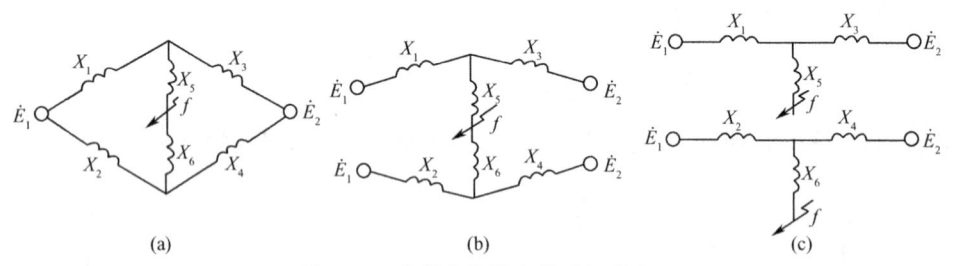

图 7-17 分裂电势源和分裂短路点

3. 利用网络的对称性化简

在电力系统中，常常会遇到连接于某两点之间的网络对于短路点具对称性的情况。所谓对称性，是指网络的结构相同，电源一样，阻抗参数相等（或其比值相等）以及短路电流的走向一致等。在对称网络的对应点上，其电位必然相同。因此，可将网络中不直接连接的同电位点直接连接起来。如果网络中同电位点之间有电抗存在，则根据需要将其短接或断开。经过这样处理后，往往可使变换比较简便。

如图 7-18(a)所示的网络，如果所有的发电机电势都等于 $\dot{E}$，电抗都等于 X_G；所有变压器相应绕组的电抗都相等，均为 X_{T1}，X_{T2} 和 X_{T3}；所有电抗器的电抗均为 X_R，则在 f_1 点和 f_2 点短路时，它就是一个具有称性的网络。

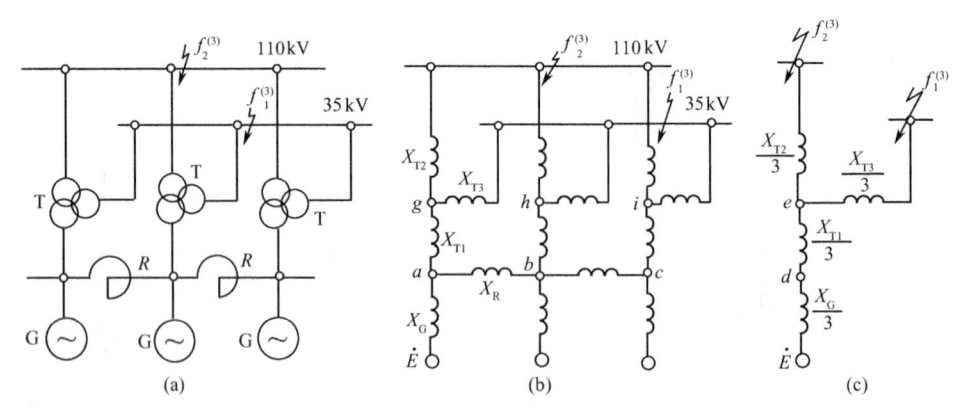

图 7-18 利用电路的对称性进行网络简化
(a) 网络接线图；(b) 等值电路；(c) 简化后的等值电路

在 f_1 点和 f_2 点短路时，a、b、c 三点电位相等，断开电抗器 R，将其直接相连于 d 点；g、h、i 三点电位也相等，将其直接相连于 e 点。于是就得到了图 7-18(c)所示的简化等值网络。

7.5.4 电流分布系数法

电流分布系数法是计算短路电流在网络中的分布的常用方法，也是求转移阻抗的有效方法。电力系统在某些情况下，往往不允许把所有的电源都合并成一个等值电源来计算短路电流，而是需要保留若干个等值电源。即需要把网络化简成图 7-12(a)所示的形式，这就需要求出电源点到短路点之间的转移阻抗。下面介绍电流分布系数的概念及其求取方法，以及电流分布系数求转移阻抗的方法。

1. 电流分布系数的基本概念

电流分布系数的定义是：取网络中各发电机的电势为零，并仅在网络中某一支路（如短路支路）施加电势 $\dot{E}$，在这种情况下，各支路电流与电势所在支路电流的比值，称为各支路电流的分布系数，用 c 表示。如图 7-19(a)及式(7-45)所示。

$$c_1 = \frac{\dot{I}_1}{\dot{I}_f}, \quad c_2 = \frac{\dot{I}_2}{\dot{I}_f}, \quad \cdots, \quad c_i = \frac{\dot{I}_i}{\dot{I}_f} \tag{7-45}$$

将电势 $\dot{E}$ 移至各电源支路及负载支路，如图 7-19(b)所示，这样求出的结果与上述相同。

电流分布系数表示所有电源电势都相等时，各电源所提供的短路电流的份额。它只与短路点的位置、网络的结构和参数有关，而与电源电势的大小无关。由于电流分布系数实际上代表电流，因此它有方向（如图 7-19(b)所示），并且符合节点电流定律。例如，在节点 a 有 $\dot{I}_1 + \dot{I}_2 = \dot{I}_4$，便有 $c_1 + c_2 = c_4$。由图 7-19(a)可知

$$\dot{I}_1 + \dot{I}_2 + \dot{I}_3 = \dot{I}_f \tag{7-46}$$

用 $\dot{I}_f$ 去除式(7-46)中的各项，可得

$$\frac{\dot{I}_1}{\dot{I}_f} + \frac{\dot{I}_2}{\dot{I}_f} + \frac{\dot{I}_3}{\dot{I}_f} = c_1 + c_2 + c_3 = 1 \tag{7-47}$$

也就是说，各电源支路的分布系数之和等于 1，或者说，短路支路的分布系数等于 1。通常可以利用这个特点来校验分布系数计算是否正确。

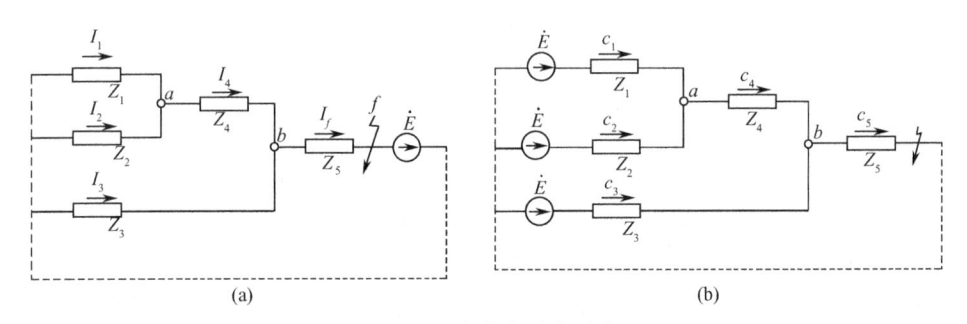

图 7-19 电流分布系数示意图

2. 分布系数与转移阻抗之间的关系

由输入阻抗和转移阻抗的概念可知

$$Z_{f\Sigma}=\frac{\dot{E}}{\dot{I}_f}, \quad Z_{1f}=\frac{\dot{E}}{\dot{I}_1}, \quad Z_{2f}=\frac{\dot{E}}{\dot{I}_2}, \quad Z_{3f}=\frac{\dot{E}}{\dot{I}_3} \tag{7-48}$$

于是

$$\begin{cases} c_1 = \dfrac{\dot{I}_1}{\dot{I}_f} = \dfrac{\dot{E}/Z_{1f}}{\dot{E}/Z_{f\Sigma}} = \dfrac{Z_{f\Sigma}}{Z_{1f}} \\ c_2 = \dfrac{\dot{I}_2}{\dot{I}_f} = \dfrac{\dot{E}/Z_{2f}}{\dot{E}/Z_{f\Sigma}} = \dfrac{Z_{f\Sigma}}{Z_{2f}} \\ c_3 = \dfrac{\dot{I}_3}{\dot{I}_f} = \dfrac{\dot{E}/Z_{3f}}{\dot{E}/Z_{f\Sigma}} = \dfrac{Z_{f\Sigma}}{Z_{3f}} \end{cases} \tag{7-49}$$

将式(7-49)改写一下,便得到如下用分布系数求转移阻抗的公式

$$\begin{cases} Z_{1f} = \dfrac{Z_{f\Sigma}}{c_1} \\ Z_{2f} = \dfrac{Z_{f\Sigma}}{c_2} \\ Z_{3f} = \dfrac{Z_{f\Sigma}}{c_3} \end{cases} \tag{7-50}$$

一般说来,输入阻抗比较容易根据网络变换和化简的方法求得,很显然,如果再已知各支路的分布系数,则各电源到短路点的转移电抗利用式(7-50)就很容易求得。下面介绍两种电流分布系数的确定方法。

3. 电流分布系数的确定方法

1) 单位电流法

在没有闭合回路的网络中,利用单位电流法求分布系数(或转移阻抗)比较简便。以图 7-20 所示网络为例,令 $\dot{I}_1=1$,便有

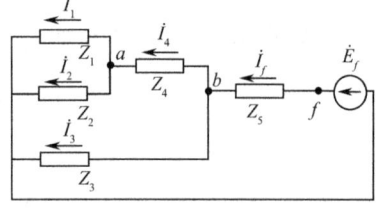

图 7-20 用单位电流法求分布系数

$$\dot{V}_a = Z_1\dot{I}_1 = Z_1, \quad \dot{I}_2 = \dot{V}_a/Z_2, \quad \dot{I}_4 = \dot{I}_1 + \dot{I}_2$$
$$\dot{V}_b = \dot{V}_a + Z_4\dot{I}_4, \quad \dot{I}_3 = \dot{V}_b/Z_3, \quad \dot{I}_f = \dot{I}_4 + \dot{I}_3$$
$$\dot{E}_f = \dot{V}_b + Z_5\dot{I}_f$$

由此可以算出

$$Z_{f\Sigma} = \dot{E}_f/\dot{I}_f \tag{7-51}$$

$$c_1 = \dot{I}_1/\dot{I}_f, \quad c_2 = \dot{I}_2/\dot{I}_f, \quad c_3 = \dot{I}_3/\dot{I}_f \tag{7-52}$$

$$Z_{1f} = Z_{f\Sigma}/c_1, \quad Z_{2f} = Z_{f\Sigma}/c_2, \quad Z_{3f} = Z_{f\Sigma}/c_3 \tag{7-53}$$

2) 网络还原法

并联支路的电流分布系数可以方便地通过网络还原法求得。以图 7-21 为例,已知并联总支路的电流分布系数 c,求各并联支路的电流分布系数 c_i。图中 Z_{eq} 为 $Z_1, Z_2, \cdots, Z_n$ 的并联总阻抗。

由于

$$Z_i\dot{I}_i = Z_{eq}\dot{I} \quad (i=1,2,\cdots,n)$$

所以

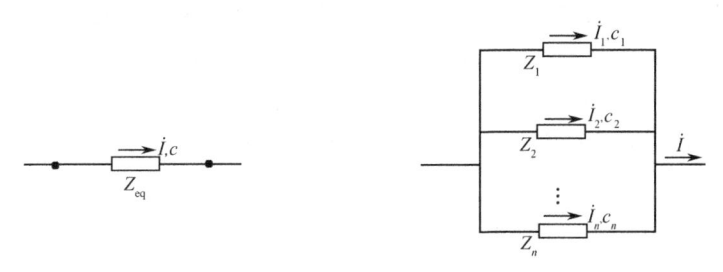

图 7-21　并联支路的电流分布系数

$$\dot{I}_i = \frac{Z_{eq}}{Z_i}\dot{I} \tag{7-54}$$

式(7-54)两端同时除以短路电流 $\dot{I}_f$ 可得

$$c_i = \frac{Z_{eq}}{Z_i}c \tag{7-55}$$

由此可以看出，各并联支路的电流分布系数 c_i 与所在支路的阻抗 Z_i 成反比。当只有两条并联支路，且短路发生在总支路 Z_{eq} 上时 ($c=1$)，两条并联支路的电流分布系数为

$$\begin{cases} c_1 = \dfrac{Z_2}{Z_1+Z_2} \\ c_2 = \dfrac{Z_1}{Z_1+Z_2} \end{cases} \tag{7-56}$$

此外，根据原网络的等值电路，在实验台上接成模拟电路进行实测也是确定电流分布系数的一种方法。特别是当网络元件都用纯电抗表示时，利用直流计算台进行实测尤为方便。

7.5.5　起始次暂态电流和冲击电流的计算

1. 起始次暂态电流的计算

起始次暂态电流就是短路电流周期分量(指基频分量)的初值。只要把等值电路中系统所有的元件都用其次暂态参数表示，起始次暂态电流的计算就同稳态电流的计算一样了。

系统中静止元件(输电线路和变压器)的次暂态参数与其稳态参数相同，而旋转元件(同步发电机和异步电动机)的次暂态参数则不同于其稳态参数。

对于同步发电机，用次暂态电势 E'' 和次暂态电抗 X''_d 表示。次暂态电势 E'' 可以根据短路前的运行条件求取(见式(6-62))。在实用计算中也可以近似取 $E''=1.05\sim1.11$，如果不计负载影响，常取 $E''=1$。

对于异步电动机，也用其次暂态电势 E'' 和次暂态电抗 X'' 表示。可根据相量图 7-22 按式(7-57)近似计算其次暂态电势，其次暂态电抗一般近似取为 $X''=0.2$(额定标幺电抗)。

$$E'' \approx V_{[0]} - X''I_{[0]}\sin\varphi_{[0]} \tag{7-57}$$

式中，$V_{[0]}$，$I_{[0]}$ 和 $\varphi_{[0]}$ 分别为短路前异步电动机的端电压、电流以及电压和电流之间的相角差。

由于配电网络中包含大量的异步电动机，要查明它们在短路前的运行状态是很困难的，再加上电动机所提供的短路电流

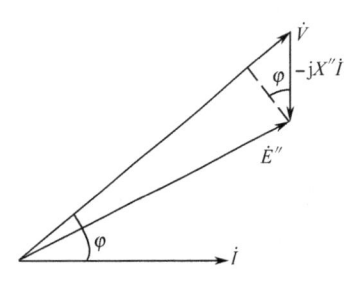

图 7-22　异步电动机简化相量图

也不大，所以，在实用计算中，只有短路点附近的大容量异步电动机才按式(7-57)计算其次暂态电势。其他的电动机，则看作是节点综合负荷的一部分。对于综合负荷，用一个含次暂态电势和次暂态电抗的有源等值支路来表示。实用计算中综合负荷电势和电抗的标幺值常取为 $E''=0.8$，$X''=0.35$。暂态电抗中包括电动机的电抗 0.2 和降压变压器以及馈电线路的估计电抗 0.15。

作出系统以次暂态参数表示的等值电路以后，进行网络化简，将网络化简成图 7-12 所示的形式，然后根据式(7-36)或式(7-37)即可求出起始次暂态电流 I''。

2. 冲击电流的计算

同步发电机提供的冲击电流根据式(7-9)进行计算，即短路电流周期分量的幅值乘以冲击系数。系统发生短路后，异步电动机机端的残余电压有可能小于其内部电势 E''，或者综合负荷的端电压小于其内部电势 0.8，这时异步电动机和综合负荷也将作为电源向系统供给一部分短路电流。异步电动机供给的短路电流变化如图 7-23 所示，由于异步电动机电阻较大，它所供给的短路电流周期分量和非周期分量都将迅速衰减，而且衰减的时间常数很接近，约为百分之几秒。在实用计算中，负荷提供的冲击电流可以按下式计算：

$$i_{\text{im·LD}} = k_{\text{im·LD}} \sqrt{2} I''_{\text{LD}} \tag{7-58}$$

式中，I''_{LD} 为负荷提供的起始次暂态电流的有效值；$k_{\text{im·LD}}$ 为负荷的冲击系数。对于小容量的电动机和综合负荷，$k_{\text{im·LD}}=1$；容量为 200~500kW 的异步电动机，$k_{\text{im·LD}}=1.3~1.5$；容量为 500~1000kW 的异步电动机，$k_{\text{im·LD}}=1.5~1.7$；容量为 1000kW 以上的异步电动机，$k_{\text{im·LD}}=1.7~1.8$。同步电动机和调相机的冲击系数和相同容量的同步发电机大约相等。

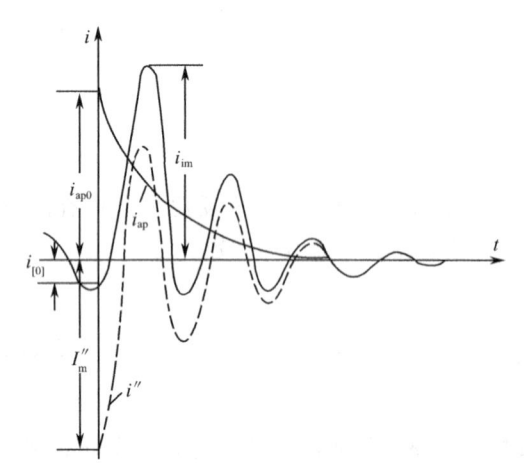

图 7-23 异步电动机短路电流波形图

因此，短路点的冲击电流应为发电机和负荷提供的冲击电流之和，即

$$i_{\text{im}} = k_{\text{im}} \sqrt{2} I'' + k_{\text{im·LD}} \sqrt{2} I''_{\text{LD}} \tag{7-59}$$

式中第一项为发电机提供的冲击电流。

在实际计算时，如果负荷距离短路点很远，则可以将其略去。

【例 7-1】 试计算图 7-24(a)的电力系统在 f 点发生三相短路时的起始次暂态电流和冲击电流。系统各元件的参数如下：

发电机 G-1：100MW，$X''_d=0.183$，$\cos\varphi=0.85$；G-2：50MW，$X''_d=0.141$，$\cos\varphi=0.8$；变压器 T-1：120MV·A，$V_S\%=14.2$；T-2：63MV·A，$V_S\%=14.5$；线路 L-1：170km，电抗为 0.427Ω/km；L-2：120km，电抗为 0.432Ω/km；L-3：100km，电抗为 0.432Ω/km；负荷 LD1：100MV·A；LD2：160MV·A。

解 负荷以额定标幺电抗为 0.35，电势为 0.8 的综合负荷表示。

(1) 选取 $S_B=100$MV·A 和 $V_B=V_{av}$，算出等值网络（图 7-24(b)）中各电抗的标幺值如下：

发电机 G-1 $\qquad X_1 = 0.183 \times \dfrac{100}{100/0.85} = 0.156$

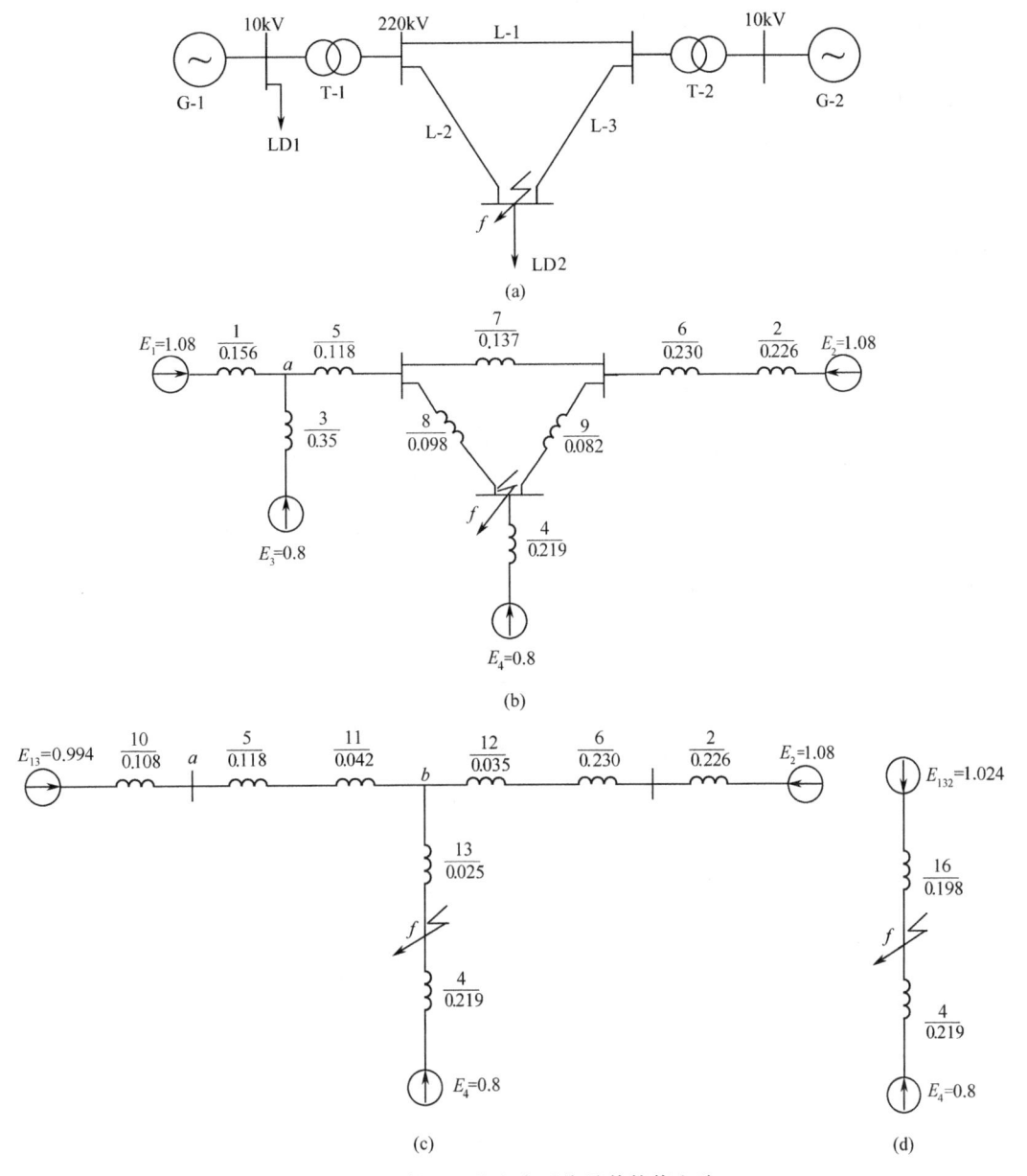

图 7-24 例 7-1 的电力系统及其等值电路

发电机 G-2 $\qquad X_2 = 0.141 \times \dfrac{100}{50/0.8} = 0.226$

负荷 LD1 $\qquad X_3 = 0.35 \times \dfrac{100}{100} = 0.35$

负荷 LD2 $\qquad X_4 = 0.35 \times \dfrac{100}{160} = 0.219$

变压器 T-1 $\qquad X_5 = 0.142 \times \dfrac{100}{120} = 0.118$

变压器 T-2 $\quad X_6 = 0.145 \times \dfrac{100}{63} = 0.230$

线路 L-1 $\quad X_7 = 0.427 \times 170 \times \dfrac{100}{230^2} = 0.137$

线路 L-2 $\quad X_8 = 0.432 \times 120 \times \dfrac{100}{230^2} = 0.098$

线路 L-3 $\quad X_9 = 0.432 \times 100 \times \dfrac{100}{230^2} = 0.082$

取发电机的次暂态电势 $E_1 = E_2 = 1.08$。

(2) 网络化简。

将 E_1、E_3 两条有源支路并联:

$$X_{10} = \dfrac{X_1 X_3}{X_1 + X_3} = \dfrac{0.156 \times 0.35}{0.156 + 0.35} = 0.108$$

$$E_{13} = \dfrac{E_1 X_3 + E_3 X_1}{X_1 + X_3} = \dfrac{1.08 \times 0.35 + 0.8 \times 0.156}{0.156 + 0.35} = 0.994$$

将 X_7、X_8、X_9 构成的三角形化为星形

$$X_{11} = \dfrac{X_7 X_8}{X_7 + X_8 + X_9} = \dfrac{0.137 \times 0.098}{0.137 + 0.098 + 0.082} = 0.042$$

$$X_{12} = \dfrac{X_7 X_9}{X_7 + X_8 + X_9} = \dfrac{0.137 \times 0.082}{0.137 + 0.098 + 0.082} = 0.035$$

$$X_{13} = \dfrac{X_8 X_9}{X_7 + X_8 + X_9} = \dfrac{0.098 \times 0.082}{0.137 + 0.098 + 0.082} = 0.025$$

化简后的网络如图 7-24(c) 所示。

$$X_{14} = X_{10} + X_5 + X_{11} = 0.108 + 0.118 + 0.042 = 0.268$$

$$X_{15} = X_{12} + X_6 + X_2 = 0.035 + 0.230 + 0.226 = 0.491$$

再将 E_{13}、E_2 两条有源支路并联

$$X_{16} = X_{14} // X_{15} + X_{13} = \dfrac{0.268 \times 0.491}{0.268 + 0.491} + 0.025 = 0.198$$

$$E_{132} = \dfrac{E_{13} X_{15} + E_2 X_{14}}{X_{14} + X_{15}} = \dfrac{0.994 \times 0.491 + 1.08 \times 0.268}{0.268 + 0.491} = 1.024$$

化简后的网络如图 7-24 (d) 所示。

(3) 计算起始次暂态电流。

由电势 E_{132} 提供的起始次暂态电流为

$$I'' = \dfrac{E_{132}}{X_{16}} = \dfrac{1.024}{0.198} = 5.172$$

由负荷 LD2 提供的起始次暂态电流为

$$I''_{LD2} = \dfrac{E_4}{X_4} = \dfrac{0.8}{0.219} = 3.653$$

短路点总的起始次暂态电流标幺值为

$$I''_{f*} = I'' + I''_{LD2} = 5.172 + 3.653 = 8.825$$

基准电流

$$I_B = \frac{S_B}{\sqrt{3}V_{av}} = \frac{100}{\sqrt{3}\times 230} = 0.251(\text{kA})$$

于是得到起始次暂态电流的有名值为

$$I''_f = 8.825 \times 0.251 = 2.215(\text{kA})$$

(4) 计算冲击电流。

在计算冲击电流之前,首先应判断负荷是否提供短路电流。很明显,负荷 LD2 要提供短路电流。下面判断负荷 LD1 是否提供,如果 a 点的残余电压低于内部电势 0.8,LD1 要提供短路电流;如果高于 0.8,则不提供。

根据图 7-24(c)可得 b 点的残余电压为

$$V_b = X_{13}I'' = 0.025 \times 5.172 = 0.129$$

变压器 T-1 所在支路的电流为

$$I_{ab} = \frac{E_{13}-V_b}{X_{14}} = \frac{0.994-0.129}{0.268} = 3.228$$

于是 a 点的残余电压为

$$V_a = V_b + (X_5 + X_{11})I_{ab} = 0.129 + (0.118 + 0.042) \times 3.228 = 0.645 < 0.8$$

因此,负荷 LD1 要提供短路电流,其提供的短路电流为

$$I''_{LD1} = \frac{E_3 - V_a}{X_3} = \frac{0.8 - 0.645}{0.35} = 0.443$$

于是负荷提供的总的短路电流为

$$I''_{LD} = I''_{LD1} + I''_{LD2} = 0.443 + 3.653 = 4.096$$

发电机提供的短路电流为

$$I''_G = I'' - I''_{LD1} = 5.172 - 0.443 = 4.729$$

发电机冲击系数取 1.8,综合负荷冲击系数取 1,短路点的冲击电流为

$$i_{im} = (1.8 \times \sqrt{2} \times I''_G + \sqrt{2} \times I''_{LD}) \times I_B$$
$$= (1.8 \times \sqrt{2} \times 4.729 + \sqrt{2} \times 4.096) \times 0.251 = 4.475(\text{kA})$$

7.5.6 短路电流计算曲线及其应用

在电力系统的工程计算中,有时需要计算某一时刻的短路电流,作为选择电气设备以及设计、整定继电保护的依据。然而,从前面的分析可知,要精确计算任意时刻的短路电流是非常复杂的,工程上常采用计算曲线法求任意时刻的短路电流周期分量。

1. 计算曲线的概念

由前可知,在发电机的参数和运行初态给定后,短路电流将只是短路点距离(用机端到短路点的外接电抗 X_e 表示)和时间 t 的函数。如果把归算到发电机额定容量的外接电抗的标幺值与发电机纵轴次暂态电抗的额定标幺值之和定义为计算电抗 X_{js},即

$$X_{js} = X''_d + X_e \tag{7-60}$$

那么短路电流周期分量的标幺值 I_{P*} 可表示为计算电抗 X_{js} 和时间 t 的函数,即

$$I_{P*} = f(X_{js}, t) \tag{7-61}$$

反映这一函数关系的曲线就称为计算曲线,如图 7-25 所示。为了方便应用,计算曲线也常作成数字表,见附录Ⅱ。

2. 计算曲线的制作

计算曲线分汽轮发电机和水轮发电机分别制作。制作时的典型接线如图 7-26 所示,短路前发电机额定满载运行,50%的负荷接于发电厂的高压母线,其余的负荷功率经输电线送到短路点以外。

由于我国制造和使用的发电机组型号繁多,为使计算曲线具有通用性,制作曲线时采用了概率统计方法。根据对国产同步发电机参数和容量配置情况的调查,选取了容量 12~200MW 的 18 种不同型号的汽轮发电机作为样机。对于给定的计算电抗值 X_{js} 和时间 t,分别算出 18 种电机的周期电流值,取其算术平均值作为在该给定 X_{js} 和 t 值下汽轮发电机的短路周期电流值,并用以绘制汽轮发电机的计算曲线。对于水轮发电机则选取了容量 12.5~225MW 的 17 种不同型号的机组作为样机,用同样的方法制作水轮发电机的计算曲线。上述计算曲线以数字表的形式列于附录Ⅱ。

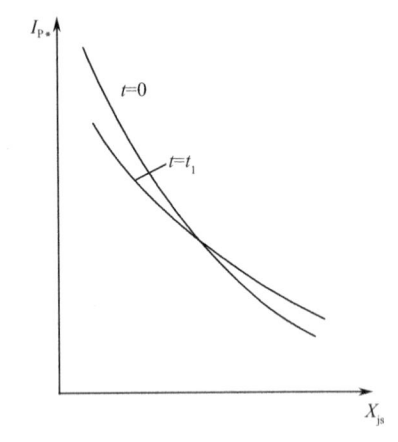

图 7-25 计算曲线示意图

计算结果表明,同类型机组,由于型号不同,在 X_{js} 和 t 相同的条件下求得的周期电流标幺值 I_{P*} 是一组呈正态分布的随机变量,这个分布的标准差 σ 很小,I_{P*} 的值都密集在数学期望附近。由于样机选取范围较宽,用随机变量 I_{P*} 的统计平均值作出的计算曲线具有很好的通用性。

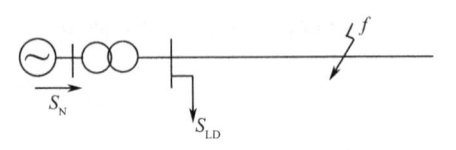

图 7-26 制作计算曲线的典型接线图

计算曲线只作到 $X_{js}=3.45$ 为止。当 $X_{js} \geqslant 3.45$ 时,可以近似地认为短路周期电流的幅值已不随时间而变,直接按下式计算即可

$$I_{P*} = 1/X_{js} \tag{7-62}$$

3. 计算曲线的应用

在制作计算曲线时所采用的网络中(图 7-26)只含有一台发电机,而计算电抗又与负荷无关。电力系统的实际接线是比较复杂的,在应用计算曲线之前,首先必须把略去负荷支路后的原系统等值网络化简成以短路点为中心、以各电源点为顶点的星形电路(图 7-12(a)),然后对星形电路的每一支分别应用计算曲线。

实际电力系统中,发电机的数目是很多的,如果每一台发电机都用一个电源点来代表,计算量将非常大。因此,在工程计算中常采用合并电源的方法来简化网络。把短路电流变化规律大体相同的发电机合并起来,如与短路点电气距离相差不大的同类型发电机合并;对于条件比较特殊的某些发电机则予以单独考虑,如直接接于短路点的发电机(或发电厂)。而远离短路点的发电厂按类型(水电或者火电)进行合并。这样,根据不同的具体条件,可将网络中的电源分成为数不多的几组,每组都用一台等值发电机来代表。这种合并电源的方法既能保证必要的精度,又可大量地减少计算工作量。

应用计算曲线法的具体计算步骤如下:

(1) 绘制等值网络。

① 选取基准功率 S_B 和基准电压 $V_B = V_{av}$。

② 发电机电抗用 X''_d,略去网络各元件的电阻、输电线路的电容和变压器的励磁支路。
③ 无限大功率电源的内电抗等于零。
④ 略去负荷。

(2) 进行网络变换。按前面所讲的原则,将网络中的电源合并成若干组,例如,共有 g 组,每组用一台等值发电机代表。无限大功率电源(如果有的话)另成一组。求出各等值发电机对短路点的转移电抗 $X_{if}(i=1,2,\cdots,g)$ 以及无限大功率电源对短路点的转移电抗 X_{Sf}。

(3) 将求出的转移电抗按各相应的等值发电机的额定容量进行归算,便得到各等值发电机对短路点的计算电抗。

$$X_{jsi} = X_{if}\frac{S_{Ni}}{S_B} \quad (i=1,2,\cdots,g) \tag{7-63}$$

式中,S_{Ni} 为第 i 台等值发电机的额定容量,即由它所代表的那部分发电机的额定容量之和。

(4) 由 $X_{js1}, X_{js2}, \cdots, X_{jsg}$ 分别根据适当的计算曲线找出指定时刻 t 各等值发电机提供的短路周期电流的标幺值 $I_{Pt1*}, I_{Pt2*}, \cdots, I_{Ptg*}$。

(5) 网络中无限大功率电源供给的短路周期电流是不衰减的,并由下式确定

$$I_{PS*} = \frac{1}{X_{Sf}} \tag{7-64}$$

(6) 计算短路电流周期分量的有名值。

第 i 台等值发电机提供的短路电流为

$$I_{Pt\cdot i} = I_{Pt\cdot i*} I_{Ni} = I_{Pt\cdot i*}\frac{S_{Ni}}{\sqrt{3}V_{av}} \tag{7-65}$$

无限大功率电源提供的短路电流为

$$I_{PS} = I_{PS*} I_B = I_{PS*}\frac{S_B}{\sqrt{3}V_{av}} \tag{7-66}$$

短路点周期电流的有名值为

$$I_{Pt} = \sum_{i=1}^{g} I_{Pt\cdot i*}\frac{S_{Ni}}{\sqrt{3}V_{av}} + I_{PS*}\frac{S_B}{\sqrt{3}V_{av}} \tag{7-67}$$

式中,V_{av} 应取短路处电压级的平均额定电压;I_{Ni} 为归算到短路处电压级的第 i 台等值发电机的额定电流;I_B 为对应于所选基准功率 S_B 在短路处电压级的基准电流。

【**例 7-2**】 电力系统接线图如图 7-27(a)所示。试分别计算 f 点发生三相短路后 0.2s 和 2s 的短路电流。各元件型号及参数如下:

汽轮发电机 G-1:100MW,$\cos\varphi=0.85$,$X''_d=0.18$;汽轮发电机 G-2 和 G-3:每台容量 50MW,$\cos\varphi=0.8$,$X''_d=0.14$;水电厂 A:375MV·A,$X''_d=0.3$;S 为无穷大系统,$X=0$。变压器 T-1:125MV·A,$V_S\%=13$;T-2 和 T-3:每台 63MV·A,$V_{S(1-2)}\%=23$,$V_{S(2-3)}\%=8$,$V_{S(1-3)}\%=15$。线路 L-1:每回 200km,$x=0.411\Omega/km$;L-2:每回 100km,$x=0.4\Omega/km$。

例 7-2 讲解

解 (1) 选 $S_B=100MV·A$,$V_B=V_{av}$,作等值网络并计算其参数,所得结果记于图7-27(b)。

(2) 网络化简,求各电源到短路点的转移电抗。

利用网络的对称性可将等值电路化简为图 7-27(c)的形式,即将 G-2、T-2 支路和 G-3、T-3 支路并联。然后将以 f、A、G23 三点为顶点的星形化为三角形,即可得到电源 A、G23 对短路点的转移电抗,如图 7-27(d)所示。

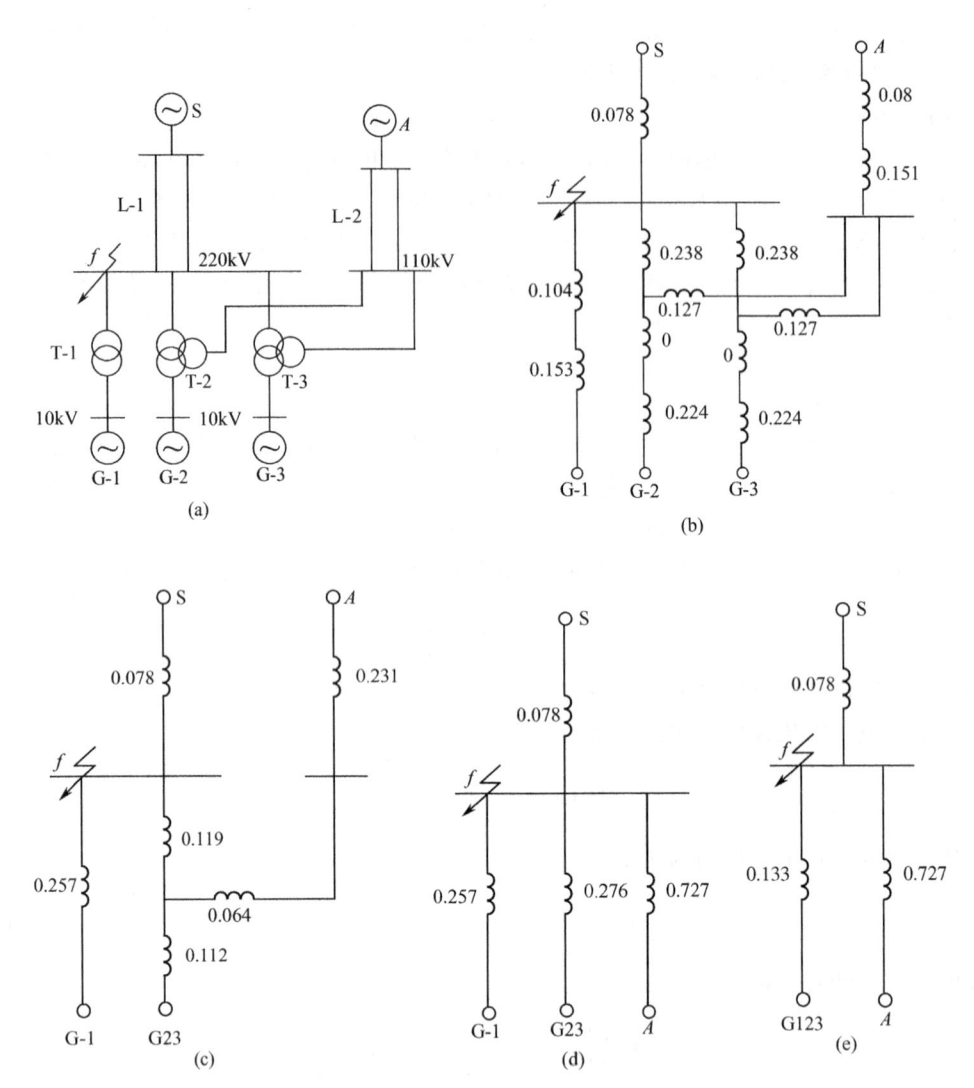

图 7-27 例 7-2 的电力系统及其等值电路

$$X_{G23f}=0.112+0.119+\frac{0.112\times 0.119}{0.231+0.064}=0.276$$

$$X_{Af}=0.231+0.064+0.119+\frac{(0.231+0.064)\times 0.119}{0.112}=0.727$$

最后将发电机 G-1 与等值电源 G23 并联,如图 7-27(e)所示,得到

$$X_{G123f}=\frac{0.257\times 0.276}{0.257+0.276}=0.133$$

(3) 求各电源的计算电抗。

$$X_{jsG123}=0.133\times\frac{100/0.85+2\times 50/0.8}{100}=0.323$$

$$X_{jsA}=0.727\times\frac{375}{100}=2.726$$

(4) 查计算曲线数字表求出短路周期电流的标幺值。

对于等值电源 G123 用汽轮发电机计算曲线数字表，对水电厂 A 用水轮发电机计算曲线数字表，采用线性插值得到的查表结果为

$$t=0.2\text{s 时} \quad I_{G123}=2.627, \quad I_A=0.384$$
$$t=2\text{s 时} \quad I_{G123}=2.298, \quad I_A=0.384$$

系统提供的短路电流为

$$I_S=\frac{1}{0.078}=12.821$$

（5）计算短路电流的有名值。

$$I_{N1}+I_{N2}+I_{N3}=\frac{100/0.85+2\times 50/0.8}{\sqrt{3}\times 230}=0.609(\text{kA})$$

$$I_{NA}=\frac{375}{\sqrt{3}\times 230}=0.941(\text{kA})$$

$$I_B=\frac{100}{\sqrt{3}\times 230}=0.251(\text{kA})$$

总的短路电流为

$$I_{f0.2}=2.627\times 0.609+0.384\times 0.941+12.821\times 0.251=5.179(\text{kA})$$
$$I_{f2}=2.298\times 0.609+0.384\times 0.941+12.821\times 0.251=4.979(\text{kA})$$

以上计算结果列于表 7-2 中。

表 7-2 短路电流计算结果

电源	短路电流标幺值		短路电流有名值/kA	
	$t=0.2\text{s}$	$t=2\text{s}$	$t=0.2\text{s}$	$t=2\text{s}$
G-1、G-2、G-3 合并	2.627	2.298	1.6	1.4
水电厂 A	0.384	0.384	0.361	0.361
系统 S	12.821	12.821	3.218	3.218
总和			5.179	4.979

当网络化简到图 7-27(c)时，也可用电流分布系数法求电源 A、G23 到短路点的转移电抗。首先用单位电流法求分布系数，将图 7-27(c)重画为图 7-28 的形式。

令 $\dot{I}_1=1$，便有

$$\dot{V}_b=1\times 0.295=0.295$$
$$\dot{I}_2=0.295/0.112=2.634$$
$$\dot{I}_3=\dot{I}_1+\dot{I}_2=3.634$$
$$\dot{E}_3=\dot{V}_b+0.119\times \dot{I}_3=0.727$$

于是组合电抗和分布系数为

$$X_{f\Sigma}=\dot{E}_3/\dot{I}_3=0.200$$
$$c_1=\dot{I}_1/\dot{I}_3=0.275, \quad c_2=\dot{I}_2/\dot{I}_3=0.725$$

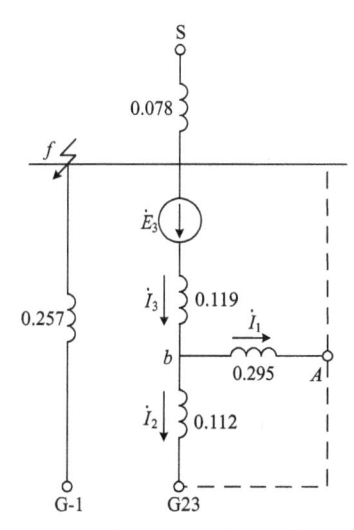

图 7-28 单位电流法求分布系数示意图

由此即可求得转移电抗：
$$X_{Af}=X_{f\Sigma}/c_1=0.727, X_{G23f}=X_{f\Sigma}/c_2=0.276$$
这与前面星网变换的计算结果相同。

7.5.7 短路电流周期分量的近似计算

在短路电流最简化的计算中，可以假定短路电路连接到内阻抗为零的恒定电势源上。因此，短路电流周期分量的幅值不随时间而变化，只有非周期分量是衰减的。其计算方法如下：

首先选定基准功率 S_B 和基准电压 $V_B=V_{av}$，作出系统的标幺值等值电路，其中电源电势 $E=1$，不计负荷。然后进行网络化简求出电源对短路点的组合电抗 $X_{f\Sigma*}$，于是可求出短路电流周期分量的标幺值为

$$I_{P*}=\frac{1}{X_{f\Sigma*}} \tag{7-68}$$

有名值为

$$I_P=I_{P*}I_B=\frac{I_B}{X_{f\Sigma*}} \tag{7-69}$$

这种情况下，功率的标幺值与电流的标幺值相等，因此，功率的有名值为

$$S=\frac{S_B}{X_{f\Sigma*}} \tag{7-70}$$

这样算出的短路电流（或短路功率）比实际的要大些。但它们的差别随着到短路点距离的增大而迅速减小。因为离短路点越远，电源电压恒定的假设条件就越接近实际情况。尤其是当发电机装有自动励磁调节器时，更是如此。利用这种简化计算，可以对短路电流（或短路功率）的最大可能值做出近似估计。

在计算电力系统的某个发电厂（或变电站）内的短路电流时，往往缺乏整个系统的详细数据。在这种情况下，可以把整个系统（该发电厂或变电站除外）或它的一部分看作是一个由无限大功率电源供电的网络。例如，在图 7-29 所示的电力系统中，母线 c 以右的部分实际包含有许多的发电厂、变电站和线路，可以表示为经一定电抗 X_S 接于 c 点的无限大功率电源。

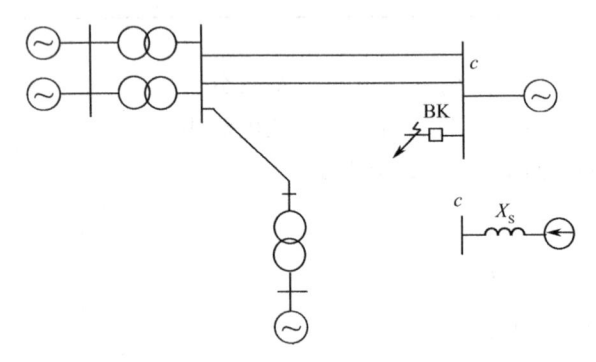

图 7-29 电力系统接线图

如果在网络中的母线 c 发生三相短路时，该部分系统提供的短路电流 I_S（或短路功率 S_S）是已知的，则无限大功率电源到母线 c 之间的电抗 X_S 可以利用式(7-69)和式(7-70)推算出来

$$X_{S*}=\frac{I_B}{I_S}=\frac{S_B}{S_S} \tag{7-71}$$

式中,X_{S*}是以S_B为基准功率的标幺值,I_S和S_S是有名值。

如果连上述短路电流的数值也不知道,那么,还可以从与该部分系统连接的变电站装设的断路器的切断容量得到极限利用的条件来近似地计算X_{S*}。例如,在图7-29中,已知断路器BK的额定切断容量,即认为在断路器后发生三相短路时,该断路器的额定切断容量刚好被充分利用。这种计算方法可以通过例7-3得到说明。

【例7-3】 在图7-30(a)的电力系统中,发电机G:100MW,$\cos\varphi=0.8$,$X_d''=0.14$,$E''=1$。变压器T-1:125MV·A,$V_S\%=10.5$;T-2:31.5MV·A,$V_S\%=10.5$。线路L-1、L-2:40km,电抗均为0.4Ω/km。装设在母线C的断路器BK的额定切断容量为1000MV·A,求f点发生三相短路时的起始次暂态电流和短路后0.5秒的短路功率。($S_B=125$MV·A,$V_B=V_{av}$)

解 取基准功率$S_B=125$MV·A,$V_B=V_{av}$。算出各元件的标幺值电抗,注明在图7-30(b)的等值网络中。

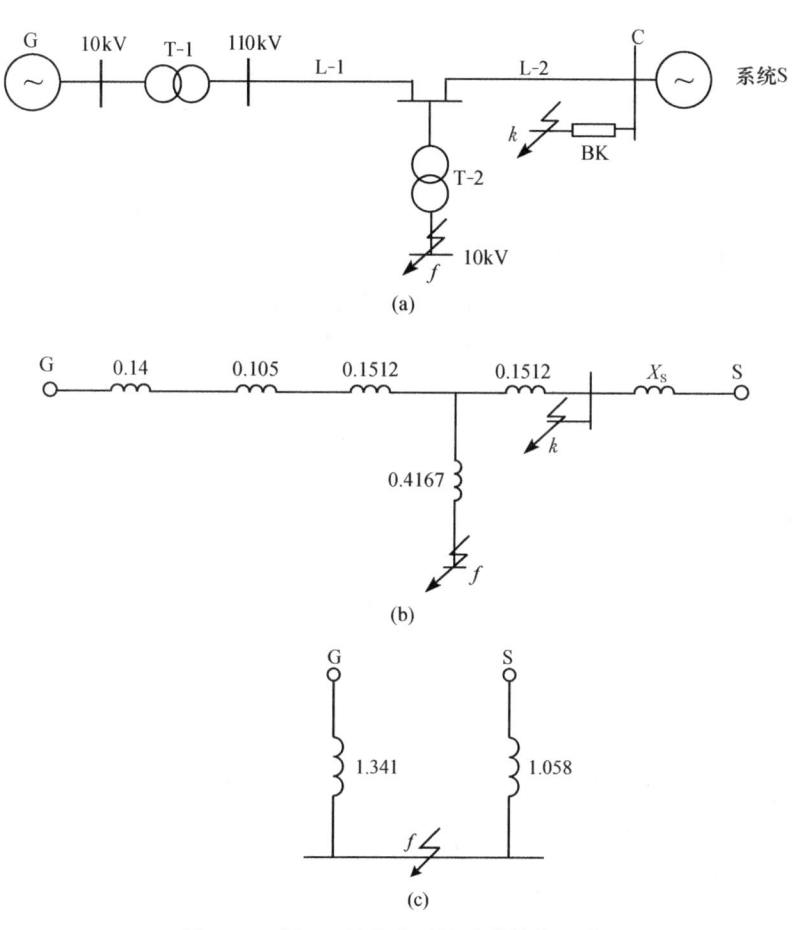

图7-30 例7-3的电力系统及其等值电路

(1)确定未知系统的电抗。

根据变电站C处断路器BK的额定切断容量得到极限利用的条件确定未知系统的电抗X_S。近似地认为断路器的额定切断容量$S_{N(BK)}$即等于k点三相短路电流周期分量的初值相对应的短路功率。

在k点发生短路时,发电机G对短路点的组合电抗为

$$X_{Gk\Sigma} = X''_d + X_{T1} + X_{L1} + X_{L2} = 0.5474$$

在短路开始瞬间,发电机 G 供给的短路功率为

$$S_{Gk} = \frac{S_B}{X_{Gk\Sigma}} = \frac{125}{0.5474} = 228.35(\text{MV} \cdot \text{A})$$

因此,未知系统供给的短路功率应为

$$S_{Sk} = S_{N(BK)} - S_{Gk} = 1000 - 228.35 = 771.65(\text{MV} \cdot \text{A})$$

故系统的电抗为

$$X_S = \frac{S_B}{S_{Sk}} = \frac{125}{771.65} = 0.162$$

(2) 求起始次暂态电流。

f 点短路时的组合电抗为

$$X_{f\Sigma} = (X_G + X_{T1} + X_{L1}) // (X_S + X_{L2}) + X_{T2}$$
$$= (0.14 + 0.105 + 0.1512) // (0.1512 + 0.162) + 0.4167 = 0.5916$$

于是起始次暂态电流为

$$I'' = \frac{1}{X_{f\Sigma}} I_B = \frac{1}{0.5916} \times \frac{125}{\sqrt{3} \times 10.5} = 11.618(\text{kA})$$

(3) 求短路后 0.5s 的短路功率。

用分布系数法求电源到短路点的转移电抗。

首先用网络还原法求得发电机 G 支路的电流分布系数为

$$c_1 = (X_S + X_{L2}) / (X''_d + X_{T1} + X_{L1} + X_S + X_{L2})$$
$$= (0.162 + 0.1512) / (0.14 + 0.105 + 0.1512 + 0.162 + 0.1512) = 0.441$$

则系统 S 支路的电流分布系数为

$$c_2 = 1 - c_1 = 0.559$$

因此,发电机 G 和系统 S 到短路点的转移电抗为

$$X_{Gf} = X_{f\Sigma} / c_1 = 0.5916 / 0.441 = 1.341$$
$$X_{Sf} = X_{f\Sigma} / c_2 = 0.5916 / 0.559 = 1.058$$

网络化简为图 7-30(c) 所示的形式。

计算电抗为

$$X_{jSG} = X_{Gf} \frac{S_{GN}}{S_B} = 1.341 \times \frac{100/0.8}{125} = 1.341$$

查表并通过插值法得

$$I_{G*} = 0.733$$

系统提供的短路电流是不衰减的,所以

$$I_{S*} = \frac{1}{X_{Sf}} = \frac{1}{1.058} = 0.945$$

因此,短路后 0.5s 的短路功率为

$$S = I_{G*} \times S_{GN} + I_{S*} \times S_B$$
$$= 0.733 \times \frac{100}{0.8} + 0.945 \times 125 = 209.75(\text{MV} \cdot \text{A})$$

第 7 章小结

思考题与习题

7-1 为什么恒定电势源电路的三相短路电流中会出现非周期分量？非周期分量的最大值会在 abc 三相同时出现吗？为什么？

7-2 什么是短路冲击电流？它在什么条件下出现？与短路电流周期分量有什么关系？

7-3 什么是短路电流的最大有效值？其计算公式如何？

7-4 什么是短路功率(短路容量)？其标幺值是否等于短路电流的标幺值？为什么？

7-5 无阻尼绕组同步发电机突然三相短路时,定子和转子绕组中出现了哪些电流分量？哪些是强制分量？哪些是自由分量？其衰减规律如何？

7-6 异步电动机(或综合负荷)在什么情况下会提供短路电流？其提供的冲击电流如何计算？

7-7 某系统的等值电路示于题 7-7 图,已知元件的标幺参数如下:$E_1=1.05, E_2=1.1, X_1=X_2=0.2, X_3=X_4=X_5=0.9, X_6=0.6, X_7=0.3$。试用网络变换法求电源对短路点的组合电势和组合电抗。

7-8 在题 7-8 图所示的网络中,已知 $X_1=0.3, X_2=0.4, X_3=0.6, X_4=0.5, X_5=0.5, X_6=0.1$。(1)试用单位电流法求各电源对短路点的转移电抗。(2)求各支路的电流分布系数。

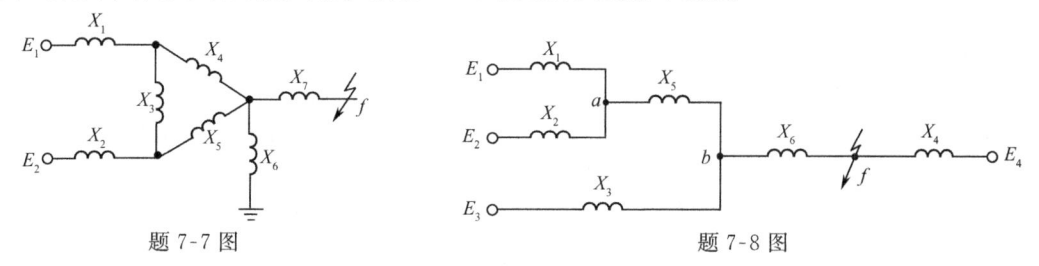

题 7-7 图   题 7-8 图

7-9 系统接线如题图 7-9 所示,已知各元件参数如下。发电机 G:100MV·A, $E''=1.08, X_d''=0.12$。变压器 T-1:120MV·A, $V_S\%=12$; T-2:120MV·A, $V_S\%=10$。输电线路 L:200km, $X_1=0.4\Omega/\text{km}$,综合负荷 LD:100MV·A(负荷以电势为 0.8、额定标幺电抗为 0.35 计入)。试求 f 点发生三相短路时的起始次暂态电流、冲击电流、短路电流最大有效值和短路功率的有名值。($S_B=120\text{MV·A}, V_B=V_{av}$)

题 7-9 图

7-10 在题 7-10 图所示系统中,已知各元件参数如下:发电机 G-1、G-2:60MV·A, $X_d''=0.15, E''=1.05$;变压器 T-1、T-2:60MV·A, $V_{S(1-2)}\%=17, V_{S(2-3)}\%=6, V_{S(1-3)}\%=10.5$;外部系统 S:300MV·A, $X_S''=0.4, E''=1.05$。试分别计算 220kV 母线 f_1 点和 110kV 母线 f_2 点发生三相短路时的起始次暂态电流有名值。($S_B=60\text{MV·A}, V_B=V_{av}$)

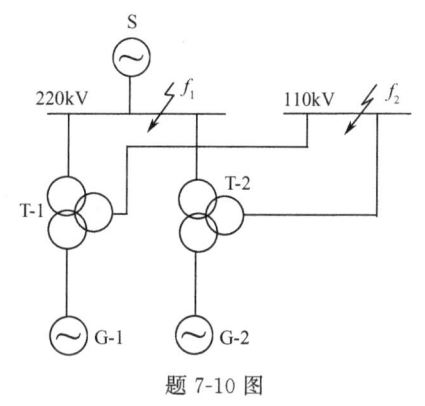

题 7-10 图

7-11 系统接线如题7-11图所示,已知各元件参数如下:发电机G-1:60MV·A,$X_d''=0.15,E''=1.08$;G-2:90MV·A,$X_d''=0.2,E''=1.08$;变压器T-1:60MV·A,$V_S\%=12$;T-2:90MV·A,$V_S\%=12$;线路L:每回路80km,$X=0.4\Omega/km$;综合负荷LD:120MV·A,$X_{LD}''=0.35,E''=0.8$。试计算f点发生三相短路时起始次暂态电流和冲击电流的有名值。($S_B=60MV·A,V_B=V_{av}$)

7-12 电力系统接线如题7-12图所示,其中发电机G-1:250MV·A,$X_d''=0.4,E''=1$;G-2:60MV·A,$X_d''=0.125,E''=1$。变压器T-1:250MV·A,$V_S\%=10.5$;T-2:60MV·A,$V_S\%=10.5$。线路L-1:50km,L-2:40km,L-3:30km,各条线路电抗均为$0.4\Omega/km$。试求f点发生三相短路时,短路点总的短路电流I''和各发电机支路电流。($S_B=100MV·A,V_B=V_{av}$)

题7-11图

题7-12图

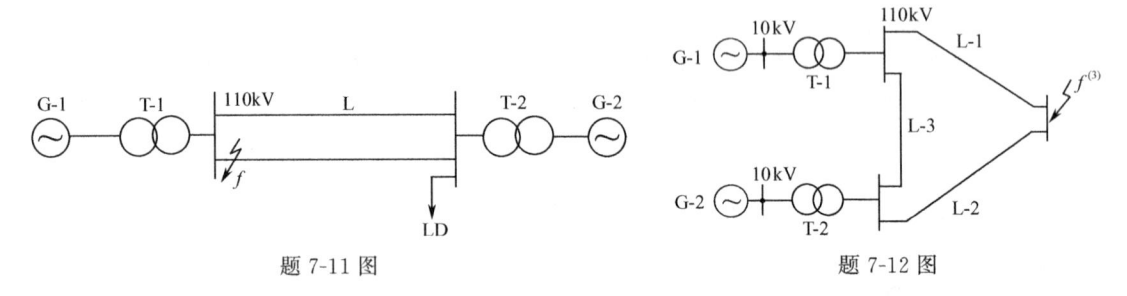

7-13 如题7-13图所示系统,已知各元件参数如下:汽轮发电机G-1、G-2:15MV·A,$X_d''=0.125$;变压器T-1、T-2:7.5MV·A,$V_S\%=10.5$;线路L(单回):50km,$X=0.4\Omega/km$;电缆线路C:1.5km,$X=0.08\Omega/km$;电抗器X_R:$V_{R(N)}=6kV,I_{R(N)}=0.6kA,X_R\%=10$;S为无穷大系统。试求$f_1$和$f_2$点发生三相短路后0.2s的短路电流。($S_B=100MV·A,V_B=V_{av}$)

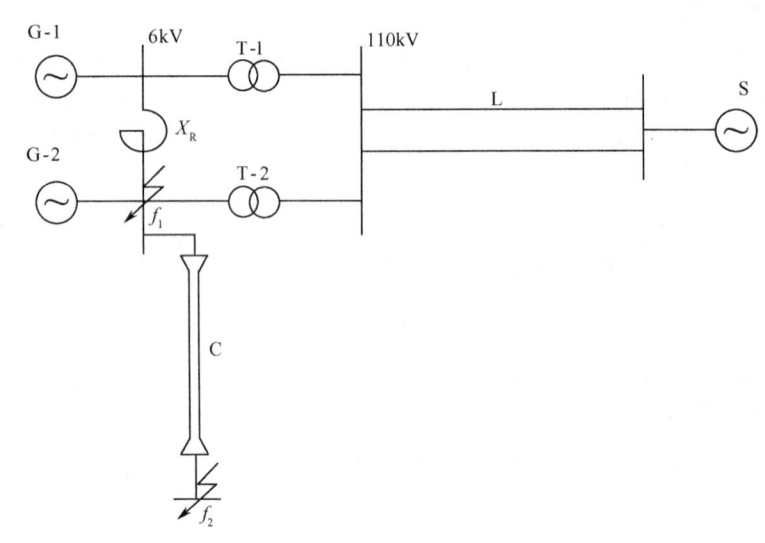

题7-13图

7-14 系统接线示于题7-14图,已知各元件参数如下:汽轮发电机G-1、G-2:60MV·A,$V_N=10.5kV,X_d''=0.15$;变压器T-1、T-2:60MV·A,$V_S\%=10.5$;外部系统S:300MV·A,$X_S''=0.5$。系统中所有发电机均装有自动励磁调节器。f点发生三相短路,试按下列三种情况计算$I_0,I_{0.2}$和I_∞,并对计算结果进行比较分析。取$I_{(\infty)}=I_{(4)}$,外部系统按汽轮机考虑。($S_B=60MV·A,V_B=V_{av}$)

(1) 发电机G-1、G-2及外部系统S各用一台等值机代表。
(2) 发电机G-1和外部系统S合并为一台等值机。
(3) 发电机G-1、G-2及外部系统S全部合并为一台等值机。

7-15 系统接线如题7-15图所示,其中发电机G:235.5MV·A,$X_d''=0.141$;变压器T:260MV·A,$V_S\%=$

14；线路 L-1：20km，$X=0.432\Omega/km$；线路 L-2：10km，$X=0.432\Omega/km$。系统 S 的参数不详，只知道以下三种情况下的数据，试分别计算 f 点发生三相短路时的短路电流。($S_B=500MV·A$，$V_B=V_{av}$)

(1) 断路器 B 的额定断开容量为 1500MV·A。
(2) k 点三相短路时系统 S 供给的短路电流为 3.5kA。
(3) 系统 S 是无穷大系统。

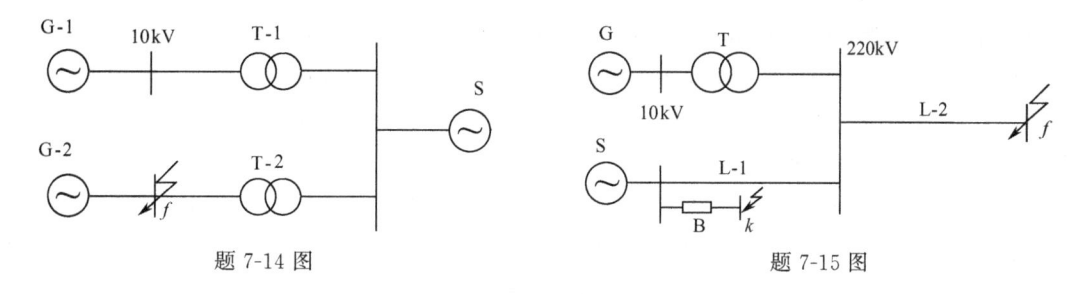

题 7-14 图　　　　　题 7-15 图

第 7 章部分习题答案

第8章　电力系统不对称故障的分析计算

电力系统不对称故障包括单相接地短路、两相短路、两相短路接地、单相断开和两相断开等。系统中发生不对称故障时,三相电流和电压将不再对称,除了基频分量外,还会感应产生非周期分量以及一系列的谐波分量。要准确分析不对称故障的暂态过程是相当复杂的,本章只介绍电流和电压基频分量的分析和计算。

一般求解不对称故障问题常用的方法是对称分量法,而在对称分量法中所采用的参数是电力系统各元件的序参数,并且不对称故障的分析与电力系统中性点的运行方式密切相关,因此,本章主要讨论对称分量法及其在电力系统不对称故障分析计算中的应用;电力系统各元件的序参数以及系统各序网络的构成;电力系统中性点的运行方式;各种不对称故障的分析计算等方面的问题。

8.1　对称分量法在不对称短路计算中的应用

8.1.1　对称分量法

对称分量法是指在三相电路中,任意一组不对称的三相量 $\dot{F}_a$、$\dot{F}_b$、$\dot{F}_c$,可以分解为三组三相对称的分量,如图 8-1 所示。这三组对称分量分别为:

(1) 正序分量($\dot{F}_{a1}$、$\dot{F}_{b1}$、$\dot{F}_{c1}$):三相量大小相等,相位互差 120°,且与系统正常对称运行时的相序相同,如图 8-1(a)所示。正序分量为一平衡三相系统。

(2) 负序分量($\dot{F}_{a2}$、$\dot{F}_{b2}$、$\dot{F}_{c2}$):三相量大小相等,相位互差 120°,且与系统正常对称运行时的相序相反,如图 8-1(b)所示。负序分量也为一平衡三相系统。

(3) 零序分量($\dot{F}_{a0}$、$\dot{F}_{b0}$、$\dot{F}_{c0}$):三相量大小相等,相位一致,如图 8-1(c)所示。

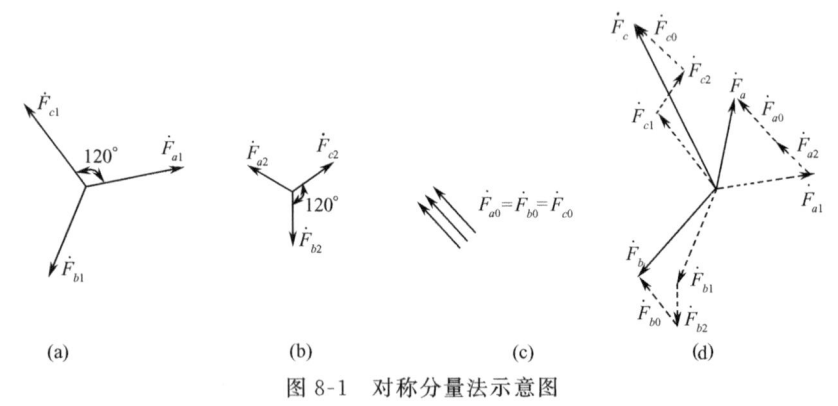

图 8-1　对称分量法示意图
(a) 正序分量;(b) 负序分量;(c) 零序分量;(d) 三相不对称相量

如果引入一个表示相量相位关系的运算子"a":

$$a = e^{j120°} = -\frac{1}{2} + j\frac{\sqrt{3}}{2} \tag{8-1}$$

$$a^2 = e^{j240°} = -\frac{1}{2} - j\frac{\sqrt{3}}{2}$$

且

$$a^3 = 1, \quad 1 + a + a^2 = 0$$

则各组序分量的三相量之间的关系可表示为

$$\begin{cases} \dot{F}_{b1} = a^2\dot{F}_{a1}, \quad \dot{F}_{c1} = a\dot{F}_{a1} \\ \dot{F}_{b2} = a\dot{F}_{a2}, \quad \dot{F}_{c2} = a^2\dot{F}_{a2} \\ \dot{F}_{b0} = \dot{F}_{c0} = \dot{F}_{a0} \end{cases} \tag{8-2}$$

将各相相应的正、负、零序分量合成可得图 8-1(d)所示的三个不对称相量 $\dot{F}_a$、$\dot{F}_b$ 和 $\dot{F}_c$,可表示为

$$\begin{cases} \dot{F}_a = \dot{F}_{a1} + \dot{F}_{a2} + \dot{F}_{a0} \\ \dot{F}_b = \dot{F}_{b1} + \dot{F}_{b2} + \dot{F}_{b0} = a^2\dot{F}_{a1} + a\dot{F}_{a2} + \dot{F}_{a0} \\ \dot{F}_c = \dot{F}_{c1} + \dot{F}_{c2} + \dot{F}_{c0} = a\dot{F}_{a1} + a^2\dot{F}_{a2} + \dot{F}_{a0} \end{cases} \tag{8-3}$$

从上式也可以得到任意一组不对称的三相量 $\dot{F}_a$、$\dot{F}_b$、$\dot{F}_c$ 分解为对称分量的关系式(以 a 相作为基准相):

$$\begin{bmatrix} \dot{F}_{a1} \\ \dot{F}_{a2} \\ \dot{F}_{a0} \end{bmatrix} = \frac{1}{3}\begin{bmatrix} 1 & a & a^2 \\ 1 & a^2 & a \\ 1 & 1 & 1 \end{bmatrix}\begin{bmatrix} \dot{F}_a \\ \dot{F}_b \\ \dot{F}_c \end{bmatrix} \tag{8-4}$$

式(8-4)可简写为

$$\dot{\boldsymbol{F}}_{120} = \boldsymbol{S}\dot{\boldsymbol{F}}_{abc} \tag{8-5}$$

式中,$\boldsymbol{S}$ 称为对称分量变换矩阵,它是一个非奇异矩阵,其逆矩阵存在,即

$$\boldsymbol{S}^{-1} = \begin{bmatrix} 1 & 1 & 1 \\ a^2 & a & 1 \\ a & a^2 & 1 \end{bmatrix} \tag{8-6}$$

因此

$$\dot{\boldsymbol{F}}_{abc} = \boldsymbol{S}^{-1}\dot{\boldsymbol{F}}_{120} \tag{8-7}$$

三相电路中的电压和电流都具有这样的变换和逆变换关系。

8.1.2 序阻抗的概念

下面以一个静止的三相电路元件为例来说明序阻抗的概念。如图 8-2 所示,各相自阻抗分别为 Z_{aa}、Z_{bb}、Z_{cc};相间互阻抗为 $Z_{ab} = Z_{ba}$,$Z_{bc} = Z_{cb}$,$Z_{ca} = Z_{ac}$。当元件通过三相不对称的电流时,元件各相的电压降为

$$\begin{bmatrix} \Delta\dot{V}_a \\ \Delta\dot{V}_b \\ \Delta\dot{V}_c \end{bmatrix} = \begin{bmatrix} Z_{aa} & Z_{ab} & Z_{ac} \\ Z_{ab} & Z_{bb} & Z_{bc} \\ Z_{ac} & Z_{bc} & Z_{cc} \end{bmatrix}\begin{bmatrix} \dot{I}_a \\ \dot{I}_b \\ \dot{I}_c \end{bmatrix} \tag{8-8}$$

或写为

$$\Delta\dot{\boldsymbol{V}}_{abc} = \boldsymbol{Z}\dot{\boldsymbol{I}}_{abc} \tag{8-9}$$

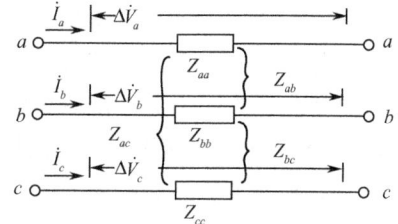

图 8-2 静止三相电路元件

应用式(8-5)、式(8-7)将三相量变换成对称分量,可得

$$\Delta \dot{V}_{120} = SZS^{-1}\dot{I}_{120} = Z_{sc}\dot{I}_{120} \tag{8-10}$$

式中,$Z_{sc} = SZS^{-1}$ 称为序阻抗矩阵。

当元件结构参数完全对称,即 $Z_{aa} = Z_{bb} = Z_{cc} = Z_s$,$Z_{ab} = Z_{bc} = Z_{ca} = Z_m$ 时

$$Z_{sc} = \begin{bmatrix} Z_s - Z_m & 0 & 0 \\ 0 & Z_s - Z_m & 0 \\ 0 & 0 & Z_s + 2Z_m \end{bmatrix} = \begin{bmatrix} Z_1 & 0 & 0 \\ 0 & Z_2 & 0 \\ 0 & 0 & Z_0 \end{bmatrix} \tag{8-11}$$

为一对角线矩阵。将式(8-10)展开,得

$$\begin{cases} \Delta \dot{V}_{a1} = Z_1 \dot{I}_{a1} \\ \Delta \dot{V}_{a2} = Z_2 \dot{I}_{a2} \\ \Delta \dot{V}_{a0} = Z_0 \dot{I}_{a0} \end{cases} \tag{8-12}$$

式(8-12)表明,在三相参数对称的线性电路中,各序对称分量具有独立性。也就是说,当电路通以某序对称分量的电流时,只产生同一序对称分量的电压降。反之,当电路施加某序对称分量电压时,电路中也只产生同一序的对称分量电流。这样,可以对正序、负序和零序分量分别进行计算。

如果三相参数不对称,则矩阵 Z_{sc} 的非对角元素将不全为零,因而各序对称分量将不具有独立性。也就是说,通以正序电流所产生的电压降中,不仅包含正序分量,还可能有负序或零序分量。这时,就不能按序进行独立计算。

根据以上的分析,所谓元件的序阻抗,是指元件三相参数对称时,元件两端某一序的电压降与通过该元件同一序电流的比值,即

$$\begin{cases} Z_1 = \Delta \dot{V}_{a1}/\dot{I}_{a1} \\ Z_2 = \Delta \dot{V}_{a2}/\dot{I}_{a2} \\ Z_0 = \Delta \dot{V}_{a0}/\dot{I}_{a0} \end{cases} \tag{8-13}$$

Z_1、Z_2 和 Z_0 分别称为该元件的正序阻抗、负序阻抗和零序阻抗。电力系统每个元件的正、负、零序阻抗可能相同,也可能不同,视元件的结构而定。

8.1.3 电力系统中性点的运行方式

发电机或变压器接成星形绕组的接点称为电力系统的中性点。它的接地方式涉及短路电流大小、绝缘水平、供电可靠性、接地保护方式、对通信的干扰和系统接线方式等很多方面的问题。我国电力系统中普遍采用的中性点接地方式有:中性点不接地、中性点经消弧线圈接地和中性点直接接地(或经小电阻接地)三种。前两种称为中性点非有效接地,后一种称为中性点有效接地。

当电力系统发生单相接地故障时,中性点不接地或经消弧线圈接地的系统,其接地电流比较小,故称这两种为小电流接地系统;中性点直接接地(或经小电阻接地)的系统,单相接地时的短路电流很大,故称为大电流接地系统。小电流接地系统与大电流接地系统的区分标准,目前国际上比较通用的是:凡是系统零序电抗与正序电抗的比值 $X_0/X_1 \leqslant 3$,且零序电阻与正序电抗的比值 $r_0/X_1 \leqslant 1$ 的系统则为大电流接地系统。

1. 中性点不接地系统

首先分析中性点不接地系统,如图 8-3(a)所示。设正常情况下三相对称,三相对地电容一样,三相相量图如图 8-3(b)所示。若将对地电容看成三相对称负荷,则中性点 O 为地电位,A

相、B 相、C 相对地电压都是相电压，而 AB、BC、CA 间的电压为线电压。A 相对地电压相量的箭头方向是 $O \to A$；线电压 $\dot{V}_{AB} = \dot{V}_A - \dot{V}_B$，箭头方向是 $B \to A$。各相对地电容电流 $\dot{I}_{C0}$ 超前各相电压 90°，通常数值不大。

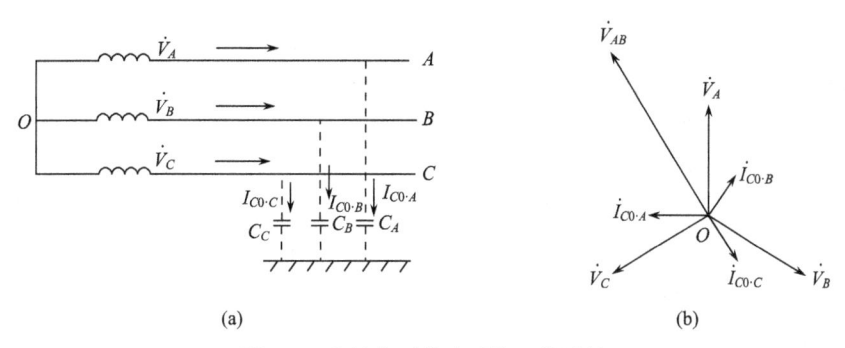

图 8-3 中性点不接地系统正常运行

下面分析中性点不接地系统发生单相接地故障的情况。如图 8-4(a)所示，若发生 C 相接地，C 相自然就成了地电位，此时中性点对地电压会浮动成为电压向量 OO'（箭头从 O 到 O'），如图 8-4(b)所示。此时 A 相对地电压是 $\dot{V}'_A$，B 相对地电压是 $\dot{V}'_B$，其大小都是线电压。即发生单相接地时，中性点对地电压升高为相电压，而非故障相对地电压升高为线电压，但三相之间的线电压不变。只要各相对地绝缘能承受线电压，发生单相接地时对三相用电设备的运行无影响，这是中性点不接地系统的一大优点。按规程规定，在此状态下电网仍可运行 2h，但这时应发单相接地预告信号，使值班员可寻找接地点并采取相应措施。

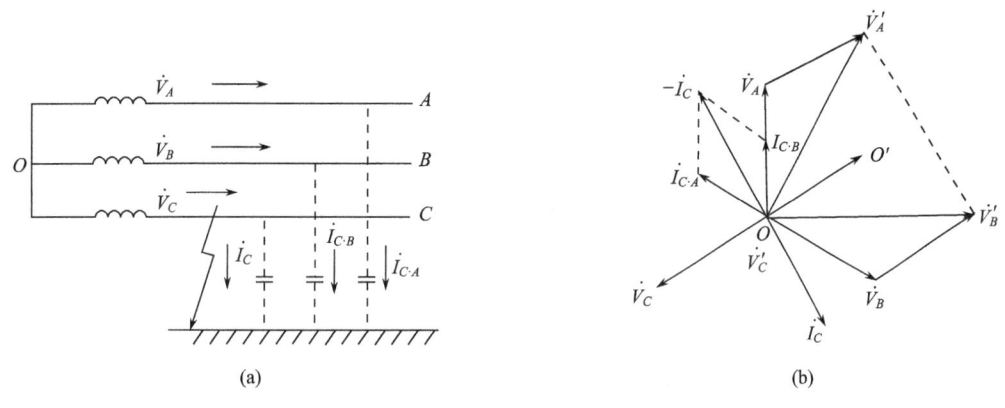

图 8-4 中性点不接地系统单相接地分析

再看对地电容电流的变化情况，如图 8-4(b)所示，对地电容电流 $\dot{I}_C$ 应为 A、B 两相对地电容电流之和

$$I_C = -(I_{C \cdot A} + I_{C \cdot B})$$

$\dot{I}_C$ 在相位上超前 $\dot{V}_C$ 90°，其值为

$$I_C = \sqrt{3} I_{C \cdot A} = \sqrt{3} I_{C \cdot B}$$

又因为

$$I_{C \cdot A} = \frac{V'_A}{X_C} = \frac{\sqrt{3}V_A}{X_C} = \sqrt{3}I_{C0}$$

所以
$$I_C = 3I_{C0}$$

由此可见,单相接地时接地点的电容电流 I_C 是正常运行时一相对地电容电流 I_{C0} 的 3 倍。I_{C0} 的大小与电网的电压、频率和相与地间的电容有关。

应该指出的是,当中性点不接地系统单相接地故障发生在电气设备或电缆上且产生电弧时,由于电弧会损坏电气设备,且可能发展为两相或三相短路,因此是十分危险的,尤其当接地处发生所谓的断续电弧,也就是周期性熄灭与重燃的电弧,它与电网振荡回路的相互作用可能引起相与地之间的谐振过电压,这种过电压可以达到 2.5~3 倍相电压,进而导致非接地相绝缘击穿形成相间短路。在电力系统中接地电容电流大于 5A 时就可能引起断续电弧,而电弧引起的过电压危险性又与电网电压的大小有关。

2. 中性点经消弧圈接地系统

在中性点不接地的电力系统中发生单相接地时,如果接地电流比较大并发生断续电弧,将引起线路的电压谐振。因此,在 3~60kV 电力系统中,当单相接地电流超过允许值时,中性点宜采用经消弧线圈接地。消弧线圈实际上就是带气隙铁心的线性电感线圈,其电阻很小,感抗很大。

图 8-5 是中性点经消弧线圈接地的电力系统发生单相接地时的电路图和相量图。

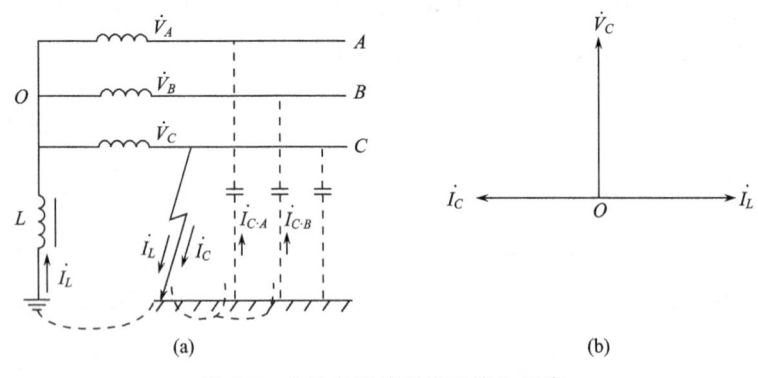

图 8-5 中性点经消弧线圈接地系统

由图 8-5(a)可见,当发生 C 相接地时,中性点电压升高为相电压,流过接地点的电流是接地电容电流 $\dot{I}_C$ 与流过消弧线圈的电感电流 $\dot{I}_L$ 之和。如图 8-5(b)所示,$\dot{I}_C$ 超前 $\dot{V}_C$ 90°,而 $\dot{I}_L$ 滞后 $\dot{V}_C$ 90°,所以 $\dot{I}_C$ 与 $\dot{I}_L$ 相差 180°,在接地点相互补偿。当 $\dot{I}_C$ 与 $\dot{I}_L$ 的量值差小于发生电弧的最小电流(最小起弧电流)时,电弧就不会发生,也就不会出现谐振过电压现象了。

中性点经消弧线圈接地的系统与中性点不接地系统一样,在发生单相接地故障时,非故障相的对地电压要升高为 $\sqrt{3}$ 倍,即成为线电压。这时应发预告信号,允许继续运行 2h,在此期间值班人员应采取措施寻找故障点。

3. 中性点直接接地系统

中性点直接接地系统如图 8-6 所示,中性点的电压保持地电位。发生单相接地时,短路电流很大，通常需要由继电保护、熔断器或自动开关将故障线路切除，使系统其他部分恢复正常运行。此时，由于中性点接地的钳位作用，非故障相的电压不会改变，仍然为相电压。因此，中性点直接接地的系统，线路的绝缘只需按相电压考虑。这对于110kV及以上的高压系统来说，由于使绝缘造价降低的同时还改善了保护设备的工作性能，所以很有经济技术价值。

中性点直接接地系统的缺点之一是单相接地短路电流 $I_{SC}^{(1)}$ 太大，通常用调整全网中性点的接地方式使单相接地短路电流不超过三相短路电流；另一缺点是容易发生供电中断，通常可以用重合闸等措施来补救。

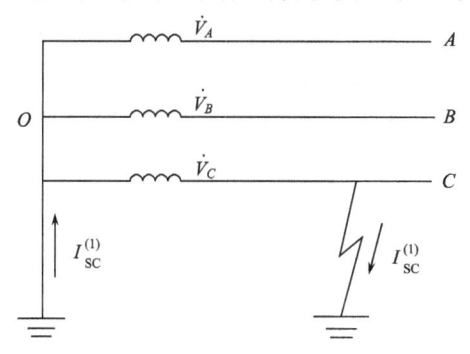

图 8-6 中性点直接接地系统

对于 380/220V 低压配电系统，我国广泛采用中性点直接接地的三相四线制。中性线可用来接相电压的单相设备，又可以用来传送三相系统中的不平衡电流。此外，由于中性点是直接接地的，因此可以减少中性点的电压偏移，并可用来作保障人身安全的"保护接零"。其接线如图8-7所示。

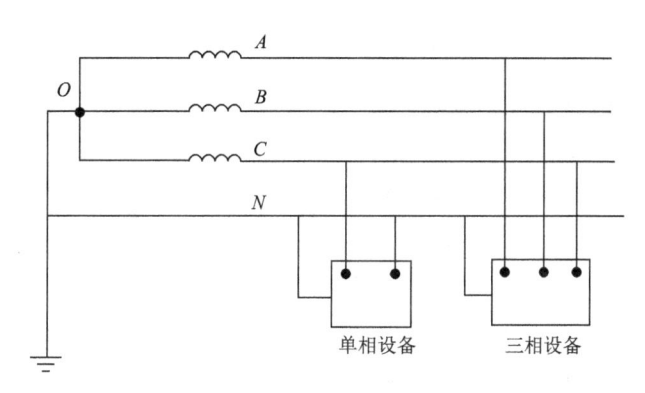

图 8-7 中性点接地的三相四线制电力系统

上述中性点接地方式各有其优缺点，应根据各地区电网的具体情况作出选择。考虑到绝缘、过电压、供电可靠性等因素，我国对中性点的运行方式规定如下：

(1) 3~10kV 系统，大多采用中性点不接地的运行方式。

(2) 3~6kV 系统单相接地电流大于 30A、10kV 系统接地电流大于 20A，35~60kV 系统接地电流大于 10A 时，则采取中性点经消弧线圈接地的运行方式。

(3) 110kV 及以上系统，一般采用中性点直接接地的运行方式。

(4) 对于 220/380V 低压配电系统，采用中性点直接接地的三相四线制。

8.1.4 对称分量法在不对称短路计算中的应用

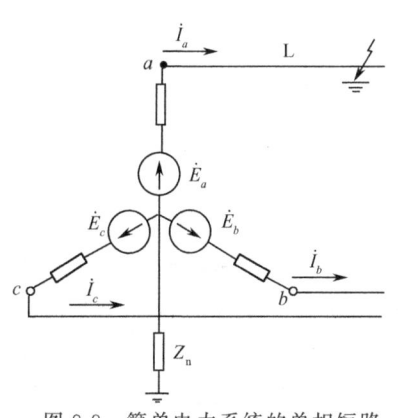

图 8-8 简单电力系统的单相短路

现以图 8-8 所示简单电力系统为例，来说明应用对称分量法计算不对称短路的一般原理。

一台发电机接于空载输电线路,发电机中性点经阻抗 Z_n 接地。在线路某处发生单相(例如 a 相)短路,使故障点出现了不对称的情况。a 相对地阻抗为零(不计电弧等电阻),a 相对地电压 $\dot{V}_a=0$,而 b,c 两相的电压 $\dot{V}_b\neq 0$,$\dot{V}_c\neq 0$(图 8-9(a))。此时,故障点以外的系统其余部分的参数(指阻抗)仍然是对称的。因此,在计算不对称短路时,应设法把故障点的不对称转化成对称,使被短路破坏了对称性的三相电路转化成对称电路,然后就可以用单相电路进行计算。

现在原短路点人为地接入一组三相不对称的电势源,电势源的各相电势与上述各相不对称电压大小相等、方向相反,如图 8-9(b)所示。这种情况与发生不对称故障是等效的,也就是说,网络中发生的不对称故障,可以用在故障点接入一组不对称的电势源来代替。

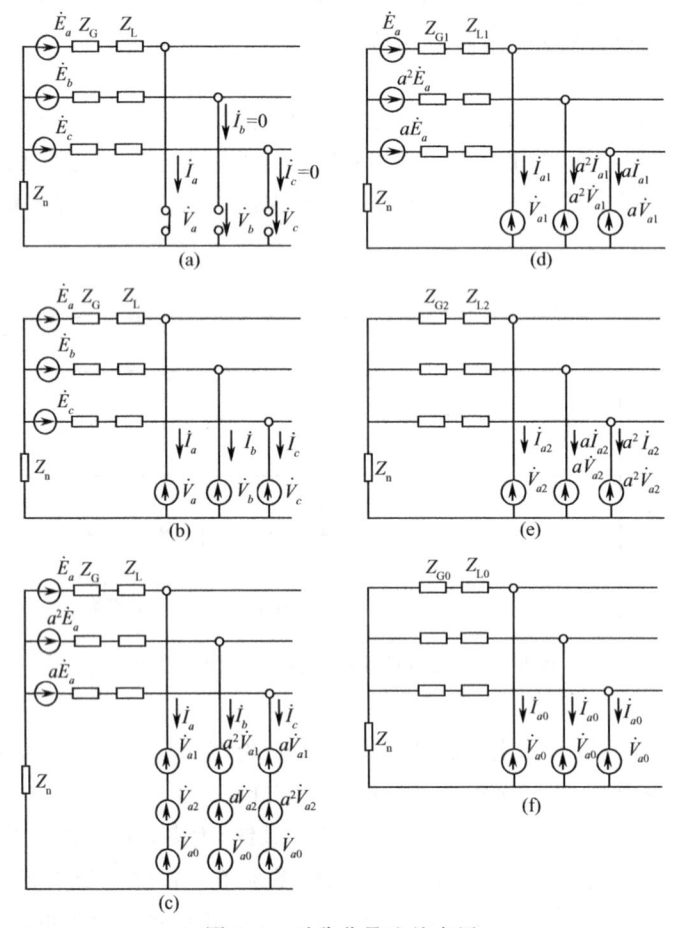

图 8-9 对称分量法的应用

应用对称分量法将这组不对称电势源分解成正序、负序和零序三组对称分量(各序具有独立性),如图 8-9(c)所示。根据叠加原理,图 8-9(c)所示的状态,可以当作是(d),(e),(f)三个图所示状态的叠加。图 8-9(d)的电路称为正序网络,其中只有正序电势在作用(包括发电机的电势和故障点的正序分量电势),网络中只有正序电流,各元件呈现的阻抗就是正序阻抗。图 8-9(e)及(f)的电路分别称为负序网络和零序网络。因为发电机只产生正序电势,所以,在负序和零序网络中,只有故障点的负序和零序分量电势在作用,网络中也只有同一序的电流,元件也呈现同一序的阻抗。

根据这三个电路图，可以分别列出各序网络的电压方程式。因为每一序都是三相对称的，只需列出一相便可以了。在正序网络中，当以 a 相为基准相时，有

$$\dot{E}_a - \dot{I}_{a1}(Z_{G1} + Z_{L1}) - (\dot{I}_{a1} + a^2\dot{I}_{a1} + a\dot{I}_{a1})Z_n = \dot{V}_{a1} \tag{8-14}$$

因为 $\dot{I}_{a1} + \dot{I}_{b1} + \dot{I}_{c1} = \dot{I}_{a1} + a^2\dot{I}_{a1} + a\dot{I}_{a1} = 0$，正序电流不流经中性线，中性点接地阻抗 Z_n 上的电压降为零，它在正序网络中不起作用。这样，正序网络的电压方程可写成

$$\dot{E}_a - \dot{I}_{a1}(Z_{G1} + Z_{L1}) = \dot{V}_{a1} \tag{8-15}$$

由于 $\dot{I}_{a2} + \dot{I}_{b2} + \dot{I}_{c2} = \dot{I}_{a2} + a\dot{I}_{a2} + a^2\dot{I}_{a2} = 0$，而且发电机的负序电势为零，因此，负序网络的电压方程为

$$0 - \dot{I}_{a2}(Z_{G2} + Z_{L2}) = \dot{V}_{a2} \tag{8-16}$$

对于零序网络，由于 $\dot{I}_{a0} + \dot{I}_{b0} + \dot{I}_{c0} = 3\dot{I}_{a0}$，在中性点接地阻抗中将流过三倍的零序电流，产生电压降。计及发电机的零序电势为零，零序网络的电压方程为

$$0 - \dot{I}_{a0}(Z_{G0} + Z_{L0}) - 3\dot{I}_{a0}Z_n = \dot{V}_{a0} \tag{8-17}$$

或写为

$$0 - \dot{I}_{a0}(Z_{G0} + Z_{L0} + 3Z_n) = \dot{V}_{a0} \tag{8-18}$$

根据以上所得的各序电压方程式，可以绘出各序的一相等值网络（见图 8-10(a)、(b)、(c)）。必须注意，在一相的零序网络中，中性点接地阻抗必须增大为三倍。这是因为接地阻抗 Z_n 上的电压降是由三倍的一相零序电流产生的，从等值观点看，也可以认为是一相零序电流在三倍中性点接地阻抗上产生的电压降。

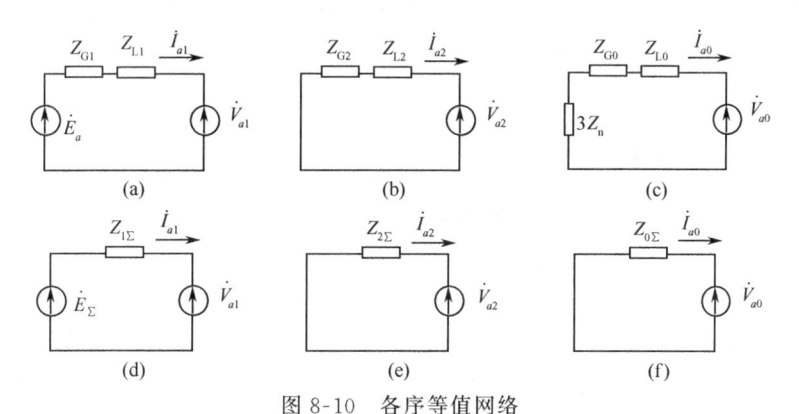

图 8-10 各序等值网络

(a)、(d) 正序等值网络；(b)、(e) 负序等值网络；(c)、(f) 零序等值网络

虽然实际的电力系统接线复杂，发电机的数目也很多，但是通过网络化简，仍然可以得到如图 8-10(d)、(e)、(f)所示的正、负、零序等值网络，与之对应的各序电压方程式

$$\begin{cases} \dot{E}_\Sigma - \dot{I}_{a1}Z_{1\Sigma} = \dot{V}_{a1} \\ 0 - \dot{I}_{a2}Z_{2\Sigma} = \dot{V}_{a2} \\ 0 - \dot{I}_{a0}Z_{0\Sigma} = \dot{V}_{a0} \end{cases} \tag{8-19}$$

式中，$\dot{E}_\Sigma$ 为正序网络中相对短路点的戴维南等值电势；$Z_{1\Sigma}$，$Z_{2\Sigma}$，$Z_{0\Sigma}$ 分别为正序、负序和零序网络中短路点的输入阻抗或组合阻抗；$\dot{I}_{a1}$，$\dot{I}_{a2}$，$\dot{I}_{a0}$ 分别为短路点电流的正序、负序和零序分量；

$\dot{V}_{a1},\dot{V}_{a2},\dot{V}_{a0}$ 分别为短路点电压的正序、负序和零序分量。

式(8-19)又称为序网络方程,它适合于各种不对称短路。它说明了在各种不对称短路情况下各序电流和同一序电压之间的相互关系,表示了不对称短路的共性。但是,三个方程六个未知数是无法求解的,还必须根据各种不对称短路的特性,补充三个边界条件,联立求解出短路点电压和电流的各序对称分量。具体的分析计算将在 8.3 节介绍。

综上所述,计算不对称故障的基本原则就是,把故障处的三相阻抗不对称表示为电压和电流相量的不对称,使系统其余部分保持为三相阻抗对称的系统。这样借助于对称分量法,并利用三相阻抗对称电路中各序分量具有独立性的特点,将各序分量分开,分别制订各序等值电路,就可以使分析计算得到简化。

8.2 电力系统各元件的序参数和各序等值电路

对称分量法采用各元件的序参数,因此,本节介绍同步发电机、异步电动机、变压器和输电线路等主要元件的负序和零序参数、等值电路以及电力系统各序网络的制订。由于电力系统在正常稳态运行或发生对称故障时,系统中各元件的参数是对称的,只有正序的各种运行参量存在,因此,第 2 章所介绍的各种元件的阻抗参数就是各元件的正序参数。

在讨论各元件序参数的时候,可以将电力系统中的元件分为静止元件和旋转元件两大类,它们的序阻抗各有特点。变压器和输电线路属于静止元件;同步发电机和异步电动机属于旋转元件。对于静止元件,当施加正序或负序电压时,其产生的自感和互感的电磁关系是完全相同的,所以,正序阻抗等于负序阻抗;由于零序分量与正、负序分量性质不同,故一般情况下,零序阻抗不等于正、负序阻抗。对于旋转元件,通以正序电流和通以负序电流所产生的磁场旋转方向刚好相反,而零序电流并不产生旋转的气隙磁通,因此,正序、负序、零序阻抗互不相等。

8.2.1 同步发电机的负序和零序电抗

同步发电机对称运行时,只有正序电势和正序电流,此时的电机参数就是正序参数,前面介绍过的 X_d、X_q、X_d'、X_d''、X_q'' 等均属于正序电抗。

1. 同步发电机的负序电抗

发生不对称短路时,由于发电机转子纵横轴间的不对称,在定子绕组和转子绕组中将产生一系列高次谐波。发电机的负序电抗定义为发电机负序端电压的基频分量与负序电流基频分量的比值。当发电机定子绕组中通过负序基频电流时,将产生与转子旋转方向相反的负序旋转磁场,负序电抗取决于负序旋转磁场所遇到的磁阻。由于转子纵横轴间不对称,随着负序旋转磁场同转子间的相对位置不同,负序磁场所遇到的磁阻也不同,负序电抗也就不同。负序旋转磁场不断交替地与转子的 d、q 轴重合,因此,负序电抗对于有阻尼绕组同步发电机将在 X_d'' 和 X_q'' 之间变化;对于无阻尼绕组同步发电机将在 X_d' 和 X_q 之间变化。

根据比较精确的数学分析,对于同一台发电机,在不同类型的不对称短路时,负序电抗也不相同。但在短路电流的实用计算中,认为同步发电机的负序电抗与短路种类无关,并取为 X_d'' 和 X_q'' 的算术平均值,即 $X_2=\frac{1}{2}(X_d''+X_q'')$。对于无阻尼绕组的凸极机,取为 X_d' 和 X_q 的几何平均值,即 $X_2=\sqrt{X_d'X_q}$。对汽轮发电机及有阻尼绕组水轮发电机,可采用 $X_2=1.22X_d''$;对于无阻尼绕组同步发电机,可采用 $X_2=1.45X'_d$。

2. 同步发电机的零序电抗

当发电机定子绕组通过基频零序电流时,由于各相电枢磁势大小相等,相位相同,且在空间相差 120 电角度,它们在气隙中的合成磁势为零,所以发电机的零序电抗仅由定子线圈的漏磁通确定。但零序电流所产生的漏磁通与正序(或负序)电流产生的漏磁通是不同的,它们的差别视绕组的结构形式而定。同步发电机零序电抗在数值上差别很大,一般取 $X_0=(0.15\sim0.6)X''_d$。如无电机的确切参数,负序和零序电抗也可按表 8-1 取值。

表 8-1　同步发电机负序和零序电抗 X_2、X_0(额定标幺值)

电机类型		水轮发电机		汽轮发电机	调相机和大型同步电动机
		有阻尼绕组	无阻尼绕组		
电抗	X_2	0.15~0.35	0.32~0.55	0.134~0.18	0.24
	X_0	0.04~0.125	0.04~0.125	0.036~0.08	0.08

8.2.2　异步电动机和综合负荷的序阻抗

电力系统的负荷主要是工业负荷,大多数工业负荷是异步电动机,因此,在电力系统不对称短路故障的分析计算中,异步电动机的各序电抗可以近似代表负荷的电抗。

由"电机学"可知,异步电动机的正序阻抗与电动机的转差 s 有关,正常运行时,电动机的转差与机端电压及电动机的受载系数(即机械转矩与电动机额定转矩之比)有关。在短路过程中,电动机端电压随短路电流的变化而变化,转差也随之发生变化,所以,要准确计算电动机的正序阻抗非常困难。在不对称短路故障的实用计算中,以自身额定容量为基准的正序标幺阻抗常取为 $Z_1=0.8+j0.6$;如果用纯电抗来代表负荷,其值可取为 $X_1=1.2$。

异步电动机是旋转元件,其负序阻抗不等于正序阻抗。当电动机机端施加基频负序电压时,流入定子绕组的负序电流将在气隙中产生一个与转子转向相反的旋转磁场,它对电动机产生制动性的转矩。若转子相对于正序旋转磁场的转差为 s,则转子相对于负序旋转磁场的转差为 $2-s$。因此异步电动机的负序阻抗也是转差 s 的函数。实用计算中常略去电阻,其值可取为 $X_2=0.2$。如果计及降压变压器及馈电线路的电抗,则以异步电动机为主要成分的综合负荷的负序电抗可取为 $X_2=0.35$,它是以自身额定容量为基准的标幺值。

异步电动机及多数负荷常常接成三角形或不接地的星形,零序电流不能流通,相当于 $X_0=\infty$,故不需要建立负荷的零序等值电路。

8.2.3　变压器的零序阻抗及其等值电路

1. 普通变压器的零序阻抗及其等值电路

变压器的等值电路表征了一相原、副边绕组间的电磁关系。不论变压器通以哪一序电流,都不会改变原、副边绕组间的电磁关系,因此,变压器的正序、负序和零序等值电路具有相同的结构。图 8-11 为不计绕组电阻和铁心损耗时变压器的零序等值电路。

变压器等值电路中的参数不仅同变压器的结构有关,有的参数也同所通电流的序别有关。变压器的漏抗,反映了原、副边绕组间磁耦合的紧密情况。漏磁通的路径与所通电流的序别无关。因此,变压器的正序、负序和零序等值漏抗相等。变压器的励磁电抗,取决于主磁通路径的

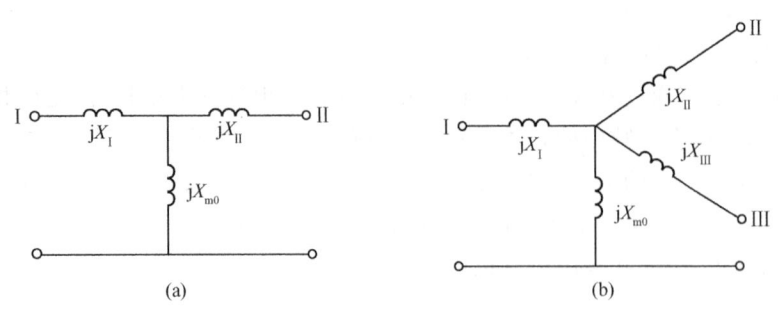

图 8-11 变压器的零序等值电路
(a) 双绕组变压器；(b) 三绕组变压器

磁阻。当变压器通以负序电流时，主磁通的路径与通以正序电流时完全相同。因此，负序励磁电抗与正序励磁电抗相等。由此可见，变压器正、负序等值电路及其参数是完全相同的。

变压器的零序励磁电抗与变压器的铁心结构密切相关。图 8-12 所示为三种常用的变压器铁心结构及零序励磁磁通的路径。

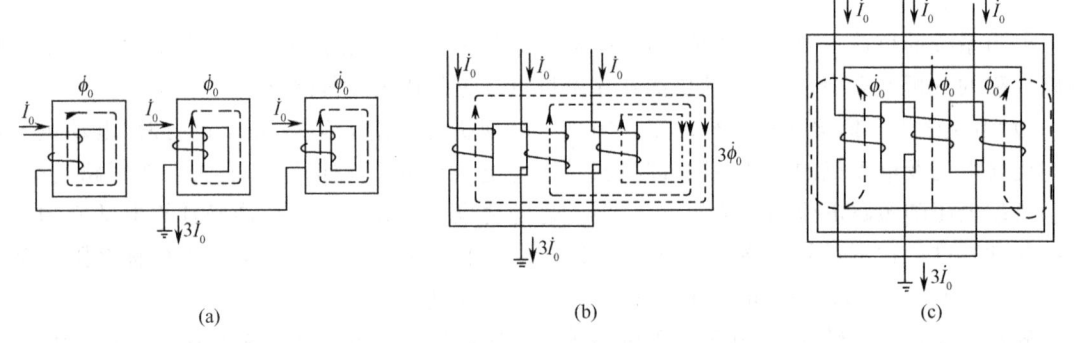

图 8-12 零序主磁通的磁路
(a) 三个单相的组式；(b) 三相四柱式；(c) 三相三柱式

对于由三个单相变压器组成的三相变压器组，每相的零序主磁通与正序主磁通一样，都有独立的铁心磁路(图 8-12(a))，因此，零序励磁电抗与正序励磁电抗相等。对于三相四柱式（或五柱式）变压器(图 8-12(b))，零序磁通也能在铁心中形成回路，磁阻很小，因而零序励磁电抗的数值很大。以上两种变压器，在短路计算中都可以当作 $X_{m0} \approx \infty$，即忽略励磁电流，把励磁支路断开。

对于三相三柱式变压器，由于三相零序磁通大小相等、相位相同，因而不能像正序（或负序）主磁通那样，一相主磁通可以经过另外两相的铁心形成回路。它们被迫经过绝缘介质和外壳形成回路(图 8-12(c))，遇到很大的磁阻。因此，这种变压器的零序励磁电抗比正序励磁电抗小得多，在短路计算中，应视为有限值，其值一般用实验方法测定，大致是 $X_{m0}=0.3 \sim 1.0$。

2. 变压器零序等值电路与外电路的连接

变压器零序等值电路与外电路的连接，取决于零序电流流通的路径，因而与变压器三相绕组的连接形式和中性点是否接地有关。不对称短路时，零序电压（或电势）是施加在相线和大地之间的，根据这一点，我们可以从以下三个方面来讨论零序等值电路与外电路的连接情况。

(1) 当外电路向变压器某侧三相绕组施加零序电压时,如果能在该侧绕组产生零序电流,则等值电路中该侧绕组端点与外电路接通;如果不能产生零序电流,则从电路等值的观点,可以认为变压器该侧绕组与外电路断开。根据这个原则,只有中性点接地的星形接法(用 Y_0 表示)绕组才能与外电路接通。

(2) 当变压器具有零序电势(由另一侧绕组的零序电流感生的)时,如果它能将零序电势施加到外电路上去,则等值电路中该侧绕组端点与外电路接通,否则与外电路断开。据此,也只有中性点接地的 Y_0 接法绕组才能与外电路接通。至于能否在外电路产生零序电流,则应视外电路中的元件是否提供零序电流的通路而定。

(3) 在三角形接法的绕组中,绕组的零序电势虽然不能作用到外电路上去,但能在三角形绕组中形成零序环流,如图 8-13 所示。此时,零序电势将被零序环流在绕组漏抗上产生的电压降所平衡,绕组两端电压为零。这种情况与变压器绕组短接是等效的。因此,在等值电路中该侧绕组端点接零序等值中性点(等值中性点与地同电位时则接地)。

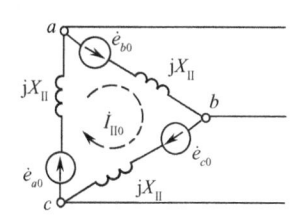

图 8-13 $Y_0/\triangle$ 接法三角形侧的零序环流

根据以上三点,变压器零序等值电路与外电路的连接,可用图 8-14 所示的开关电路来表示。以上结论也完全适用于三绕组变压器。

变压器绕组接法	开关位置	绕组端点与外电路的连接
Y	1	与外电路断开
Y_0	2	与外电路接通
△	3	与外电路断开,但与励磁支路并联

图 8-14 变压器零序等值电路与外电路的连接

顺便指出,由于三角形接法的绕组漏抗与励磁支路并联,不管何种铁心结构的变压器,一般励磁电抗总比漏抗大得多,因此,在短路计算中,当变压器有三角形接法的绕组时,都可以近似地取 $X_{m0} \approx \infty$。

3. 中性点有接地阻抗时变压器的零序等值电路

当中性点经阻抗接地的星形接法绕组通过零序电流时,中性点接地阻抗上将流过三倍零序电流,并产生相应的电压降,使中性点与地不同电位(图 8-15(a))。因此,在单相零序等值电路中,应将中性点接地阻抗增大为三倍,并同它所接入的该侧绕组漏抗相串联,如图 8-15(b)所示。

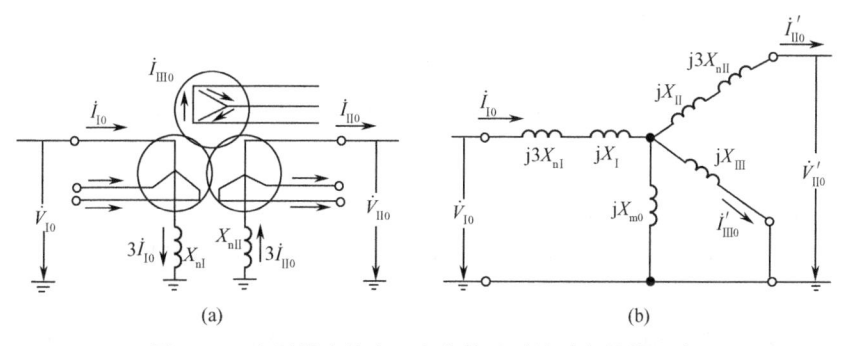

图 8-15 变压器中性点经电抗接地时的零序等值电路

4. 自耦变压器的零序阻抗及其等值电路

自耦变压器中两个有直接电气联系的自耦绕组,一般是用来联系两个直接接地的系统的。对于中性点直接接地的自耦变压器,其零序等值电路及其参数、零序等值电路与外电路的连接情况、短路计算中励磁电抗的处理等,都与普通变压器相同。但应注意,由于两个自耦绕组共用一个中性点和接地线,因此,我们不能直接从等值电路中已折算的电流值求出中性点的入地电流。中性点的入地电流,应等于两个自耦绕组零序电流有名值之差的三倍(图8-16(a)),即 $\dot{I}_n = 3(\dot{I}_{I0} - \dot{I}_{II0})$。

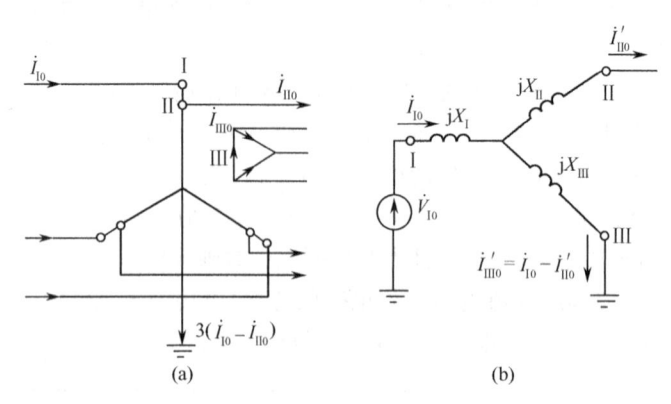

图8-16 中性点直接接地的自耦变压器及其零序等值电路

当自耦变压器的中性点经电抗 X_n 接地时(如图8-17),中性点电位,不像普通变压器那样,只受一个绕组的零序电流影响,而是要受两个绕组的零序电流影响。因此,中性点接地电抗对零序等值电路及其参数的影响,就与普通变压器不同。在零序等值电路中,包括三角形侧在内的各侧等值电抗,均含有与中性点接地电抗有关的附加项,如式(8-20)所示,而普通变压器则仅在中性点电抗接入侧增加附加项。

$$\begin{cases} X'_I = X_I + 3X_n(1-k_{12}) \\ X'_{II} = X_{II} + 3X_n k_{12}(k_{12}-1) \\ X'_{III} = X_{III} + 3X_n k_{12} \end{cases} \quad (8-20)$$

式中,$k_{12} = V_{IN}/V_{IIN}$,即 I、II 侧间的变比。

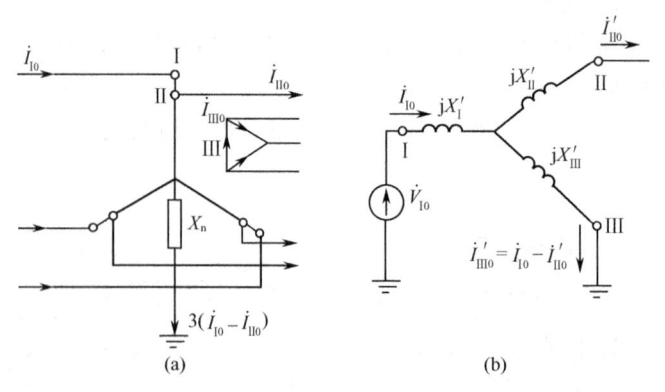

图8-17 中性点经电抗接地的自耦变压器及其零序等值电路

与普通变压器一样,自耦变压器中性点的实际电压也不能从等值电路中求得,须先求出两个自耦绕组零序电流的实际有名值才能求得中性点的电压,它等于两个自耦绕组零序电流实际有名值之差的三倍乘以 X_n 的实际有名值。

8.2.4 架空输电线路的零序阻抗及其等值电路

输电线路是静止元件,其正、负序阻抗及等值电路完全相同,这里只讨论零序阻抗。当输电线路通过零序电流时,由于三相零序电流大小相等、相位相同,因此必须借助大地及架空地线来构成零序电流的通路(图 8-18),这样架空输电线路的零序阻抗与电流在地中的分布有关,并且平行架设的双回线、架空地线等对等值零序电抗的大小都有影响,要精确计算是很困难的。

输电线路的零序阻抗比正序阻抗大。这一方面由于三相零序电流通过大地返回,大地电阻使线路每相的等值电阻增大;另一方面,由于三相零序电流同相位,每一相零序电流产生的自感磁通与来自另两相的零序电流产生的互感磁通是互相助增的,这就使一相的等值电感增大。

若是平行架设的双回输电线路(见图 8-19(a)),则还要计及两回路之间的互感所产生的助磁作用,因此其等值零序阻抗还要更大些。图 8-19(a)中,$\dot{I}_{\mathrm{I}0}$、$\dot{I}_{\mathrm{II}0}$ 分别为线路Ⅰ和Ⅱ中的零序电流;$Z_{\mathrm{I}0}$、$Z_{\mathrm{II}0}$ 分别为不计两回路间互相影响时线路Ⅰ和Ⅱ的一相零序等值阻抗;$Z_{\mathrm{I-II}0}$ 为平行线路Ⅰ和Ⅱ之间的零序互阻抗。

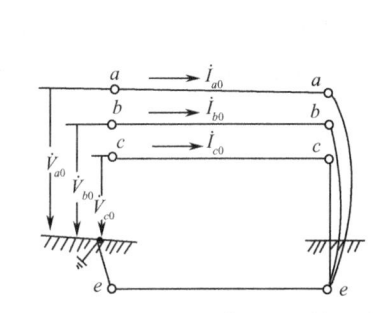

图 8-18 以大地为回路的三相输电线路

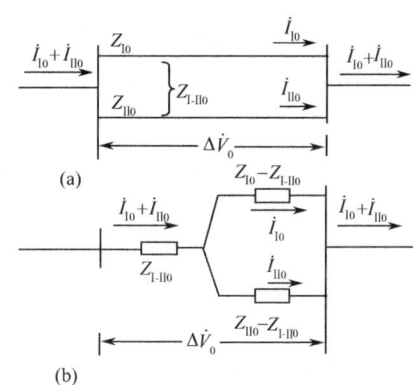

图 8-19 双回平行输电线路及其零序等值电路

现在讨论平行双回路的零序等值电路。根据图 8-19(a),两回线路的电压降分别为

$$\Delta \dot{V}_{\mathrm{I}0} = \Delta \dot{V}_0 = Z_{\mathrm{I}0} \dot{I}_{\mathrm{I}0} + Z_{\mathrm{I-II}0} \dot{I}_{\mathrm{II}0}$$
$$\Delta \dot{V}_{\mathrm{II}0} = \Delta \dot{V}_0 = Z_{\mathrm{II}0} \dot{I}_{\mathrm{II}0} + Z_{\mathrm{I-II}0} \dot{I}_{\mathrm{I}0} \tag{8-21}$$

式(8-21)可改写为

$$\Delta \dot{V}_0 = (Z_{\mathrm{I}0} - Z_{\mathrm{I-II}0}) \dot{I}_{\mathrm{I}0} + Z_{\mathrm{I-II}0} (\dot{I}_{\mathrm{I}0} + \dot{I}_{\mathrm{II}0})$$
$$\Delta \dot{V}_0 = (Z_{\mathrm{II}0} - Z_{\mathrm{I-II}0}) \dot{I}_{\mathrm{II}0} + Z_{\mathrm{I-II}0} (\dot{I}_{\mathrm{I}0} + \dot{I}_{\mathrm{II}0}) \tag{8-22}$$

根据式(8-22),可以绘出平行双回输电线路的零序等值电路,如图 8-19(b)所示。

当线路装有架空地线时,部分零序电流将通过架空地线构成回路(见图 8-20)。由于架空地线零序电流的方向与输电线路零序电流的方向相反,互感磁通是相互削弱的,故使零序电抗有所减小;同时由于地线的分流作用,也减小了大地上的电压降,从而使等值的零序阻抗减小。在不对称故障计算时,可略去线路的电阻和对地电容,因此,输电线路的正序、负序、零序等值电路可用一电抗表示。但平行架设的双回输电线路,如果两条线路的零序阻抗不相等,则要用图 8-19(b)所示的零序等值电路。

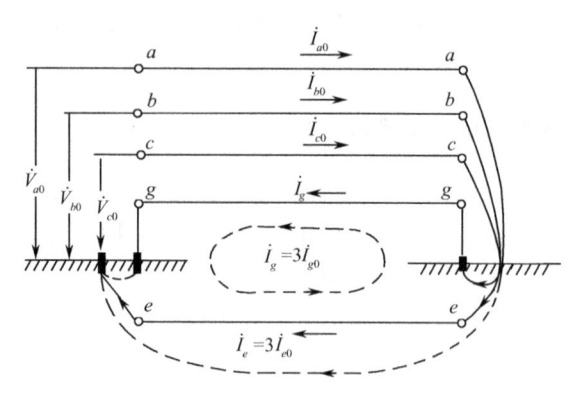

图 8-20　有架空地线时零序电流的通路

在短路电流实用计算中,近似地采用下列值作为输电线路每一回路每单位长度的一相等值零序电抗:

无架空地线的单回线路 $x_0=3.5x_1$
无架空地线的双回线路 $x_0=5.5x_1$
有架空地线的单回线路 $x_0=(2\sim3)x_1$
有架空地线的双回线路 $x_0=(3\sim4.7)x_1$

顺便指出,电缆线路由于三相芯线的距离远比架空线路的线间距离要小得多,所以,电缆线路的正序阻抗小于架空线路的正序阻抗,它的零序阻抗一般是通过实测确定的,近似计算中可取下列数值:

$$r_0=10r_1,\quad x_0=(3.5\sim4.6)x_1$$

而电力系统中的电抗器,相间互感很小,其零序电抗与正序电抗相等。

8.2.5　电力系统各序网络

如前所述,应用对称分量法分析计算不对称故障时,首先必须作出电力系统的各序网络。为此,应根据电力系统的接线图、中性点接地的情况等原始资料,在故障点分别施加各序电势,从故障点开始,逐步查明各序电流流通的情况,凡是某一序电流能流通的元件,都必须包括在该序网络中,并用相应的序参数和等值电路表示。下面结合图 8-21 来说明各序网络的制订。

1. 正序网络

正序网络就是通常计算对称短路时所用的等值网络。除中性点接地阻抗、空载线路(不计导纳)以及空载变压器(不计励磁电流)外,电力系统各元件均应包括在正序网络中,并用相应的正序参数和等值电路表示。正序网络中须引入各电源电势,在短路点还须引入代替故障的正序电势。电源中性点和负荷中性点电位相等,可以直接连接起来。例如,图 8-21(b)所示的正序网络就不包括空载的线路 L-3 和变压器 T-3。发电机电势用 $\dot{E}_1$ 表示,在短路点接入正序电势 $\dot{V}_{a1}$。正序网络中短路点用 f_1 表示,零电位点用 O_1 表示。从 f_1O_1 端口看进去,它是一个有源网络,可以化简成图 8-21(e)所示的形式。

2. 负序网络

负序电流能流通的元件与正序电流能流通的相同。因此,组成负序网络的元件与组成正序网络的元件完全相同,只不过所有电源的负序电势为零,所有元件的参数采用负序参数,在短路点引入代替故障的负序电势 $\dot{V}_{a2}$。在负序网络中,各电源支路的中性点与负荷的中性点也可以直接连接起来。如图 8-21(c)所示。负序网络中短路点用 f_2 表示,零电位点用 O_2 表示。从 f_2O_2 端口看进去,它是一个无源网络,可以化简成图 8-21(f)所示的形式。

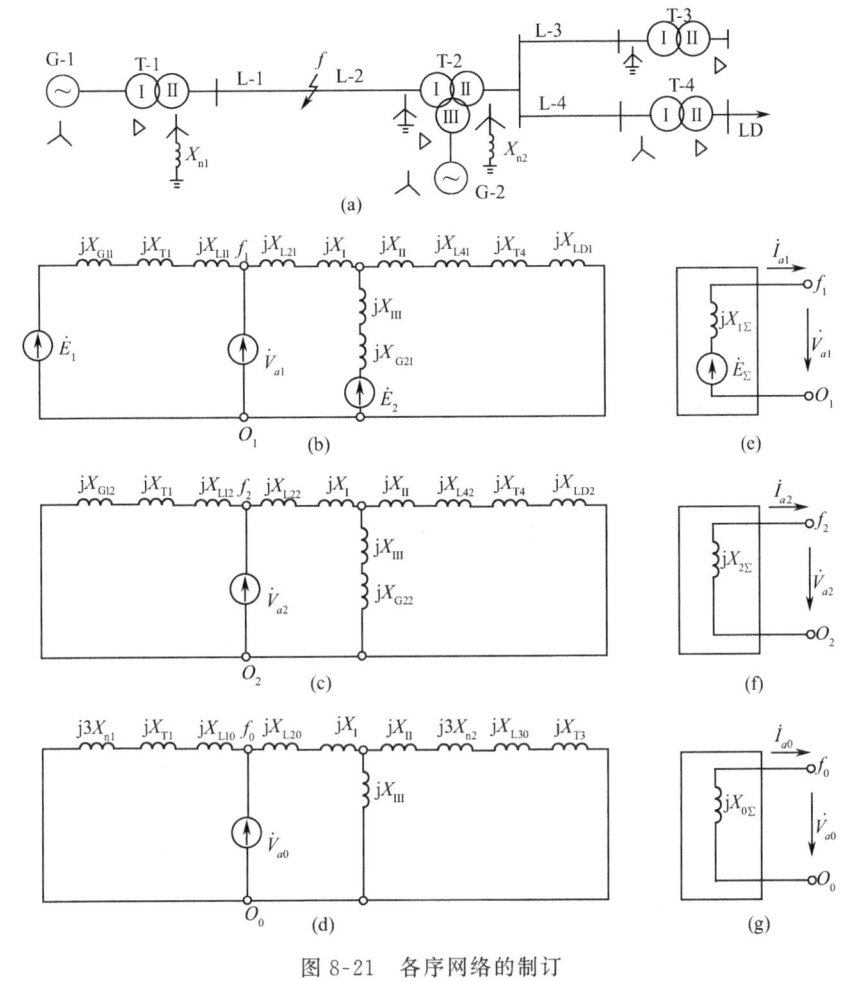

图 8-21 各序网络的制订

(a) 电力系统接线图;(b)、(e) 正序网络;(c)、(f) 负序网络;(d)、(g) 零序网络

3. 零序网络

在短路点施加代表故障的零序电势,查明零序电流流通的情况,凡是零序电流能流通的元件都应包括在零序网络中。由于发电机和负荷通常由三角形接法的变压器绕组把零序电流隔开,即零序电流不流过发电机和负荷,因而零序网络中通常不含有发电机和负荷。零序网络中,所有元件的参数采用零序参数,在短路点引入代替故障的零序电势 $\dot{V}_{a0}$。图 8-21(a)中,因变压器 T-4 中性点未接地,不能流通零序电流,所以变压器 T-4 以及线路 L-4、负荷 LD 都不包括在零序网络中。变压器 T-3 虽然是空载,但因其中性点接地,故 L-3 和 T-3 能流通零序电流,所以它们应包括在零序网络中。发电机 G-1 因与三角形接法的绕组相连,故不包括在零序网络中。于是得到图 8-21(a)所示系统的零序网络如图 8-21(d)。从 f_0O_0 端口看进去,零序网络也是一个无源网络,可以化简成图 8-21(g)所示的形式。

【例 8-1】 图 8-22(a)所示输电系统,在 f 点发生接地短路,试绘出各序网络,并计算电源的组合电势 E_Σ 和各序组合电抗 $X_{1\Sigma}$、$X_{2\Sigma}$ 和 $X_{0\Sigma}$。已知系统各元件参数如下：

发电机 G：50MW，$\cos\varphi=0.8$，$X_d''=0.15$，$X_2=0.18$，$E_1=1.08$

变压器 T-1、T-2：60MV·A，$V_S\%=10.5$，中性点接地电抗 $x_n=22\Omega$

负荷 LD：15MV·A，$X_1=1.2$，$X_2=0.35$

输电线路 L：50km，$x_1=0.4\Omega/km$，$x_0=3x_1$

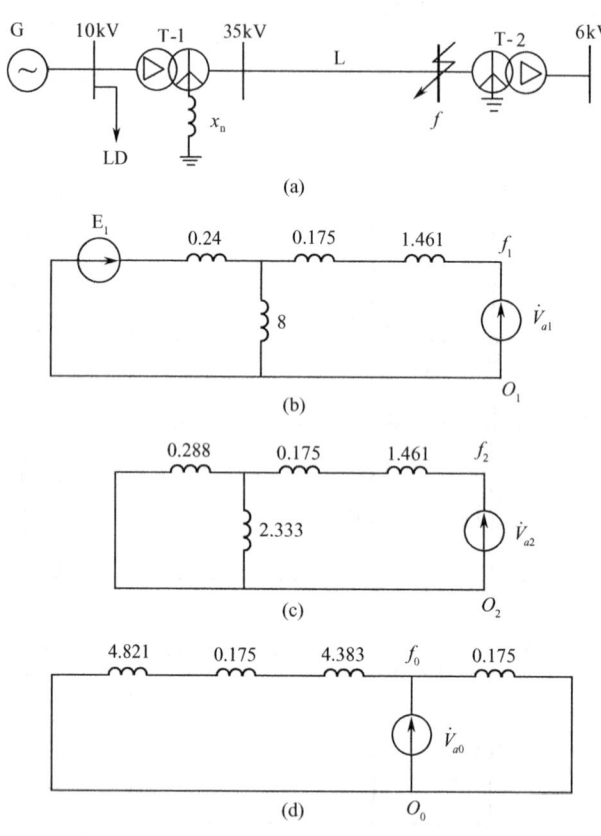

图 8-22　电力系统接线图(a)及正序(b)、负序(c)、零序(d)网络

解 （1）各元件参数标幺值计算。

选取基准功率 $S_B=100MV\cdot A$ 和基准电压 $V_B=V_{av}$，计算各元件的各序电抗的标幺值，计算结果标于各序网络图中。

发电机：$\qquad X_{G1}=0.15\times\dfrac{100}{50/0.8}=0.24,\quad X_{G2}=0.18\times\dfrac{100}{50/0.8}=0.288$

变压器 T-1、T-2：$\quad X_{T1}=X_{T2}=\dfrac{10.5}{100}\times\dfrac{100}{60}=0.175$

中性点接地电抗：$\quad x_n=22\times\dfrac{100}{37^2}=1.607$

负荷 LD：$\qquad X_{LD1}=1.2\times\dfrac{100}{15}=8,\quad X_{LD2}=0.35\times\dfrac{100}{15}=2.333$

输电线路 L：$\qquad X_{L1}=50\times0.4\times\dfrac{100}{37^2}=1.461,\quad X_{L0}=3\times1.461=4.383$

(2) 制订各序网络。

正序和负序网络不包括中性点接地电抗和空载变压器 T-2,因此,正序和负序网络中包括发电机 G、变压器 T-1、负荷 LD 以及输电线路 L,如图 8-22(b) 和(c)所示。由于零序电流不流经发电机和负荷,因此,零序网络中只包括变压器 T-1、T-2 和输电线路 L,如图 8-22(d)所示。

(3) 网络化简,求组合电势和各序组合电抗。

由图 8-22(b)可得

$$E_\Sigma = \frac{1.08 \times 8}{0.24+8} = 1.05$$

$$X_{1\Sigma} = (0.24 /\!/ 8) + 0.175 + 1.461 = 1.869$$

由图 8-22(c)和(d)可得

$$X_{2\Sigma} = (0.288 /\!/ 2.333) + 0.175 + 1.461 = 1.892$$

$$X_{0\Sigma} = (0.175 + 4.821 + 4.383) /\!/ 0.175 = 0.172$$

8.3 简单不对称短路的分析计算

对于各种不对称短路,应用对称分量法,都可以写出短路点的序网络方程(8-19)。当网络元件都只用电抗表示时,序网络方程可写为

$$\begin{cases} \dot{E}_\Sigma - jX_{1\Sigma}\dot{I}_{a1} = \dot{V}_{a1} \\ -jX_{2\Sigma}\dot{I}_{a2} = \dot{V}_{a2} \\ -jX_{0\Sigma}\dot{I}_{a0} = \dot{V}_{a0} \end{cases} \tag{8-23}$$

这三个方程包含了电流、电压各序分量六个未知数,因此,还必须根据各种不对称短路的具体边界条件写出另外三个方程式,才能求解。下面对各种简单不对称短路逐一进行分析。

8.3.1 单相接地短路

以下的分析均以 a 相作为特殊相和基准相。当 a 相接地短路时(如图 8-23 所示),故障处的三个边界条件为

单相接地短路的复合序网

$$\begin{cases} \dot{V}_a = 0 \\ \dot{I}_b = 0 \\ \dot{I}_c = 0 \end{cases} \tag{8-24}$$

用对称分量表示为

$$\begin{cases} \dot{V}_{a1} + \dot{V}_{a2} + \dot{V}_{a0} = 0 \\ a^2\dot{I}_{a1} + a\dot{I}_{a2} + \dot{I}_{a0} = 0 \\ a\dot{I}_{a1} + a^2\dot{I}_{a2} + \dot{I}_{a0} = 0 \end{cases} \tag{8-25}$$

经整理后,便得用序分量表示的边界条件为

$$\begin{cases} \dot{V}_{a1} + \dot{V}_{a2} + \dot{V}_{a0} = 0 \\ \dot{I}_{a1} = \dot{I}_{a2} = \dot{I}_{a0} \end{cases} \tag{8-26}$$

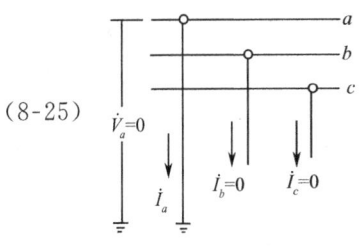

图 8-23 单相接地短路示意图

联立求解式(8-23)和式(8-26)可得

$$\dot{I}_{a1}=\frac{\dot{E}_{\Sigma}}{\mathrm{j}(X_{1\Sigma}+X_{2\Sigma}+X_{0\Sigma})} \tag{8-27}$$

式(8-27)是单相短路计算的关键公式。短路电流的正序分量一经算出,根据边界条件(8-26)和序网络方程(8-23)即可求得短路点电流和电压的各序分量

$$\begin{cases} \dot{I}_{a2}=\dot{I}_{a0}=\dot{I}_{a1} \\ \dot{V}_{a1}=\dot{E}_{\Sigma}-\mathrm{j}X_{1\Sigma}\dot{I}_{a1}=\mathrm{j}(X_{2\Sigma}+X_{0\Sigma})\dot{I}_{a1} \\ \dot{V}_{a2}=-\mathrm{j}X_{2\Sigma}\dot{I}_{a1} \\ \dot{V}_{a0}=-\mathrm{j}X_{0\Sigma}\dot{I}_{a1} \end{cases} \tag{8-28}$$

电流和电压的各序分量,也可以直接根据复合序网求得。所谓复合序网是将各序网络在故障端口按照边界条件连接起来所构成的网络。单相接地短路的复合序网如图 8-24 所示。用复合序网进行计算,可得到与式(8-27)和式(8-28)完全相同的结论。

求出短路点电流和电压的各序分量后,利用对称分量的合成算式(8-3),可得短路点故障相电流,即单相接地短路时的短路电流

$$\dot{I}_{f}^{(1)}=\dot{I}_{a}=\dot{I}_{a1}+\dot{I}_{a2}+\dot{I}_{a0}=3\dot{I}_{a1} \tag{8-29}$$

以及短路点非故障相的对地电压

$$\begin{cases} \dot{V}_{b}=a^{2}\dot{V}_{a1}+a\dot{V}_{a2}+\dot{V}_{a0}=\mathrm{j}[(a^{2}-a)X_{2\Sigma}+(a^{2}-1)X_{0\Sigma}]\dot{I}_{a1} \\ \phantom{\dot{V}_{b}}=\frac{\sqrt{3}}{2}[(2X_{2\Sigma}+X_{0\Sigma})-\mathrm{j}\sqrt{3}X_{0\Sigma}]\dot{I}_{a1} \\ \dot{V}_{c}=a\dot{V}_{a1}+a^{2}\dot{V}_{a2}+\dot{V}_{a0}=\mathrm{j}[(a-a^{2})X_{2\Sigma}+(a-1)X_{0\Sigma}]\dot{I}_{a1} \\ \phantom{\dot{V}_{c}}=\frac{\sqrt{3}}{2}[-(2X_{2\Sigma}+X_{0\Sigma})-\mathrm{j}\sqrt{3}X_{0\Sigma}]\dot{I}_{a1} \end{cases} \tag{8-30}$$

选取正序电流 $\dot{I}_{a1}$ 作为参考相量,可以作出短路点电流和电压的相量图,如图 8-25 所示。

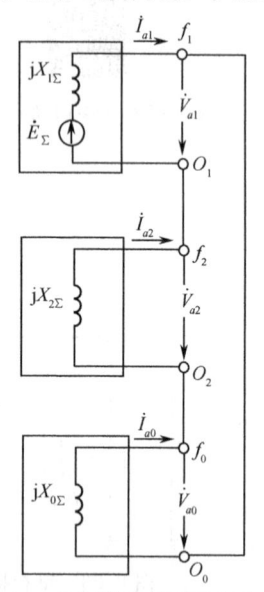

图 8-24 单相接地短路的复合序网 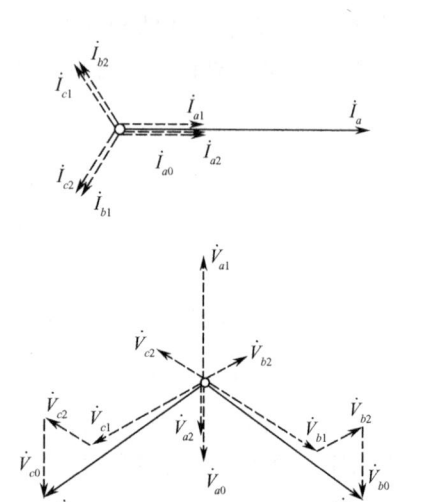　　图 8-25 单相接地短路时短路处的电流电压相量图

8.3.2 两相短路

b、c 两相短路的情况示于图 8-26，故障处的三个边界条件为

$$\begin{cases} \dot{I}_a = 0 \\ \dot{I}_b + \dot{I}_c = 0 \\ \dot{V}_b = \dot{V}_c \end{cases} \quad (8\text{-}31)$$

图 8-26 两相短路示意图

用对称分量表示为

$$\begin{cases} \dot{I}_{a1} + \dot{I}_{a2} + \dot{I}_{a0} = 0 \\ a^2\dot{I}_{a1} + a\dot{I}_{a2} + \dot{I}_{a0} + a\dot{I}_{a1} + a^2\dot{I}_{a2} + \dot{I}_{a0} = 0 \\ a^2\dot{V}_{a1} + a\dot{V}_{a2} + \dot{V}_{a0} = a\dot{V}_{a1} + a^2\dot{V}_{a2} + \dot{V}_{a0} \end{cases} \quad (8\text{-}32)$$

经整理后可得

$$\begin{cases} \dot{I}_{a0} = 0 \\ \dot{I}_{a1} + \dot{I}_{a2} = 0 \\ \dot{V}_{a1} = \dot{V}_{a2} \end{cases} \quad (8\text{-}33)$$

根据这些条件，可以用正序网络和负序网络组成两相短路的复合序网，如图 8-27 所示。因为零序电流等于零，所以复合序网中没有零序网络。

利用复合序网可以求出

$$\dot{I}_{a1} = \frac{\dot{E}_\Sigma}{\mathrm{j}(X_{1\Sigma} + X_{2\Sigma})} \quad (8\text{-}34)$$

以及

$$\begin{cases} \dot{I}_{a2} = -\dot{I}_{a1} \\ \dot{V}_{a1} = \dot{V}_{a2} = -\mathrm{j}X_{2\Sigma}\dot{I}_{a2} = \mathrm{j}X_{2\Sigma}\dot{I}_{a1} \end{cases} \quad (8\text{-}35)$$

短路点故障相的电流为

$$\begin{cases} \dot{I}_b = a^2\dot{I}_{a1} + a\dot{I}_{a2} + \dot{I}_{a0} = (a^2 - a)\dot{I}_{a1} = -\mathrm{j}\sqrt{3}\dot{I}_{a1} \\ \dot{I}_c = -\dot{I}_b = \mathrm{j}\sqrt{3}\dot{I}_{a1} \end{cases} \quad (8\text{-}36)$$

b、c 两相电流大小相等，方向相反。它们的绝对值为

$$I_f^{(2)} = I_b = I_c = \sqrt{3}I_{a1} \quad (8\text{-}37)$$

短路点各相对地电压为

$$\begin{cases} \dot{V}_a = \dot{V}_{a1} + \dot{V}_{a2} + \dot{V}_{a0} = 2\dot{V}_{a1} = \mathrm{j}2X_{2\Sigma}\dot{I}_{a1} \\ \dot{V}_b = a^2\dot{V}_{a1} + a\dot{V}_{a2} + \dot{V}_{a0} = -\dot{V}_{a1} = -\dfrac{1}{2}\dot{V}_a \\ \dot{V}_c = \dot{V}_b = -\dot{V}_{a1} = -\dfrac{1}{2}\dot{V}_a \end{cases} \quad (8\text{-}38)$$

可见，两相短路电流为正序电流的 $\sqrt{3}$ 倍，短路点非故障相电压为正序电压的两倍，而故障相电压只有非故障相电压的一半并且方向相反。

选取正序电流 $\dot{I}_{a1}$ 作为参考相量，可以作出短路点电流和电压的相量图，如图 8-28 所示。

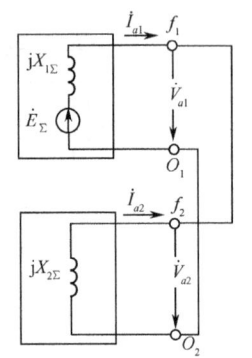

图 8-27 两相短路的复合序网 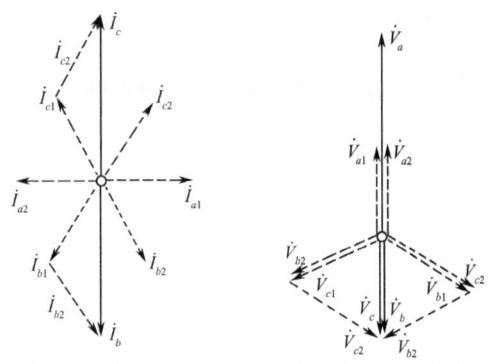　　图 8-28 两相短路时短路处电流电压相量图

8.3.3 两相短路接地

b、c 两相短路接地的情况如图 8-29 所示，故障处的三个边界条件为

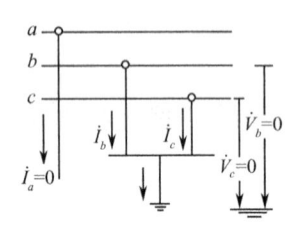

$$\begin{cases} \dot{I}_a = 0 \\ \dot{V}_b = 0 \\ \dot{V}_c = 0 \end{cases} \quad (8\text{-}39)$$

图 8-29 两相短路接地示意图

这些条件与单相短路的边界条件极为相似，只要把单相短路的边界条件(8-26)中的电压换为电流、电流换为电压便可得到两相短路接地用序分量表示的边界条件。

$$\begin{cases} \dot{I}_{a1} + \dot{I}_{a2} + \dot{I}_{a0} = 0 \\ \dot{V}_{a1} = \dot{V}_{a2} = \dot{V}_{a0} \end{cases} \quad (8\text{-}40)$$

根据边界条件组成的两相短路接地的复合序网示于图 8-30。由图可得

$$\dot{I}_{a1} = \frac{\dot{E}_\Sigma}{\mathrm{j}(X_{1\Sigma} + X_{2\Sigma} /\!/ X_{0\Sigma})} \quad (8\text{-}41)$$

以及

$$\begin{cases} \dot{I}_{a2} = -\dfrac{X_{0\Sigma}}{X_{2\Sigma} + X_{0\Sigma}} \dot{I}_{a1} \\ \dot{I}_{a0} = -\dfrac{X_{2\Sigma}}{X_{2\Sigma} + X_{0\Sigma}} \dot{I}_{a1} \\ \dot{V}_{a1} = \dot{V}_{a2} = \dot{V}_{a0} = \mathrm{j} \dfrac{X_{2\Sigma} X_{0\Sigma}}{X_{2\Sigma} + X_{0\Sigma}} \dot{I}_{a1} \end{cases} \quad (8\text{-}42)$$

短路点故障相的电流为

$$\begin{cases} \dot{I}_b = a^2 \dot{I}_{a1} + a \dot{I}_{a2} + \dot{I}_{a0} = \left(a^2 - \dfrac{X_{2\Sigma} + a X_{0\Sigma}}{X_{2\Sigma} + X_{0\Sigma}} \right) \dot{I}_{a1} \\ \qquad = \dfrac{-3 X_{2\Sigma} - \mathrm{j}\sqrt{3}(X_{2\Sigma} + 2 X_{0\Sigma})}{2(X_{2\Sigma} + X_{0\Sigma})} \dot{I}_{a1} \\ \dot{I}_c = a \dot{I}_{a1} + a^2 \dot{I}_{a2} + \dot{I}_{a0} = \left(a - \dfrac{X_{2\Sigma} + a^2 X_{0\Sigma}}{X_{2\Sigma} + X_{0\Sigma}} \right) \dot{I}_{a1} \\ \qquad = \dfrac{-3 X_{2\Sigma} + \mathrm{j}\sqrt{3}(X_{2\Sigma} + 2 X_{0\Sigma})}{2(X_{2\Sigma} + X_{0\Sigma})} \dot{I}_{a1} \end{cases} \quad (8\text{-}43)$$

根据上式,可以求得两相短路接地时故障相电流的绝对值为

$$I_f^{(1,1)} = I_b = I_c = \sqrt{3}\sqrt{1 - \frac{X_{2\Sigma}X_{0\Sigma}}{(X_{2\Sigma}+X_{0\Sigma})^2}}I_{a1} \tag{8-44}$$

短路点非故障相电压为

$$\dot{V}_a = 3\dot{V}_{a1} = j\frac{3X_{2\Sigma}X_{0\Sigma}}{X_{2\Sigma}+X_{0\Sigma}}\dot{I}_{a1} \tag{8-45}$$

选取正序电流 $\dot{I}_{a1}$ 作为参考相量,可以作出两相短路接地时短路点的电流和电压相量图,如图 8-31 所示。

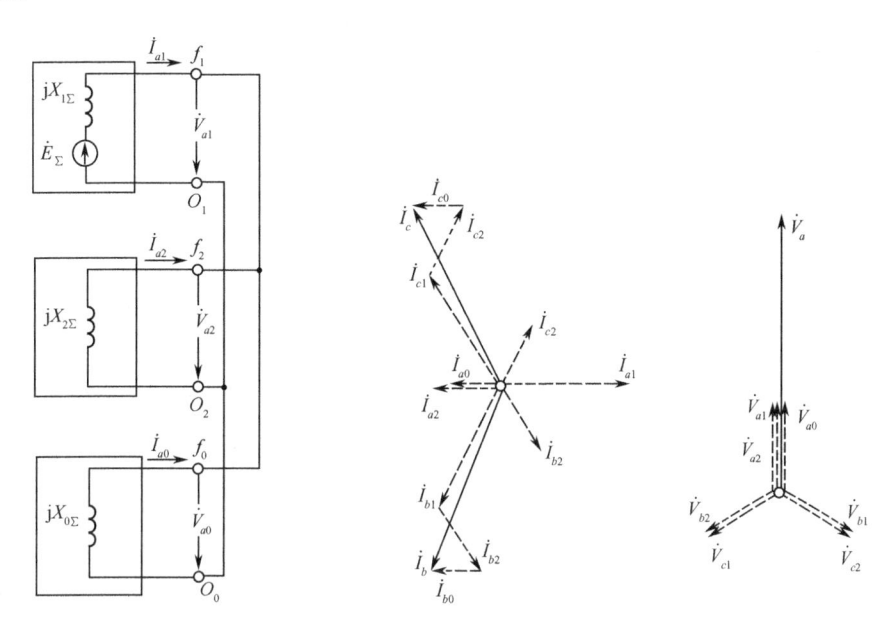

图 8-30 两相短路接地的复合序网　　图 8-31 两相短路接地时短路处电流电压相量图

8.3.4 正序等效定则

以上分析所得的三种简单不对称短路时的短路电流正序分量算式(8-27)、式(8-34)和式(8-41)可以统一写成

$$\dot{I}_{a1} = \frac{\dot{E}_\Sigma}{j(X_{1\Sigma} + X_\Delta^{(n)})} \tag{8-46}$$

式中,$X_\Delta^{(n)}$ 表示附加电抗,其值随短路的类型不同而不同,上角标(n)是代表短路类型的符号。

式(8-46)表明,在简单不对称短路的情况下,短路点电流的正序分量,与在短路点每一相中加入附加电抗 $X_\Delta^{(n)}$ 而发生三相短路时的电流相等。这就是不对称短路的正序等效定则。

从短路点故障相短路电流的算式(8-29)、式(8-37)和式(8-44)可以看到,短路电流的绝对值与它的正序分量的绝对值成正比,即

$$I_f^{(n)} = m^{(n)} I_{a1}^{(n)} \tag{8-47}$$

式中,$m^{(n)}$ 是比例系数,其值随短路的类型不同而不同。

各种简单不对称短路时的 $X_\Delta^{(n)}$ 和 $m^{(n)}$ 的值见表 8-2。

正序等效定则的意义

表 8-2 简单短路时的 $X_\Delta^{(n)}$ 和 $m^{(n)}$

短路类型 $f^{(n)}$	$X_\Delta^{(n)}$	$m^{(n)}$
三相短路 $f^{(3)}$	0	1
两相短路接地 $f^{(1,1)}$	$\dfrac{X_{2\Sigma}X_{0\Sigma}}{X_{2\Sigma}+X_{0\Sigma}}$	$\sqrt{3}\sqrt{1-\dfrac{X_{2\Sigma}X_{0\Sigma}}{(X_{2\Sigma}+X_{0\Sigma})^2}}$
两相短路 $f^{(2)}$	$X_{2\Sigma}$	$\sqrt{3}$
单相接地短路 $f^{(1)}$	$X_{2\Sigma}+X_{0\Sigma}$	3

根据以上的讨论，可以得到一个结论：简单不对称短路电流的计算，归根结底不外乎先求出系统对短路点的负序和零序组合电抗，再根据不同的短路类型组成附加电抗 $X_\Delta^{(n)}$，将它接入短路点，然后就像计算三相短路一样，算出短路点的正序电流。所以，前面讲过的三相短路电流的各种计算方法也适用于计算不对称短路。

【例 8-2】 如图 8-32(a)所示电力系统，各元件参数如下：发电机 G-1：100MW，$\cos\varphi=0.85$，$X_d''=0.183$，$X_2=0.223$；G-2：50MW，$\cos\varphi=0.8$，$X_d''=0.141$，$X_2=0.172$；变压器 T-1：120MV·A，$V_S\%=14.2$；T-2：63MV·A，$V_S\%=14.5$；输电线路 L：每回 120km，$x_1=0.432\Omega/\mathrm{km}$，$x_0=5x_1$。试计算 f 点发生各种不对称短路时的短路电流。

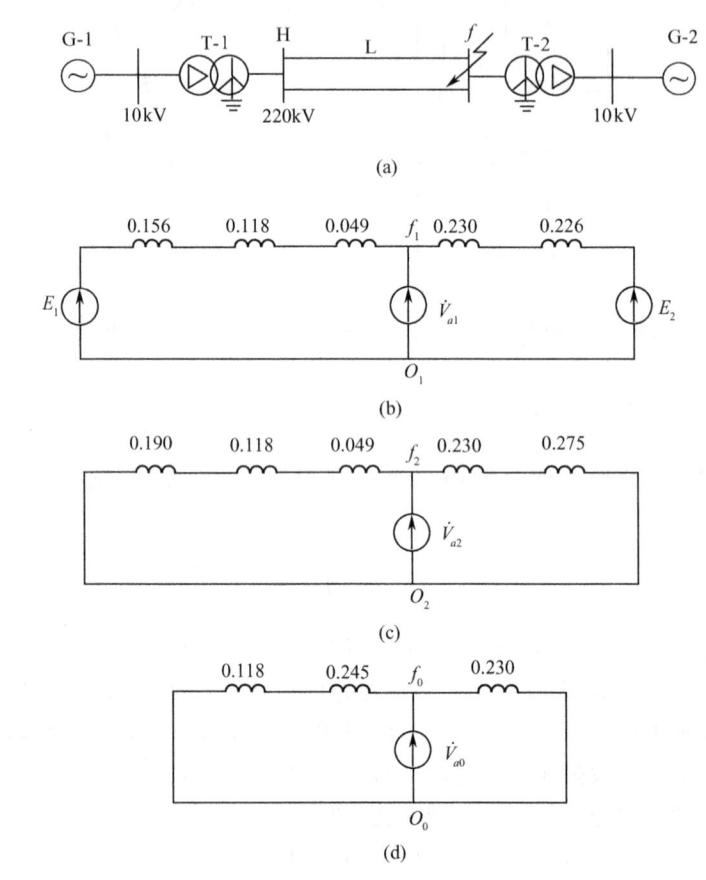

图 8-32 例 8-2 的电力系统接线图(a)及正序(b)、负序(c)、零序(d)网络

解 (1) 制订各序等值电路，计算各序组合电抗。

选取基准功率 $S_B=100$MV·A 和基准电压 $V_B=V_{av}$，计算出各元件的各序电抗的标幺值

(计算过程从略),计算结果标于各序网络图中。

$$X_{1\Sigma}=(0.156+0.118+0.049) /\!/ (0.230+0.226)=0.189$$
$$X_{2\Sigma}=(0.190+0.118+0.049) /\!/ (0.230+0.275)=0.209$$
$$X_{0\Sigma}=(0.118+0.245) /\!/ 0.230=0.141$$

(2) 计算各种不对称短路时的短路电流。

单相接地短路

$$X_\Delta^{(1)}=X_{2\Sigma}+X_{0\Sigma}=0.209+0.141=0.350, \quad m^{(1)}=3$$

$$I_{a1}^{(1)}=\frac{E_\Sigma}{X_{1\Sigma}+X_\Delta^{(1)}}=\frac{1}{0.189+0.350}=1.855$$

基准电流

$$I_B=\frac{100}{\sqrt{3}\times 230}=0.251(\text{kA})$$

$$I_f^{(1)}=m^{(1)} I_{a1}^{(1)} I_B=3\times 1.855\times 0.251=1.397(\text{kA})$$

两相短路

$$X_\Delta^{(2)}=X_{2\Sigma}=0.209, \quad m^{(2)}=\sqrt{3}$$

$$I_{a1}^{(2)}=\frac{E_\Sigma}{X_{1\Sigma}+X_\Delta^{(2)}}=\frac{1}{0.189+0.209}=2.513$$

$$I_f^{(2)}=m^{(2)} I_{a1}^{(2)} I_B=\sqrt{3}\times 2.513\times 0.251=1.092(\text{kA})$$

两相短路接地

$$X_\Delta^{(1,1)}=X_{2\Sigma} /\!/ X_{0\Sigma}=0.209 /\!/ 0.141=0.084$$

$$m^{(1,1)}=\sqrt{3}\sqrt{1-[X_{2\Sigma}X_{0\Sigma}/(X_{2\Sigma}+X_{0\Sigma})^2]}$$
$$=\sqrt{3}\sqrt{1-[0.209\times 0.141/(0.209+0.141)^2]}=1.509$$

$$I_{a1}^{(1,1)}=\frac{E_\Sigma}{X_{1\Sigma}+X_\Delta^{(1,1)}}=\frac{1}{0.189+0.084}=3.663$$

$$I_f^{(1,1)}=m^{(1,1)} I_{a1}^{(1,1)} I_B=1.509\times 3.663\times 0.251=1.387(\text{kA})$$

【例 8-3】 就例 8-2 所示系统,试计算单相(a 相)接地短路时,故障点处非故障相(b,c 相)的电压。

解 由例 8-2 可知,$X_{1\Sigma}=0.189$,$X_{2\Sigma}=0.209$,$X_{0\Sigma}=0.141$,单相接地短路时的正序电流 $\dot{I}_{a1}=1.855$。

根据式(8-28)可得

$$\dot{V}_{a1}=\dot{E}_\Sigma-jX_{1\Sigma}\dot{I}_{a1}=j1-j0.189\times 1.855=j0.649$$

$$\dot{V}_{a2}=-jX_{2\Sigma}\dot{I}_{a1}=-j0.209\times 1.855=-j0.388$$

$$\dot{V}_{a0}=-jX_{0\Sigma}\dot{I}_{a1}=-j0.141\times 1.855=-j0.262$$

于是

$$\dot{V}_b=a^2\dot{V}_{a1}+a\dot{V}_{a2}+\dot{V}_{a0}=a^2\times(j0.649)+a\times(-j0.388)-j0.262$$
$$=0.898-j0.393=0.98e^{-j23.64°}$$

$$\dot{V}_c=a\dot{V}_{a1}+a^2\dot{V}_{a2}+\dot{V}_{a0}=a\times(j0.649)+a^2\times(-j0.388)-j0.262$$

$$= -0.898 - \text{j}0.393 = 0.98\text{e}^{-\text{j}156.36°}$$

b、c 相电压有名值为

$$V_b = V_c = 0.98 \times \frac{230}{\sqrt{3}} = 130.14(\text{kV})$$

8.4 不对称短路时网络中电流和电压的计算

在电力系统设计、运行，特别是继电保护的整定中，除了需要知道故障点的短路电流和电压外，还需要知道网络中其他支路的电流和其他节点的电压。为此，须先求出电流和电压各序分量在网络中的分布，然后将相应的各序分量进行合成以求得各相电流和各相电压。

8.4.1 电流分布计算

详细计算过程请扫描二维码查看。

电流分布计算

8.4.2 电压分布计算

详细计算过程请扫描二维码查看。

8.4.3 对称分量经变压器后的相位变化

电压分布计算

在计算电流和电压分布时，要注意的是，电流和电压的各序对称分量经过变压器后，其相位可能要发生移动。由电机学可知，这取决于变压器绕组的连接组别。现以变压器的两种常用连接方式 Y/Y-12 和 Y/△-11 来说明对称分量经变压器后的相位变化。

1. Y/Y-12 连接的变压器

图 8-33(a)表示 Y/Y-12 连接的变压器，用 A、B 和 C 表示变压器绕组Ⅰ的出线端，用 a、b 和 c 表示绕组Ⅱ的出线端。如果在Ⅰ侧通以正序电流，则Ⅱ侧绕组的线（相）电流与Ⅰ侧绕组的线（相）电流同相位，如图 8-33(b)所示。如果在Ⅰ侧通以负序电流，则Ⅱ侧的线（相）电流与Ⅰ侧的线（相）电流也同相位，如图 8-33(c)所示。对于这样连接的变压器，当所选择的基准值使非标准变比 $k_* = 1$ 时，两侧线（相）电流的正序分量或负序分量的标幺值分别相等，且相位相同，即 $\dot{I}_{a1} = \dot{I}_{A1}$，$\dot{I}_{a2} = \dot{I}_{A2}$。

对于两侧电压的正序或负序分量，也存在上述关系。

如果变压器接成 Y_0/Y_0-12，而又存在零序电流的通路时，则变压器两侧的零序电流或零序电压也是同相位的。因此，电流和电压的各序对称分量经过 Y/Y-12 连接的变压器时，不发生相位移动。

2. Y/△-11 连接的变压器

图 8-34(a)表示 Y/△-11 连接的变压器。如果在 Y 侧通以正序电流，△侧的相电流与 Y 侧的线电流同相位，即 $\dot{I}_{ca1}$、$\dot{I}_{ab1}$、$\dot{I}_{bc1}$ 分别与 $\dot{I}_{A1}$、$\dot{I}_{B1}$、$\dot{I}_{C1}$ 同相位，但△侧的线电流 $\dot{I}_{a1}$、$\dot{I}_{b1}$、$\dot{I}_{c1}$ 却分别超前 Y 侧线电流 $\dot{I}_{A1}$、$\dot{I}_{B1}$、$\dot{I}_{C1}$ 30°，如图 8-34(b)所示。同理，当在 Y 侧通以负序电流时，△侧的线电流落后 Y 侧线电流 30°，如图 8-34 (c)所示。

当非标准变比 $k_* = 1$ 时，变压器两侧线电流的正序和负序分量的标幺值存在以下关系：

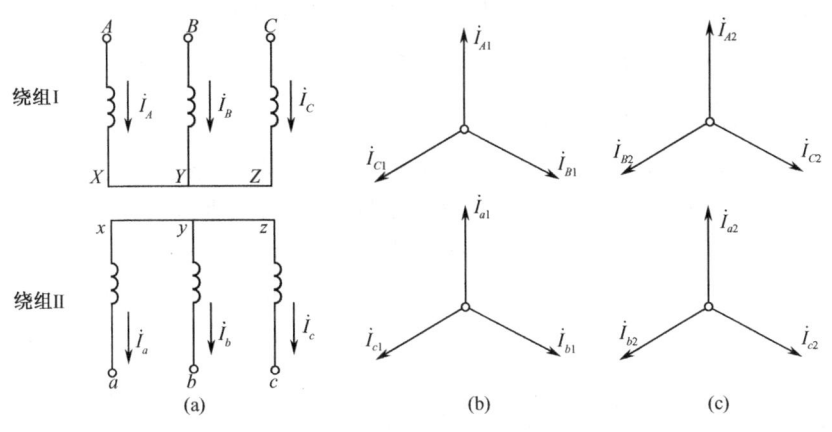

图 8-33 Y/Y-12 接法变压器两侧电流正、负序分量的相位关系

$$\begin{cases} \dot{I}_{a1} = \dot{I}_{A1} e^{j30°} \\ \dot{I}_{a2} = \dot{I}_{A2} e^{-j30°} \end{cases} \tag{8-48}$$

电压各序分量也有相同的相位关系，△侧的正序电压超前 Y 侧正序电压 30°，△侧的负序电压则落后于 Y 侧负序电压 30°。当用标幺值表示且 $k_* = 1$ 时便有

$$\begin{cases} \dot{V}_{a1} = \dot{V}_{A1} e^{j30°} \\ \dot{V}_{a2} = \dot{V}_{A2} e^{-j30°} \end{cases} \tag{8-49}$$

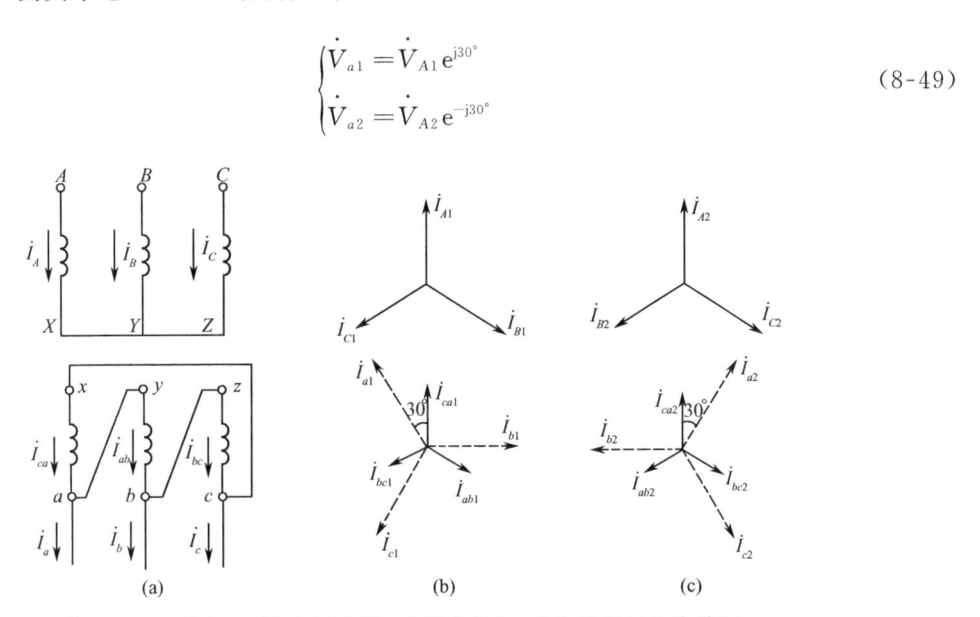

图 8-34 Y/△-11 接法变压器两侧线电流正、负序分量的相位关系

Y/△连接的变压器，在△侧的外电路中不含零序分量。

由此可见，经过 Y/△-11 接法的变压器，由 Y 侧到△侧时，正序分量逆时针方向转过 30°，负序分量顺时针转过 30°。反之，由△侧到 Y 侧时，正序分量顺时针转过 30°，负序分量逆时针方向转过 30°。因此，当已求得 Y 侧的序电流 $\dot{I}_{A1}, \dot{I}_{A2}$ 时，△侧各相电流分别为

$$\begin{cases} \dot{I}_a = \dot{I}_{a1} + \dot{I}_{a2} = \dot{I}_{A1}\mathrm{e}^{\mathrm{j}30°} + \dot{I}_{A2}\mathrm{e}^{-\mathrm{j}30°} = -\mathrm{j}[a\dot{I}_{A1} + a^2(-\dot{I}_{A2})] \\ \dot{I}_b = a^2\dot{I}_{a1} + a\dot{I}_{a2} = a^2\dot{I}_{A1}\mathrm{e}^{\mathrm{j}30°} + a\dot{I}_{A2}\mathrm{e}^{-\mathrm{j}30°} = -\mathrm{j}[\dot{I}_{A1} + (-\dot{I}_{A2})] \\ \dot{I}_c = a\dot{I}_{a1} + a^2\dot{I}_{a2} = a\dot{I}_{A1}\mathrm{e}^{\mathrm{j}30°} + a^2\dot{I}_{A2}\mathrm{e}^{-\mathrm{j}30°} = -\mathrm{j}[a^2\dot{I}_{A1} + a(-\dot{I}_{A2})] \end{cases} \quad (8\text{-}50)$$

从上式可以看到，如果不计变压器原副边电流间的相位关系，略去上式右端的系数−j，并改选 b 相作为△侧的基准相，则只要将负序分量改变符号，就可以直接用 Y 侧的对称分量合成△侧的各相电流（或电压）。上述原则适用于一切奇数点钟的 Y/△ 接法的变压器，只是△侧的基准相应根据点钟数来确定。这个原则称为 Y/△ 接法变压器的负序分量变号原则。

【例 8-4】 在例 8-2 所示的网络中，f 点发生两相短路接地。试计算变压器 T-1 △侧的各相电流和各相电压，并画出相量图。变压器 T-1 是 Y/△-11 接法。

解 在例 8-2 中已经算出了网络的各序组合电抗以及两相短路接地时短路点处的正序电流，即 $X_{1\Sigma} = 0.189$、$X_{2\Sigma} = 0.209$、$X_{0\Sigma} = 0.141$，$\dot{I}_{f1} = 3.663$。本例下面的计算直接利用这些结果。

（1）计算短路点的电流电压各序分量。

由于变压器△侧没有零序分量，因此，只需计算电流和电压的正、负序分量。

对于两相短路接地

$$\dot{I}_{f2} = -\frac{X_{0\Sigma}}{X_{2\Sigma} + X_{0\Sigma}}\dot{I}_{f1} = -\frac{0.141}{0.209 + 0.141} \times 3.663 = -1.476$$

短路点各序电压为

$$\dot{V}_{f1} = \dot{V}_{f2} = \mathrm{j}\frac{X_{2\Sigma}X_{0\Sigma}}{X_{2\Sigma} + X_{0\Sigma}}\dot{I}_{f1} = \mathrm{j}\frac{0.209 \times 0.141}{0.209 + 0.141} \times 3.663 = \mathrm{j}0.308$$

（2）计算变压器 T-1 △侧的电流电压各序分量。

图 8-32(b) 和 (c) 中

$$X_1 = 0.156 + 0.118 + 0.049 = 0.323$$
$$X_2 = 0.19 + 0.118 + 0.049 = 0.357$$

从输电线流向 f 点的电流

$$\dot{I}_{L1} = \frac{\dot{E}_1 - \dot{V}_{f1}}{\mathrm{j}X_1} = \frac{\mathrm{j}(1.0 - 0.308)}{\mathrm{j}0.323} = 2.142$$

$$\dot{I}_{L2} = \frac{X_{2\Sigma}}{X_2}\dot{I}_{f2} = -\frac{0.209}{0.357} \times 1.476 = -0.864$$

变压器 T-1 Y 侧的电流即是线路 L-1 的电流，因此△侧的各序电流为

$$\dot{I}_{Ta1} = \dot{I}_{L1}\mathrm{e}^{\mathrm{j}30°} = 2.142\mathrm{e}^{\mathrm{j}30°}$$

$$\dot{I}_{Ta2} = \dot{I}_{L2}\mathrm{e}^{-\mathrm{j}30°} = -0.864\mathrm{e}^{-\mathrm{j}30°}$$

短路处的正序电压加上线路 L-1 和变压器 T-1 的电抗中的正序电压降，再逆时针转过 30°，便得变压器 T-1 △侧的正序电压为

$$\dot{V}_{Ta1} = [\mathrm{j}0.308 + \mathrm{j}(0.118 + 0.049) \times 2.142]\mathrm{e}^{\mathrm{j}30°} = \mathrm{j}0.666\mathrm{e}^{\mathrm{j}30°}$$

同样也可得△侧的负序电压为

$$\dot{V}_{Ta2} = [\mathrm{j}0.308 + \mathrm{j}(0.118 + 0.049) \times (-0.864)]\mathrm{e}^{-\mathrm{j}30°} = \mathrm{j}0.164\mathrm{e}^{-\mathrm{j}30°}$$

(3) 计算变压器 T-1△侧的各相电流和各相电压。

应用对称分量合成为各相量的算式,可得变压器△侧各相电流和各相电压的标幺值为

$$\dot{I}_{Ta} = \dot{I}_{Ta1} + \dot{I}_{Ta2} = 2.142e^{j30°} - 0.864e^{-j30°} = 1.107 + j1.503 = 1.867e^{j53.63°}$$

$$\dot{I}_{Tb} = a^2\dot{I}_{Ta1} + a\dot{I}_{Ta2} = a^2 \times 2.142e^{j30°} - a \times 0.864e^{-j30°}$$
$$= -j2.142 - j0.864 = 3.006e^{-j90°}$$

$$\dot{I}_{Tc} = a\dot{I}_{Ta1} + a^2\dot{I}_{Ta2} = a \times 2.142e^{j30°} - a^2 \times 0.864e^{-j30°}$$
$$= -1.107 + j1.503 = 1.867e^{j126.37°}$$

$$\dot{V}_{Ta} = \dot{V}_{Ta1} + \dot{V}_{Ta2} = j0.666e^{j30°} + j0.164e^{-j30°}$$
$$= -0.251 + j0.719 = 0.761e^{j109.24°}$$

$$\dot{V}_{Tb} = a^2\dot{V}_{Ta1} + a\dot{V}_{Ta2} = a^2 \times j0.666e^{j30°} + a \times j0.164e^{-j30°}$$
$$= 0.666 - 0.164 = 0.502$$

$$\dot{V}_{Tc} = a\dot{V}_{Ta1} + a^2\dot{V}_{Ta2} = a \times j0.666e^{j30°} + a^2 \times j0.164e^{-j30°}$$
$$= -0.251 - j0.719 = 0.761e^{-j109.24°}$$

10.5kV 电压级的基准电流

$$I_B = S_B/(\sqrt{3} \times 10.5) = 100/(\sqrt{3} \times 10.5) = 5.499(kA)$$

相电压的基准值

$$V_{P \cdot B} = 10.5/\sqrt{3} = 6.062(kV)$$

于是变压器 T-1△侧各相电流和电压的有名值分别为

$$I_{Ta} = 10.267kA, \quad I_{Tb} = 16.530kA, \quad I_{Tc} = 10.267kA$$
$$V_{Ta} = 4.613kV, \quad V_{Tb} = 3.043kV, \quad V_{Tc} = 4.613kV$$

(4) 画变压器 T-1△侧的电流和电压相量图。

下面以 I_{f1} 为基准相量,画出变压器 T-1△侧的电流和电压(即发电机端电压)相量图。先画出各相电流和电压的序分量,再合成相应的相量,如图 8-35 所示。

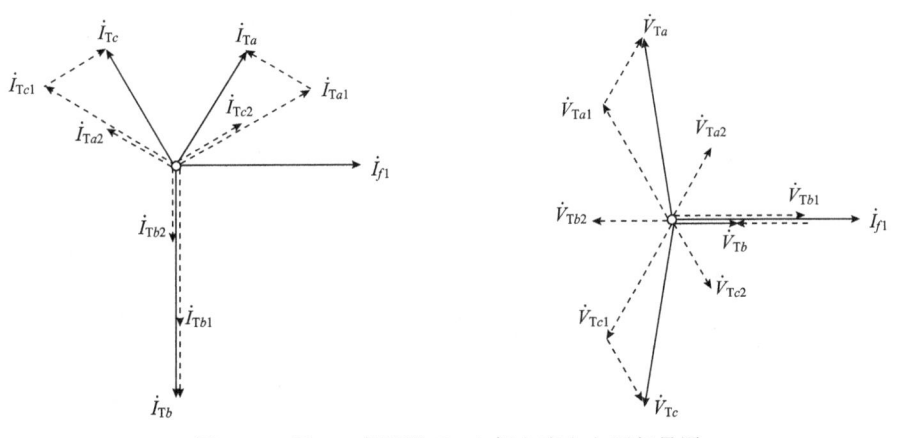

图 8-35 例 8-4 变压器 T-1△侧电流和电压相量图

8.5 非全相断线的分析计算

电力系统的短路故障通常也称为横向故障,发生横向故障时,由短路点 f 和零电位点组成故障端口。电力系统的另一类不对称故障是纵向故障,它指的是网络中的两个相邻节点 f 和 f'(都不是零电位点)之间出现了不正常断开或三相阻抗不相等的情况。发生纵向故障时,由 f 和 f' 这两个节点组成故障端口。

图 8-36 非全相断线示意图
(a) 单相断开;(b) 两相断开

本节讨论纵向不对称故障的两种极端状态,即一相或两相断开的运行状态,如图 8-36 所示。造成非全相断线的原因是很多的,例如某一线路单相接地短路后故障相开关跳闸;导线一相或两相断线;分相检修线路或开关设备以及开关合闸过程中三相触头不同时接通等。

纵向故障同横向故障一样,也只是在故障端口出现了某种不对称状态,系统其余部分的参数还是三相对称的。可以应用对称分量法进行分析。首先在故障口 ff' 插入一组不对称电势源来代替实际存在的不对称状态,然后将这组不对称的电势源分解成正序、负序和零序分量。根据叠加原理,分别作出各序等值电路(图 8-37)。

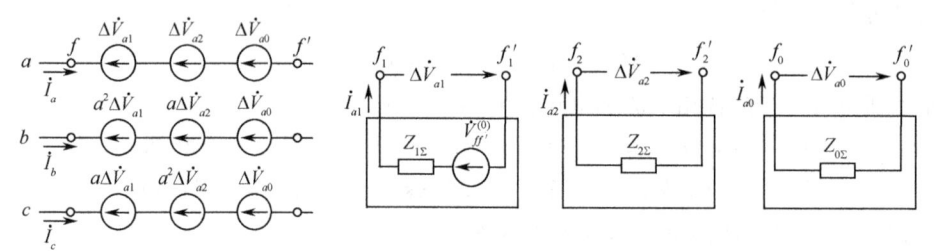

图 8-37 用对称分量法分析非全相运行

与不对称短路一样,可以列出各序网络故障端口的电压方程式

$$\begin{cases} \dot{V}_{ff'}^{(0)} - Z_{1\Sigma}\dot{I}_{a1} = \Delta\dot{V}_{a1} \\ -Z_{2\Sigma}\dot{I}_{a2} = \Delta\dot{V}_{a2} \\ -Z_{0\Sigma}\dot{I}_{a0} = \Delta\dot{V}_{a0} \end{cases} \quad (8-51)$$

式中,$\dot{V}_{ff'}^{(0)}$ 是故障口 ff' 的开路电压,即当 f、f' 两点间三相断开时,网络内的电源在端口 ff' 产生的电压;而 $Z_{1\Sigma}$,$Z_{2\Sigma}$,$Z_{0\Sigma}$ 分别为正序网络、负序网络和零序网络从故障端口 ff' 看进去的等值阻抗(又称故障端口 ff' 的各序输入阻抗或组合阻抗)。

对于图 8-38 所示系统 $\dot{V}_{ff'}^{(0)}=\dot{E}_{N}-\dot{E}_{M}$,$Z_{1\Sigma}=Z_{N1}+Z_{L1}+Z_{M1}$,$Z_{2\Sigma}=Z_{N2}+Z_{L2}+Z_{M2}$,$Z_{0\Sigma}=Z_{N0}+Z_{L0}+Z_{M0}$。这里应注意与同一点发生横向不对称短路时的

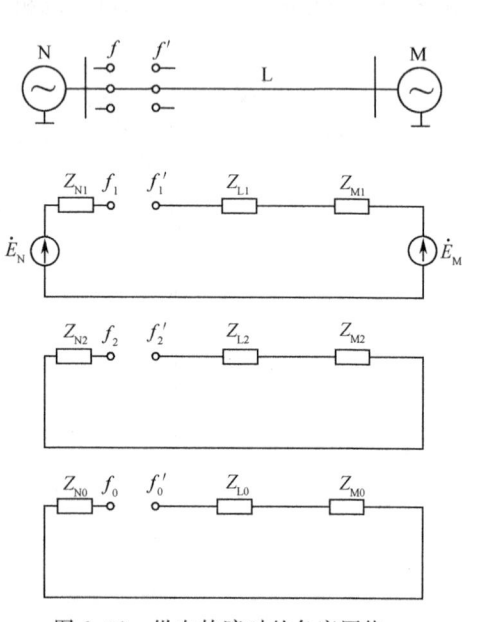

图 8-38 纵向故障时的各序网络

情况相区别。

若网络各元件都用纯电抗表示,则方程式(8-51)可以写成

$$\begin{cases} \dot{V}_{ff'}^{(0)} - \mathrm{j}X_{1\Sigma}\dot{I}_{a1} = \Delta\dot{V}_{a1} \\ -\mathrm{j}X_{2\Sigma}\dot{I}_{a2} = \Delta\dot{V}_{a2} \\ -\mathrm{j}X_{0\Sigma}\dot{I}_{a0} = \Delta\dot{V}_{a0} \end{cases} \tag{8-52}$$

式(8-52)包含了6个未知量,因此,还必须根据非全相断线的具体边界条件列出另外三个方程才能求解。以下分别就单相和两相断线进行讨论。

8.5.1 单相(a 相)断开

故障处的边界条件(图 8-36(a))为

$$\dot{I}_a = 0, \quad \Delta\dot{V}_b = \Delta\dot{V}_c = 0 \tag{8-53}$$

这些条件同两相短路接地的条件完全相似。若用对称分量表示则得

$$\begin{cases} \dot{I}_{a1} + \dot{I}_{a2} + \dot{I}_{a0} = 0 \\ \Delta\dot{V}_{a1} = \Delta\dot{V}_{a2} = \Delta\dot{V}_{a0} \end{cases} \tag{8-54}$$

满足这些边界条件的复合序网示于图 8-39。由此可以求出故障处各序电流为

$$\begin{cases} \dot{I}_{a1} = \dfrac{\dot{V}_{ff'}^{(0)}}{\mathrm{j}(X_{1\Sigma} + X_{2\Sigma} // X_{0\Sigma})} \\ \dot{I}_{a2} = -\dfrac{X_{0\Sigma}}{X_{2\Sigma} + X_{0\Sigma}}\dot{I}_{a1} \\ \dot{I}_{a0} = -\dfrac{X_{2\Sigma}}{X_{2\Sigma} + X_{0\Sigma}}\dot{I}_{a1} \end{cases} \tag{8-55}$$

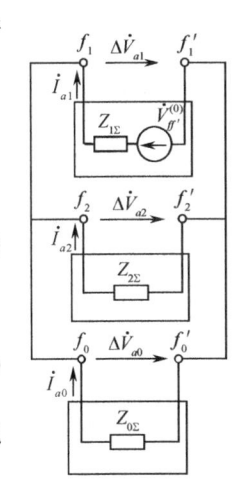

图 8-39 单相断开的复合序网

非故障相电流

$$\begin{cases} \dot{I}_b = \left(a^2 - \dfrac{X_{2\Sigma} + aX_{0\Sigma}}{X_{2\Sigma} + X_{0\Sigma}}\right)\dot{I}_{a1} = \dfrac{-3X_{2\Sigma} - \mathrm{j}\sqrt{3}(X_{2\Sigma} + 2X_{0\Sigma})}{2(X_{2\Sigma} + X_{0\Sigma})}\dot{I}_{a1} \\ \dot{I}_c = \left(a - \dfrac{X_{2\Sigma} + a^2 X_{0\Sigma}}{X_{2\Sigma} + X_{0\Sigma}}\right)\dot{I}_{a1} = \dfrac{-3X_{2\Sigma} + \mathrm{j}\sqrt{3}(X_{2\Sigma} + 2X_{0\Sigma})}{2(X_{2\Sigma} + X_{0\Sigma})}\dot{I}_{a1} \end{cases} \tag{8-56}$$

根据上式,可以求得单相断线时非故障相电流的绝对值为

$$I_b = I_c = \sqrt{3}\sqrt{1 - \dfrac{X_{2\Sigma}X_{0\Sigma}}{(X_{2\Sigma} + X_{0\Sigma})^2}}\, I_{a1} \tag{8-57}$$

故障相的断口电压

$$\Delta\dot{V}_a = 3\Delta\dot{V}_{a1} = \mathrm{j}\dfrac{3X_{2\Sigma}X_{0\Sigma}}{X_{2\Sigma} + X_{0\Sigma}}\dot{I}_{a1} \tag{8-58}$$

故障口电流和电压的这些算式,都同两相短路接地时的算式完全相似。

8.5.2 两相(b 相和 c 相)断开

故障处的边界条件(图 8-36(b))为

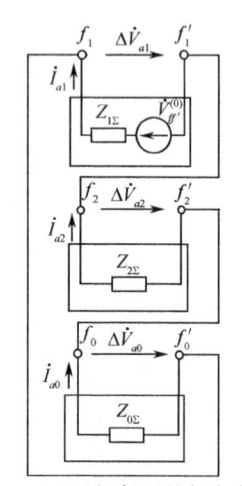

$$\dot{I}_b = \dot{I}_c = 0, \quad \Delta \dot{V}_a = 0 \tag{8-59}$$

容易看出，这些条件同单相接地短路的边界条件相似。若用对称分量表示则得

$$\begin{cases} \dot{I}_{a1} = \dot{I}_{a2} = \dot{I}_{a0} \\ \Delta \dot{V}_{a1} + \Delta \dot{V}_{a2} + \Delta \dot{V}_{a0} = 0 \end{cases} \tag{8-60}$$

满足这些边界条件的复合序网示于图 8-40。故障处的电流

$$\dot{I}_{a1} = \dot{I}_{a2} = \dot{I}_{a0} = \frac{\dot{V}_{ff'}^{(0)}}{\mathrm{j}(X_{1\Sigma} + X_{2\Sigma} + X_{0\Sigma})} \tag{8-61}$$

非故障相电流

$$\dot{I}_a = 3\dot{I}_{a1} \tag{8-62}$$

图 8-40 两相断开的复合序网

故障相断口的电压

$$\begin{cases} \Delta \dot{V}_b = a^2 \Delta \dot{V}_{a1} + a \Delta \dot{V}_{a2} + \Delta \dot{V}_{a0} = \mathrm{j}[(a^2-a)X_{2\Sigma} + (a^2-1)X_{0\Sigma}]\dot{I}_{a1} \\ \qquad = \frac{\sqrt{3}}{2}[(2X_{2\Sigma} + X_{0\Sigma}) - \mathrm{j}\sqrt{3} X_{0\Sigma}]\dot{I}_{a1} \\ \Delta \dot{V}_c = a \Delta \dot{V}_{a1} + a^2 \Delta \dot{V}_{a2} + \Delta \dot{V}_{a0} = \mathrm{j}[(a-a^2)X_{2\Sigma} + (a-1)X_{0\Sigma}]\dot{I}_{a1} \\ \qquad = \frac{\sqrt{3}}{2}[-(2X_{2\Sigma} + X_{0\Sigma}) - \mathrm{j}\sqrt{3} X_{0\Sigma}]\dot{I}_{a1} \end{cases} \tag{8-63}$$

故障口电流和电压的这些算式，同单相短路时的算式完全相似。

【例 8-5】 在图 8-41(a)所示的电力系统中，输电线路 L 首端 a 相断开，试计算断开相的断口电压和非断开相的电流。系统各元件归算到统一基准值下的标幺值参数如图 8-41(b)所示。

解 (1) 作单相断开的复合序网(图 8-41(b))，计算各序组合电抗和故障口开路电压。

$$X_{1\Sigma} = 0.25 + 0.2 + 0.15 + 0.2 + 1.2 = 2.0$$
$$X_{2\Sigma} = 0.25 + 0.2 + 0.15 + 0.2 + 0.35 = 1.15$$
$$X_{0\Sigma} = 0.2 + 0.57 + 0.2 = 0.97$$
$$\dot{V}_{ff'}^{(0)} = E = 1.43$$

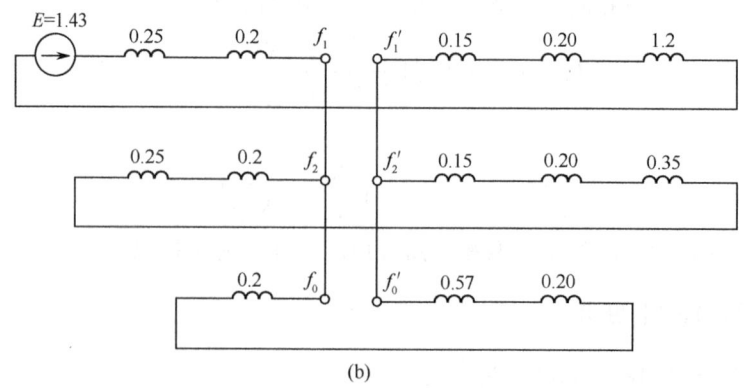

图 8-41 例 8-5 的电力系统及单相断线时的复合序网

(2) 计算故障口的各序电流。

$$\dot{I}_{a1} = \frac{\dot{V}_{ff'}^{(0)}}{j(X_{1\Sigma} + X_{2\Sigma} /\!/ X_{0\Sigma})} = \frac{j1.43}{j(2.0 + 1.15 /\!/ 0.97)} = 0.566$$

$$\dot{I}_{a2} = -\frac{X_{0\Sigma}}{X_{2\Sigma} + X_{0\Sigma}} \dot{I}_{a1} = -\frac{0.97}{1.15 + 0.97} \times 0.566 = -0.259$$

$$\dot{I}_{a0} = -\frac{X_{2\Sigma}}{X_{2\Sigma} + X_{0\Sigma}} \dot{I}_{a1} = -\frac{1.15}{1.15 + 0.97} \times 0.566 = -0.307$$

(3) 计算故障断口电压和非故障相电流。

$$\Delta \dot{V}_a = j3(X_{2\Sigma} /\!/ X_{0\Sigma})\dot{I}_{a1} = j3 \times (1.15 /\!/ 0.97) \times 0.566 = j0.893$$

$$\dot{I}_b = a^2 \dot{I}_{a1} + a \dot{I}_{a2} + \dot{I}_{a0} = a^2 \times 0.566 + a \times (-0.259) - 0.307$$
$$= -0.461 - j0.714 = 0.85 e^{-j122.85°}$$

$$\dot{I}_c = a \dot{I}_{a1} + a^2 \dot{I}_{a2} + \dot{I}_{a0} = a \times 0.566 + a^2 \times (-0.259) - 0.307$$
$$= -0.461 + j0.714 = 0.85 e^{j122.85°}$$

b、c 相电流的绝对值也可按式(8-57)求取

$$I_b = I_c = \sqrt{3} \sqrt{1 - \frac{X_{2\Sigma} X_{0\Sigma}}{(X_{2\Sigma} + X_{0\Sigma})^2}} I_{a1}$$
$$= \sqrt{3} \times \sqrt{1 - \frac{1.15 \times 0.97}{(1.15 + 0.97)^2}} \times 0.566 = 0.85$$

第 8 章小结

思考题与习题

8-1 什么是对称分量法？正序、负序和零序分量各有什么特点？

8-2 变压器的零序参数主要由哪些因素决定？零序等值电路有何特点？

8-3 架空输电线路的正序、负序和零序参数各有什么特点？平行架设的双回线路和架空地线对线路零序电抗的大小有何影响？

8-4 三个序网络方程是否与不对称故障的形式有关？为什么？

8-5 各种不对称短路的复合序网是如何构成的？不接地短路有零序电流吗？为什么？

8-6 什么是正序等效定则？其意义何在？

8-7 电流、电压各序分量经过 Y/Y-12 和 Y/△-11 连接的变压器，其相位会发生怎样的变化？

8-8 电力系统中性点有哪几种运行方式？各种运行方式有什么特点？

8-9 如题 8-9 图所示电力系统，f 点发生接地短路，试作出系统的正序、负序和零序等值网络，并写出各序组合电抗的表达式。图中 1~15 为元件编号。

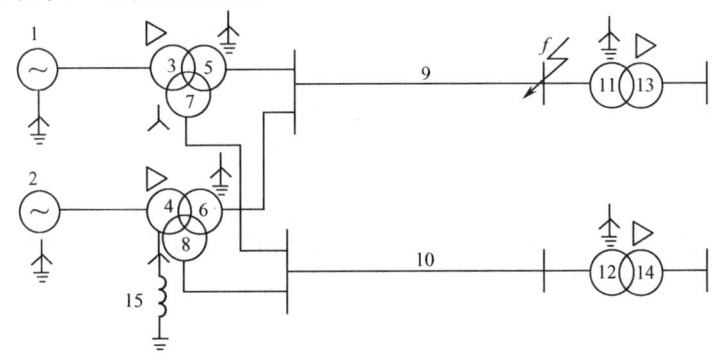

题 8-9 图

8-10　试画出题 8-10 图中 f 点发生单相接地短路和两相接地短路时的复合序网。

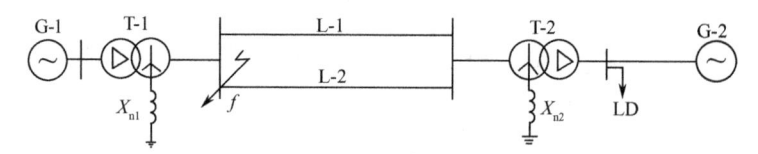

题 8-10 图

8-11　简单系统如题 8-11 图所示。已知各元件参数如下。发电机 G：60MV·A，$E''=1.08$，$X''_d=0.12$，$X_2=X''_d$；变压器 T-1、T-2：63MV·A，$V_S\%=10.5$；输电线路 L：50km，$x_1=0.4\Omega/\text{km}$，$x_0=3x_1$；电抗器 $V_{R(N)}=10\text{kV}$，$I_{R(N)}=1\text{kA}$，$X_R\%=10$。f 点分别发生单相接地、两相短路、两相短路接地和三相短路时，试计算短路点短路电流的有名值，并进行比较分析。（$S_B=100\text{MV·A}$，$V_B=V_{av}$）

题 8-11 图

8-12　如题 8-12 图所示系统，已知各元件参数如下。发电机 G-1：62.5MV·A，$X''_d=0.125$，$X_2=0.16$；G-2：31.25MV·A，$X''_d=0.125$，$X_2=0.16$。变压器 T-1：63MV·A，$V_S\%=10.5$；T-2：31.5MV·A，$V_S\%=10.5$。输电线路 L：50km，$x_1=0.4\Omega/\text{km}$，$x_0=3x_1$。f 点发生两相接地短路，试求故障点的各相电流和各相电压。（$S_B=100\text{MV·A}$，$V_B=V_{av}$）

题 8-12 图

8-13　简单系统示于题 8-13 图。已知元件参数如下。发电机 G：50MV·A，$X''_d=X_2=0.2$，$E''=1.05$；变压器 T：50MV·A，$V_S\%=10.5$，$Y_0/\triangle$-11 接法，中性点接地电抗 x_n 为 22Ω。f 点发生两相接地短路，试计算（$S_B=50\text{MV·A}$，$V_B=V_{av}$）：

（1）短路点各相电流及电压的有名值。
（2）发电机端各相电流及电压的有名值，并画出其相量图。
（3）变压器低压绕组中各绕组电流的有名值。
（4）变压器中性点电压的有名值。

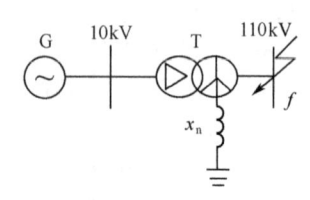

题 8-13 图

8-14　如题 8-14 图所示系统，已知各元件参数如下。发电机 G-1：90MV·A，$X''_d=0.15$，$X_2=X''_d$；G-2：50MV·A，$X''_d=0.27$，$X_2=0.45$。变压器 T-1：100MV·A，$V_S\%=10.5$，$Y_0/\triangle$-11 接法；T-2：60MV·A，$V_S\%=10.5$。中性点接地电抗 x_n 为 26Ω。输电线路 L：每回 50km，$x_1=0.4\Omega/\text{km}$，$x_0=3x_1$。f 点发生两相接地短路，试求故障点的各相电流和 H 点的各相电压。（$S_B=100\text{MV·A}$，$V_B=V_{av}$）

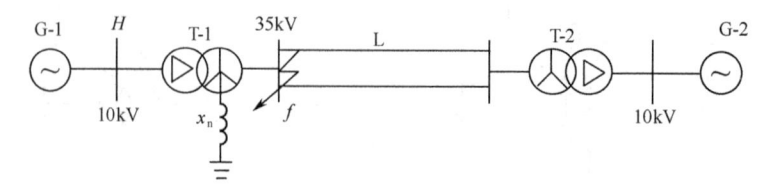

题 8-14 图

8-15 如题 8-15 图所示系统，已知各元件参数如下。发电机 G：100MW，$\cos\varphi=0.85$，$X''_d=0.18$，$X_2=0.22$。变压器 T：120MV·A，$V_{S(1-2)}\%=24.7$，$V_{S(2-3)}\%=8.8$，$V_{S(1-3)}\%=14.7$。输电线路 L：160km，$x_1=0.41\Omega/\text{km}$，$x_0=3.5x_1$。S 为无穷大系统，$X=0$。试计算 f 点单相接地短路时发电机母线 A 的线电压并绘出相量图。（$S_B=100\text{MV·A}$，$V_B=V_{av}$）

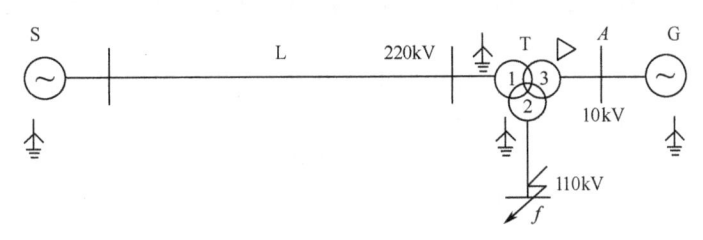

题 8-15 图

8-16 如题 8-16 图所示系统，已知元件参数如下。发电机 G：50MW，$\cos\varphi=0.8$，$X''_d=0.14$，$X_2=X''_d$。变压器 T-1：63MV·A，$V_S\%=10.5$；Y/△-11 接法；T-2：20MV·A，$V_S\%=10.5$；T-3：31.5MV·A，$V_S\%=10.5$。输电线路 L-1：15km，$x_1=0.4\Omega/\text{km}$，$x_0=3x_1$；L-2：60km，$x_1=0.4\Omega/\text{km}$，$x_0=3x_1$。f 点发生单相接地短路，试求（$S_B=100\text{MV·A}$，$V_B=V_{av}$）：

(1) 变压器 T-1 高压侧中性线中的电流。
(2) H 点的各序电压，并画出其相量图。

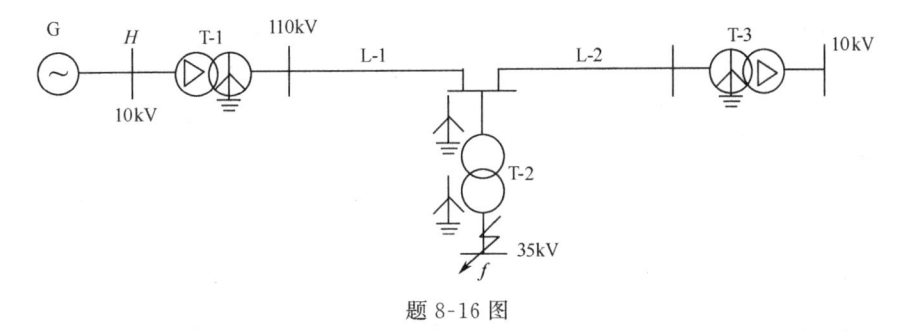

题 8-16 图

8-17 系统接线如题 8-17 图所示，已知各元件参数如下。发电机 G：300MV·A，$X''_d=X_2=0.22$。变压器 T-1、T-2：360MV·A，$V_S\%=12$。线路 L：每回路 120km，$X_1=0.4\Omega/\text{km}$，$X_0=3X_1$。负荷 S_{LD}：280MV·A，$X_1=1.2$，$X_2=0.35$。当 f 点发生两相断开时，试计算各序组合电抗并作出复合序网。（$S_B=300\text{MV·A}$，$V_B=V_{av}$）

题 8-17 图

第 8 章部分习题答案

第 9 章 电力系统稳定性基本概念和元件机电特性

电力系统运行稳定性是电力系统分析的重要内容。国内外的多次大停电事故使稳定性研究受到相当的重视。要分析和研究电力系统运行的稳定性,首先必须讨论电力系统的机电特性。因此,本章将介绍电力系统稳定性的概念及分类;推导适合于电力系统稳定分析计算用的同步发电机的转子运动方程和电磁功率特性、励磁绕组和励磁调节器的动态方程,为第 10 章的稳定性分析奠定基础。

9.1 稳定性的基本概念及分类

电力系统稳定性的基本概念

稳定是指电力系统保持持续地向用户正常供电的状态。电力系统的稳定性问题是指系统在某一正常运行状态下受到干扰之后,经过一段时间能否恢复到原来的稳定运行状态或过渡到新的稳定运行状态的问题。如果能够,则在该正常运行状态下系统是稳定的。否则,描述系统运行状态的变量随时间不断增大或振荡,系统是不稳定的。

根据《电力系统安全稳定导则》的要求,电力系统运行必须同时满足发电机同步运行的稳定性、频率稳定性和电压稳定性。系统稳定性的破坏,将使整个电力系统受到严重的不良影响,造成大量用户供电中断,甚至造成整个系统崩溃瓦解。本书只介绍发电机同步运行的稳定性(也称功角稳定性)。

电力系统稳定运行时,系统中的发电机都处于同步运行状态,即所有并联运行的发电机都有相同的电角速度,并且表征系统运行状态的参数(如电压、电流和功率等)具有接近于不变的数值。同步发电机的转速决定于作用在其轴上的转矩的平衡,正常运行时,原动机的机械功率与发电机输出的电磁功率是平衡的,所以发电机以恒定的同步转速运行。随着负荷的变化或者故障的发生,发电机输出的电磁功率随之变化,打破了作用在转子轴上的转矩平衡,导致发电机转速发生变化。由于各发电机组的功率不平衡程度不同,因此转速变化规律也不相同,有的转速变化较大,有的转速变化较小;有的发电机加速,有的发电机减速,从而使各发电机之间产生相对运动。如果系统中各发电机不能恢复同步,系统持续处于失步状态,表征系统运行状态的参数将发生剧烈的波动,最终系统将失去稳定。

《电力系统安全稳定导则》中将功角稳定性分为以下三类。

(1)静态稳定:静态稳定是指电力系统在某一运行方式下受到一个小干扰后,能否恢复到它原来的运行状态的能力。

(2)暂态稳定:暂态稳定是指系统受到大干扰后,能否不失同步地过渡到新的稳定运行状态或恢复到原来稳定运行状态的能力。通常指保持第一或第二个振荡周期不失步的功角稳定。

(3)动态稳定:动态稳定是指系统受到小的或大的干扰后,在自动调节和控制装置的作用下,保持长过程的运行稳定性的能力。

动态稳定的过程较长,涉及的元件和控制系统较多,分析更为复杂,因此,本书只分析静态稳定和暂态稳定。静态稳定和暂态稳定是按照干扰的大小来分类的,所谓干扰指的是,负荷波动、系统故障、系统操作以及元件的投入或切除等。干扰大小不同,运行参数的变化特性也不相同,分析和计算的方法也就有所不同。对这两类稳定性问题的分析计算,可以根据研究的目的、要求,采用不同精度的数学模型来描述电力系统。

9.2 同步发电机的转子运动方程

同步发电机的转子运动方程是研究电力系统运行稳定性最基本的方程式。下面推导适合电力系统稳定计算用的发电机转子运动方程。

1. 转子运动方程

根据旋转物体的力学定律,同步发电机转子的机械角加速度与作用在转子轴上的不平衡转矩之间有如下关系

$$J\alpha = \Delta M \tag{9-1}$$

式中,J 为转子的转动惯量($kg \cdot m \cdot s^2$);α 为转子的机械角加速度(rad/s^2);ΔM 为作用在转子上的不平衡转矩($kg \cdot m$),是原动机的机械转矩 M_T 与发电机的电磁转矩 M_e 之差,即 $\Delta M = M_T - M_e$。

若以 Θ 表示从某一固定参考轴算起的机械角位移(rad),Ω 表示机械角速度(rad/s),则有

$$\Omega = \frac{d\Theta}{dt}, \quad \alpha = \frac{d\Omega}{dt}$$

于是可得转子运动方程

$$J\alpha = J\frac{d\Omega}{dt} = J\frac{d^2\Theta}{dt^2} = \Delta M \tag{9-2}$$

式(9-2)是以机械量表示的转子运动方程,下面需要将机械量用电气量的形式表示。发电机的功角 δ 既可以作为一个电磁参数,表示发电机 q 轴电势间的相位差;又可以作为一个机械运动参数,表示发电机转子之间的相对空间位置,因此通过 δ 可以把电力系统中的机械运动和电磁运动联系起来。δ 的意义见图 9-1。

由"电机学"可知,如果发电机的极对数为 p,则机械角位移 Θ、角速度 Ω 与电气角位移 θ、角速度 ω 有如下的关系:

$$\begin{cases} \theta = p\Theta \\ \omega = p\Omega \end{cases} \tag{9-3}$$

由图 9-1 可见

$$\theta = \omega t, \quad \delta = \omega t - \omega_N t \tag{9-4}$$

于是

$$\frac{d\theta}{dt} = \omega, \quad \frac{d^2\theta}{dt^2} = \frac{d\omega}{dt}$$

$$\frac{d\delta}{dt} = \omega - \omega_N, \quad \frac{d^2\delta}{dt^2} = \frac{d\omega}{dt}$$

因此

$$\frac{d^2\delta}{dt^2} = \frac{d^2\theta}{dt^2} \tag{9-5}$$

将式(9-3)、式(9-5)的关系代入式(9-2)可得

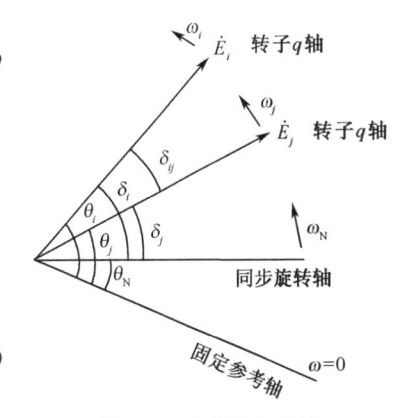

图 9-1 参考轴与角度

$$J \frac{\mathrm{d}^2 \Theta}{\mathrm{d}t^2} = \frac{J}{p} \frac{\mathrm{d}^2 \theta}{\mathrm{d}t^2} = \frac{J\Omega_\mathrm{N}}{\omega_\mathrm{N}} \frac{\mathrm{d}^2 \delta}{\mathrm{d}t^2} = \Delta M \tag{9-6}$$

于是得到用有名值表示的发电机转子运动方程

$$\frac{J\Omega_\mathrm{N}}{\omega_\mathrm{N}} \frac{\mathrm{d}^2 \delta}{\mathrm{d}t^2} = \Delta M \tag{9-7}$$

如果选基准转矩 $M_\mathrm{B} = \dfrac{S_\mathrm{B}}{\Omega_\mathrm{N}}$，则上式两边除以 M_B 便得

$$\frac{J\Omega_\mathrm{N}^2}{S_\mathrm{B}\omega_\mathrm{N}} \frac{\mathrm{d}^2 \delta}{\mathrm{d}t^2} = \Delta M_* \tag{9-8}$$

定义 $T_J = \dfrac{J\Omega_\mathrm{N}^2}{S_\mathrm{B}}$，为发电机组的惯性时间常数，单位为秒。于是得到用转矩标幺值表示的发电机转子运动方程

$$\frac{T_J}{\omega_\mathrm{N}} \frac{\mathrm{d}^2 \delta}{\mathrm{d}t^2} = \Delta M_* \tag{9-9}$$

如果认为发电机组的惯性较大，一般情况下机械角速度 Ω 变化不大，则可近似认为转矩的标幺值等于功率的标幺值，即

$$\Delta M_* = \frac{\Delta M}{S_\mathrm{B}/\Omega_\mathrm{N}} = \frac{\Delta M \Omega_\mathrm{N}}{S_\mathrm{B}} \approx \frac{\Delta M \Omega}{S_\mathrm{B}} = \frac{\Delta P}{S_\mathrm{B}} = P_{\mathrm{T}*} - P_{\mathrm{e}*} \tag{9-10}$$

于是式(9-9)可表示为

$$\frac{T_J}{\omega_\mathrm{N}} \frac{\mathrm{d}^2 \delta}{\mathrm{d}t^2} = P_{\mathrm{T}*} - P_{\mathrm{e}*} = \Delta P_* \tag{9-11}$$

式(9-11)中，当 $\omega_\mathrm{N} = 2\pi f_\mathrm{N}$ 时，δ 的单位为弧度；当 $\omega_\mathrm{N} = 360 f_\mathrm{N}$ 时，δ 的单位为度。t 的单位为秒。

式(9-11)还可以写成状态方程的形式

$$\begin{cases} \dfrac{\mathrm{d}\delta}{\mathrm{d}t} = \omega - \omega_\mathrm{N} \\ \dfrac{\mathrm{d}\omega}{\mathrm{d}t} = \dfrac{\omega_\mathrm{N}}{T_J}(P_{\mathrm{T}*} - P_{\mathrm{e}*}) \end{cases} \tag{9-12}$$

2. 惯性时间常数 T_J 的物理意义

惯性时间常数 T_J 是反映发电机转子机械惯性的重要参数，常以秒(s)为单位。由 T_J 的定义可知，它是转子在额定转速下的动能的两倍除以基准功率。以发电机额定容量为基准的惯性时间常数 $T_{JN} = \dfrac{J\Omega_\mathrm{N}^2}{S_\mathrm{N}}$ 通常称为额定惯性时间常数，下面说明其物理意义。

选基准转矩 $M_\mathrm{B} = M_\mathrm{N} = S_\mathrm{N}/\Omega_\mathrm{N}$，在式(9-2) $J \dfrac{\mathrm{d}\Omega}{\mathrm{d}t} = \Delta M$ 的两端相除可得

$$T_{JN} \frac{\mathrm{d}\Omega_*}{\mathrm{d}t} = \Delta M_* \tag{9-13}$$

或者写为

$$T_{JN} \mathrm{d}\Omega_* = \Delta M_* \mathrm{d}t \tag{9-14}$$

取 $M_{\mathrm{T}*} = 1$、$M_{\mathrm{e}*} = 0$，即 $\Delta M_* = 1$，并将式(9-14)从 $\Omega_* = 0$ 到 $\Omega_* = 1$ 积分

$$T_{JN} \int_0^1 \mathrm{d}\Omega_* = \int_0^t \Delta M_* \mathrm{d}t = \int_0^t \mathrm{d}t$$

于是得到

$$T_{JN}=t \tag{9-15}$$

式(9-15)说明,如果在发电机组的转子上施加额定转矩后,转子从静止状态($\Omega_*=0$)启动加速到额定转速($\Omega_*=1$)所需的时间 t,就是发电机组的额定惯性时间常数 T_{JN}。

在电力系统稳定计算中,各发电机的额定惯性时间常数 T_{JNi} 必须归算到系统统一的基准功率 S_B 下,即

$$T_{Ji}=T_{JNi}\frac{S_{Ni}}{S_B} \tag{9-16}$$

式中,脚标 i 表示第 i 台发电机相应的量。

有时为了简化分析而将 n 台发电机合并为一台等值机时,等值机的惯性时间常数为各发电机归算到统一基准功率下的惯性时间常数之和。即

$$T_{J\Sigma}=T_{JN1}\frac{S_{N1}}{S_B}+T_{JN2}\frac{S_{N2}}{S_B}+\cdots+T_{JNn}\frac{S_{Nn}}{S_B}=\sum_{i=1}^{n}T_{Ji} \tag{9-17}$$

9.3 电力系统的功率特性

复杂电力系统中,任一台发电机输出的电磁功率 P_e 不仅与本发电机的电磁特性、励磁调节系统特性等有关,还与系统中其他所有发电机的电磁特性、负荷特性以及网络结构等有关,其分析计算比较复杂。本节仅仅讨论简单电力系统中发电机的功率特性以及自动励磁调节器对它的影响。所谓简单电力系统,一般是指发电机通过变压器、输电线路与无穷大容量母线相连接,而且不计各元件电阻和导纳的输电系统,如图 9-2(a)所示。

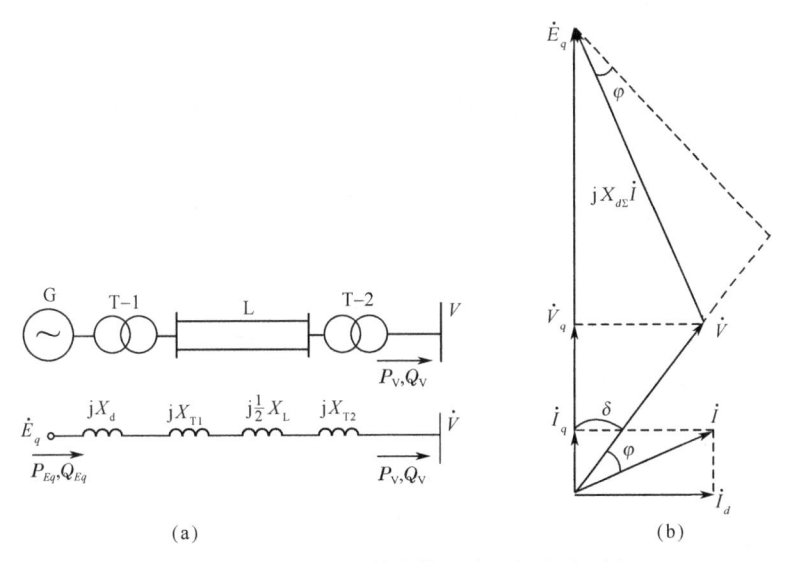

图 9-2 简单电力系统及其等值电路和相量图(隐极机)

1. 隐极式发电机的功率特性

对于隐极式发电机有 $X_d=X_q$,简单电力系统及其等值电路如图 9-2(a)所示。系统总电抗为

$$X_{d\Sigma}=X_d+X_{T1}+\frac{1}{2}X_L+X_{T2}=X_d+X_{TL} \tag{9-18}$$

式中，X_{TL} 为变压器、线路等输电网的总电抗。

给定运行状态下的相量图如图 9-2(b)所示。由相量图可得

$$\dot{E}_q = \dot{V} + jX_{d\Sigma}\dot{I} \tag{9-19}$$

发电机电势 E_q 处的功率为

$$P_{E_q} = \text{Re}(\dot{E}_q \overset{*}{I}) = E_q I\cos(\delta+\varphi) = E_q I\cos\varphi\cos\delta - E_q I\sin\varphi\sin\delta \tag{9-20}$$

由图 9-2(b)可知 $E_q\sin\delta = IX_{d\Sigma}\cos\varphi$，$E_q\cos\delta = V + IX_{d\Sigma}\sin\varphi$ ，即

$$\begin{cases} I\cos\varphi = \dfrac{E_q\sin\delta}{X_{d\Sigma}} \\ I\sin\varphi = \dfrac{E_q\cos\delta - V}{X_{d\Sigma}} \end{cases} \tag{9-21}$$

将上式代入式(9-20)，经整理后得

$$P_{E_q} = \frac{E_q V}{X_{d\Sigma}}\sin\delta \tag{9-22}$$

计及式(9-21)，发电机送到系统的功率

$$P_V = VI\cos\varphi = \frac{E_q V}{X_{d\Sigma}}\sin\delta \tag{9-23}$$

当电势 E_q 及电压 V 恒定时，隐极式发电机的功率特性（又称功角特性）是 δ 的正弦函数，如图 9-3 所示。功率特性曲线上的最大值称为功率极限。功率极限可由 $\dfrac{dP}{d\delta}=0$ 的条件求出。对于无调节励磁的隐极式发电机，$E_q =$ 常数，由 $\dfrac{dP_{E_q}}{d\delta} = \dfrac{E_q V}{X_{d\Sigma}}\cos\delta = 0$ 求得功率极限对应的角度 $\delta_{E_{qm}} = 90°$，于是功率极限为

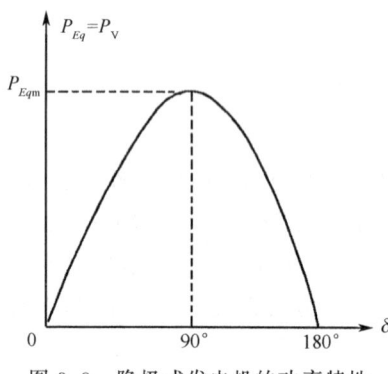

图 9-3 隐极式发电机的功率特性

$$P_{E_{qm}} = \frac{E_q V}{X_{d\Sigma}}\sin\delta_{E_{qm}} = \frac{E_q V}{X_{d\Sigma}}\sin 90° = \frac{E_q V}{X_{d\Sigma}} \tag{9-24}$$

2. 凸极式发电机的功率特性

由于凸极式发电机转子的纵轴和横轴不对称，其电抗 $X_d \neq X_q$。凸极机在给定运行方式下的相量图如图 9-4 所示。图中 $X_{d\Sigma} = X_d + X_{TL}$，$X_{q\Sigma} = X_q + X_{TL}$。

忽略电阻，发电机输出的有功功率为

$$\begin{aligned} P_{E_q} = P_V &= VI\cos\varphi = VI\cos(\psi - \delta) \\ &= VI\cos\psi\cos\delta + VI\sin\psi\sin\delta = VI_q\cos\delta + VI_d\sin\delta \end{aligned} \tag{9-25}$$

由相量图 9-4 可知，$I_q X_{q\Sigma} = V\sin\delta$，$I_d X_{d\Sigma} = E_q - V\cos\delta$，即

$$\begin{cases} I_q = \dfrac{V\sin\delta}{X_{q\Sigma}} \\ I_d = \dfrac{E_q - V\cos\delta}{X_{d\Sigma}} \end{cases} \tag{9-26}$$

将 I_d，I_q 的表达式代入式(9-25)，整理后可得

$$P_{Eq} = \frac{E_q V}{X_{d\Sigma}} \sin\delta + \frac{V^2}{2} \times \frac{X_{d\Sigma} - X_{q\Sigma}}{X_{d\Sigma} X_{q\Sigma}} \sin 2\delta \tag{9-27}$$

当发电机无调节励磁，E_q=常数时，以凸极机为电源的简单电力系统的功率特性如图 9-5 所示。可以看到，凸极发电机的功率特性与隐极发电机的不同，它多了一项与发电机电势无关的两倍功角的正弦项，该项是由于发电机纵、横轴磁阻不同而引起的，故又称为磁阻功率。磁阻功率的出现，使功率与功角 δ 成非正弦的关系。功率极限所对应的功角 δ_{Eqm} 仍由条件 $\frac{\mathrm{d}P}{\mathrm{d}\delta}=0$ 确定，由图 9-5 可见，$\delta_{Eqm} < 90°$。将 δ_{Eqm} 代入式(9-27)即可求出功率极限 P_{Eqm}。

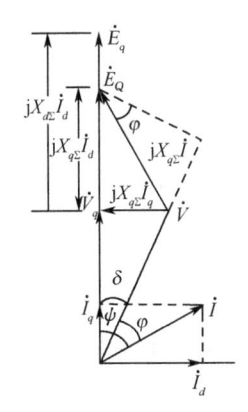

图 9-4 凸极式发电机的相量图 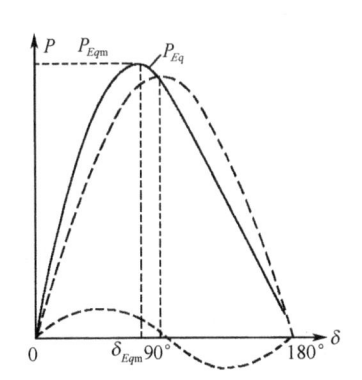　　图 9-5 凸极式发电机的功率特性

计算功率特性时，需要求 E_q 的值，其方法如下。用 E_Q、X_q 表示发电机，作出简单电力系统的等值电路，如图 9-6 所示。

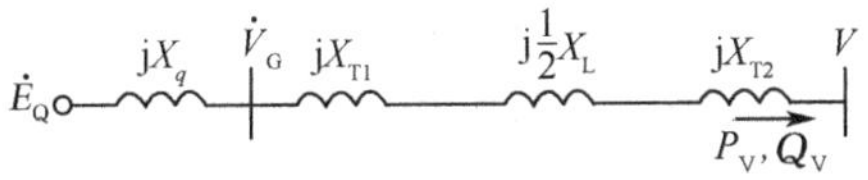

图 9-6 简单电力系统的等值电路（凸极机）

已知的给定运行条件为 V、P_V、Q_V，由图可得

$$\begin{cases} E_Q = \sqrt{\left(V + \dfrac{Q_V X_{q\Sigma}}{V}\right)^2 + \left(\dfrac{P_V X_{q\Sigma}}{V}\right)^2} \\ \delta = \arctan \dfrac{P_V X_{q\Sigma}/V}{V + Q_V X_{q\Sigma}/V} \end{cases} \tag{9-28}$$

由图 9-4 可知

$$I_d = \frac{E_Q - V\cos\delta}{X_{q\Sigma}} \tag{9-29}$$

根据式(9-26)和式(9-29)，可得 E_q 和 E_Q 有如下关系：

$$E_q = E_Q \frac{X_{d\Sigma}}{X_{q\Sigma}} + \left(1 - \frac{X_{d\Sigma}}{X_{q\Sigma}}\right) V\cos\delta \tag{9-30}$$

根据这一关系求出 E_q 后，代入到式(9-27)即可求出功率特性。

3. 自动励磁调节器对功率特性的影响

现代电力系统中的发电机,都装设有灵敏的自动励磁调节器,它可以根据系统的运行情况改变发电机的励磁电流,从而改变发电机的电势,影响到系统的功率特性。

当不调节励磁而保持电势 E_q 不变时,随着发电机输出功率的缓慢增加,功角 δ 也增大,发电机端电压便要减小,如图 9-7 所示。在给定运行条件下,发电机端电压 V_{G0} 的端点位于电压降 $jX_{d\Sigma}\dot{I}_0$ 上,位置按 X_{TL} 与 X_d 的比例确定。当输送功率增大,δ 由 δ_0 增加到 δ_1 时,相量 $\dot{V}_{G1}$ 的端点应位于电压降 $jX_{d\Sigma}\dot{I}_1$ 上,其位置仍按 X_{TL} 与 X_d 的比例确定。由于 $E_q = E_{q0}$ = 常数,随着 $\dot{E}_{q0}$ 向功角增大的方向转动,$\dot{V}_G$ 也随着转动,而且数值减小了。

发电机装设自动励磁调节器后,当功角 δ 增大、V_G 下降时,调节器将增大励磁电流,使发电机电势 E_q 增大,直到端电压 V_G 恢复(或接近)正常值 V_{G0} 为止。由功率特性 $P_{E_q} = \dfrac{E_q V}{X_{d\Sigma}} \sin\delta$ 可以看出,调节器使 E_q 随着功角 δ 的增大而增大,故功率特性与功角 δ 不再是正弦关系。为了定性分析调节器对功率特性的影响,用不同的 E_q 值,作出一组正弦功率特性族,它们的幅值与 E_q 成正比,如图 9-8 所示。当发电机由某一给定的运行条件(对应 P_0、δ_0、V_0、E_{q0}、V_{G0} 等)开始增加输送功率时,若调节器能保持 $V_G = V_{G0}$ = 常数,则随着 δ 的增大,电势 E_q 也增大,发电机的工作点将从 E_q 较小的正弦曲线过渡到 E_q 较大的正弦曲线,于是便得到一条保持 $V_G = V_{G0}$ = 常数的功率特性曲线,如图 9-8 所示。可以看到,这条曲线在 $\delta > 90°$ 的一定范围内,仍然具有上升的性质。这是因为在 $\delta > 90°$ 附近,当 δ 增大时,E_q 的增大超过了 $\sin\delta$ 的减小。从图中可以看出,保持 $V_G = V_{G0}$ = 常数时的功率极限 P_{VGm} 比无励磁调节器时的功率极限 P_{Eqm} 要大得多,功率极限 P_{VGm} 对应的功角 δ_{VGm} 也将大于 $90°$。还应指出,当发电机从给定的初始运行条件减小输送功率时,随着功角 δ 的减小,为保持 $V_G = V_{G0}$ = 常数,调节器将减小 E_q,因而发电机的工作点将向 E_q 较小的正弦曲线过渡。

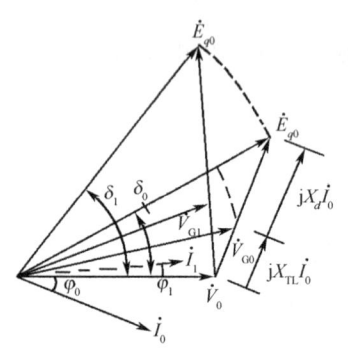

图 9-7 功角增加时发电机端电压的变化

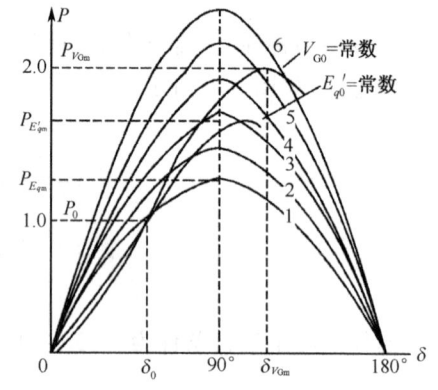

图 9-8 自动励磁调节器对功率特性的影响
1—$E_{q0} = 100\%$; 2—$E_q = 120\%$;
3—$E_q = 140\%$; 4—$E_q = 160\%$;
5—$E_q = 180\%$; 6—$E_q = 200\%$ = 常数

实际上,一般的励磁调节器并不能保持 V_G 不变,而只能保持发电机内某一电势(如 E'_q、E' 等)为恒定。保持 $E'_q = E'_{q0}$ = 常数的功率特性,介于保持 V_G 不变和 E_q 不变的功率特性之间。

由相量图 9-9 可得

$$I_d = \dfrac{E'_q - V\cos\delta}{X'_{d\Sigma}} = \dfrac{V_{Gq} - V\cos\delta}{X_{TL}} \tag{9-31}$$

将式(9-26)中 I_q 的表达式及式(9-31)代入式(9-25)中,经整理后可得保持 $E'_q = E'_{q0}$ = 常数和 $V_{Gq} = V_{Gq0}$ = 常数时的功率特性。

$$P_{E'_q} = \frac{E'_q V}{X'_{d\Sigma}} \sin\delta + \frac{V^2}{2} \times \frac{X'_{d\Sigma} - X_{q\Sigma}}{X'_{d\Sigma} X_{q\Sigma}} \sin 2\delta \tag{9-32}$$

$$P_{V_{Gq}} = \frac{V_{Gq} V}{X_{TL}} \sin\delta + \frac{V^2}{2} \times \frac{X_{TL} - X_{q\Sigma}}{X_{TL} X_{q\Sigma}} \sin 2\delta \tag{9-33}$$

式中，$X'_{d\Sigma} = X'_d + X_{TL}$。

为了简化，在实际计算中，常常采用暂态电抗 X'_d 后的电势 $E' = $ 常数来代替 $E'_q = $ 常数。

由图 9-9 中的虚线可得

$$I\cos\varphi = \frac{E'\sin\delta'}{X'_{d\Sigma}} \tag{9-34}$$

将其代入到 $P = VI\cos\varphi$ 中可得 $E' = $ 常数时的功率特性

$$P_{E'} = \frac{E' V}{X'_{d\Sigma}} \sin\delta' \tag{9-35}$$

值得注意的是，式(9-35)中的 δ' 是相量 $\dot{E}'$ 与 $\dot{V}$ 之间的夹角，而不是功角 δ。但是它的变化仍然可以反映发电机转子相对运动的性质，因而，在稳定计算中常常用到它。

计算功率特性时，需要根据给定的运行条件 (V、P_V、Q_V) 求 E'_q、V_{Gq}、E' 的值。根据式(9-26)、式(9-29)和式(9-35)可以得到 q 轴任意两电势间的关系

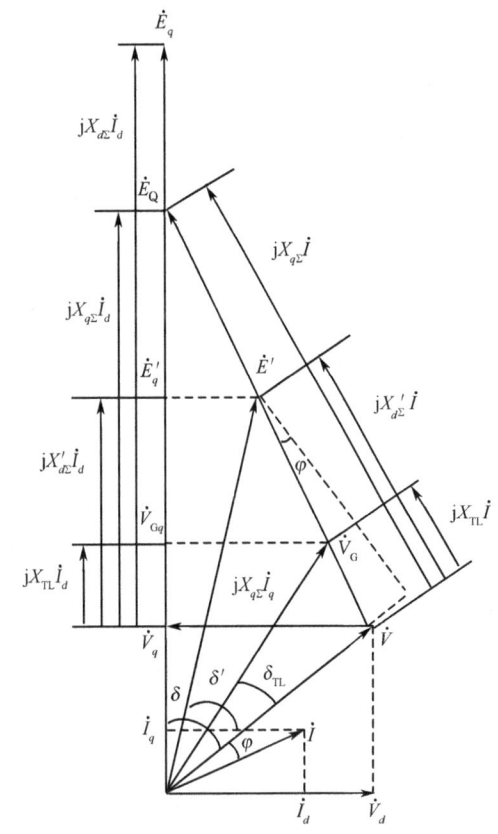

图 9-9 凸极式发电机的相量图

$$\begin{cases} E'_q = E_Q \dfrac{X'_{d\Sigma}}{X_{q\Sigma}} + \left(1 - \dfrac{X'_{d\Sigma}}{X_{q\Sigma}}\right) V\cos\delta \\ E'_q = E_q \dfrac{X'_{d\Sigma}}{X_{d\Sigma}} + \left(1 - \dfrac{X'_{d\Sigma}}{X_{d\Sigma}}\right) V\cos\delta \\ V_{Gq} = E_Q \dfrac{X_{TL}}{X_{q\Sigma}} + \left(1 - \dfrac{X_{TL}}{X_{q\Sigma}}\right) V\cos\delta \end{cases} \tag{9-36}$$

式(9-28)和式(9-30)已求出 E_Q 和 E_q，因此，根据式(9-36)可求出 E'_q 和 V_{Gq}，从而求出功率特性。

在图 9-6 中，用 E' 和 X'_d 表示发电机，作出系统的等值电路。于是，电势 $\dot{E}'$ 可用下式求得。

$$\begin{cases} E' = \sqrt{\left(V + \dfrac{Q_V X'_{d\Sigma}}{V}\right)^2 + \left(\dfrac{P_V X'_{d\Sigma}}{V}\right)^2} \\ \delta' = \arctan\dfrac{P_V X'_{d\Sigma}/V}{V + Q_V X'_{d\Sigma}/V} \end{cases} \tag{9-37}$$

4. 功率特性方程的线性化

从式(9-27)、式(9-32)和式(9-33)可知，发电机的功率特性是 δ 的非线性函数，在静态稳定分析时，需要将其线性化。将式(9-27)、式(9-32)和式(9-33)写成一般的函数形式即为

$$\begin{cases} P_{Eq} = P_{Eq}(E_q, \delta) \\ P_{E'_q} = P_{E'_q}(E'_q, \delta) \\ P_{VGq} = P_{VGq}(V_{Gq}, \delta) \end{cases} \tag{9-38}$$

各功率特性曲线在给定的稳态运行点相交，将其在稳态运行点附近线性化，便可以求得电磁功率的增量 ΔP_e。例如，对于 $P_{Eq}(E_q, \delta)$，将其在平衡点附近展开成泰勒级数，可得

$$\begin{aligned} P_{Eq}(E_q, \delta) &= P_{Eq}(E_{q0} + \Delta E_q, \delta_0 + \Delta\delta) = P_{Eq}(E_{q0}, \delta_0) + \Delta P_{Eq} \\ &= P_{Eq}(E_{q0}, \delta_0) + \frac{\partial P_{Eq}}{\partial \delta}\Delta\delta + \frac{\partial P_{Eq}}{\partial E_q}\Delta E_q + \cdots \end{aligned} \tag{9-39}$$

忽略二次及以上各项，便得到线性化的功率方程：

$$\begin{cases} \Delta P_{Eq} = S_{Eq}\Delta\delta + R_{Eq}\Delta E_q \\ S_{Eq} = \left.\dfrac{\partial P_{Eq}}{\partial \delta}\right|_{\substack{Eq=Eq0 \\ \delta=\delta 0}}; R_{Eq} = \left.\dfrac{\partial P_{Eq}}{\partial E_q}\right|_{\substack{Eq=Eq0 \\ \delta=\delta 0}} \end{cases} \tag{9-40}$$

同理可以得到

$$\begin{cases} \Delta P_{E'_q} = S_{E'_q}\Delta\delta + R_{E'_q}\Delta E'_q \\ S_{E'_q} = \left.\dfrac{\partial P_{E'_q}}{\partial \delta}\right|_{\substack{E'q=E'q0 \\ \delta=\delta 0}}; R_{E'_q} = \left.\dfrac{\partial P_{E'_q}}{\partial E'_q}\right|_{\substack{E'q=E'q0 \\ \delta=\delta 0}} \end{cases} \tag{9-41}$$

$$\begin{cases} \Delta P_{VGq} = S_{VGq}\Delta\delta + R_{VGq}\Delta V_{Gq} \\ S_{VGq} = \left.\dfrac{\partial P_{VGq}}{\partial \delta}\right|_{\substack{V_{Gq}=V_{Gq0} \\ \delta=\delta 0}}; R_{VGq} = \left.\dfrac{\partial P_{VGq}}{\partial V_{Gq}}\right|_{\substack{V_{Gq}=V_{Gq0} \\ \delta=\delta 0}} \end{cases} \tag{9-42}$$

【例 9-1】 如图 9-10 所示电力系统，试分别计算发电机保持 E_q, E'_q, E' 不变时的功率特性和功率极限。已知各元件参数如下。

隐极发电机 G：$P_{GN}=240\text{MW}, V_N=10.5\text{kV}$，$\cos\varphi_N=0.85, x_d=x_q=1, x'_d=0.3, x_2=0.45, T_J=6.5''$。

变压器： T-1 $S_{TN1}=360\text{MV}\cdot\text{A}, V_{ST1}\%=14, k_{T1}=10.5/242$；

T-2 $S_{TN2}=300\text{MV}\cdot\text{A}, V_{ST2}\%=14, k_{T2}=220/121$。

线路： $l=300\text{km}, x_L=0.42\Omega/\text{km}, V_N=220\text{kV}$。

运行条件： $V_0=115\text{kV}, P_0=200\text{MW}, \cos\varphi_0=0.85$。

例 9-1 讲解

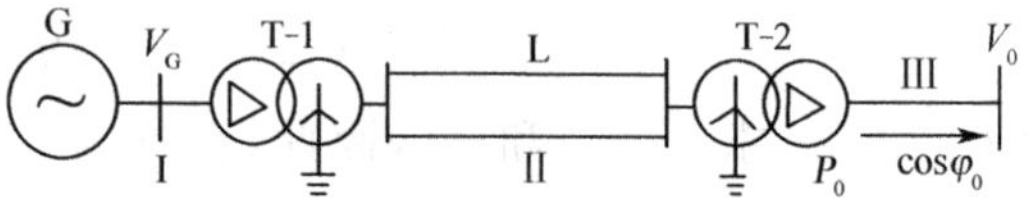

图 9-10 例 9-1 的电力系统

解 (1) 网络参数及运行参数计算。

取 $S_B=200\text{MV}\cdot\text{A}, V_{B(III)}=115\text{kV}$。为使变压器不出现非标准变比，各段基准电压为

$$V_{B(II)} = V_{B(III)}k_{T2} = 115 \times \frac{220}{121} = 209.1(\text{kV})$$

$$V_{B(I)} = V_{B(II)}k_{T1} = 209.1 \times \frac{10.5}{242} = 9.07(\text{kV})$$

各元件参数归算后的标幺值为

$$X_d = x_d \frac{V_{GN}^2}{S_{GN}} \frac{S_B}{V_{B(I)}^2} = 1 \times \frac{10.5^2}{240/0.85} \times \frac{200}{9.07^2} = 0.95$$

$$X'_d = x'_d \frac{V_{GN}^2}{S_{GN}} \frac{S_B}{V_{B(I)}^2} = 0.3 \times \frac{10.5^2}{240/0.85} \times \frac{200}{9.07^2} = 0.285$$

$$X_{T1} = \frac{V_{ST1}\%}{100} \frac{V_{TN1}^2}{S_{TN1}} \frac{S_B}{V_{B(II)}^2} = 0.14 \times \frac{242^2}{360} \times \frac{200}{209.1^2} = 0.104$$

$$X_{T2} = \frac{V_{ST2}\%}{100} \frac{V_{TN2}^2}{S_{TN2}} \frac{S_B}{V_{B(II)}^2} = 0.14 \times \frac{220^2}{300} \times \frac{200}{209.1^2} = 0.103$$

$$X_L = x_L l \frac{S_B}{V_{B(II)}^2} = 0.42 \times 300 \times \frac{200}{209.1^2} = 0.576$$

$$X_{TL} = X_{T1} + \frac{1}{2} X_L + X_{T2} = 0.104 + \frac{1}{2} \times 0.576 + 0.103 = 0.495$$

$$X_{d\Sigma} = X_{q\Sigma} = 0.95 + 0.495 = 1.445$$

$$X'_{d\Sigma} = X'_d + X_{TL} = 0.285 + 0.495 = 0.78$$

运行参数计算

$$V_0 = \frac{V_0}{V_{B(III)}} = \frac{115}{115} = 1.0, \quad \varphi_0 = \arccos 0.85 = 31.79°$$

$$P_0 = \frac{P_0}{S_B} = \frac{200}{200} = 1.0, \quad Q_0 = P_0 \tan\varphi_0 = 0.62$$

$$E_{q0} = E_{Q0} = \sqrt{\left(V_0 + \frac{Q_0 X_{q\Sigma}}{V_0}\right)^2 + \left(\frac{P_0 X_{q\Sigma}}{V_0}\right)^2} = \sqrt{(1 + 0.62 \times 1.445)^2 + (1 \times 1.445)^2} = 2.384$$

$$\delta_0 = \arctan \frac{1 \times 1.445}{1 + 0.62 \times 1.445} = 37.31°$$

$$E'_{q0} = E_{Q0} \frac{X'_{d\Sigma}}{X_{q\Sigma}} + \left(1 - \frac{X'_{d\Sigma}}{X_{q\Sigma}}\right) V_0 \cos\delta_0 = 2.384 \times \frac{0.78}{1.445} + \left(1 - \frac{0.78}{1.445}\right) \cos 37.31° = 1.653$$

$$E'_0 = \sqrt{\left(V_0 + \frac{Q_0 X'_{d\Sigma}}{V_0}\right)^2 + \left(\frac{P_0 X'_{d\Sigma}}{V_0}\right)^2} = \sqrt{(1 + 0.62 \times 0.78)^2 + (1 \times 0.78)^2} = 1.676$$

$$\delta'_0 = \arctan \frac{1 \times 0.78}{1 + 0.62 \times 0.78} = 27.73°$$

(2) 当保持 $E_q = E_{q0} = $ 常数时，

$$P_{E_q} = \frac{E_{q0} V_0}{X_{d\Sigma}} \sin\delta = 1.65 \sin\delta$$

$$P_{E_q m} = 1.65$$

(3) 当保持 $E'_q = E'_{q0} = $ 常数时，

$$P_{E'_q} = \frac{E'_{q0} V_0}{X'_{d\Sigma}} \sin\delta + \frac{V_0^2}{2} \times \frac{X'_{d\Sigma} - X_{q\Sigma}}{X'_{d\Sigma} X_{q\Sigma}} \sin 2\delta$$

$$= \frac{1.653}{0.78} \sin\delta + \frac{1}{2}\left(\frac{0.78 - 1.445}{0.78 \times 1.445}\right) \sin 2\delta = 2.119\sin\delta - 0.295\sin 2\delta$$

$$\frac{dP_{E'_q}}{d\delta} = 1.18\cos^2\delta - 2.119\cos\delta - 0.59 = 0, \quad \delta_{E'_q m} = 104.182°$$

$$P_{E'_q m} = 2.119\sin 104.182° - 0.295\sin(2 \times 104.182°) = 2.195$$

(4) 当保持 $E' = E'_0 = $ 常数时，

$$P_{E'} = \frac{E'_0 V_0}{X'_{d\Sigma}} \sin\delta' = \frac{1.676 \times 1}{0.78} \sin\delta' = 2.149\sin\delta'$$

$$\delta'_{E'_m} = 90°$$

极限功率为

$$P_{E'_m} = 2.149$$

9.4 自动励磁调节系统及励磁绕组的动态方程

9.4.1 自动励磁调节系统的动态方程

发电机的励磁调节系统向发电机提供励磁功率，起着调节电压、保持发电机端电压或枢纽点电压恒定的作用，并可控制并列运行发电机的无功功率分配，它对发电机的电磁功率和电力系统的稳定性有很大影响。

同步电机的励磁调节系统由主励磁系统和励磁调节器两部分组成。主励磁系统为发电机的励磁绕组提供励磁电流；励磁调节器用于对励磁电流进行调节或控制。主励磁系统有直流励磁机、交流励磁机和静止励磁系统三类。典型的励磁调节系统结构如图 9-11 所示。发电机端电压 V_G 经量测环节后与给定的参考电压 V_{ref} 相比较，得到的电压偏差信号经电压调节器放大后，输出电压 V_R 作为励磁机的励磁电压，以控制励磁机的输出电压，即发电机的励磁电压 V_f，从而达到调节机端电压的目的。为了提高励磁调节系统稳定性及改善其动态品质，引入励磁电压软负反馈环节。V_S 为附加励磁控制信号，一般是电力系统稳定器（Power System Stabilizer，PSS）的输出。实际的励磁调节系统种类繁多，下面仅介绍直流励磁系统和比例式励磁调节器的数学模型。

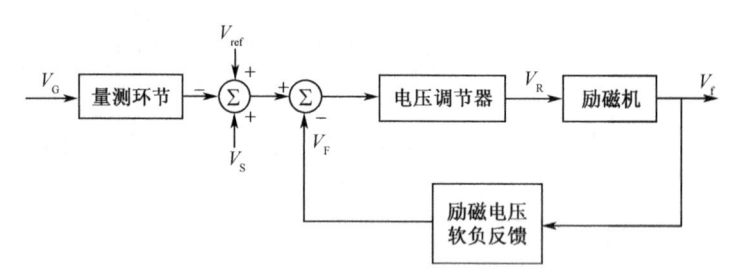

图 9-11 励磁调节系统结构图

如果不计励磁机的饱和等非线性因素，他励式直流励磁机为一惯性环节，时间常数为 T_e，其传递函数为

$$\frac{V_f}{V_R} = \frac{1}{1 + T_e p} \tag{9-43}$$

比例式励磁调节器一般是指稳态调节量比例于简单的实际运行参数（电压、电流）与其给定（整定）值之间的偏差值的调节器，有时又称为按偏移调节器。属于这类调节器的有单参数调节器和多参数调节器。单参数调节器是按电压、电流等参数中的某一个参数的偏差调节的，如电子型电压调节器；多参数调节器则按几个运行参数偏差量的线性组合进行调节，如相复励、带有电压校正器的复式励磁调节器等。下面以按电压偏差调节的比例式励磁调节器为例建立励磁调节系统的数学模型。

图 9-11 中，量测环节为一惯性环节，其时间常数很小，通常可以忽略。电压调节器可近似地表示为一惯性放大环节，若忽略其时间常数，则为一比例环节，放大系数为 K_A。励磁电压软负

反馈环节为一惯性微分环节，若忽略其时间常数，则可表示为一微分环节 $K_F p$。如果不计附加励磁控制信号，则可得到如图 9-12 所示的励磁调节系统简化框图。

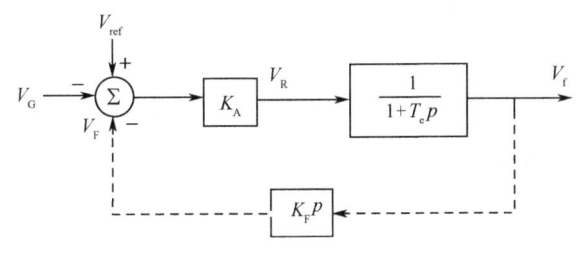

图 9-12 励磁调节系统简化框图

不引入软负反馈环节，根据图 9-12 可以写出励磁系统的方程为

$$\begin{cases} V_R = K_A(V_{ref} - V_G) \\ V_f + T_e \dfrac{dV_f}{dt} = V_R \end{cases} \tag{9-44}$$

即

$$K_A(V_{ref} - V_G) = V_f + T_e \dfrac{dV_f}{dt} \tag{9-45}$$

令 $V_f = V_{f0} + \Delta V_f$, $V_G = V_{G0} + \Delta V_G$，计及 $V_{R0} = K_A(V_{ref} - V_{G0}) = V_{f0}$，将这些关系代入式(9-45)后，可得到以偏差量表示的微分方程

$$-K_A \Delta V_G = \Delta V_f + T_e \dfrac{d\Delta V_f}{dt} \tag{9-46}$$

为了研究自动励磁调节器对静态稳定的影响，必须把式(9-46)变换一下，使之与发电机定子的运行参数联系起来。为此，全式乘以 X_{ad}/R_f 得

$$-\dfrac{X_{ad}}{R_f} K_A \Delta V_G = \dfrac{X_{ad}}{R_f} \Delta V_f + \dfrac{X_{ad}}{R_f} T_e \dfrac{d\Delta V_f}{dt} = X_{ad} \Delta i_{fe} + T_e \dfrac{dX_{ad} \Delta i_{fe}}{dt} \tag{9-47}$$

式中，$\Delta i_{fe} = \dfrac{\Delta V_f}{R_f}$，称为励磁电流强制分量的增量。

令 $\Delta E_{qe} = X_{ad} \Delta i_{fe}$ 为发电机空载电势强制分量的增量，则得到励磁调节系统的微分方程为

$$-K_V \Delta V_G = \Delta E_{qe} + T_e \dfrac{d\Delta E_{qe}}{dt} \tag{9-48}$$

式中，$K_V = X_{ad} K_A / R_f$ 称为调节器的综合放大系数。

9.4.2 计及励磁绕组动态的电势变化方程

前面讨论功率特性时假设励磁调节器能保持某一个电势（如 E'_q、E' 等）不变，而实际上也只能是在扰动瞬间不突变，而不能一直保持常数。电力系统稳定性分析中需要计及电势变化的过程，下面推导不计阻尼绕组，仅考虑同步发电机励磁绕组动态的微分方程（即考虑 E'_q 变化的动态方程）。

式(6-36)中发电机励磁绕组的电势方程为

$$v_f = \dot{\psi}_f + R_f i_f \tag{9-49}$$

在两端乘以 X_{ad}/R_f 可得

$$v_f \frac{X_{ad}}{R_f} = \frac{X_{ad}}{R_f} \times \frac{X_f}{X_f} \times \frac{d\psi_f}{dt} + X_{ad} i_f$$

或

$$X_{ad} i_{fe} = \frac{X_f}{R_f} \times \frac{d}{dt}(\frac{X_{ad}}{X_f}\psi_f) + X_{ad} i_f \tag{9-50}$$

其中，$i_{fe} = V_f/R_f$ 是励磁电流的强制分量。

将 $E_q = X_{ad} i_f$, $E_q' = \frac{X_{ad}}{X_f}\psi_f$, $T_{d0}' = \frac{X_f}{R_f}$ 代入式(9-50)，可得

$$E_{qe} = E_q + T_{d0}' \frac{dE_q'}{dt} \tag{9-51}$$

其中，$E_{qe} = X_{ad} i_{fe}$ 是空载电动势的强制分量。

在静态稳定分析时，需要用到线性化的微分方程，式(9-51)可写为

$$(E_{qe0} + \Delta E_{qe}) = (E_{q0} + \Delta E_q) + T_{d0}' \frac{d(E_{q0}' + \Delta E_q')}{dt} \tag{9-52}$$

在给定的运行平衡点有 $E_{qe0} = E_{q0}$。计及 E_{q0}' 为常数，于是得到用偏差量表示的励磁绕组的微分方程为

$$\Delta E_{qe} = \Delta E_q + T_{d0}' \frac{d\Delta E_q'}{dt} \tag{9-53}$$

第 9 章小结

思考题与习题

9-1 电力系统稳定性如何分类？研究的主要内容是什么？

9-2 功角 δ 和发电机惯性时间常数 T_J 的物理意义是什么？

9-3 发电机转子运动方程的基本形式如何？

9-4 自动励磁调节器对功率特性有何影响？

9-5 简单电力系统如题 9-5 图所示。各元件参数如下。发电机 G：250MW，$V_N = 10.5\text{kV}$，$\cos\varphi_N = 0.85$，$X_d = X_q = 1.7$，$X_d' = 0.25$。变压器 T-1：300MV·A，$V_S\% = 15$，$K_{T1} = 10.5/242$；T-2：300MV·A，$V_S\% = 15$，$K_{T2} = 220/121$。线路 L：250km，$X = 0.42\Omega/\text{km}$。初始运行状态为 $V_0 = 115\text{kV}$，$P_0 = 220\text{MW}$，$\cos\varphi_0 = 0.98$。发电机无励磁调节，$E_q = E_{q0} =$ 常数，试求功率特性 $P_{E_q}(\delta)$ 和功率极限 $P_{E_{qm}}$。

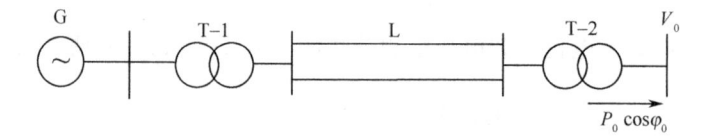

题 9-5 图

9-6 系统接线及参数同题 9-5，发电机装有励磁调节器，能保持 $E_q' = E_{q0}' =$ 常数，试求功率特性 $P_{E_q'}(\delta)$ 和功率极限 $P_{E_{qm}'}$。若近似的保持 $E' = E_0 =$ 常数，再求功率特性 $P_{E'}(\delta)$ 和功率极限 $P_{E_m'}$。

9-7 在题 9-5 的系统中，若发电机改为凸极机，$X_d = 1.0$，$X_q = 0.65$，$X_d' = 0.23$，其他参数和条件与题 9-5 相同，试做同样内容的计算，并对其结果进行比较分析。

第 9 章部分习题答案

第10章　电力系统静态稳定和暂态稳定分析

第9章介绍了电力系统稳定性的基本概念,并建立了各元件的机电特性,本章将在此基础上对简单电力系统的静态稳定和暂态稳定作进一步的分析。介绍电力系统静态稳定分析的实用判据和小干扰法的基本原理,分析自动励磁调节器对静态稳定的影响。介绍电力系统暂态稳定分析的等面积定则和发电机转子运动方程的数值解法。介绍提高电力系统静态稳定和暂态稳定的措施。

10.1　简单电力系统静态稳定性分析

静态稳定性是指电力系统在某一运行方式下受到一个小干扰后,系统自动恢复到原始运行状态的能力。能恢复到原始运行状态,则系统是静态稳定的,否则就是静态不稳定的。小干扰通常指的是正常的负荷波动和系统操作、少量负荷的投入和切除以及系统接线的切换等。静态稳定问题实际上就是确定系统某个运行方式能否保持的问题。

10.1.1　电力系统小干扰后的运行过程分析

从第9章的分析可知,当发电机为隐极机时,图9-2(a)所示的简单电力系统的功率特性为

$$P_{Eq} = \frac{E_q V}{X_{d\Sigma}} \sin\delta \qquad (10\text{-}1)$$

当不考虑发电机励磁调节装置的作用时,E_q＝常数,功率特性曲线如图10-1所示。图10-1中P_T为原动机输出的机械功率,并假定$P_T = P_0$＝常数。发电机要保持稳定运行,机械功率与电磁功率必须相互平衡。在图10-1中有两个平衡点a和b,它们是否都是稳定运行点呢?下面分析a、b两点的运行特性。

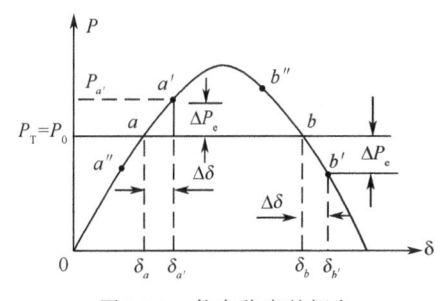

图10-1　静态稳定的概念

在a点运行时,假定系统受到一个小干扰,使发电机的功角产生了一个微小的增量$\Delta\delta$,运行点由原来的a点变到a'点,电磁功率也相应地增加到$P_{a'}$。从图中可以看到,正的功角增量$\Delta\delta = \delta_{a'} - \delta_a$产生正的电磁功率增量$\Delta P_e = P_{a'} - P_0$。而原动机的机械功率与功角无关,仍然保持$P_T = P_0$不变,从而使转子上的转矩平衡受到破坏。并且,此时电磁功率大于机械功率,转子上产生了制动性的不平衡转矩。在此制动性不平衡转矩作用下,发电机转速下降,功角逐步减小。经过衰减振荡后,发电机恢复到原来的运行点a。如果在a点运行时受到某一扰动,产生一个负的角度增量$\Delta\delta = \delta_{a''} - \delta_a$,则电磁功率增量$\Delta P_e = P_{a''} - P_0$也是负的,发电机将受到加速性不平衡转矩的作用而恢复到a点运行(如图10-2(a))。由以上分析可见,在运行点a,系统受到小干扰后能够自动恢复到原来的平衡状态,因此,a点是静态稳定的。

b点的运行情况与a点完全不同,当小干扰使功角产生一个正的增量$\Delta\delta = \delta_{b'} - \delta_b$时,电磁功率则产生一个负的增量$\Delta P_e = P_{b'} - P_0$。于是转子在加速性不平衡转矩作用下转速上升,功

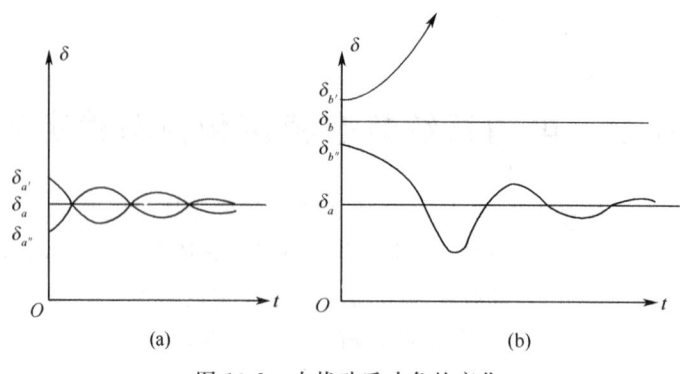

图 10-2 小扰动后功角的变化

(a) a 点运行；(b) b 点运行

角增大。随着功角 δ 的增大，电磁功率继续减小，发电机转速继续增加，运行点再也回不到 b 点。这样发电机与无穷大系统之间不能保持同步运行，即失去了稳定。如果在 b 点运行时，小干扰使功角产生一个负的增量 $\Delta\delta = \delta_{b''} - \delta_b$，电磁功率则将产生一个正的增量 $\Delta P_e = P_{b''} - P_0$，发电机的工作点将从 b 点过渡到 a 点，其过程如图 10-2(b) 所示。由以上分析可见，在运行点 b，系统受到小干扰后，不是转移到运行点 a，就是与系统失去同步。系统本身不能维持在 b 点运行，故 b 点是不稳定的。

10.1.2 电力系统静态稳定的实用判据

由以上分析可以看到，对于简单电力系统，要具有运行的静态稳定性，必须运行在功率特性的上升部分。在这部分，电磁功率增量 ΔP_e 和角度增量 $\Delta\delta$ 总是具有相同的符号；而在功率特性下降部分，电磁功率增量 ΔP_e 和角度增量 $\Delta\delta$ 符号总是相反。因此，可以用 $\dfrac{\Delta P_e}{\Delta\delta}$ 的符号来判别系统在给定的平衡点运行时是否具有静态稳定性，即可以用 $\dfrac{\Delta P_e}{\Delta\delta} > 0$ 作为简单电力系统静态稳定的实用判据，写成极限形式为

$$\frac{\mathrm{d}P_e}{\mathrm{d}\delta} > 0 \tag{10-2}$$

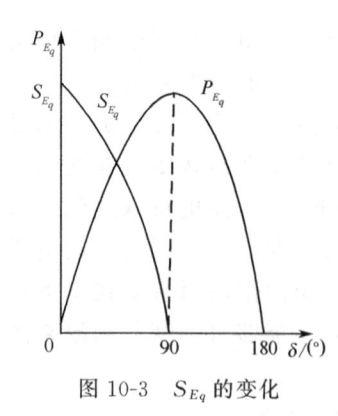

导数 $\dfrac{\mathrm{d}P_e}{\mathrm{d}\delta}$ 称为整步（或同步）功率系数，其大小可以说明发电机维持同步运行的能力，即说明静态稳定的程度。由式 (10-1) 可得整步功率系数

$$S_{E_q} = \frac{\mathrm{d}P_e}{\mathrm{d}\delta} = \frac{E_q V}{X_{d\Sigma}} \cos\delta \tag{10-3}$$

图 10-3 是 S_{E_q} 与 P_{E_q} 的变化曲线，在 $\delta < 90°$ 的范围内，$S_{E_q} > 0$，系统运行是静态稳定的；δ 越接近 $90°$，S_{E_q} 值越小，稳定程度越低；当 $\delta = 90°$ 时，$S_{E_q} = 0$，系统处于稳定与不稳定的边界，称为静态稳定极限。$\delta > 90°$ 时，$S_{E_q} < 0$，系统运行是静态不稳定的。

图 10-3 S_{E_q} 的变化

10.1.3 静态稳定储备系数

在电力系统的实际运行中,一般不允许运行在稳定极限附近,否则,运行情况稍有变动或者受到干扰,系统便会失去稳定。因此,要求运行点离稳定极限有一定的距离,即保持一定的稳定储备。电力系统静态稳定储备的大小通常用静态稳定储备系数 K_P 来表示。以有功功率表示的静态稳定储备系数为

$$K_P = \frac{P_{sl} - P_{G0}}{P_{G0}} \times 100\% \tag{10-4}$$

式中,P_{sl} 为静态稳定的极限输送功率;P_{G0} 为正常运行时发电机输送的功率。

电力系统运行时具备多大的储备系数,必须从技术和经济等方面综合考虑。储备系数定得过大,则要减小正常运行时发电机输送的功率,限制了输送能力,恶化输电的经济指标;储备系数定得过小,又会降低系统运行的安全可靠性。电力系统不仅要求正常运行时有足够的稳定储备,在非正常运行方式下也应有一定的稳定储备。我国现行的《电力系统安全稳定导则》规定:

正常运行方式和正常检修运行方式下,$K_P \geqslant (15 \sim 20)\%$;

事故后运行方式和特殊运行方式下,$K_P \geqslant 10\%$。

电力系统静态稳定计算的目的,就是按给定的运行条件,应用相应的稳定判据 $\left(\text{如} \dfrac{dP_e}{d\delta} > 0\right)$ 确定稳定极限,从而计算出该运行方式下的静态稳定储备系数,检验它是否满足规定的要求。

【例 10-1】 系统接线和参数同例 9-1。试计算下列两种情况下的静态稳定极限 P_{sl} 和稳定储备系数 K_P。

(1) 发电机无励磁调节,$E_q = E_{q0} =$ 常数;

(2) 发电机装有自动励磁调节器,能保持 $E'_q = E'_{q0} =$ 常数。

解 (1) 发电机无励磁调节,E_q 为常数时,静态稳定极限由 $S_{E_q} = 0$ 确定,由此确定的稳定极限功率 P_{sl} 与功率极限 P_{E_qm} 相等,根据例 9-1 的计算结果

$$P_{sl} = P_{E_qm} = 1.65$$
$$P_{G0} = P_0 = 1$$

于是

$$K_P = \frac{P_{sl} - P_{G0}}{P_{G0}} \times 100\% = \frac{1.65 - 1}{1} \times 100\% = 65\%$$

(2) 发电机装有励磁调节器,能保持 E'_q 为常数时,静态稳定极限由 $S_{E'_q} = 0$ 确定。根据例 9-1 的计算结果

$$P_{sl} = P_{E'_qm} = 2.195$$

稳定储备系数为

$$K_P = \frac{P_{sl} - P_{G0}}{P_{G0}} = \frac{2.195 - 1}{1} = 119.5\%$$

对比可见,发电机装有励磁调节器后,稳定极限从无励磁调节时的 1.65 提高到 2.195,静态稳定范围由 90°扩大到 104.182°(见例 9-1),稳定储备系数也由 65% 提高到 119.5%。

10.2 小干扰法的基本原理及应用

10.2.1 运动稳定性的基本概念

对于一个动力学系统,通常用一组微分方程来描述其运动状态。例如,电力系统是一个动力学系统,常用转子运动方程来描述发电机转子的机械运动;用派克方程来描述发电机的电磁运动等等。动力学系统的运动状态及其性质,是由这些微分方程组的解来表征的。动力学系统运动的稳定性,在数学上反映为微分方程组解的稳定性。运动稳定性的理论基础,是由著名学者李雅普诺夫奠定的。

李雅普诺夫运动稳定性理论认为,某一运动系统突然受到一个非常微小并随即消失的力(小干扰)的作用,使某些相关的量 $X_1,X_2,\cdots$(如速度、位移等)产生微小偏移 $\Delta X_1,\Delta X_2,\cdots$,经过一段时间,这些偏移量都小于某一预先指定的任意小的正数 ε,即 $\lim\limits_{t\to\infty}|\Delta X_i(t)|<\varepsilon$,则未受扰运动是稳定的,否则是不稳定的。

如果未受扰运动是稳定的,且

$$\lim_{t\to\infty}\Delta X_i(t)=0 \tag{10-5}$$

则称未受扰运动是渐近稳定的。为了简化,以下的叙述中省去"渐近"二字。

电力系统静态稳定属于渐近稳定,在正常运行情况下电力系统经常会受到微小的干扰(如负荷的随机波动),使功角、电压、功率等产生偏移,经过一段时间之后,这些偏移量衰减到零,则系统是稳定的;如果偏移量越来越大,则系统是不稳定的。因此,完全可以用李雅普诺夫运动稳定性的理论来分析电力系统的静态稳定性。

10.2.2 小干扰法的基本原理

用李雅普诺夫一次近似法分析电力系统静态稳定性的方法称为小干扰法。它是根据描述受扰运动的线性化微分方程组的特征方程式的根的性质来判断未受扰运动是否稳定的方法。下面介绍其基本原理和计算步骤。

线性化微分方程组可表示如下:

$$\frac{\mathrm{d}\Delta\boldsymbol{X}}{\mathrm{d}t}=\boldsymbol{A}\Delta\boldsymbol{X} \tag{10-6}$$

式中,$\boldsymbol{A}$ 为状态方程组的系数矩阵;$\Delta\boldsymbol{X}$ 为状态变量偏移量组成的列向量。

其特征方程为

$$\det[\boldsymbol{A}-p\boldsymbol{I}]=0 \tag{10-7}$$

将式(10-7)展开可得特征多项式为

$$a_0p^n+a_1p^{n-1}+\cdots+a_{n-1}p+a_n=0 \tag{10-8}$$

设 $p_1,p_2,\cdots,p_n$ 为特征方程的 n 个相异的根,则式(10-6)的通解具有如下的形式:

$$x_i(t)=k_{i1}\mathrm{e}^{p_1 t}+k_{i2}\mathrm{e}^{p_2 t}+\cdots+k_{in}\mathrm{e}^{p_n t} \tag{10-9}$$

从上式可以看到,微分方程式(10-6)的解的特性也就是系统的稳定性,完全取决于特征方程的根 $p_1,p_2,\cdots,p_n$ 的性质。根据式(10-5)的稳定条件,可以得到

(1) 如果特征方程的所有根实部均为负值,则系统是稳定的。

(2) 如果特征方程有实部为正值的根(只要有一个),则系统是不稳定的。

(3) 虽然没有实部为正值的特征值,但如果有零特征值或实部为零的纯虚数特征值时,稳定性的判断要由初等因子的次数来确定。

即特征方程式的根位于复数平面上虚轴的左侧,则未受扰运动是稳定的;只要有一个根位于虚轴的右侧,未受扰运动是不稳定的。如表 10-1 所示。

表 10-1 特征值类型与暂态过程形式

特征值	根在复平面上的分布	微分方程式的解	说　明
正实根			解按指数规律不断增大,系统将非周期性地失去稳定
负实根			按指数规律不断减小,系统是稳定的
共轭虚根			周期性等幅振荡,稳定的临界情况
实部为正的共轭复根			周期性振荡,其振荡幅值按指数规律增大。系统发生自发振荡,周期性地失去稳定
实部为负的共轭复根			周期性振荡,其振荡幅值按指数规律减小,系统是稳定的

对于电力系统,"未受扰运动"可以理解为系统在稳态或正常运行时的运动;"受扰运动"可以理解为系统承受了瞬时出现的小干扰后的运动。

小干扰法分析电力系统静态稳定性的计算步骤归纳如下:

(1) 列写电力系统各元件的非线性微分方程以及代数方程(网络方程);

(2) 计算给定稳态运行情况下各变量的稳态值;

(3) 在稳态值附近将非线性微分方程和代数方程线性化,并消去微分方程中的非状态变量,求出线性化的微分方程。

(4) 确定线性化微分方程的系数矩阵 A;

(5) 求 A 矩阵的特征值,并根据特征值实部的符号判断系统的静态稳定性。

10.2.3 小干扰法分析简单电力系统的静态稳定

下面用小干扰法分析简单电力系统的静态稳定性。简单电力系统及其等值电路如图 10-4(a) 所示。在给定的运行情况下,发电机输出的功率为 P_0,$\omega = \omega_N$;原动机的功率为 $P_{T0} = P_0$。假定原动机的功率 $P_T = P_{T0} = P_0 = $ 常数;发电机为隐极机,且不计励磁调节作用和发电机各绕组的电磁暂态过程,即 $E_q = E_{q0} = $ 常数。这样作出的发电机的功角特性,如图 10-4(b) 所示。现以不计发电机阻尼作用和计及发电机阻尼作用两种情况加以讨论。

小干扰法分析简单电力系统的静态稳定

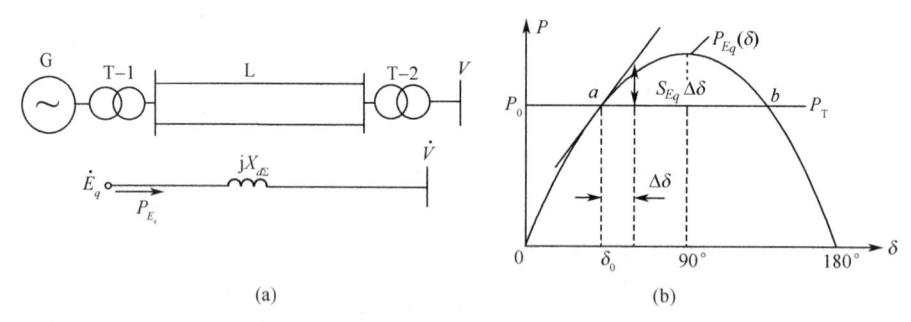

(a)   (b)

图 10-4 简单电力系统及其功率特性

1. 不计发电机组的阻尼作用

发电机的转子运动方程为

$$\frac{\mathrm{d}\delta}{\mathrm{d}t} = \omega - \omega_N$$
$$\frac{\mathrm{d}\omega}{\mathrm{d}t} = \frac{\omega_N}{T_J}(P_{T0} - P_e) \tag{10-10}$$

发电机的电磁功率方程为

$$P_e = P_{Eq} = \frac{E_{q0}V_0}{X_{d\Sigma}}\sin\delta = P_{Eq}(\delta) \tag{10-11}$$

将式(10-11)代入式(10-10)中消去代数变量 P_e,便得到简单电力系统的状态方程

$$\begin{cases} \dfrac{\mathrm{d}\delta}{\mathrm{d}t} = \omega - \omega_N = f_\delta(\delta,\omega) \\ \dfrac{\mathrm{d}\omega}{\mathrm{d}t} = \dfrac{\omega_N}{T_J}[P_{T0} - P_{Eq}(\delta)] = f_\omega(\delta,\omega) \end{cases} \tag{10-12}$$

由于 $P_{Eq}(\delta)$ 中含有 $\sin\delta$,所以方程组是非线性的。如果扰动很小,可以在平衡点 a 附近将其线性化。在点 a 对应的 δ_0 附近将 $P_{Eq}(\delta)$ 展开成泰勒级数

$$P_{Eq}(\delta) = P_{Eq}(\delta_0 + \Delta\delta) = P_{Eq}(\delta_0) + \left.\frac{\mathrm{d}P_{Eq}}{\mathrm{d}\delta}\right|_{\delta=\delta_0}\Delta\delta + \frac{1}{2!}\left.\frac{\mathrm{d}^2 P_{Eq}}{\mathrm{d}\delta^2}\right|_{\delta=\delta_0}\Delta\delta^2 + \cdots \tag{10-13}$$

略去二次及以上各项得到

$$P_{Eq}(\delta) = P_{Eq}(\delta_0) + S_{Eq}\Delta\delta \tag{10-14}$$

$$S_{Eq} = \left.\frac{\mathrm{d}P_{Eq}}{\mathrm{d}\delta}\right|_{\delta=\delta_0} \tag{10-15}$$

因为 $P_{Eq}(\delta_0) = P_0$,所以 $S_{Eq}\Delta\delta$ 为受扰动后功角产生微小偏差引起的电磁功率增量,即

$$\begin{cases} P_{E_q}(\delta) = P_{E_q}(\delta_0) + \Delta P_e \\ \Delta P_e = S_{E_q}\Delta\delta \end{cases} \quad (10\text{-}16)$$

从 ΔP_e 的表达式可以看到，略去功角偏差的二次项及以上各项，实质上是用过平衡点 a 的切线来代替原来的功率特性曲线(图10-4(b))，这就是线性化的含义。

将式(10-16)代入到式(10-12)中，并且令 $\omega = \omega_N + \Delta\omega$，于是得到线性化的状态方程

$$\begin{cases} \dfrac{d\hat{\delta}}{dt} = \dfrac{d(\delta_0 + \Delta\delta)}{dt} = \dfrac{d\Delta\delta}{dt} = \omega - \omega_N = \Delta\omega \\ \dfrac{d\omega}{dt} = \dfrac{d(\omega_N + \Delta\omega)}{dt} = \dfrac{d\Delta\omega}{dt} = -\dfrac{\omega_N}{T_J}\Delta P_e = -\dfrac{\omega_N S_{E_q}}{T_J}\Delta\delta \end{cases} \quad (10\text{-}17)$$

写成矩阵形式为

$$\begin{bmatrix} \dfrac{d\Delta\delta}{dt} \\ \dfrac{d\Delta\omega}{dt} \end{bmatrix} = \begin{bmatrix} 0 & 1 \\ -\dfrac{\omega_N S_{E_q}}{T_J} & 0 \end{bmatrix} \begin{bmatrix} \Delta\delta \\ \Delta\omega \end{bmatrix} \quad (10\text{-}18)$$

或缩记为

$$\dfrac{d\boldsymbol{X}}{dt} = \boldsymbol{A}\boldsymbol{X} \quad (10\text{-}19)$$

其中，$\boldsymbol{X} = [\Delta\delta \quad \Delta\omega]^T$，$\boldsymbol{A} = \begin{bmatrix} 0 & 1 \\ -\dfrac{\omega_N S_{E_q}}{T_J} & 0 \end{bmatrix}$。

下面确定 $\boldsymbol{A}$ 矩阵的元素。通过潮流计算(即电压、功率分布计算)确定了系统的运行方式，即已知了系统电压 V_0、发电机送到系统的功率 P_0、Q_0，根据式(9-28)和式(9-30)可算出 E_{q0} 和 δ_0，于是可求得

$$S_{E_q} = \left.\dfrac{dP_{E_q}}{d\delta}\right|_{\delta=\delta_0} = \dfrac{E_{q0}V_0}{X_{d\Sigma}}\cos\delta_0 \quad (10\text{-}20)$$

求得 $\boldsymbol{A}$ 矩阵的元素后，便可对其特征值的性质作出判断。下面直接求 $\boldsymbol{A}$ 矩阵的特征值。由 $\det[\boldsymbol{A} - p\boldsymbol{I}] = 0$ 可得特征方程

$$\det\begin{bmatrix} -p & 1 \\ -\dfrac{\omega_N S_{E_q}}{T_J} & -p \end{bmatrix} = p^2 + \dfrac{\omega_N S_{E_q}}{T_J} = 0 \quad (10\text{-}21)$$

由此解出

$$p_{1,2} = \pm\sqrt{-\dfrac{\omega_N S_{E_q}}{T_J}} \quad (10\text{-}22)$$

把已求得的 S_{E_q} 的值代入上式，即可确定特征值 p_1，p_2，从而判断系统在给定的运行条件下是否具有静态稳定性。

以上就是用小扰动法分析电力系统静态稳定的具体做法，对于实际的多机电力系统，只是方程的阶数较高、计算复杂一些而已。

必须着重指出，应用小扰动法，只能判定系统在给定的运行条件下是否具有静态稳定性，而不能回答稳定程度如何。但是，为了保证电力系统安全运行，人们总是希望得到与系统运行参数相联系的稳定性判断条件。也就是说，需要将特征值实部为负的判据转化为以运行参数表示的

判据,以便确定所给定的运行情况的稳定程度。

从式(10-22)可以看到,T_J 和 ω_N 均为正数,而 S_{E_q} 则与运行情况有关。

当 $S_{E_q}<0$ 时,特征值 p_1,p_2 为两个实数,其中一个为正实数。从自由振荡的解

$$\Delta\delta(t)=k_{\delta 1}\mathrm{e}^{p_1 t}+k_{\delta 2}\mathrm{e}^{p_2 t} \tag{10-23}$$

可以看到,电力系统受扰动后,功角偏差 $\Delta\delta$ 最终将以指数曲线的形式随时间不断增大,因此系统是不稳定的。这种失去稳定的形式称为非周期性的。

当 $S_{E_q}>0$ 时,特征值为一对共轭虚数

$$P_{1,2}=\pm\mathrm{j}\sqrt{\frac{\omega_N S_{E_q}}{T_J}}=\pm\mathrm{j}\beta \tag{10-24}$$

自由振荡的解为

$$\Delta\delta(t)=k_{\delta 1}\mathrm{e}^{\mathrm{j}\beta t}+k_{\delta 2}\mathrm{e}^{-\mathrm{j}\beta t}=(k_{\delta 1}+k_{\delta 2})\cos\beta t+\mathrm{j}(k_{\delta 1}-k_{\delta 2})\sin\beta t \tag{10-25}$$

$\Delta\delta(t)$ 应为实数,因此,$k_{\delta 1}$ 和 $k_{\delta 2}$ 应为一对共轭复数。设 $k_{\delta 1}=A+\mathrm{j}B$,$k_{\delta 2}=A-\mathrm{j}B$,于是

$$\begin{cases}\Delta\delta(t)=2A\cos\beta t-2B\sin\beta t=k_\delta\sin(\beta t-\varphi)\\ k_\delta=-2\sqrt{A^2+B^2},\quad \varphi=\arctan\dfrac{A}{B}\end{cases} \tag{10-26}$$

电力系统受到干扰后,功角将在 δ_0 附近作等幅振荡。从理论上说,系统不具有渐近稳定性。但是考虑到振荡中由于摩擦等原因产生能量损耗,可以认为振荡会逐渐衰减,系统是稳定的。

由以上分析可以得到简单电力系统的静态稳定判据为

$$S_{E_q}>0 \tag{10-27}$$

从式(10-20)可以看到,当系统运行参数 $\delta_0<90°$ 时,系统是稳定的;当 $\delta_0>90°$ 时,系统是不稳定的。所以用运行参数表示的稳定判据为

$$\delta_0<90° \tag{10-28}$$

稳定极限情况为 $S_{E_q}=0$,与此对应的稳定极限运行角

$$\delta_{\mathrm{sl}}=90° \tag{10-29}$$

与此运行角对应的发电机输出的电磁功率

$$P_{E_{q\mathrm{sl}}}=\frac{E_{q0}V_0}{X_{d\Sigma}}\sin\delta_{\mathrm{sl}}=\frac{E_{q0}V_0}{X_{d\Sigma}}=P_{E_{q\mathrm{m}}} \tag{10-30}$$

这就是系统保持静态稳定时发电机所能输送的最大功率,把 $P_{E_{q\mathrm{sl}}}$ 称为稳定极限。在上述简单电力系统中,稳定极限就等于功率极限(实际上这两者概念是完全不同的);静态稳定的严格判据 $S_{E_q}>0$ 就等同于前面由概念导出的实用判据。这一判据,常被应用于简单电力系统和一些定性分析的实用计算中。

在稳定工作范围内,自由振荡的频率为

$$f_\mathrm{e}=\frac{1}{2\pi}\sqrt{\frac{\omega_N S_{E_q}}{T_J}} \tag{10-31}$$

这个频率通常又称为"固有振荡频率"。它与运行情况即 S_{E_q} 有关,其变化如图 10-5 所示。固有振荡频率是与发电机转子相对运动相联系的,它决定着系统受扰动后振荡的周期。从图中还可以看到,当 $\delta=90°$ 时,$f_\mathrm{e}=0$,即电力系统受扰动后功角变化不再具有振荡的性质,因而系统将会非周期性地失去稳定。

2. 计及发电机组的阻尼作用

发电机组的阻尼作用包括由轴承摩擦和发电机转子与气体摩擦所产生的机械性阻尼作用以及由发电机转子闭合绕组（包括铁心）所产生的电气阻尼作用。机械阻尼作用与发电机的实际转速有关，电气阻尼作用则与相对转速有关，要精确计算这些阻尼作用是很复杂的。为了对阻尼作用的性质有基本了解，我们假定阻尼作用所产生的转矩（或功率）都与转速呈线性关系，于是对于相对运动的阻尼转矩（或功率）可表示为

$$M_D \approx P_D = D_\Sigma \Delta\omega$$
$$= D_\Sigma(\omega - \omega_N) = D_\Sigma \frac{\mathrm{d}\Delta\delta}{\mathrm{d}t} \quad (10\text{-}32)$$

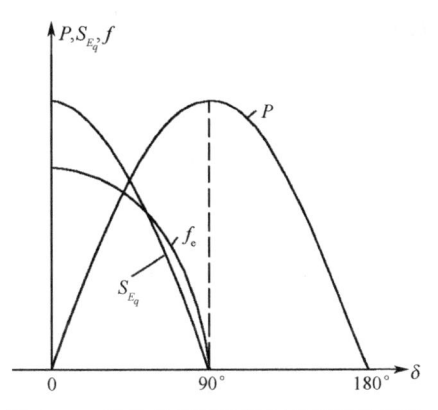

图 10-5 整步功率系数及固有频率的变化

式中，D_Σ 为综合阻尼系数。

计及阻尼作用之后，发电机的转子运动方程为

$$\frac{T_J}{\omega_N}\frac{\mathrm{d}^2\delta}{\mathrm{d}t^2} = P_T - (P_e + P_D) = P_T - [P_{E_q}(\delta) + D_\Sigma \Delta\omega] \quad (10\text{-}33)$$

线性化的状态方程为

$$\begin{cases} \dfrac{\mathrm{d}\Delta\delta}{\mathrm{d}t} = \Delta\omega \\ \dfrac{\mathrm{d}\Delta\omega}{\mathrm{d}t} = -\dfrac{\omega_N S_{E_q}}{T_J}\Delta\delta - \dfrac{\omega_N D_\Sigma}{T_J}\Delta\omega \end{cases} \quad (10\text{-}34)$$

$\boldsymbol{A}$ 矩阵为

$$\boldsymbol{A} = \begin{bmatrix} 0 & 1 \\ -\dfrac{\omega_N S_{E_q}}{T_J} & -\dfrac{\omega_N D_\Sigma}{T_J} \end{bmatrix} \quad (10\text{-}35)$$

$\boldsymbol{A}$ 矩阵的特征值为

$$p_{1,2} = -\frac{\omega_N D_\Sigma}{2T_J} \pm \sqrt{\left(\frac{\omega_N D_\Sigma}{2T_J}\right)^2 - \frac{\omega_N S_{E_q}}{T_J}} \quad (10\text{-}36)$$

下面分两种情况来讨论阻尼对稳定性的影响。

(1) $D_\Sigma > 0$，即发电机组具有正阻尼作用的情况。

当 $S_{E_q} > 0$，且 $D_\Sigma^2 > 4S_{E_q}T_J/\omega_N$ 时，特征值为两个负实数，$\Delta\delta(t)$ 将单调地衰减到零，系统是稳定的。这通常称为过阻尼的情况。

当 $S_{E_q} > 0$，但 $D_\Sigma^2 < 4S_{E_q}T_J/\omega_N$ 时，特征值为一对共轭复数，其实部为与 D_Σ 成正比的负数，$\Delta\delta(t)$ 将是一个衰减的振荡，系统是稳定的。

当 $S_{E_q} < 0$ 时，特征值为正、负两个实数。因此，系统是不稳定的，并且是非周期性地失去稳定。

由上可知，当 $D_\Sigma > 0$ 时，稳定判据与不计阻尼作用时的相同，仍然是 $S_{E_q} > 0$。阻尼系数 D_Σ 的大小，只影响受扰动后状态量（如 $\Delta\delta$）的衰减速度。

(2) $D_\Sigma < 0$，即发电机组具有负阻尼作用的情况。

当 $S_{E_q} > 0$，且 $D_\Sigma^2 > 4S_{E_q}T_J/\omega_N$ 时，特征值为两个正实数，系统将非周期性地失去稳定。

当 $S_{E_q} > 0$，且 $D_\Sigma^2 < 4S_{E_q}T_J/\omega_N$ 时，特征值为一对实部为正的共轭复数，即 $p_{1,2} = \alpha \pm \mathrm{j}\beta$，其

中，$\alpha = \left|\dfrac{\omega_N D_\Sigma}{2T_J}\right|$，$\beta^2 = \left|\left(\dfrac{\omega_N D_\Sigma}{2T_J}\right)^2 - \dfrac{\omega_N S_{E_q}}{T_J}\right|$。类似于式(10-26)的推导，可得自由振荡的解为

$$\Delta\delta(t) = k_\delta e^{\alpha t}\sin(\beta t - \varphi) \tag{10-37}$$

这将是一个振幅不断增大的振荡。这种失去稳定的形式，通常称为周期性地失去稳定，有时又称为自发振荡。

当 $S_{E_q} < 0$ 时，特征值为正、负两个实数。系统也将非周期性地失去稳定。

因此，当发电机组的阻尼作用为负时，不论 S_{E_q} 为何值，即不论系统运行在何种状态下，特征值实部总是正值，系统都是不稳定的。

10.3　自动励磁调节器对静态稳定的影响

自动励磁调节器对改善电力系统的静态稳定性有重要的作用，下面以比例式励磁调节器为例，用小干扰法分析它对静态稳定极限、稳定判据等方面的影响。

10.3.1　比例式励磁调节器对静态稳定的影响分析

1. 建立各元件的微分方程和代数方程并线性化

各元件的微分方程和代数方程在第 9 章已建立。以偏差量表示的转子运动方程式(10-17)、励磁绕组和励磁调节器的微分方程式(9-53)和式(9-48)构成了发电机及其励磁调节系统的四阶线性化状态方程，如式(10-38)所示。

$$\begin{cases} -K_V \Delta V_G = \Delta E_{qe} + T_e \dfrac{d\Delta E_{qe}}{dt} \\ \Delta E_{qe} = \Delta E_q + T'_{d0}\dfrac{d\Delta E'_q}{dt} \\ \dfrac{d\Delta \delta}{dt} = \Delta \omega \\ \dfrac{d\Delta \omega}{dt} = -\dfrac{\omega_N}{T_J}\Delta P_e \end{cases} \tag{10-38}$$

式中，$\Delta\delta$、$\Delta\omega$、ΔE_{qe} 和 $\Delta E'_q$ 为状态变量，ΔV_G、ΔE_q 和 ΔP_e 为非状态变量。因此，必须用发电机的电磁功率方程，消去这 3 个非状态变量。简单电力系统中，发电机的电磁功率特性可用不同的电势 E_q、E'_q 和 V_{Gq} 表示，如式(9-27)、式(9-32)和式(9-33)所示，其线性化形式如式(9-40)、式(9-41)和式(9-42)所示。因为干扰是微小的，所以假定

$$\begin{cases} \Delta P_{E_q} \approx \Delta P_{E'_q} \approx \Delta P_{V_{Gq}} = \Delta P_e \\ \Delta V_G \approx \Delta V_{Gq} \end{cases} \tag{10-39}$$

于是线性化的功率方程式可写为

$$\begin{cases} \Delta P_e = S_{E_q}\Delta\delta + R_{E_q}\Delta E_q \\ \Delta P_e = S_{E'_q}\Delta\delta + R_{E'_q}\Delta E'_q \\ \Delta P_e = S_{V_{Gq}}\Delta\delta + R_{V_{Gq}}\Delta V_{Gq} \end{cases} \tag{10-40}$$

将式(10-38)和式(10-40)整理之后可得到

$$\begin{cases} \dfrac{\mathrm{d}\Delta E_{qe}}{\mathrm{d}t} = -\dfrac{1}{T_e}\Delta E_{qe} - \dfrac{K_V}{T_e}\Delta V_{Gq} \\ \dfrac{\mathrm{d}\Delta E'_q}{\mathrm{d}t} = \dfrac{1}{T'_{d0}}\Delta E_{qe} - \dfrac{1}{T'_{d0}}\Delta E_q \\ \dfrac{\mathrm{d}\Delta \delta}{\mathrm{d}t} = \Delta\omega \\ \dfrac{\mathrm{d}\Delta \omega}{\mathrm{d}t} = -\dfrac{\omega_N}{T_J}\Delta P_e \\ 0 = S_{E_q}\Delta\delta + R_{E_q}\Delta E_q - \Delta P_e \\ 0 = S_{E'_q}\Delta\delta + R_{E'_q}\Delta E'_q - \Delta P_e \\ 0 = S_{VGq}\Delta\delta + R_{VGq}\Delta V_{Gq} - \Delta P_e \end{cases} \qquad (10\text{-}41)$$

2. 消去代数方程及非状态变量，求状态方程

将式(10-41)写成矩阵的形式

$$\begin{bmatrix} \dfrac{\mathrm{d}\Delta E_{qe}}{\mathrm{d}t} \\ \dfrac{\mathrm{d}\Delta E'_q}{\mathrm{d}t} \\ \dfrac{\mathrm{d}\Delta \delta}{\mathrm{d}t} \\ \dfrac{\mathrm{d}\Delta \omega}{\mathrm{d}t} \\ \hdashline 0 \\ 0 \\ 0 \end{bmatrix} = \begin{bmatrix} -\dfrac{1}{T_e} & 0 & 0 & 0 & 0 & -\dfrac{K_V}{T_e} & 0 \\ \dfrac{1}{T'_{d0}} & 0 & 0 & 0 & -\dfrac{1}{T'_{d0}} & 0 & 0 \\ 0 & 0 & 0 & 1 & 0 & 0 & 0 \\ 0 & 0 & 0 & 0 & 0 & 0 & -\dfrac{\omega_N}{T_J} \\ \hdashline 0 & 0 & S_{E_q} & 0 & R_{E_q} & 0 & -1 \\ 0 & R_{E'_q} & S_{E'_q} & 0 & 0 & 0 & -1 \\ 0 & 0 & S_{VGq} & 0 & 0 & R_{VGq} & -1 \end{bmatrix} \begin{bmatrix} \Delta E_{qe} \\ \Delta E'_q \\ \Delta \delta \\ \Delta \omega \\ \hdashline \Delta E_q \\ \Delta V_{Gq} \\ \Delta P_e \end{bmatrix} \qquad (10\text{-}42)$$

将上式按虚线分块，写成分块矩阵的形式

$$\begin{bmatrix} \dfrac{\mathrm{d}\Delta \boldsymbol{X}}{\mathrm{d}t} \\ \boldsymbol{0} \end{bmatrix} = \begin{bmatrix} \boldsymbol{A}_{XX} & \boldsymbol{A}_{XY} \\ \boldsymbol{X}_{YX} & \boldsymbol{A}_{YY} \end{bmatrix} \begin{bmatrix} \Delta \boldsymbol{X} \\ \Delta \boldsymbol{Y} \end{bmatrix} \qquad (10\text{-}43)$$

式中，$\Delta \boldsymbol{X} = [\Delta E_{qe}\ \Delta E'_q\ \Delta \delta\ \Delta \omega]^\mathrm{T}$ 为状态变量列向量；$\Delta \boldsymbol{Y} = [\Delta E_q\ \Delta V_{Gq}\ \Delta P_e]^\mathrm{T}$ 为非状态变量列向量。

展开式(10-43)，并进行消去运算，便可得到计及励磁调节器的线性化状态方程

$$\dfrac{\mathrm{d}\Delta \boldsymbol{X}}{\mathrm{d}t} = \boldsymbol{A}\Delta \boldsymbol{X} \qquad (10\text{-}44)$$

其中

$$\boldsymbol{A} = \boldsymbol{A}_{XX} - \boldsymbol{A}_{XY}\boldsymbol{A}_{YY}^{-1}\boldsymbol{A}_{YX} \qquad (10\text{-}45)$$

上述求线性化状态方程的步骤和方法，也适用于复杂多机电力系统。对于简单电力系统，可以用直接代入消去的方法求 $\boldsymbol{A}$ 矩阵。经过整理得到

$$\begin{bmatrix} \dfrac{\mathrm{d}\Delta E_{qe}}{\mathrm{d}t} \\ \dfrac{\mathrm{d}\Delta E'_q}{\mathrm{d}t} \\ \dfrac{\mathrm{d}\Delta \delta}{\mathrm{d}t} \\ \dfrac{\mathrm{d}\Delta \omega}{\mathrm{d}t} \end{bmatrix} = \begin{bmatrix} -\dfrac{1}{T_e} & -\dfrac{K_V R_{E'_q}}{T_e R_{VGq}} & \dfrac{K_V(S_{VGq}-S_{E'_q})}{T_e R_{VGq}} & 0 \\ \dfrac{1}{T'_{d0}} & -\dfrac{R_{E'_q}}{T'_{d0} R_{Eq}} & -\dfrac{S_{E'_q}-S_{Eq}}{T'_{d0} R_{Eq}} & 0 \\ 0 & 0 & 0 & 1 \\ 0 & -\dfrac{\omega_N R_{E'_q}}{T_J} & -\dfrac{\omega_N S_{E'_q}}{T_J} & 0 \end{bmatrix} \begin{bmatrix} \Delta E_{qe} \\ \Delta E'_q \\ \Delta \delta \\ \Delta \omega \end{bmatrix} \quad (10\text{-}46)$$

到此为止，得到了线性化状态方程式(10-46)及其系数矩阵 $\boldsymbol{A}$。根据给定的运行情况及系统各参数可以算出 $\boldsymbol{A}$ 矩阵的各元素值，然后应用数值计算的方法求出 $\boldsymbol{A}$ 矩阵的全部特征值，即可判定电力系统在所给定的运行条件下是否具有静态稳定性。

3. 稳定判据及其分析

下面应用间接判定特征值性质的方法来求出用运行参数表示的稳定判据，以便对励磁调节器的影响作出评价。

根据式(10-46)的 $\boldsymbol{A}$ 矩阵，由 $f(p)=\det(\boldsymbol{A}-p\boldsymbol{L})=0$ 求出特征方程。在整理简化过程中，假定发电机为隐极机，并引用了：$R_{Eq}=\dfrac{V}{X_{d\Sigma}}\sin\delta$；$R_{E'_q}=\dfrac{V}{X'_{d\Sigma}}\sin\delta$；$R_{VGq}=\dfrac{V}{X_{TL}}\sin\delta$；$T'_d=T'_{d0}\dfrac{R_{Eq}}{R_{E'_q}}$；$\dfrac{R_{Eq}}{R_{VGq}}=\dfrac{X_{TL}}{X_{d\Sigma}}$。于是得到特征方程为

$$a_0 p^4 + a_1 p^3 + a_2 p^2 + a_3 p + a_4 = 0 \quad (10\text{-}47)$$

方程式的系数为

$$\begin{cases} a_0 = \dfrac{1}{\omega_N} T_J T_e T'_d \\ a_1 = \dfrac{1}{\omega_N} T_J (T_e + T'_d) \\ a_2 = \dfrac{1}{\omega_N} T_J \left(1 + K_V \dfrac{X_{TL}}{X_{d\Sigma}}\right) + T_e T'_d S_{E'_q} \\ a_3 = T_e S_{Eq} + T'_d S_{E'_q} \\ a_4 = S_{Eq} + K_V S_{VGq} \dfrac{X_{TL}}{X_{d\Sigma}} \end{cases} \quad (10\text{-}48)$$

根据赫尔维茨判别法，所有特征值的实部为负值的条件，即保持系统稳定的条件为

(1) 特征方程所有的系数均大于零，即

$$a_0 > 0, \quad a_1 > 0, \quad a_2 > 0, \quad a_3 > 0, \quad a_4 > 0 \quad (10\text{-}49)$$

(2) 赫尔维茨行列式及其主子式的值均大于零，即

$$\Delta_4 = \begin{vmatrix} a_1 & a_3 & 0 & 0 \\ a_0 & a_2 & a_4 & 0 \\ 0 & a_1 & a_3 & 0 \\ 0 & a_0 & a_2 & a_4 \end{vmatrix} > 0, \quad \Delta_3 = \begin{vmatrix} a_1 & a_3 & 0 \\ a_0 & a_2 & a_4 \\ 0 & a_1 & a_3 \end{vmatrix} > 0, \quad \Delta_2 = \begin{vmatrix} a_1 & a_3 \\ a_0 & a_2 \end{vmatrix} > 0 \quad (10\text{-}50)$$

条件(1)中的系数 a_0 和 a_1 与运行情况无关，总是大于零。其余三个与运行情况有关的系数，由于功角从给定 δ_0 继续增大时，$S_{E'_q}$ 总是比 S_{Eq} 大（见图10-6），因此，要求 $a_3>0$ 必须有

$S_{E_q'} > 0$。所以，只要 $a_3 > 0$，则必有 $a_2 > 0$。这样，由条件(1)可得到两个与运行参数相联系的稳定条件，即

$$a_3 = T_e S_{Eq} + T_d' S_{E_q'} > 0 \tag{10-51}$$

$$a_4 = S_{Eq} + K_V S_{VGq} \frac{X_{TL}}{X_{d\Sigma}} > 0 \tag{10-52}$$

根据条件(2)从 $\Delta_3 = a_3 \Delta_2 - a_1^2 a_4 > 0$，$\Delta_4 = a_4 \Delta_3 > 0$ 可以看到，当特征方程的系数都大于零时，只要 $\Delta_3 > 0$，必有 $\Delta_2 > 0$ 和 $\Delta_4 > 0$。这样，由条件(2)又得到一个与运行参数相联系的稳定条件，即

$$\Delta_3 = a_1 a_2 a_3 - a_0 a_3^2 - a_1^2 a_4 > 0 \tag{10-53}$$

将系数代入上式，并解出 K_V，得到

$$K_V < \frac{X_{d\Sigma}}{X_{TL}} \times \frac{S_{E_q'} - S_{Eq}}{S_{VGq} - S_{E_q'}} \times \frac{1 + \dfrac{\omega_N T_e^2}{T_J(T_e + T_d')}(T_e S_{Eq} + T_d' S_{E_q'})}{1 + \dfrac{T_e}{T_d'} \times \dfrac{S_{VGq} - S_{Eq}}{S_{VGq} - S_{E_q'}}} = K_{V\max} \tag{10-54}$$

这样，就得到式(10-51)、式(10-52)、式(10-54)三个为保持系统静态稳定而必须同时满足的条件。随着运行情况的变化，S_{Eq}、$S_{E_q'}$、S_{VGq} 都要变化，S_{Eq}、$S_{E_q'}$、S_{VGq} 与功角 δ 的关系如图 10-6 所示。随着运行角度的增大，S_{Eq}、$S_{E_q'}$、S_{VGq} 依次由正值变为负值，当达到某一运行状态时，有些稳定条件便不能满足了，因而系统也就不能保持稳定运行了。根据这个特点和三个稳定条件，下面进一步分析励磁调节器对静态稳定的影响。

式(10-52)$a_4 > 0$ 说明，如果没有调节器，即 $K_V = 0$，则稳定条件变为 $S_{Eq} > 0$，这和前面的结论相同。装设了调节器后，在运行功角 $\delta > 90°$ 的一段范围内，虽然 $S_{Eq} < 0$，但 $S_{VGq} > 0$，因此，只要 K_V 足够大，仍然有可能使式(10-52)得到满足。所以，装设调节器后，运行角可以大于 90°，从而扩大了系统稳定运行的范围。为保证在 $\delta > 90°$ 仍能稳定运行，由式(10-52)解出

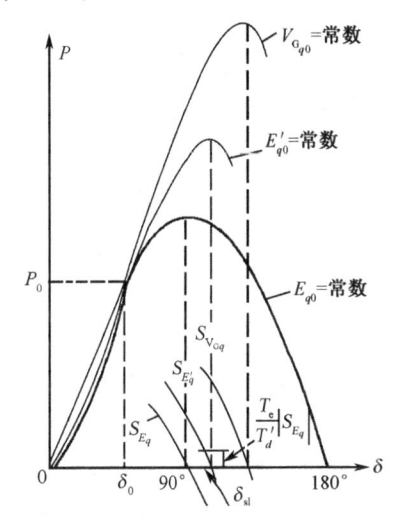

图 10-6 自动励磁调节器对静态稳定的影响

$$K_V > \frac{|S_{Eq}|}{S_{VGq}} \times \frac{X_{d\Sigma}}{X_{TL}} = K_{V\min} \quad (\delta > 90°) \tag{10-55}$$

上式说明，调节器在运行中所整定的放大系数要大于与运行情况有关的最小允许值 $K_{V\min}$。对于一般输电系统，这个条件较易满足。例如，对于送端为汽轮发电机，输电线路 200～300km 的系统所作的计算结果表明，当 $K_V > 6$，$\delta < 110°$ 时，式(10-52)仍能满足。

式(10-52)是由 $a_4 > 0$ 得出的。a_4 通常称为特征方程的自由项(即不含 p 的项)。自由项的符号与纯实数特征值的符号有关。因此，式(10-52)不能满足就意味着有正实数的特征值，此时系统失去稳定的形式，与无励磁调节器时的相同，是非周期性的。

再来看式(10-51)$a_3 > 0$。当运行角 $\delta < 90°$ 时，S_{Eq}、$S_{E_q'}$ 均为正值，该式总能满足。在运行角 $\delta > 90°$ 的一段范围内，$S_{Eq} < 0$，$S_{E_q'} > 0$。式(10-51)可改写成

$$S_{E'_q} > \frac{T_e}{T'_d} | S_{E_q} | \quad (\delta > 90°) \tag{10-56}$$

为满足式(10-56),必须有 $S_{E'_q} > 0$,这就是说,稳定的极限功角 δ_{sl} 将小于与 $S_{E'_q} = 0$ 所对应的角度 $\delta_{E'_qm}$。这说明,比例式励磁调节器虽然能把稳定运行范围扩大到 $\delta > 90°$,但不能达到 $S_{E'_q} = 0$ 所对应的功角 $\delta_{E'_qm}$。一般 T_e 远小于 T'_d,因此,δ_{sl} 与 $\delta_{E'_qm}$ 相差很小,在简化近似计算中,可以把式(10-56)近似地写为

$$S_{E'_q} > 0 \tag{10-57}$$

这说明,在发电机装设了比例式励磁调节器后,计算发电机保持稳定下所能输送的最大功率时,可以近似地采用 $E'_q = $ 常数的模型(有时称为经典模型)。

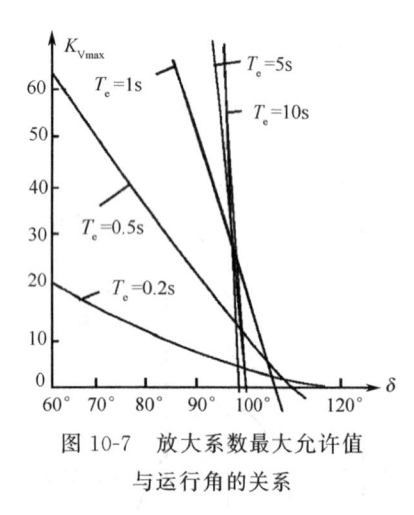

最后分析式(10-54) $K_V < K_{Vmax}$。K_{Vmax} 是运行参数的复杂函数。仍以上述 200~300km 输电系统为例进行计算,结果如图 10-7 所示。一般励磁机的等值时间常数 T_e 是不大的,从图中可以看到,按稳定条件所允许的放大系数 K_{Vmax} 也是不大的。例如,对于 $T_e = 0.5s$ 的情况,当运行角 $\delta = 100°$ 时,$K_{Vmax} = 10$。通常,为了使发电机端电压波动不大,要求调节器的放大系数整定得大些。同时,调节器的放大系数整定值越大,维持发电机端电压的能力就越强,输电系统的功率极限也越大。然而式(10-54)却限制采用较大的放大系数,或者放大系数整定得大些,但只允许运行在较小的功角下。此时,由式(10-54)所确定的稳定极限 P_{sl} 远小于功率极限 P_m,从而限制了输送功率。

图 10-7 放大系数最大允许值与运行角的关系

当放大系数整定得过大而不满足式(10-54)时,系统失去静态稳定,但失去稳定的形式与无调节器的情况不同,它是周期性的自发振荡。从理论上说,因为式(10-54)是由 $\Delta_3 > 0 (\Delta_{n-1} > 0)$ 得出的,当条件不满足时,特征值有正实部的共轭复数,因而功角的自由振荡中含有振幅随指数增长的正弦项。这与具有负阻尼系数的无励磁调节发电机失去稳定的情况相同,所以,比例式调节器实际上产生了负阻尼作用,当调节器产生的负阻尼效应超过了发电机的正阻尼作用(如阻尼绕组的阻尼作用等)时,系统成为具有负阻尼的系统,因而将发生自发振荡而失去稳定。

10.3.2 比例式调节器对静态稳定的影响综述

上面分析了按电压偏差调节的比例式调节器对静态稳定的影响,按其他参数调节的比例式调节器也可用相同的方法进行分析,这里不再赘述。关于比例式励磁调节器对静态稳定的影响,归纳起来有以下几点:

(1) 比例式励磁调节器可以提高和改善电力系统的静态稳定性。调节器扩大了稳定运行的范围(或称为稳定域),发电机可以运行在 $S_{E_q} < 0$,即 $\delta > 90°$ 的一定范围内,同时增大了稳定极限 P_{sl} 的值,提高了输送能力。

(2) 具有比例式励磁调节器的发电机,不能在 $S_{E'_q} < 0$ 的情况下稳定运行。考虑到 T_e 远比 T'_d 小,因此,在实用计算中如果能恰当地整定放大系数,使之不发生自发振荡,则可以近似地用 $S_{E'_q} = 0$ 来确定稳定极限,即发电机可以采用 $E'_q = E'_{q0} = $ 常数的经典模型。

（3）调节器放大系数的整定值是应用比例式励磁调节器要特别注意的问题。整定值应兼顾维持电压能力、提高功率极限和扩大稳定运行范围、增大稳定极限两个方面。

（4）多参数的比例式调节器比单参数的优越。可以用其中一个参数的调节（如按电流偏差调节）来扩大稳定域，而用另一个参数的调节（如按电压偏差调节）来提高功率极限，从而使稳定极限得到较大的增加。

10.3.3 励磁调节器的改进

从上面对比例式励磁调节器的分析中看到，励磁调节器可能产生负阻尼效应，使得调节器的放大系数不能整定得过大，因此，需要对励磁调节系统进行研究和改进或开发新型的励磁调节器（如微机励磁调节器等）。改进的主要目的是设法削弱和克服励磁调节器所产生的负阻尼效应，抑制和防止电力系统发生自发振荡。下面介绍两种措施。

1. 对励磁调节系统进行参数补偿

从图10-7及式(10-54)看到，增大励磁机的时间常数 T_e，在同样的运行角度下，可以增大允许的放大系数 K_{Vmax} 的值，或者在给定的 K_V 整定值下，可以允许在较大的功角下运行而不发生自发振荡。通过改进励磁机结构来增大 T_e 是较困难的，但是，对上述按电压偏差调节的比例式调节系统，可以从励磁机端引入导数负反馈，如图9-12中的虚线所示。这样，励磁调节系统的微分方程将为

$$-K_A \Delta V_G = \Delta V_f + (T_e + K_F)\frac{\mathrm{d}\Delta V_f}{\mathrm{d}t} \tag{10-58}$$

与式(9-46)比较可知，引入导数负反馈后，可以增大励磁机等值时间常数，起到抑制自发振荡的作用。

在励磁调节系统中进行参数补偿的方式很多。目前，这类通过反馈、移相等来改变励磁调节系统参数（或引入辅助调节量实现多参数调节）的调节器，习惯上称为电力系统稳定器，或简称为PSS，它们主要是为提高电力系统静态稳定性而设计的。应该指出，增大 T_e 将会降低励磁系统的动态响应速度，这可能对暂态稳定产生不良影响。对此，在一些PSS的设计中，还采用了在强励动作时使补偿环节退出工作的一种电路。

2. 按运行参数偏差的导数来调节励磁

这是通过导数调节部分所产生的正阻尼效应来削弱和克服比例调节部分所产生的负阻尼效应的办法。阻尼转矩与发电机的相对速度有关，可以近似地认为与相对转速成比例，即与 $\frac{\mathrm{d}\Delta\delta}{\mathrm{d}t}$ 成比例。如果按功角偏差的导数来调节励磁，则相当于调节器产生了附加的正阻尼效应。另一方面，发电机的相对加速度 $\frac{\mathrm{d}^2\Delta\delta}{\mathrm{d}t^2}$，对稳定性的影响也很大。如果按 $\frac{\mathrm{d}^2\Delta\delta}{\mathrm{d}t^2}$ 来调节励磁，则发电机受扰后的转子相对运动有可能向有利于保持稳定的方向发展。为此，提出按 $\left(k_{0\delta}\Delta\delta + k_{1\delta}\frac{\mathrm{d}\Delta\delta}{\mathrm{d}t} + k_{2\delta}\frac{\mathrm{d}^2\Delta\delta}{\mathrm{d}t^2}\right)$ 来调节励磁。这种既按运行参数偏差，又按运行参数偏差的一次及二次导数调节励磁的自动励磁调节器，称为强力式调节器。强力式调节器的调节参数除了发电机的功角，也可以是发电机的电流、机端电压、输电线路某点电压等参数。

研究表明，采用强力式调节器，可以有效地抑制和克服自发振荡，从而把稳定极限 P_{sl} 提高到接近功率极限 P_m 的水平。在简化近似计算中，可按发电机端电压 V_G 恒定，甚至可以按高压

母线电压恒定作为计算条件。

10.3.4 电力系统静态稳定的简要述评

下面以简单电力系统为例,对电力系统静态稳定作一简要述评,以便对简化计算中关于发电机模型的处理以及失去静态稳定的形式,有较清晰的理解。

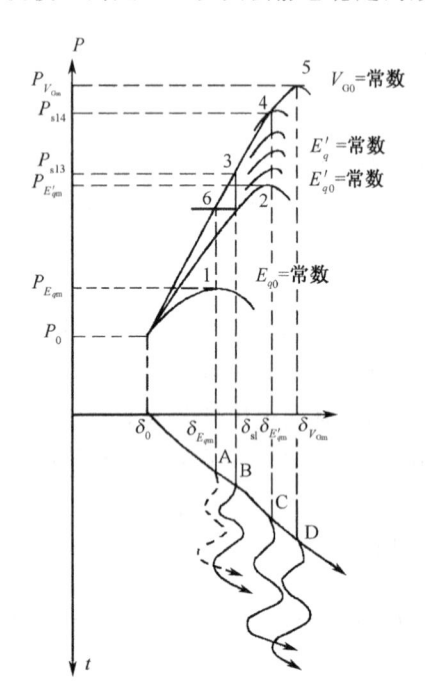

1. 无励磁调节的情况

无励磁调节时,发电机电势 $E_q = E_{q0} =$ 常数。因此,当运行状态变化时,发电机工作点将沿着 $E_q = E_{q0} =$ 常数的曲线变化;电力系统静态稳定极限将由 $S_{E_q} = 0$ 确定,它与功率极限 $P_{E_{qm}}$ 相等,即由图 10-8 的点 1 确定。在简化计算中,发电机采用 $E_q = E_{q0} =$ 常数的模型。

无励磁调节时电力系统失去静态稳定的形式为非周期性的,即功角随时间单调地增大,如图 10-8 中下半部分的 $\delta(t)$ 曲线所示。

2. 发电机装有单参数比例式调节器

如果比例式调节器放大系数整定适中,例如大致能保持 $E_q' = E_{q0}' =$ 常数时,则发电机工作点近似地沿 $P_{E_{q0}'}$ 的曲线变化。由于放大系数不很大,即使在较大的运行角度时也能满足放大系数小于最大允许值 K_{Vmax} 的要求,因而静态稳定极限功率 P_{sl} 可以近似地由 $S_{E_q'} = 0$ 确定,即大小取为与功率极限 $P_{E_{qm}'}$ 相等(图 10-8 中的点 2)。简化计算中,发电机采用 $E_q' =$ 常数的模型。系统失去静态稳定的形式可能是非周期的,也可能是周期性的。

图 10-8 电力系统静态稳定的一般情况

如果放大系数整定得比较大,则由于受到自发振荡条件的限制(即 $K < K_{Vmax}$),极限运行角 δ_{sl} 将缩小,一般比 $S_{E_q'} = 0$ 对应的 $\delta_{E_{qm}'}$ 小得多,差别的大小与 T_e 有关。由于放大系数较大,维持电压能力较强,因此,稳定极限功率,可以近似地按 $V_G = V_{G0} =$ 常数的曲线上 对应 δ_{sl} 的点 3 确定。当发电机功率由 P_0 慢慢增加到 P_{sl3},功角抵达 δ_{sl} 时,系统便要失去静态稳定,失去静态稳定的形式是周期性的自发振荡。

对于装有按单参数调节的比例式调节器的发电机,按点 2 和点 3 所确定的稳定极限功率值相差并不大。因此,在简化计算中,就按点 2 来确定极限功率,并对发电机采用 $E_q' =$ 常数的经典模型。

3. 发电机装有多参数比例式调节器

例如,发电机装设带电压校正器的复式励磁装置时,可以选择合适的电流放大系数 K_I,使稳定运行角增大到接近于由 $S_{E_q'} = 0$ 所确定的 $\delta_{E_{qm}'}$,而利用电压校正器来使发电机端电压大致恒定,因此,静态稳定极限值可以近似地由 $V_G = V_{G0} =$ 常数的曲线上对应 $\delta_{E_{qm}'}$ 的点 4 确定。系统失去静态稳定的形式,可能是非周期性的,也可能是周期性的。

4. 发电机装有强力式调节器

当发电机装有强力式调节器(包括一部分较完善的 PSS)时,静态稳定极限可以提高到 $V_G = V_{G0} =$ 常数的曲线对应的功率极限 P_{VGm}(图 10-8 中的点 5)。在简化计算中,发电机可以采用 $V_G =$ 常数的模型。

顺便指出，当发电机采用手动调节励磁或装有不连续的调节器，大致上保持发电机端电压不变时，由于受到自发振荡的限制，稳定运行角不超过由 $S_{E_q}=0$ 所确定的 $\delta_{E_{qm}}$。但是，由于大致保持了发电机端电压不变，稳定极限功率值，将由 $V_G=V_{G0}=$ 常数的功率特性上对应 $\delta_{E_{qm}}$ 的点 6 来确定。它比无调节励磁时的大得多，所以，即使手动调节励磁，也能提高输电系统的输送能力。

此外，目前我国已研制和开发了许多种类的微机励磁调节系统。由于微型计算机具有极强的综合处理能力（如各输入量之间的协调、按发电机的运行情况修改调节系统的参数等），对于抑制自发振荡、提高稳定极限从而提高系统稳定性都有显著的效果。

10.4 电力系统的暂态稳定性

电力系统的暂态稳定性是指系统受到大干扰后，各同步发电机保持同步运行并过渡到新的稳定运行方式或恢复到原来稳定运行方式的能力。通常指保持第一或第二个振荡周期不失步。大干扰一般指的是短路、切除输电线路或发电机组、投入或切除大容量的负荷等。其中短路故障的干扰最严重，常作为检验系统是否具有暂态稳定性的条件。

10.4.1 暂态稳定分析计算的基本假设

1. 电力系统机电暂态过程的特点

当电力系统受到大干扰时，表征系统运行状态的各种电磁参数都要发生急剧的变化。但是由于原动机调速器具有相当大的惯性，它必须经过一定时间后才能改变原动机的功率。这样，发电机的电磁功率与原动机的机械功率之间便失去了平衡，产生了不平衡转矩。在不平衡转矩的作用下，发电机开始改变转速，使各发电机转子间的相对位置发生变化（机械运动）。发电机转子间的相对位置，即相对角的变化，反过来又影响到电力系统中电流、电压和发电机电磁功率的变化。所以，由大干扰引起的电力系统暂态过程，是一个电磁暂态过程和发电机转子间机械运动暂态过程交织在一起的复杂过程。如果计及原动机调速器、发电机励磁调节器等调节设备的暂态过程，则更加复杂。这就是电力系统机电暂态过程的特点。

精确地确定所有电磁参数和机械运动参数在暂态过程中的变化是困难的，对于解决一般的工程实际问题往往也是不必要的。通常，暂态稳定分析计算的目的在于确定系统在给定的大干扰下，发电机能否继续保持同步运行。因此，只需研究表征发电机是否同步的转子运动特性，即功角 δ 随时间变化的特性就可以了。据此，在暂态稳定分析计算中只考虑对转子机械运动起主要影响的因素，对于一些次要因素则予以忽略或只作近似考虑。

2. 暂态稳定性分析计算的基本假设

1）忽略发电机定子电流的非周期分量和与它相对应的转子电流周期分量

这是因为，一方面，定子非周期分量电流衰减时间常数很小，通常只有百分之几秒；另一方面，定子非周期分量电流产生的磁场在空间是静止不动的，它与转子绕组直流分量所产生的转矩以同步频率作周期变化，其平均值接近于零。而转子机械惯性较大，所以它对转子相对运动影响很小，可以忽略。采用这一假设之后，发电机定子和转子绕组的电流、系统的电压以及发电机的电磁功率等，在大干扰瞬间均可以突变。这意味着忽略了电力网络中各元件的电磁暂态过程。

2）发生不对称故障时，不计零序和负序电流对转子运动的影响

对零序电流来说，一方面，由于连接发电机的升压变压器绝大多数采用 △/Y 接法，发电机都接在 △ 侧，如果在高压网络中发生不对称故障（大多数是这样），则零序电流并不通过发电机；另

一方面，即使发电机流通零序电流，由于定子三相绕组在空间对称分布，零序电流所产生的合成气隙磁场为零，对转子运动也没有影响。

负序电流在气隙中产生的合成电枢反应磁场，其旋转方向与转子旋转方向相反。它与转子绕组直流分量相互作用所产生的转矩，是以近两倍同步频率交变的转矩，其平均值接近于零，对转子运动的总趋势影响很小。由于转子机械惯性较大，所以，对转子运动的瞬时速度影响也不大。

不计零序和负序电流的影响，大大简化了不对称故障时暂态稳定性的计算。此时，发电机输出的电磁功率仅由正序分量确定，正序分量的计算可应用正序等效定则和复合序网。

3) 不考虑频率变化对系统参数的影响

这是因为，电力系统在受到大干扰后的第一、二个摇摆周期内，各发电机转速偏离同步速不多，所以，可以不考虑频率变化对系统参数的影响，各元件参数值都按额定频率计算。

4) 发电机采用 E' 恒定的简化数学模型

受到大干扰瞬间，发电机励磁绕组的磁链保持守恒，不会突变，与其成正比的暂态电势 E'_q 也不会突变；大干扰后的暂态过程中，随着励磁绕组自由直流的衰减，E'_q 也将减小，但发电机的自动励磁调节系统受到大干扰后要强行励磁，强励所增加的电流将抵偿励磁绕组自由直流的衰减，所以，仍然可以保持 E'_q 基本不变。因此在暂态稳定计算中，发电机可采用 E'_q = 常数的模型。由于 E' 和 E'_q 差别不大且变化规律相近，因此，在实用计算中，进一步假定 E' 恒定不变，发电机的模型简化为用 E' 和 X'_d 表示。对于简单电力系统，发电机的电磁功率用式(9-35)计算。但应注意，式(9-35)中的 δ' 与 δ 是有区别的，它已不代表发电机转子之间的相对位置了。但是，在暂态过程中，δ' 与 δ 的变化规律相似，因此，用它也可以正确判断系统是否稳定。今后为书写简化，将省去 E' 和 δ' 的上标一撇。

5) 不考虑原动机调速器的作用

由于原动机调速器一般要在发电机转速变化之后才起调节作用，并且其本身的惯性较大，所以，在一般的暂态稳定计算中，不考虑原动机调速器的作用，假定原动机输入功率恒定。

10.4.2 简单电力系统暂态稳定性分析

假定图 10-9 所示的电力系统在输电线路始端发生短路，下面分析其暂态稳定性。

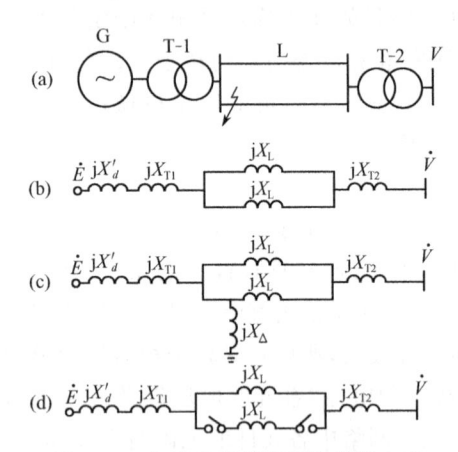

图 10-9 各种运行情况下的等值电路
(a) 系统接线；(b) 正常运行情况；
(c) 故障情况；(d) 故障切除后

1. 各种运行情况下的功率特性

1) 正常运行情况

系统正常运行情况下的等值电路如图 10-9(b)所示。此时，系统总电抗

$$X_\mathrm{I} = X'_d + X_{T1} + \frac{1}{2}X_L + X_{T2} \quad (10\text{-}59)$$

电磁功率特性

$$P_\mathrm{I} = \frac{E_0 V_0}{X_\mathrm{I}}\sin\delta = P_{m\mathrm{I}}\sin\delta \quad (10\text{-}60)$$

2) 故障情况

发生短路时，根据正序等效定则，在正常运行等值电路中的短路点接入附加电抗 X_Δ，就得到故障情况下的等值电路，如图 10-9(c)所示。此时，发电机与系统间的转移电抗

$$X_{\mathrm{II}} = X_{\mathrm{I}} + \frac{(X'_d + X_{\mathrm{T1}})\left(\frac{1}{2}X_{\mathrm{L}} + X_{\mathrm{T2}}\right)}{X_{\Delta}} \qquad (10\text{-}61)$$

发电机的功率特性为

$$P_{\mathrm{II}} = \frac{E_0 V_0}{X_{\mathrm{II}}}\sin\delta = P_{\mathrm{mII}}\sin\delta \qquad (10\text{-}62)$$

由于 $X_{\mathrm{II}} > X_{\mathrm{I}}$，因此，短路时的功率特性比正常运行时的要低(图 10-10)。

3) 故障切除后

故障线路被切除后的等值电路，如图 10-9(d) 所示。此时，系统总电抗

$$X_{\mathrm{III}} = X'_d + X_{\mathrm{T1}} + X_{\mathrm{L}} + X_{\mathrm{T2}} \qquad (10\text{-}63)$$

功率特性为

$$P_{\mathrm{III}} = \frac{E_0 V_0}{X_{\mathrm{III}}}\sin\delta = P_{\mathrm{mIII}}\sin\delta \qquad (10\text{-}64)$$

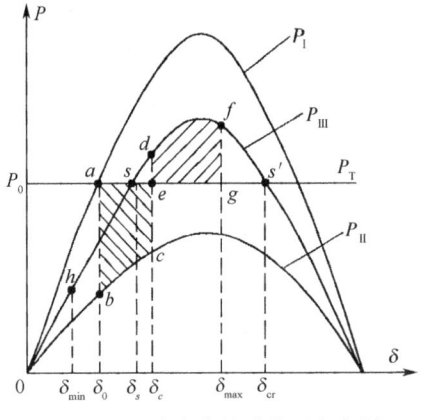

图 10-10　功角特性及等面积定则

一般情况下，$X_{\mathrm{I}} < X_{\mathrm{III}} < X_{\mathrm{II}}$，因此 P_{III} 也介于 P_{I} 和 P_{II} 之间(图 10-10)。

2. 大干扰后的暂态过程分析

在正常运行情况下，若原动机输入的机械功率为 P_{T}，发电机输出的电磁功率应与原动机输入的机械功率相平衡，发电机工作点由 P_{I} 和 P_{T} 的交点确定，即为 a 点，与此对应的功角为 δ_0，见图 10-10。

发生短路瞬间，由于不考虑定子回路的非周期分量，则电磁功率是可以突变的，于是发电机的运行点将由 P_{I} 突然降到短路时的功角特性曲线 P_{II} 上，又由于发电机组转子机械运动的惯性所致，功角 δ 不可能突变，仍为 δ_0，那么运行点将由 a 点跃降到 b 点。达 b 点后，由于输入的机械功率 P_{T} 大于输出的电磁功率 P_{IIb}，过剩功率($\Delta P = P_{\mathrm{T}} - P_{\mathrm{IIb}}$)大于零，转子开始加速，即 $\Delta\omega > 0$，功角 δ 开始增大，此时，运行点将沿着功角特性曲线 P_{II} 运行。经过一段时间，功角增大至 δ_c，运行点达到 c 点时(从 b 点运行到 c 点的过程是转子由同步转速开始逐渐加速的过程)，故障线路两端的继电保护装置动作，切除了故障线路。在此瞬间，运行点从 P_{II} 上的 c 点跃升到 P_{III} 上的 d 点，此时转子的速度 $\omega_d = \omega_c = \omega_{\max}$。达 d 点后，过剩功率 $\Delta P = P_{\mathrm{T}} - P_{\mathrm{III}d}$ 小于零，转子将开始减速。由于此时 $\omega_d > \omega_{\mathrm{N}}$ 及转子惯性的作用，功角 δ 还将继续增大，运行点沿曲线 P_{III} 由 d 点向 f 点移动，当转速降到同步速时，运行点达到 f 点(即 $\omega_f = \omega_{\mathrm{N}}$)。由于此时过剩功率($\Delta P = P_{\mathrm{T}} - P_{\mathrm{III}f}$)仍然小于零，转子仍将继续减速，功角则不再继续增大，而是开始减小(从 d 点运行到 f 点的过程是转子减速的过程，到达 f 点时，功角 $\delta_f = \delta_{\max}$ 达到最大)。这样一来，运行点仍将沿着功角特性曲线 P_{III} 从 f 点向 d、s 点移动。在 s 点时有 $P_{\mathrm{T}} = P_{\mathrm{III}s}$，过剩功率等于零，减速停止，则转子速度达到最小 $\omega_s = \omega_{\min}$(运行点从 f 点到 s 点的过程是转子减速的过程)。但由于机械惯性的作用，功角 δ 将继续减小，当过 s 点后，过剩功率又将大于零，转子又开始加速，加速到同步速 ω_{N} 时，运行点到达 h 点($\omega_h = \omega_{\mathrm{N}}$)，此时的功角 $\delta_h = \delta_{\min}$ 达到最小。随后功角 δ 又将开始增大，即开始第二次振荡，如果振荡过程中不计阻尼的作用，则将是一个等幅振荡，不能稳定下来，但实际振荡过程中总有一定的阻尼作用，因此这样的振荡将逐步衰减，系统最后停留在一个新的运行点 s 上继续同步运行。上述过程表明系统在受到大干扰后，可以保持暂态稳定，如图 10-11 所示。

如果短路故障的时间较长，即故障切除迟一些，δ_c 将摆得更大。这样故障切除后，运行点在沿曲线 $P_Ⅲ$ 向功角增大方向移动的过程中，虽然转子也在逐渐地减速，但运行点到达曲线 $P_Ⅲ$ 上的 s' 点时，发电机转子的转速还没有减到同步转速的话，过了 s' 点后，情况将发生变化，由于这时过剩功率又将大于零，发电机转子又开始加速（还没有减到同步转速又开始加速），而且加速越来越快，功角 δ 无限增大，发电机与系统之间将失去同步（原动机输入的机械功率与发电机输出的电磁功率不可能平衡）。这样的过程表明系统在受到大干扰后暂态不稳定，如图 10-12 所示。

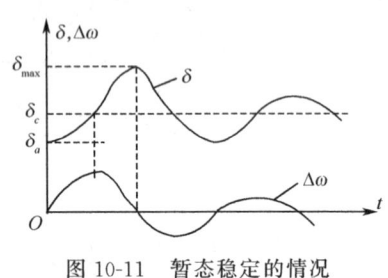

图 10-11 暂态稳定的情况

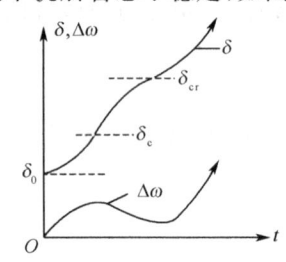

图 10-12 失去暂态稳定的情况

从以上的分析中可以看到，功角变化的特性，表明了电力系统受大干扰后发电机转子之间相对运动的情况。若功角 δ 经过振荡后能稳定在某一个数值，则表明发电机之间重新恢复了同步运行，系统具有暂态稳定性。如果电力系统受大干扰后功角不断增大，则表明发电机之间已不再同步，系统失去了暂态稳定。因此，可以用电力系统受大干扰后功角随时间变化的特性（通常称为转子摇摆曲线）作为暂态稳定的判据。

10.4.3 等面积定则和极限切除角

等面积定则在暂态稳定分析中的作用

从上述暂态过程分析可见，由 δ_0 到 δ_c 移动时，转子加速，过剩转矩所做的功为

$$W_a = \int_{\delta_0}^{\delta_c} \Delta M \mathrm{d}\delta = \int_{\delta_0}^{\delta_c} \frac{\Delta P}{\omega} \mathrm{d}\delta \tag{10-65}$$

用标幺值计算时，因发电机转速偏离同步转速不大，$\omega \approx 1$，于是

$$W_a \approx \int_{\delta_0}^{\delta_c} \Delta P \mathrm{d}\delta = \int_{\delta_0}^{\delta_c} (P_T - P_Ⅱ) \mathrm{d}\delta = 面积\ abcea \tag{10-66}$$

式中，面积 $abcea$ 称为加速面积，即为转子动能的增量。

当由 δ_c 变动到 $\delta_{\max}$ 时，转子减速，过剩转矩所做的功为

$$W_b = \int_{\delta_c}^{\delta_{\max}} \Delta M \mathrm{d}\delta \approx \int_{\delta_c}^{\delta_{\max}} (P_T - P_Ⅲ) \mathrm{d}\delta = 面积\ edfge \tag{10-67}$$

式中，$(P_T - P_Ⅲ) < 0$，面积 $edfge$ 称为减速面积，即动能的增量为负值，说明转子动能减少，转速下降。当功角达到 $\delta_{\max}$ 时，转子转速重新恢复同步（$\omega = \omega_N$），说明转子在加速期间积蓄的动能增量已在减速过程中全部耗尽，即加速面积和减速面积的大小相等，这就是等面积定则，即

$$W_a + W_b = \int_{\delta_0}^{\delta_c} (P_T - P_Ⅱ) \mathrm{d}\delta + \int_{\delta_c}^{\delta_{\max}} (P_T - P_Ⅲ) \mathrm{d}\delta = 0 \tag{10-68}$$

也可以写成

$$|面积\ abcea| = |面积\ edfge| \tag{10-69}$$

将 $P_T = P_0$，以及 $P_Ⅱ$ 和 $P_Ⅲ$ 的表达式(10-62)、式(10-64)代入，便可求得转子的最大摇摆角 $\delta_{\max}$。

同理，根据等面积定则，可以确定转子摇摆的最小角度 $\delta_{\min}$，即

$$\int_{\delta_{\max}}^{\delta_s}(P_T-P_{\mathrm{III}})\mathrm{d}\delta+\int_{\delta_s}^{\delta_{\min}}(P_T-P_{\mathrm{III}})\mathrm{d}\delta=0 \tag{10-70}$$

由图 10-10 可以看到,在给定的计算条件下,当切除角 δ_c 一定时,有一个最大可能的减速面积 $dfs'e$。显然,最大可能的减速面积大于加速面积,是保持暂态稳定的条件。即

$$\int_{\delta_0}^{\delta_c}(P_T-P_{\mathrm{II}})\mathrm{d}\delta+\int_{\delta_c}^{\delta_{s'}}(P_T-P_{\mathrm{III}})\mathrm{d}\delta<0 \tag{10-71}$$

系统暂态稳定,否则系统暂态不稳定。

当最大可能的减速面积小于加速面积时,如果减小切除角 δ_c,由图 10-10 可知,这样既减小了加速面积,又增大了最大可能的减速面积。这就有可能使原来不能保持暂态稳定的系统变成能保持暂态稳定了。如果在某一切除角,最大可能的减速面积刚好等于加速面积,则系统处于稳定的极限情况,大于这个角度切除故障,系统将失去稳定。这个角度称为极限切除角 $\delta_{c\cdot\lim}$(与极限切除角 $\delta_{c\cdot\lim}$ 对应的切除时间称为极限切除时间 $t_{c\cdot\lim}$)。应用等面积定则,可以方便地确定 $\delta_{c\cdot\lim}$。

$$\int_{\delta_0}^{\delta_{c\cdot\lim}}(P_0-P_{\mathrm{mII}}\sin\delta)\mathrm{d}\delta+\int_{\delta_{c\cdot\lim}}^{\delta_{cr}}(P_0-P_{\mathrm{mIII}}\sin\delta)\mathrm{d}\delta=0 \tag{10-72}$$

求出上式的积分并经整理后可得

$$\delta_{c\cdot\lim}=\arccos\frac{P_0(\delta_{cr}-\delta_0)+P_{\mathrm{mIII}}\cos\delta_{cr}-P_{\mathrm{mII}}\cos\delta_0}{P_{\mathrm{mIII}}-P_{\mathrm{mII}}} \tag{10-73}$$

式中所有的角度都是用弧度表示的。其中,临界角

$$\delta_{cr}=\pi-\arcsin\frac{P_0}{P_{\mathrm{mIII}}} \tag{10-74}$$

为了判断系统的暂态稳定性,可以通过求解发电机转子运动方程确定出功角随时间变化的特性 $\delta(t)$,如图 10-13 所示。当已知继电保护和断路器切除故障的时间 t_c 时,可以由 $\delta(t)$ 曲线上找出对应的切除角 δ_c,如果 $\delta_c<\delta_{c\cdot\lim}$,系统是暂态稳定的,反之则是不稳定的。也可以比较时间,在 $\delta(t)$ 曲线上找出极限切除角 $\delta_{c\cdot\lim}$ 对应的极限切除时间 $t_{c\cdot\lim}$,如果 $t_c<t_{c\cdot\lim}$,系统是暂态稳定的,反之是不稳定的。这种判断暂态稳定性的方法常称为极值比较法。

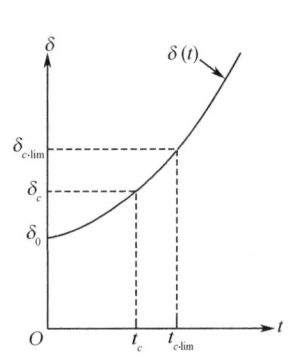

图 10-13 极限切除时间的确定

10.5 发电机转子运动方程的数值解法

发电机转子运动方程是非线性常微分方程,一般不能求得解析解,只能用数值计算方法求它们的近似解。微分方程数值计算的方法有很多,如欧拉法、改进欧拉法、龙格-库塔法等。本书将介绍分段计算法和改进欧拉法。

10.5.1 分段计算法

对于简单电力系统,用标幺值表示的发电机转子运动方程如式(9-11)所示,即

$$\frac{T_J}{\omega_N}\frac{\mathrm{d}^2\delta}{\mathrm{d}t^2}=P_{T*}-P_{e*}=\Delta P_* \tag{10-75}$$

其中功角对时间的二阶导数为发电机的加速度 a,于是转子运动方程可写为

$$a = \frac{\omega_N}{T_J}(P_T - P_m \sin\delta) = \frac{\omega_N}{T_J}\Delta P \tag{10-76}$$

因为 δ 是时间的函数，所以发电机转子运动是变加速运动。

分段计算法就是把时间分成一个个小段，在每一个小时间段内，把变加速运动近似地看成恒加速运动来求解。具体算法如下：

在短路瞬间，发电机电磁功率突然减小，原动机的功率 $P_T = P_0 = $ 常数，转子上出现了过剩功率，$\Delta P_{(0)} = P_{T(0)} - P_{e(0)} = P_0 - P_{mⅡ}\sin\delta_0$，发电机转子获得一个加速度 $a_{(0)}$，由式(10-76)可得

$$a_{(0)} = \frac{\omega_N}{T_J}\Delta P_{(0)} \tag{10-77}$$

在第一个时间段 Δt 内，近似地认为加速度为恒定值 $a_{(0)}$，于是在第一个时间段末，发电机的相对速度和相对角度的增量为

$$\Delta\omega_{(1)} = \Delta\omega_{(0)} + a_{(0)}\Delta t \tag{10-78}$$

$$\Delta\delta_{(1)} = \Delta\omega_{(0)}\Delta t + \frac{1}{2}a_{(0)}\Delta t^2 \tag{10-79}$$

因为发电机的速度不能突变，故 $\Delta\omega_{(0)} = 0$，于是

$$\Delta\omega_{(1)} = a_{(0)}\Delta t \tag{10-80}$$

$$\Delta\delta_{(1)} = \frac{1}{2}a_{(0)}\Delta t^2 = \frac{1}{2}\frac{\omega_N}{T_J}\Delta P_{(0)}\Delta t^2 = \frac{1}{2}K\Delta P_{(0)} \tag{10-81}$$

式中，$K = \frac{\omega_N}{T_J}\Delta t^2$ 为一常数。

知道了第一个时间段内的功角增量，即可求得第一个时间段末，第二个时间段开始瞬间的功角值

$$\delta_{(1)} = \delta_0 + \Delta\delta_{(1)} \tag{10-82}$$

有了功角新值 $\delta_{(1)}$ 后，便能确定第二个时间段开始瞬间的过剩功率和发电机的加速度分别为

$$\Delta P_{(1)} = P_0 - P_{mⅡ}\sin\delta_{(1)} \tag{10-83}$$

$$a_{(1)} = \frac{\omega_N}{T_J}\Delta P_{(1)} \tag{10-84}$$

同样假定在第二个时间段内加速度为恒定值 $a_{(1)}$，则第二个时间段内的角度增量

$$\Delta\delta_{(2)} = \Delta\omega_{(1)}\Delta t + \frac{1}{2}a_{(1)}\Delta t^2 \tag{10-85}$$

上式中的相对速度 $\Delta\omega_{(1)}$ 如果按式(10-80)计算，结果并不十分准确。因为在第一个时间段内，加速度毕竟还是变化的。为了提高计算精度，取时间段初和时间段末的加速度的平均值，作为计算每个时间段速度增量的加速度。这样，第一个时间段末的速度

$$\Delta\omega_{(1)} = a_{(0)av}\Delta t = \frac{a_{(0)} + a_{(1)}}{2}\Delta t \tag{10-86}$$

将此式代入到式(10-85)中，得到

$$\Delta\delta_{(2)} = \frac{a_{(0)} + a_{(1)}}{2}\Delta t \times \Delta t + \frac{1}{2}a_{(1)}\Delta t^2 = \Delta\delta_{(1)} + K\Delta P_{(1)} \tag{10-87}$$

于是，第二个时间段末的角度

$$\delta_{(2)} = \delta_{(1)} + \Delta\delta_{(2)} \tag{10-88}$$

同理,可以得到第 k 个时间段的递推公式

$$\begin{cases} \Delta P_{(k-1)} = P_0 - P_{mII} \sin\delta_{(k-1)} \\ \Delta\delta_{(k)} = \Delta\delta_{(k-1)} + K\Delta P_{(k-1)} \\ \delta_{(k)} = \delta_{(k-1)} + \Delta\delta_{(k)} \end{cases} \tag{10-89}$$

根据计算结果便可以绘出如图 10-13 所示的 $\delta(t)$ 曲线。由等面积定则确定了极限切除角 $\delta_{c.\lim}$,便可以找到极限切除时间 $t_{c.\lim}$,从而对继电保护及断路器提出要求,或者与现用的继电保护及断路器的切除时间进行比较来判断系统的暂态稳定性。然而,实际电力系统都是多机系统,已不能用等面积定则来确定极限切除角 $\delta_{c.\lim}$ 和用极值比较法判断暂态稳定性。为此,在暂态稳定计算中,把切除故障作为一次操作(即大干扰)来处理。切除时间由继电保护及断路器动作时间来确定。

设在第 i 个时间段开始的时刻(即第 $i-1$ 个时间段末)切除故障,发电机的工作点便由 P_{II} 突然变到 P_{III} 上。过剩功率也由 $\Delta P'_{(i-1)} = P_0 - P_{mII} \sin\delta_{(i-1)}$,突然变到 $\Delta P''_{(i-1)} = P_0 - P_{mIII} \sin\delta_{(i-1)}$(见图 10-14)。在切除故障(包括一切其他操作)后的第一个时间段内,计算角度增量时,过剩功率取操作前后瞬间的平均值,即

$$\Delta\delta_{(i)} = \Delta\delta_{(i-1)} + K\frac{\Delta P'_{(i-1)} + \Delta P''_{(i-1)}}{2} \tag{10-90}$$

这样,便可以计算出暂态过程中功角随时间变化的特性即转子摇摆曲线,如图 10-15 所示,从而判断系统的暂态稳定性。

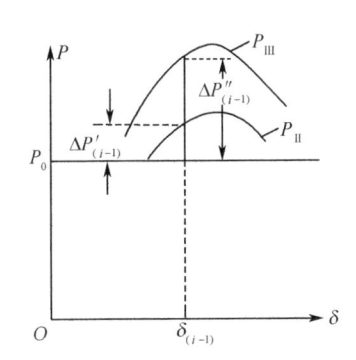

图 10-14 切除故障瞬间的过剩功率

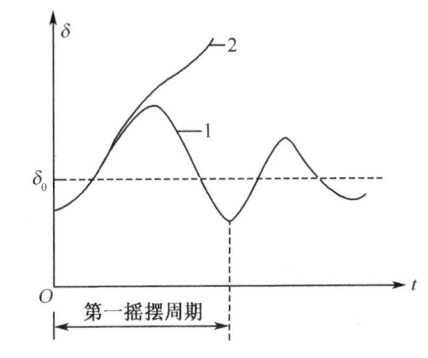

图 10-15 转子摇摆曲线
1—稳定;2—不稳定

分段计算法的计算精确度与所选的时间段的长短(即步长)有关,Δt 太大,精确度下降;Δt 过小,除增加计算量外,也会增加计算过程中的累计误差。Δt 的选择应与所研究对象的时间常数相配合,当发电机组采用简化模型时,Δt 一般可选为 $0.01 \sim 0.05s$。

【例 10-2】 图 9-10 所示单机无穷大系统的等值电路如图 10-16(a) 所示。归算到统一基准值下的各元件的参数分别为:发电机 $X'_d = 0.285$,$X_{G2} = 0.427$,$T_J = 9.176s$;变压器 $X_{T1} = 0.104$,$X_{T2} = 0.103$;每回线路 $X_L = 0.576$,$X_{L0} = 3.5X_L$;初始运行条件 $V_0 = 1.0$,$P_0 = 1.0$,$Q_0 = 0.62$。

例 10-2 讲解

假定在输电线路之一的始端发生了两相接地短路,试计算极限切除角 $\delta_{c.\lim}$,并用分段计算法确定相应的极限切除时间 $t_{c.\lim}$。若 $t = 0.1s$ 切除故障,系统能否保持暂态稳定?

解 由初始运行条件和图 10-16(a) 所示的等值电路,可得

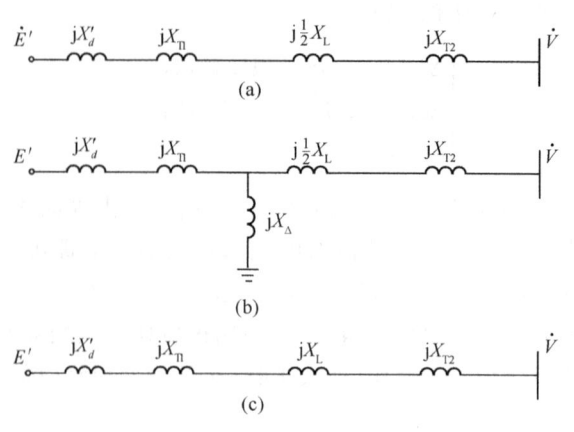

图 10-16 各种运行情况下的等值电路
(a) 正常运行情况；(b) 短路故障时；(c) 故障切除后

$$E'_0 = \sqrt{\left(V_0 + \frac{Q_0 X'_{d\Sigma}}{V_0}\right)^2 + \left(\frac{P_0 X'_{d\Sigma}}{V_0}\right)^2} = \sqrt{(1+0.62\times 0.78)^2 + (1\times 0.78)^2} = 1.676$$

$$\delta_0 = \delta'_0 = \arctan\frac{0.78}{1+0.62\times 0.78} = 27.733° = 0.484 \text{ 弧度}$$

输电线路始端短路时的负序和零序等值网络的等值电抗分别为

$$X_{2\Sigma} = (X_{G2} + X_{T1}) \mathbin{/\mkern-6mu/} \left(\frac{1}{2}X_L + X_{T2}\right) = \frac{(0.427+0.104)\times\left(\frac{1}{2}\times 0.576 + 0.103\right)}{0.427+0.104+\frac{1}{2}\times 0.576 + 0.103} = 0.225$$

$$X_{0\Sigma} = X_{T1} \mathbin{/\mkern-6mu/} \left(\frac{1}{2}X_{L0} + X_{T2}\right) = \frac{0.104\times\left(\frac{1}{2}\times 3.5\times 0.576 + 0.103\right)}{0.104 + \frac{1}{2}\times 3.5\times 0.576 + 0.103} = 0.095$$

附加电抗为

$$X_\Delta = X_{2\Sigma} \mathbin{/\mkern-6mu/} X_{0\Sigma} = \frac{0.225\times 0.095}{0.225+0.095} = 0.067$$

短路时的等值电路如图 10-16(b)，此时系统的转移电抗和功率特性分别为

$$X_{\mathrm{II}} = X'_d + X_{T1} + \frac{1}{2}X_L + X_{T2} + \frac{(X'_d + X_{T1})\times\left(\frac{1}{2}X_L + X_{T2}\right)}{X_\Delta}$$

$$= 0.285 + 0.104 + \frac{1}{2}\times 0.576 + 0.103 + \frac{(0.285+0.104)\times\left(\frac{1}{2}\times 0.576 + 0.103\right)}{0.067}$$

$$= 3.05$$

$$P_{\mathrm{II}} = \frac{E'_0 V}{X_{\mathrm{II}}}\sin\delta = \frac{1.676\times 1}{3.05}\times\sin\delta = 0.55\sin\delta$$

故障切除后的等值电路如图 10-16(c)，此时系统的转移电抗和功率特性分别为

$$X_{\mathrm{III}} = X'_d + X_{\mathrm{T1}} + X_L + X_{\mathrm{T2}} = 0.285 + 0.104 + 0.576 + 0.103 = 1.068$$

$$P_{\mathrm{III}} = \frac{E'_0 V_0}{X_{\mathrm{III}}} \sin \delta = \frac{1.676 \times 1}{1.068} \sin \delta = 1.569 \sin \delta$$

(1) 计算极限切除角 $\delta_{c \cdot \lim}$。

先求 δ_{cr}：

$$\delta_{\mathrm{cr}} = \pi - \arcsin \frac{P_0}{P_{\mathrm{mIII}}} = 140.41° = 2.449 \text{ 弧度}$$

所以

$$\delta_{c \cdot \lim} = \arccos \frac{P_0(\delta_{\mathrm{cr}} - \delta_0) + P_{\mathrm{mIII}} \cos \delta_{\mathrm{cr}} - P_{\mathrm{mII}} \cos \delta_0}{P_{\mathrm{mIII}} - P_{\mathrm{mII}}}$$

$$= \arccos \frac{(2.449 - 0.484) + 1.569 \cos 140.41° - 0.55 \cos 27.733°}{1.569 - 0.55} = 74.391°$$

(2) 根据分段计算法求 $t_{c \cdot \lim}$。

Δt 取为 $0.05\mathrm{s}$，于是

$$K = \frac{\omega_N}{T_J} \Delta t^2 = \frac{18000}{9.176} \times 0.05^2 = 4.904$$

第一个时间段($t = 0.05\mathrm{s}$)

$$\Delta P_{(0)} = P_0 - P_{\mathrm{mII}} \cdot \sin \delta_0 = 1 - 0.55 \times \sin 27.733° = 0.744$$

$$\Delta \delta_{(1)} = \frac{1}{2} K \Delta P_{(0)} = \frac{1}{2} \times 4.904 \times 0.744 = 1.824°$$

$$\delta_{(1)} = \delta_0 + \Delta \delta_{(1)} = 27.733 + 1.824 = 29.557°$$

第二个时间段($t = 0.1\mathrm{s}$)(下面为了简便，省去了数据代入的过程)

$$\Delta P_{(1)} = P_0 - P_{\mathrm{mII}} \cdot \sin \delta_{(1)} = 0.729$$

$$\Delta \delta_{(2)} = \Delta \delta_{(1)} + K \Delta P_{(1)} = 5.398°$$

$$\delta_{(2)} = \delta_{(1)} + \Delta \delta_{(2)} = 34.955°$$

第三个时间段($t = 0.15\mathrm{s}$)

$$\Delta P_{(2)} = P_0 - P_{\mathrm{mII}} \cdot \sin \delta_{(2)} = 0.685$$

$$\Delta \delta_{(3)} = \Delta \delta_{(2)} + K \Delta P_{(2)} = 8.757°$$

$$\delta_{(3)} = \delta_{(2)} + \Delta \delta_{(3)} = 43.712°$$

第四个时间段($t = 0.2\mathrm{s}$)

$$\Delta P_{(3)} = P_0 - P_{\mathrm{mII}} \cdot \sin \delta_{(3)} = 0.62$$

$$\Delta \delta_{(4)} = \Delta \delta_{(3)} + K \Delta P_{(3)} = 11.797°$$

$$\delta_{(4)} = \delta_{(3)} + \Delta \delta_{(4)} = 55.51°$$

第五个时间段($t = 0.25\mathrm{s}$)

$$\Delta P_{(4)} = P_0 - P_{\mathrm{mII}} \cdot \sin \delta_{(4)} = 0.547$$

$$\Delta \delta_{(5)} = \Delta \delta_{(4)} + K \Delta P_{(4)} = 14.478°$$

$$\delta_{(5)} = \delta_{(4)} + \Delta \delta_{(5)} = 69.988°$$

第六个时间段($t = 0.3\mathrm{s}$)

$$\Delta P_{(5)} = P_0 - P_{\mathrm{mII}} \cdot \sin \delta_{(5)} = 0.483$$

$$\Delta \delta_{(6)} = \Delta \delta_{(5)} + K \Delta P_{(5)} = 16.848°$$

$$\delta_{(6)} = \delta_{(5)} + \Delta \delta_{(6)} = 86.836°$$

由于 $\delta_{c\cdot\lim}=74.391°$，因此极限切除时间

$$t_{c\cdot\lim}=0.263\text{s}$$

$t=0.1\text{s}$ 切除故障，由于切除故障时间 $t<t_{c\cdot\lim}$，所以系统能保持暂态稳定。

【例 10-3】 系统接线及计算条件如例 10-2。若故障切除时间为 0.1s，试用分段计算法求发电机的转子摇摆曲线，并用它判断系统的暂态稳定性。

解 分段计算法求解的前两步同例 10-2，下面从故障切除瞬间开始计算。

第三个时间段开始瞬间，故障被切除，故

$$\Delta P'_{(2)}=P_0-P_{\text{mII}}\cdot\sin\delta_{(2)}=1-0.55\times\sin34.955°=0.685$$

$$\Delta P''_{(2)}=P_0-P_{\text{mIII}}\cdot\sin\delta_{(2)}=1-1.569\times\sin34.955°=0.101$$

$$\Delta\delta_{(3)}=\Delta\delta_{(2)}+K\frac{1}{2}(\Delta P'_{(2)}+\Delta P''_{(2)})$$

$$=5.398+4.904\times\frac{1}{2}\times(0.685+0.101)=7.325°$$

$$\delta_{(3)}=\delta_{(2)}+\Delta\delta_{(3)}=34.955+7.325=42.28°$$

第四个时间段

$$\Delta P_{(3)}=P_0-P_{\text{mIII}}\cdot\sin\delta_{(3)}=1-1.569\times\sin42.28°=-0.056$$

$$\Delta\delta_{(4)}=\Delta\delta_{(3)}+K\Delta P_{(3)}=7.325+4.904\times(-0.056)=7.05°$$

$$\delta_{(4)}=\delta_{(3)}+\Delta\delta_{(4)}=42.28+7.05=49.33°$$

下面继续计算，其结果列于表 10-2 中。据此可以画出转子摇摆曲线，如图 10-17 所示。可以看出，从 0.45s 开始，功角增量为负，功角将逐渐减小，系统是暂态稳定的。

表 10-2 转子摇摆曲线计算结果

时间 t/s	ΔP	$\Delta\delta$	δ
0.25	−0.19	6.12	55.45
0.30	−0.292	4.687	60.137
0.35	−0.361	2.918	63.055
0.40	−0.399	0.963	64.018
0.45	−0.41	−1.05	62.968
0.50	−0.398	−3.00	59.968

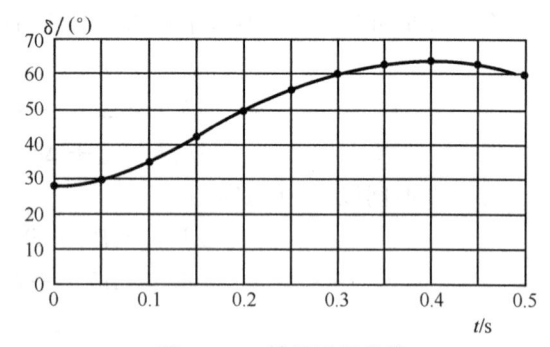

图 10-17 转子摇摆曲线

10.5.2 改进欧拉法

具体内容请扫描二维码查看。

改进欧拉法

10.6 提高电力系统稳定性的措施

10.6.1 提高电力系统静态稳定性的措施

电力系统具有静态稳定性是系统正常运行的必要条件。要提高系统的静态稳定性，主要是要提高输送功率的极限。从简单电力系统的功率极限表达式 $P_m=EV/X_\Sigma$ 来看，可以从提高发电机的电势 E、提高系统电压 V 和减小系统元件电抗这三个方面着手。具体有下面一些措施。

1. 采用自动励磁调节装置

从前面分析自动励磁调节器对静态稳定的影响可见,发电机装设自动调节励磁器后,可以大大提高功率极限。因为,随着发电机端电压 V_G 的下降,励磁调节器将增大励磁电流,使发电机电势 E_q 增大,直到端电压 V_G 恢复或接近整定值 V_{G0}。当发电机装设比例式励磁调节器时,可保持暂态电势 E'_q 为常数,这相当于将发电机的电抗从 X_d 减小为暂态电抗 X'_d。如果自动调节励磁器可以维持发电机的端电压 V_G＝常数,这相当于发电机的电抗减小为零。因此发电机装设先进的励磁调节器,提高了发电机的电势,相当于缩短了发电机与系统间的电气距离,从而提高了系统的静态稳定性。由于励磁调节器在发电厂的总投资中所占的比例很小,所以在各种提高稳定性的措施中,总是优先考虑这一措施。

2. 提高运行电压水平

要提高系统运行电压水平,可采用送电线路中间同步补偿以及在第 5 章中所介绍的各种调压措施,如在负荷中心采用调相机或静止无功补偿器、合理选择变压器分接头或有载自动调压等。

中间同步补偿,即在输电线路中间的降压变电站内装设适当容量的同步调相机进行补偿,如图 10-18 所示。如果运行中能保持高压母线的电压 V_a 恒定,则输电线路便被分为独立的两段,系统的功率极限由原来的 $E'V/(X_1+X_2)$ 变为 $E'V_a/X_1$、V_aV/X_2 二者之中较小的值。由于各点电势和电压大小相差不多,而分段后各段的电抗均远小于总电抗,所以功率极限大大地提高了。近年来,已趋向于用静止无功补偿装置代替同步调相机。

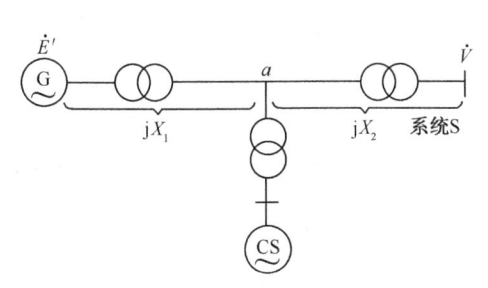

图 10-18 同步调相机提高静态稳定性

3. 减小输电线路的电抗

线路的电抗在系统总电抗中所占比重较大,减小输电线路的电抗是提高系统静态稳定的有效措施。目前常采用的方法有:串联电容补偿;采用分裂导线;提高输电线路的电压等级等。

1) 采用串联电容补偿

在线路上串联接入静电电容器后,线路的电抗就由原来的 X_L 减小到 (X_L-X_C),即利用电容器的容抗补偿线路的感抗。采用多大的补偿度,是这种方法所要解决的关键问题。所谓补偿度 (K_C) 是指串联电容器的容抗与线路感抗之比的百分数,即 $K_C=\dfrac{X_C}{X_L}\times 100\%$。补偿度过大,可能产生过电压、继电保护误动、次同步谐振、铁磁谐振等问题。通常的经济补偿度为 $25\%\sim 60\%$。串联电容补偿不仅可以提高系统的稳定性,在第 5 章讲过,它还可用于调压。

2) 采用分裂导线

采用分裂导线相当于扩大了导线的等值半径,因而可以降低线路电抗、增大线路电容、减小波阻抗、提高自然功率。除此之外,还可以减少超高压线路的电晕损失和干扰。

3) 提高输电线路的电压等级

功率极限与电压的平方成正比,所以提高输电线路的电压等级可以提高功率极限。同时提高输电线路的电压等级也可以减小线路的电抗,因为线路电抗的标幺值与线路额定电压的平方成反比,所以提高输电线路的电压等级就相当于减小了线路电抗。

4. 减小发电机和变压器的电抗

发电机的电抗 X_d、X'_d、X_q 等在系统总电抗 X_Σ 中所占比重较大,因此减小发电机的电抗可以提高系统的功率极限和输送能力。但是要减小发电机的电抗,就必须增大发电机的尺寸,这就要增加材料消耗和造价。而发电机的暂态电抗 X'_d 在系统总电抗中所占的比重较同步电抗 X_d 小得多,减小它对静态稳定的影响不大,并且暂态电抗 X'_d 主要是漏抗,要减小它更困难,增加的投资也更多。而且,现代汽轮发电机的生产都是标准化的,一般不可能按电力系统稳定性的要求个别制造。只有水轮发电机是根据水电站水轮机的转速来造的,属于非标准产品,所以,在设计水电站时,可以根据电力系统稳定性的需要,在订货中提出合适的参数要求。

变压器的电抗在系统中所占比例相对不大。但对发电机电抗较小(如有励磁调节的发电机用暂态电抗 X'_d 表示时)、输电线路已采取减小电抗措施的超高压输电系统,减小变压器的电抗,对提高静态稳定仍有一定的作用。但变压器的电抗是漏抗,要减小很困难,经济上也不合算。

从以上分析可知,减小发电机和变压器的电抗不应作为提高静态稳定的主要措施,但在选用发电机和变压器时,注意选用具有较小电抗的设备以利于静态稳定,还是必要的。如在超高压远距离输电系统中采用电抗较小的自耦变压器。

5. 改善系统结构

改善系统结构的目的是使电网结构更加紧凑,电气联系更加紧密,从而减小系统的电抗。

10.6.2 提高电力系统暂态稳定性的措施

从暂态稳定分析可知,电力系统受到大干扰后,发电机转轴上出现的不平衡转矩将使发电机产生剧烈的相对运动;当发电机的相对角的振荡超过一定限度时,发电机便会失去同步。因此要提高系统的暂态稳定性就要尽可能减小发电机转轴上的不平衡功率、减小转子相对加速度以及减少转子相对动能变化量,从而减小发电机转子相对运动的振荡幅度。主要措施有以下几条。

1. 快速切除故障

快速切除故障在提高系统暂态稳定性方面起着首要的、决定性的作用。根据等面积定则,快速切除故障,既减小了加速面积,又增大了减速面积,因而提高了系统的暂态稳定性。如图10-19,若在 δ_2 切除故障,由于加速面积大于减速面积,系统将要失去稳定;而若能在 δ_1 切除故障,则不仅加速面积减小,最大可能的减速面积也大为增加,如果此时最大可能的减速面积大于加速面积,则系统能保持暂态稳定。

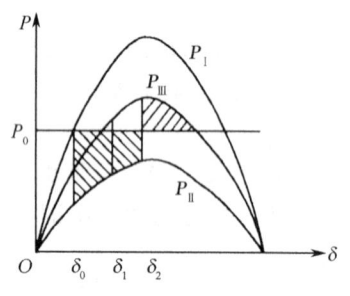

图 10-19 快速切除故障对暂态稳定性的影响

要在 δ_1 切除故障,就是要缩短切除故障的时间。切除故障的时间包括继电保护动作时间和开关接到跳闸脉冲到触头分开后电弧熄灭为止的时间总和。因此,减少故障切除的时间,应从改善开关和继电保护这两个方面着手,研制新型的快速继电保护装置和快速动作的断路器。目前 220kV 系统切除故障时间为 0.1~0.15s,500kV 系统切除故障时间为 0.08~0.1s。

2. 采用自动重合闸

电力网络中的短路故障大多是由闪络放电造成的,是暂时性的,在切断故障线路,经过一段电弧熄灭和空气去游离的时间之后,短路故障便完全消除了。这时,如果再把线路重新投入系统,它便能继续正常工作。若重新投入输电线路是由开关设备自动进行的,则称之为自动重合闸。自动重合闸成功,对暂态稳定和事故后的静态稳定,都有很好的作用。图 10-20 用等面积定则说明了自动重合闸对暂态稳定的影响。当线路不重合时,系统不能保持暂态稳定;如果在 δ_R 瞬间将线路重合上去,恢复双回路运行,则可保持暂态稳定。

在高压电力网中发生的短路故障,绝大多数是单相短路。因此,发生短路时,没有必要把三相导线都从电网中切除,应通过继电保护的选择判断,只切除故障相。使用按相断开和按相重合的单相重合闸,可以更好地提高电力系统的暂态稳定,这对于单回路的输电系统,具有特别重要的意义。

采用按相重合闸应特别注意的问题是,在短路相被切除后,其他两相导线仍然带电,由于相间电容的耦合作用(图 10-21),被切除相仍然有相当高的电压,使电弧不易熄灭;同时由于相间电容的作用,从完好相经过相间耦合电容到故障相,再经过短路点到大地,形成电容电流的通路。这种电流通常称为潜供电流。当潜供电流超过一定数值时,电弧将不会熄灭,短路将是永久性的了。如果采用重合闸,将会把有故障的线路投入电网。使系统再次受到短路故障的冲击,这将大大恶化系统的暂态稳定性,甚至破坏整个系统的稳定。因此,重合闸时间必须大于潜供电弧熄灭时间。

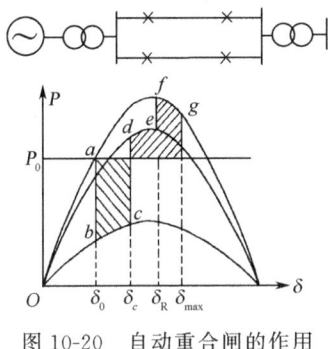

图 10-20 自动重合闸的作用

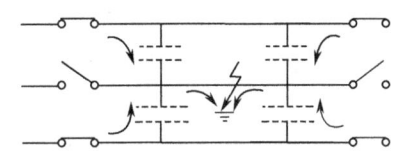

图 10-21 线路电容产生的潜供电流

3. 发电机快速强行励磁

当系统中发生短路故障时,发电机输出的电磁功率骤然降低,而原动机的机械输出功率来不及变化,两者失去平衡,发电机转子将加速。采用快速强行励磁,可提高发电机的电势,增加发电机的输出功率,从而提高了系统的暂态稳定性。现代同步发电机的励磁系统中都备有强行励磁装置,当系统发生故障而使发电机的端电压低于 85%~90% 额定电压时,就将迅速而大幅度地增加励磁。强行励磁的效果与强励倍数(强励倍数指的是最大可能的励磁电压与发电机额定运行时的励磁电压之比)和强励速度有关,强励倍数越大、强行励磁的速度越快,效果就越好。

4. 发电机电气制动

电气制动是当系统发生短路故障后,在送端发电机上投入电阻,以消耗发电机发出的有功功率(即增大电磁功率),从而减小发电机转子上的过剩功率,达到提高系统的暂态稳定性的目的。投入的电阻称为制动电阻。

电气制动的接线如图 10-22(a) 所示,正常运行时断路器 QF 处于断开状态。当短路故障发生后,立即闭合 QF 而投入制动电阻 R,以消耗发电机组中过剩的有功功率。电气制动的作用也可用等面积定则解释,如图 10-22(b) 所示。假设故障后投入制动电阻,则故障后的功率特性将由原来的 P'_{II} 上升为 P_{II},在故障切除角 δ_c 不变时,由于有了电气制动,减小了加速面积 bb_1c_1cb,使原来不能保持稳定的系统变为暂态稳定的了。

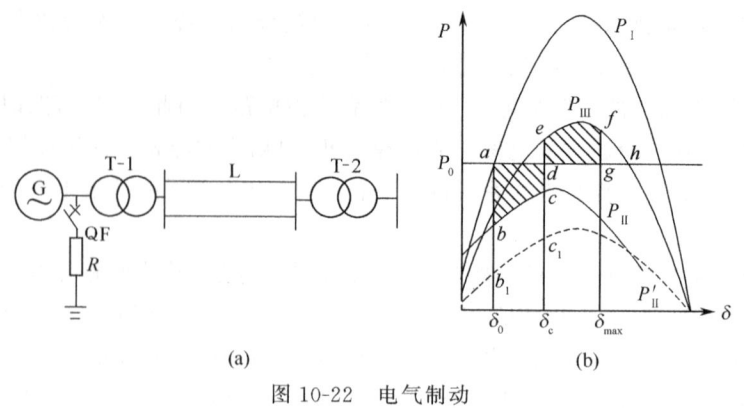

图 10-22　电气制动
(a) 系统接线；(b) 功角特性

采用电气制动提高系统的暂态稳定性时,制动电阻的大小及其投切时间要选择得恰当,以防欠制动或过制动。所谓欠制动,即制动作用过小(制动电阻过小或制动时间过短),发电机可能在第一个振荡周期失步;所谓过制动,即制动作用过大,发电机虽然在第一次振荡中没有失步,却会在切除故障和制动电阻后的第二次振荡中失步。

5. 变压器中性点经小电阻接地

变压器中性点接地的情况,对发生接地短路时的暂态稳定性有着重大的影响。对于中性点直接接地的电力系统,为了提高接地短路(两相短路接地、单相接地短路)时的暂态稳定性,变压器中性点可经小电阻后再接地。变压器中性点经小电阻接地时的作用原理与发电机电气制动非常相似。

图 10-23 表示变压器中性点经小电阻接地的情形。短路时,零序电流通过接地电阻 R_g 时要消耗有功功率,因而使发电机输出的电磁功率增加,转轴上的不平衡功率减小,从而减小了发电机的相对加速度,提高了暂态稳定性。与电气制动类似,必须合理选择中性点接地电阻的大小。

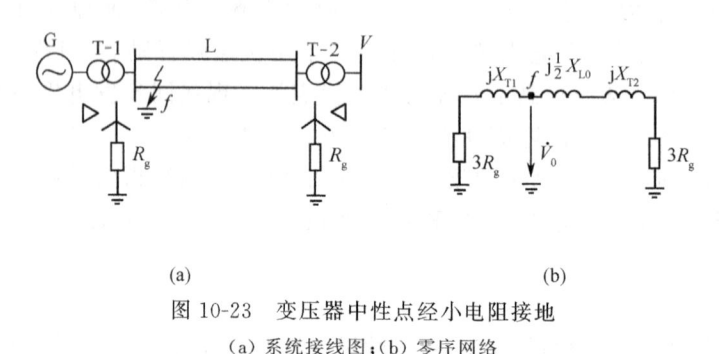

图 10-23　变压器中性点经小电阻接地
(a) 系统接线图；(b) 零序网络

6. 快速关闭气门

电力系统受到大干扰后,发电机输出的电磁功率会突然变化,而原动机的功率几乎不变。因而在发电机转轴上出现不平衡功率,使发电机产生剧烈的相对运动甚至使系统的稳定性受到破坏。如果原动机的调节十分灵敏、快速和准确,使原动机的功率变化能跟上电磁功率的变化,那么转轴上的不平衡功率便可大大减小,从而防止暂态稳定性的破坏。但是,现有的原动机调速器都具有一定的机械惯性和失灵区,因而其调节作用总有一定的迟滞。加之原动机本身从调节器改变输入工质的数量（如蒸汽量）到它的输出转矩发生相应的变化也需要一定的时间，所以，很难满足要求。因此，提出了原动机故障调节的设想，研制了快速动作气门装置。这一装置能在系统故障时，根据故障情况快速关闭气门，以增大可能的减速面积，保持系统的暂态稳定性；然后逐步重新开启气门，以减小转子振荡幅度。快速动作气门的作用如图10-24所示，图中P_T表示了原动机机械功率的变化。

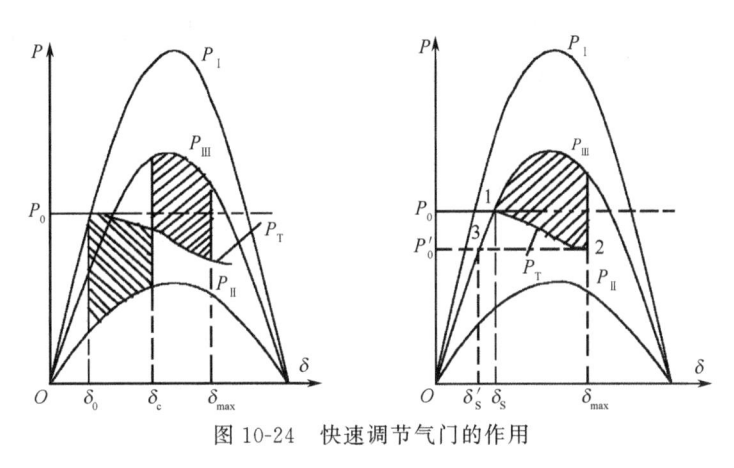

图 10-24 快速调节气门的作用

7. 切发电机和切负荷

减少原动机输出的机械功率可以减少转轴上的不平衡功率。因此，如果系统备用容量充足，在切除故障线路的同时，连锁切除部分发电机，是一种提高暂态稳定的行之有效的措施。

图 10-25 表示了切除部分发电机对暂态稳定的影响。当线路送端发生三相短路时，如不切除发电机，则由于加速面积大于最大可能的减速面积，系统是不稳定的。如果在切除故障的同时，从送端发电厂的四台机中切除一台发电机，则相当于等值发电机组的原动机输入功率减少了 1/4。虽然这时等值发电机的电抗也增大了，使功率特性略有下降，但总的说来，切除一台发电机后大大地增大了可能的减速面积，提高了系统的暂态稳定性。

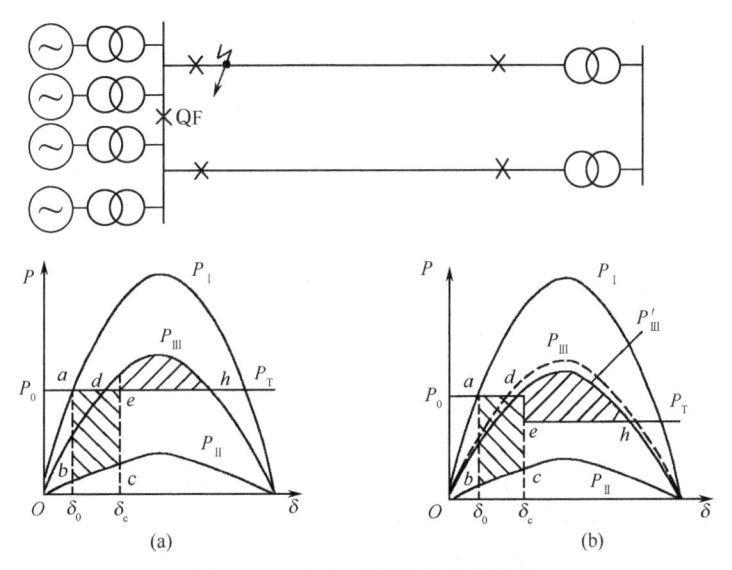

图 10-25 切机对暂态稳定的影响
（a）不切机；（b）切去 1/4 台机

应该注意,由于切除了发电机,系统的频率和电压将会有所下降,如果切除的发电机容量较大,有可能引起频率和电压大幅度下降,最终导致系统失去稳定。因此,在切除部分发电机之后,可以连锁切除部分负荷,或者根据频率和电压下降的情况来切除部分负荷。

8. 设置中间开关站

当输电线路很长,且经过的地区又没有变电站时,可以考虑设置中间开关站,如图 10-26 所示。这样可以在故障时只切除发生故障的一段线路,发电机与无限大系统之间的电抗在切除故障后比正常运行时增加不大,使故障后的功率特性曲线升高,增加了减速面积,提高了暂态稳定性和故障后的静态稳定性。

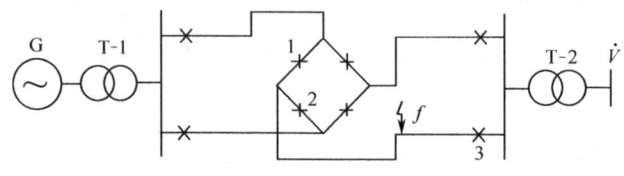

图 10-26 设置中间开关站的接线

9. 输电线路强行串联补偿

对于为提高电力系统的静态稳定性已装有串联补偿电容的线路,可考虑为提高系统的暂态稳定性而采用强行串联补偿。所谓强行串联补偿,就是对具有串联电容补偿的输电线路,在切除故障线路的同时切除补偿装置内部分并联的电容器组,以增大串联补偿电容的容抗,从而进一步提高补偿度,部分甚至全部抵偿由于切除故障线路而增加的感抗。

提高暂态稳定性,除了采用以上措施外,还可采用失步解列、改善设备参数(如增大发电机的惯性时间常数 T_J)、安装电力系统稳定器 PSS 等措施。另外,提高静态稳定的措施对提高暂态稳定也是有利的。

思考题与习题

10-1 电力系统静态稳定的实用判据是什么?

10-2 电力系统静态稳定储备系数和整步功率系数的含义是什么?

10-3 自动励磁调节器对电力系统静态稳定有何影响?比例式励磁调节器放大倍数 K_V 整定过大,电力系统将以什么形式失去稳定?

10-4 小干扰法的基本原理是什么?如何根据小干扰法判断电力系统的静态稳定性?

10-5 试述等面积定则的基本含义及其在暂态稳定分析中的作用。

10-6 提高电力系统静态稳定和暂态稳定的措施主要有哪些?其基本原理是什么?

10-7 系统接线及参数同题 9-5,试计算下列情况系统的静态稳定储备系数 K_p。

(1) 发电机无励磁调节,$E_q = E_{q0} =$ 常数;

(2) 发电机装有励磁调节器,保持 $E'_q = E'_{q0} =$ 常数;

(3) 发电机装有励磁调节器,保持 $E' = E_0 =$ 常数。

10-8 简单电力系统如题 10-8 图所示。已知各元件归算到统一基准值的标幺值如下。发电机 G:$X_d = X_q = 1.62, X'_d = 0.24; T_J = 10s$。变压器电抗:$X_{T1} = 0.14, X_{T2} = 0.14$。线路 L:双回 $X_L = 0.293$。初始运行状态为:$V_0 = 1.0, S_0 = 1.0 + j0.2$。发电机无励磁调节器,试求:

(1) 初始运行状态下发电机受到小干扰后的自由振荡频率。

(2) 若增加原动机功率,使运行角增到 80°时的自由振荡频率?

10-9 在题 10-8 的系统中,若发电机的综合阻尼系数 $D_\Sigma = 0.09$,试确定:

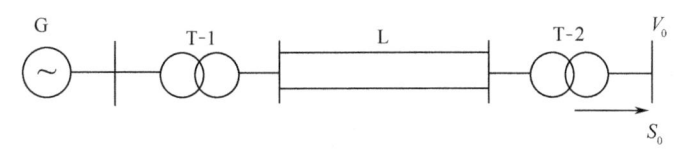

题 10-8 图

（1）初始运行状态下发电机受到小干扰后的自由振荡频率。
（2）在什么运行角度下，系统受到小干扰后将不产生振荡（即非周期性地恢复到原来的运行状态）？

10-10 如题 10-10 图所示单机无穷大系统，发电机采用暂态电抗 X'_d 后的电势 E' 不变的模型表示，已知各元件归算到统一基准值的标幺值如下。发电机 G：$E'=1.2, X'_d=0.3, T_J=10s$。变压器 T：$X_T=0.1$。线路 L：$X_L=0.2$。初始运行状态：$V_0=1.0, \delta_0=60°$。试用小干扰法分析系统的静态稳定性。

题 10-10 图

10-11 简单电力系统如题 10-11 图所示，已知各元件归算到统一基准值的标幺值如下。发电机 G：$E'=1.5, X'_d=0.23, X_2=0.18, T_J=8s$。变压器 T-1：$X_{T1}=0.13$；T-2：$X_{T2}=0.11$。线路 L：每回 $X_L=0.56, X_{L0}=5X_{L1}$。运行初始状态：$V_0=1.0, P_0=1.0$。在输电线路首端 f_1 点发生两相短路接地，试用等面积定则确定极限切除角 $\delta_{c.\lim}$，并判断当故障切除角 $\delta_c=50°$ 时，系统能否保持暂态稳定？

题 10-11 图

10-12 系统接线及参数与题 10-11 相同，若 f_2 点发生三相短路故障，试用等面积定则求极限切除角 $\delta_{c.\lim}$。

10-13 系统及计算条件仍如题 10-11，若故障切除时间为 0.1s，试用分段计算法计算发电机的摇摆曲线，并用它判断系统的暂态稳定。

10-14 系统及计算条件如例 10-2，若故障切除时间为 0.1s，试用改进欧拉法计算发电机转子的摇摆曲线，并用它判断系统的暂态稳定。

第 10 章部分习题答案

参 考 文 献

陈珩,1995.电力系统稳态分析.2版.北京:水利电力出版社.
电力工业部电力规划设计总院,1998.电力系统设计手册.北京:中国电力出版社.
韩祯祥,2011.电力系统分析.5版.杭州:浙江大学出版社.
何仰赞,等,2002.电力系统分析(上下册).3版.武汉:华中科技大学出版社.
李光琦,2006.电力系统暂态分析.3版.北京:中国电力出版社.
李林川,肖峻,张艳霞,2009.电力系统基础.北京:科学出版社.
南京工学院,1980.电力系统.北京:电力工业出版社.
单渊达,2001.电能系统基础.北京:机械工业出版社.
韦纲,2006.电力系统分析基础.北京:中国电力出版社.
西安交通大学,等,1978.电力系统计算.北京:水利电力出版社.
张文勤,1998.电力系统基础.北京:中国电力出版社.
GLOVER J D,SARMA M S,OVERBYE T J,2008.Power system analysis and design.4th ed.Stamford:Thomson Learning.
KUNDUR P,1993.Power system stability and control.New York:McGraw-Hill Education.

附录Ⅰ 课程设计——电力网规划设计

Ⅰ.1 电力网规划概述

电力网规划设计是在负荷预测、电源规划之后，发电厂与变电站的位置、容量、负荷等已确定的条件下，进行网络的规划设计。应满足负荷增长需求、保证供电质量、与环境协调一致和费用支出最小的原则。《电力系统分析理论》课程设计主要是规划设计一个有1个电厂、3~5个变电站的地方电力网。设计的主要内容有电力网电压等级的确定、网络接线方式的设计、电气设备的选择等，并进行潮流和调压计算，然后通过技术经济比较得出最佳的电网接线方案。通过设计掌握电力网规划设计的一般原则和常用方法，综合运用并加深巩固所学专业知识，特别是有关电力网、发电厂和变电站方面的理论、概念和计算方法，了解有关技术政策、经济指标、设计规程和规定，树立统筹兼顾、综合平衡、整体优化的观点，培养从技术、经济诸多方面分析和解决实际工程问题的能力，提高计算、绘图与编写说明书的能力。

Ⅰ.2 设计任务书

下面给出一份电力网规划设计任务书的样本。原始资料中给出了发电厂和变电站的地理位置，发电厂机组台数及装机容量，电网负荷情况（如最大、最小负荷及最大负荷利用小时数，调压要求等）。根据要求设计发电厂和变电站之间的网络接线方案。

1. 发电厂和变电站地理位置（比例：1cm=10km）

发电厂和变电站地理位置如图Ⅰ-1所示。

④

③

□

②

①

图Ⅰ-1 发电厂和变电站地理位置（□—发电厂，○—变电站）

2. 发电机参数

台数及额定容量为 $4 \times 25 \text{MW}$

额定电压 $V_{GN} = 10.5 \text{kV}$

功率因数 $\cos\varphi = 0.85$

3. 电网负荷

电网负荷参数如表Ⅰ-1所示。

表 I -1　电网负荷参数

变电站	最大负荷/(MV·A)	最小负荷/(MV·A)	T_{max}/h	调压要求	二次电压/kV
1	15+j10	10+j7	5500	常调压	10
2	12+j9	8+j6	6000	常调压	10
3	20+j15	12+j8	6000	逆调压	10
4	10+j7	7+j5	5000	顺调压	10
机端负荷	9+j6	6+j4	5500	逆调压	

注：各变电站最大负荷同时率取 0.95。

I.3　设计的主要内容及步骤

I.3.1　电力网电压等级的确定和电网接线方案的初步选择

1. 电力网电压等级的选择

选定的电网电压等级应符合国家规定的标准电压等级，如表1-7所示。同一地区、同一电力网内，应尽可能地简化电压等级。各级电压间的级差不宜太小。根据经验，110kV以下的配电网电压等级的级差一般在3倍以上；110kV以上的输电网电压等级的级差一般在2倍左右。

根据电网中电源和负荷的布局，按输送容量和输送距离，选择适当的电网电压等级。各级电压输送能力如表1-8所示。

当电压等级不好确定时，可以拟定几个电压等级方案进行比较。如果两个方案的技术经济指标相近，或低电压方案的优点不大时，则应采用高电压方案，以利电网发展。

2. 电网接线方案的初步选择

电网接线方式（参见1.6节）通常分为无备用接线和有备用接线两类。无备用接线方式有单回放射式、树干式和链式网络，有备用接线方式有双回放射式、树干式、链式以及环式和两端供电网络。选择网络接线方式可按以下几点考虑：

(1) 根据负荷对可靠性的要求或负荷的重要程度，确定选择无备用或有备用接线。

(2) 根据电源和负荷点的相对位置，选择其间的连接方式，一般应使线路越短越好。

(3) 网络中可能包含上述多种接线方式，而较少为单一的接线方式。

根据上述三点，即根据电网运行的安全性、可靠性、经济性和灵活性等，结合所选择的电网电压等级，拟定四、五种可能的接线方案。

3. 发电厂和变电站主接线的选择

各发电厂的装机容量及台数已经确定，变电站的变压器台数也可以根据其供电可靠性的要求确定了。但是，由于各方案的网络接线方式不同，必然要影响到发电厂和变电站的出线数，从而影响到发电厂和变电站的主接线。发电厂和变电站主接线的类型有单母线、单母线分段、双母线、双母线分段以及桥形接线等，至于选择哪一种接线方式，可参考"发电厂电气部分"课程中相应章节所讲的原则。

4. 电网接线方案的初步比较

电网接线方案初步比较的指标有四个，即线路长度、路径长度、负荷矩和高压开关（断路器）数。这4个指标越小，技术经济性能越好。将上面拟定的初步方案经过这4个指标的比较从中选出二、三种比较合理的方案留待进一步详细比较。

1) 线路长度（L_1）

线路长度反映架设线路的直接费用。考虑到架线地区地形起伏等因素，单回线路长度应在架设线路的厂、站间直线距离的基础上增加5%~10%的弯曲度。如果是双回线路（或多回），则线路长度应为单回的2倍（或多倍）。将各段线路长度相加，则得全网总线路长度。

$$L_1 = \sum_{i=1}^{L} l_i \times (1.05 \sim 1.1) \quad (\text{km}) \tag{I-1}$$

式中，l_i 为第 i 条线路直线距离长度；L 为总线路数。

2) 路径长度（L_2）

路径长度主要反映架设线路的间接费用，如修路、通信等。一般为架设有线路的厂、站间的直线距离再增加 5%～10% 的弯曲度。它与各线路的回数无关。

$$L_2 = \sum_{i=1}^{L} l_i \times (1.05 \sim 1.1) \quad (\text{km}) \tag{I-2}$$

3) 总负荷矩（M）

负荷矩是线路上通过的有功功率与输送距离的乘积，它可以部分地反映网络的电压损耗和功率损耗。全网总负荷矩等于各段线路负荷矩之和，即

$$M = \sum_{i=1}^{L} P_i l_i \quad (\text{kW} \cdot \text{km} \text{ 或 } \text{MW} \cdot \text{km}) \tag{I-3}$$

式中，P_i 为第 i 条线路的有功功率。

计算负荷矩时，先要确定网络的功率分布。此处的功率分布不计网络的功率损耗并用最大负荷计算（用最大负荷同时率 0.95 乘以各变电站的最大负荷作为该变电站计算功率分布时的最大负荷）。放射形网络很容易根据负荷功率求出线路功率；如果有环网，则由式(3-44)根据线段长度 l_i 和负荷功率求出网络的功率初分布，然后再计算其负荷矩。

4) 高压开关数（K）

由于高压开关价格较高，在网络投资中占较大的比例，因此，需要统计各方案的高压开关的台数。高压开关台数与网络接线以及厂、站主接线方式有关。一般情况下，如果系统元件数为 N（一条出线或一台变压器为一个元件），则双母线分段主接线 $K=N+1$；单母线分段主接线 $K=N+1$；桥形接线 $K=N-1$；无备用终端变电站 $K=N$。

电压等级和电网接线方案的初步选择中，必要时应对不同电压下的不同接线进行技术经济比较。

I.3.2 电网接线方案的详细技术经济比较

对上面所选的两三个初步方案，按最大电压损耗、一次投资和年运行费用进行技术经济比较，选出一个最优方案。在进行比较时，只需对各方案中的不同部分进行比较，而不计各方案中的相同部分。要计算网络的最大电压损耗，需要知道线路的参数，因此，下面首先根据经济电流密度法选择导线截面。

1. 架空输电线路导线截面的选择

首先利用计算负荷矩时算出的电网有功功率和无功功率初分布，由经济电流密度选择线路导线截面积，并进行导线的发热与允许最小截面积的校验。然后根据选定的导线型号，求出各段线路的阻抗和电纳。

1) 经济电流密度选择导线截面

35kV 及以上的架空输电线路，其导线截面一般按经济电流密度选择，并用机械强度、发热及电晕等技术条件加以校验。经济电流密度计算导线截面的公式为

$$S = \frac{P}{\sqrt{3} J V_N \cos\varphi} \quad (\text{mm}^2) \tag{I-4}$$

式中，P 为线路上通过的有功功率(kW)；V_N 为线路额定线电压(kV)；$\cos\varphi$ 为线路上通过功率的功率因数；J 为经济电流密度(A/mm^2)，我国现行规定的经济电流密度如表 I-2 所示。

表 I-2 经济电流密度　　　　　　　　　　（单位：A/mm^2）

导线材料	最大负荷利用小时数		
	3000h 以下	3000～6000h	6000h 以上
铝	1.65	1.15	0.9
铜	3.0	2.25	1.75

按式（Ⅰ-4）计算出导线截面后，应按导线标准选择一个与之最接近的导线型号。各种常用架空导线的规格见附表Ⅰ-1。

2）按机械强度校验导线截面

为了保证架空线路必要的安全机械强度，对于跨越铁路、通航河流和运河、公路、通信线路及居民区的线路，其导线截面不得小于 $35mm^2$。通过其他地区的线路，其最小允许截面一般规定为：35kV 及以上的线路为 $25mm^2$；35kV 及以下的线路为 $16mm^2$。

3）按发热校验导线截面

选定的导线截面，必须根据各种可能出现的正常运行方式和事故运行方式的送电容量进行发热校验。在正常情况下，铝、铝合金及钢芯铝线的最高温度不超过 70℃，事故情况下不超过 90℃。这与通过导线的电流大小直接相关。按铝导线 70℃，导线周围空气温度为 25℃时计算的满足发热条件的输电线路持续容许负荷如附表Ⅰ-8。若实际环境温度不是 25℃，附表Ⅰ-8 中的值应按附表Ⅰ-9 中的系数进行修正。

4）按电晕校验导线截面

电晕现象会产生电能损耗并对周围通信线路产生干扰，故应尽量防止电晕现象的出现。增大导线截面可以降低导线表面的电场强度，使线路的工作电压小于产生电晕的临界电压。表Ⅰ-3 列出了 110～500kV 线路按电晕要求的导线最小外径及相应的导线型号。

表Ⅰ-3 按电晕条件规定的导线最小外径及相应的导线型号

额定电压/kV	110	220	330		500
导线外径/mm	9.6	21.3	33.2	2 * 31.2	
导线型号	LGJ-50	LGJ-240	LGJ-600	LGJ-2 * 240	LGJQ-3 * 400

导线选定之后，即可查附表Ⅰ-2～附表Ⅰ-7 得到导线每公里长度的阻抗和电纳（几何均距可取 4 或 4.5）。

2. 线路最大电压损耗计算

线路参数确定后，重新进行功率分布计算（用最大负荷），并求出各个方案的最大电压损耗。需要说明的是，此处计算电压损耗时，只进行初步计算，即不考虑线路的功率损耗，各节点电压均用电网额定电压计算。即电压损耗的计算公式为

$$\Delta V = \frac{PR + QX}{V_N} \qquad (Ⅰ-5)$$

为了保证用户的电能质量，正常情况下，网络中电源点到负荷点的最大电压损耗应小于额定电压的 10%；故障情况下（断开一条线路）应小于 20%。若某方案正常或故障时的最大电压损耗超过上述指标要求，则该方案应予以淘汰。但至少应有 2 个方案进行下面的经济比较，因此，有可能需要增加新的方案。

3. 一次设备投资费用计算

由于这里计算一次设备投资费用是为了进行方案比较，因此，各方案相同的部分（如发电机和变压器）就不用计算，只计算不同部分的投资。由于各方案的网络接线不同，发电厂和变电站的主接线也可能不一样，因此各方案线路和高压断路器的数量和型号不同。进行方案比较时，只计及这 2 种设备的投资费用。

不同电压等级各种导线线路单位长度的综合投资 C_L（即包括材料及安装等全部费用）见附表Ⅰ-10。

高压断路器应先进行选择和校验，但这一般是在发电厂和变电站设计中做，在电网规划中只需确定其类型，再按电压等级及台数（间隔数）计算其投资费用。各种类型不同电压等级断路器一个间隔的综合投资 C_B 见附表Ⅰ-11。

全网一次设备投资费用 $C=C_L+C_B$。

需要说明的是，附表Ⅰ-10 和附表Ⅰ-11 中所列出的各种设备的投资费用是很早以前的数据，与现在的实际价格有较大的出入，仅仅用于课程设计参考。

4. 电网的年运行费用

年运行费用由全网的年电能损耗费和设备的折旧维护费组成。

1）电力网的年电能损耗

根据最大负荷损耗时间法（参见 3.6 节）计算各线路段的年电能损耗，各线路段的年电能损耗之和即为全网

的年电能损耗(此处未计变压器的电能损耗)。即

$$\Delta W_L = \sum_{i=1}^{L} \Delta W_i = \sum_{i=1}^{L} \Delta P_{i\max} \times \tau_i \quad (\text{kW} \cdot \text{h}) \tag{Ⅰ-6}$$

式中，$\Delta P_{i\max} = \dfrac{P_{i\max}^2 + Q_{i\max}^2}{V_N^2} R_i$ 为第 i 段线路最大负荷时的有功损耗，用网络的额定电压计算。τ_i 为第 i 段线路的最大负荷损耗时间，由表 3-1 查得。

于是年电能损耗费

$$F_W = \Delta W_L \times \beta \quad (\text{万元}) \tag{Ⅰ-7}$$

式中，β 为电能损耗单价(元/(kW·h))，可取 $\beta=0.5$。

2) 设备折旧维护费

设备折旧维护费可按下式计算

$$F_s = C \times \alpha \quad (\text{万元}) \tag{Ⅰ-8}$$

式中，C 为设备一次投资费用；α 为设备折旧维护率，计算时，线路可取 2.2%；变电设备(变压器、断路器及补偿设备等)可取 4.2%。

于是电网的年运行费用为

$$F = F_W + F_s \tag{Ⅰ-9}$$

如果某种方案的一次投资与年运行费用都是最小的，则该方案为最优方案。当各方案的一次投资与年运行费用之间存在矛盾时(即出现一种方案的一次投资大，但年运行费用低；而另一种方案的一次投资小，年运行费用高的情况)，可用下面的方法进行计算比较。

5. 经济比较法

1) 抵偿年限法

当只有二个方案进行经济比较时常采用此方法。抵偿年限 T 可按下式计算

$$T = (C_1 - C_2)/(F_2 - F_1) \tag{Ⅰ-10}$$

式中，C_1、C_2 分别为方案一和方案二的一次投资，且 $C_1 > C_2$；F_1、F_2 分别为方案一和方案二的年运行费用，且 $F_1 < F_2$。抵偿年限 T 的意义是增加的投资可在 T 年内由节约的年运行费用来抵偿。

如果假设 T_N 为标准抵偿年限，取为 5~7 年。则当 $T < T_N$ 时，以方案一为最优，即选一次投资大，运行费用小的方案。因为其投资可以通过运行费用的节约在标准抵偿年限内收回。当 $T > T_N$ 时，以方案二为最优，即选一次投资小，运行费用大的方案。

2) 年计算费用法

当参与比较的方案多于两个时，可采用年计算费用法进行比较。第 i 个方案的年计算费用可按下式计算：

$$J_i = F_i + (C_i/T_N) \tag{Ⅰ-11}$$

式中，F_i 为第 i 个方案的年运行费用，C_i 为第 i 个方案的一次投资。

年计算费用 J_i 可理解为将投资费用均摊在标准年限的每一年，再加上年运行费用。各方案中，以 J 最小者为经济上最优。

经过详细的技术经济比较，最后确定一个有利于国民经济发展，符合国家制定的方针政策，满足技术规程要求，在技术上和经济上综合最优的方案。

Ⅰ.4 最优方案的技术经济计算

为了对最优方案的运行特性有更明确的了解，还必须对它进行准确的技术经济计算。

Ⅰ.4.1 潮流分布计算与调压措施的选择

潮流分布计算的结果可以反映网络的运行状态是否正常，即节点电压是否越限、支路功率是否过载等。要求分别计算下列三种情况的潮流分布。

(1) 正常情况最大负荷；

(2) 正常情况最小负荷；

(3) 最大负荷情况下，某一重要支路发生断线故障。

要进行准确的潮流计算，需要先确定变压器的参数，下面先按容量选择变压器。

1. 变压器容量的确定

1) 发电厂主变压器容量的确定

发电机电压母线与系统连接的变压器一般选两台，一台变压器的容量按能承担70%的电厂容量选择。发电机与变压器为单元连接时，按发电机的额定容量扣除本机组的厂用负荷后，留有10%的裕度。

2) 变电站主变压器容量的确定

变电站与系统相连接的主变压器一般装设两台。当一台主变压器停运时，其余变压器容量应保证全部负荷（用变电站最大负荷计算）的70%~80%，或重要用户的主要生产用电。

当变压器容量选定之后，即可根据附表Ⅰ-12~附表Ⅰ-14查出其铭牌参数，从而计算出变压器的阻抗和导纳。

2. 潮流分布计算

计算时首先制定电力网归算至高压侧的等值电路，确定各变电站的运算负荷。然后按第3章所讲的开式网络或闭式网络功率分布的计算方法，利用网络的额定电压，从负荷端向电源端依次推算网络的功率分布（闭式网络先找到功率分点，拆成开式网络）。

功率分布求出后，再计算电压分布。计算时先选定升压变压器变比，按最大、最小负荷时发电机母线电压要求，求出归算至高压侧的发电机电压。为了满足各变电站的调压要求，发电厂高压母线电压可能要反复计算（另选变压器分接头）。对于无发电机电压母线（无机端负荷时可以不设发电机母线）的情况，发电机电压可在其额定电压±5%的范围波动。电源电压确定后，即可从电源端向负荷端依次推算网络的电压分布，求出各变电站归算至高压侧的电压值。

3. 调压计算

各变电站低压侧的实际电压值，按各负荷的调压要求而定。可能需要通过适当的调压措施来实现。第5章介绍了电力系统的各种调压措施，一般首先采用普通变压器调压，需要按照最大、最小负荷情况选择变压器分接头；如果不能满足，可考虑调整发电机高压母线电压，即改变升压变压器分接头。普通变压器调压不能满足要求时，可采用有载调压变压器，分别选出适应最大、最小负荷情况的分接头。必要时可以加装无功补偿设备，这时须确定安装地点及补偿装置容量。

当各种设备和调压措施确定后，再进行功率分布的详细计算，校验发电厂的功率及功率因数是否在容许范围内，电力网的备用容量是否满足要求。

Ⅰ.4.2 运行特性计算

运行特性计算包括：①最大、最小负荷时全网的有功功率损耗率（网损率）；②全网年电能损耗率；③输电效率。

$$功率损耗率 = \frac{发电机送出总功率 - 负荷总功率}{发电机送出总功率} \times 100\% \quad (Ⅰ\text{-}12)$$

$$年电能损耗率 = \frac{全网年电能损耗}{全网负荷年电能消耗 + 全网年电能损耗} \times 100\% \quad (Ⅰ\text{-}13)$$

$$输电效率 = 1 - 年电能损耗率 \quad (Ⅰ\text{-}14)$$

其中

$$全网负荷年电能消耗 = \sum_{i=1}^{N_{LD}} P_i \cdot T_{maxi}$$

式中，P_i 为第 i 个负荷的有功功率，T_{maxi} 为第 i 个负荷的最大负荷利用小时数，N_{LD} 为负荷总数。

式(Ⅰ-13)中的全网年电能损耗需要重新计算，因为经济比较时只计算了线路的年电能损耗，还应包括变压器的年电能损耗。最大负荷时的潮流分布计算完成后，各元件中的最大功率损耗已经算出。线路和变压器的电能损耗仍用最大负荷损耗时间法计算。线路年电能损耗计算公式如式(Ⅰ-6)；变压器年电能损耗计算公式如式(3-65)，即

$$\Delta W_{T} = \Delta P_{\max} \cdot \tau + \Delta P_0 \cdot t_{T} \tag{Ⅰ-15}$$

式中，ΔP_0 为变压器空载损耗，t_T 为变压器全年投入运行的时间。

实际上，最后还应准确计算包含所有设备（如变压器、各种补偿设备）的一次投资费用和年运行费用。

Ⅰ.4.3 物资统计

物质统计包括导线型号、长度及重量；变压器型号、容量和台数；高压断路器型号和台数；补偿设备类型、容量和台数等。可采用表格形式列出。

Ⅰ.5 设计成果

1. 设计说明书

系统地叙述设计内容与步骤，并划分章节，用简练的文字和正确的技术用语进行说明与讨论，分析问题及结果，给出一份设计说明书。

2. 潮流分布图和主接线图

（1）最优方案潮流分布图。标出最大、最小负荷时线路两端的功率分布和各节点电压，可用分数的形式表示，如 $\frac{10+j7}{8+j5}$ MV·A 表示最大负荷时功率为 (10+j7)MV·A，最小负荷时功率为 (8+j5)MV·A。

（2）电力网主接线图。标出各元件的主要参数（如发电机及变压器的型号、容量、台数；线路的回路数、导线型号、长度等）。

3. 物质统计表

物质统计表可附于设计说明书后。

附表Ⅰ-1　各种架空导线的规格
附表Ⅰ-2　LJ、TJ 型架空线路导线的电阻及正序电抗

附表Ⅰ-3　LGJ 型架空线路导线的电阻及正序电抗
附表Ⅰ-4　LGJQ 与 LGJJ 型架空线路导线的电阻及正序电抗

附表Ⅰ-5　LGJ、LGJJ 和 LGJQ 型架空线路导线的电纳
附表Ⅰ-6　220～750kV 架空线路导线的电阻及正序电抗

附表Ⅰ-7　110～750kV 架空线路导线的电容及充电功率
附表Ⅰ-8　输电线路持续容许负荷

附表Ⅰ-9 容许负荷温度校正系数 K_θ
附表Ⅰ-10 线路综合投资指标

附表Ⅰ-11 断路器间隔综合投资指标
附表Ⅰ-12 35kV 双绕组变压器技术数据

附表Ⅰ-13 110kV 三相双绕组变压器技术数据
附表Ⅰ-14 220kV 三相双绕组变压器技术数据

附录Ⅱ 电力系统频率调整虚拟仿真实验

Ⅱ.1 虚拟仿真实验概述

本实验将可视性差、地域分布广、危险性高的实际电力系统进行虚拟仿真实验模拟,打破实际电力系统的时空限制。实验从调度视角进入,在电厂内部设备侧、用户用电侧进行多角度、多场景引导转换,通过引导实验操作和自主选择操作相结合,可进行自主学习与探索,对调频方法,调速器、调频器工作原理,频率与有功功率的密切关系理解得更为深刻。对"电力系统分析"课程的理论学习及将来从事电力工作具有一定的实践指导意义。

Ⅱ.2 虚拟仿真实验教学目标

结合"电力系统分析"课程,开设"电力系统频率调整的原理与控制虚拟仿真实验",旨在提供全方位的理解和实践机会,涵盖一次调频和二次调频的设备和原理,发电机并网分析以及高频切机、低频减载进行电力系统调频等,加深对系统频率和有功功率平衡之间密切关系的理解,从而掌握"电力系统频率调整"及其在实际系统中的应用,培养发现问题、分析问题、解决问题的能力以及创新能力。具体可达到以下目标:

(1) 提供一个全方位了解电站和电力系统,并可操作电站多种调频设备的虚拟环境。

(2) 充分熟悉一次调频和二次调频各设备的构成与运行情况,深刻理解电力系统高频切机、低频减载等电力系统运行中的常规操作。

(3) 结合所学的专业理论知识,思考系统频率与有功功率平衡之间内在联系,并在课程设计、毕业论文或大学生创新设计项目中,充分运用这些知识来解决问题。

Ⅱ.3 虚拟仿真实验步骤

基础实验-单机无穷大系统频率调整的主要步骤如图Ⅱ-1所示,具体如下:

(1) 点击"单机无穷大系统频率调整",分析电力系统组成元件,找到和辨识发电机,变压器和负荷。

(2) 进入负荷界面,将"负荷增量"设置为10%,选择一次调频,观察和记录发电机转速的变化,飞摆的变化,放大元件以及执行机构的动作过程,了解一次调频的原理。

① 观察负荷增加对原动机转速的影响,使得飞摆离心力减小;

② 放大元件错油门活塞向下移动,打开油动机油孔,增大进气量,使得发电机转速增加。

(3) 在系统稳定后,观察和记录此时系统的频率,发电机的出力以及负荷的大小,结合"电力系统分析"课上讲到的频率调整内容,理解一次调频为有差调节。

(4) 重复(3)中步骤,继续增大负荷,记录此时系统的频率,发电机的出力以及负荷的大小,并且填写表Ⅱ-1。

① 继续增大负荷为原来的 20%，记录此时系统的频率，发电机的出力以及负荷的大小；
② 继续增大负荷为原来的 25%，记录此时系统的频率，发电机的出力以及负荷的大小；
③ 继续增大负荷为原来的 30%，记录此时系统的频率，发电机的出力以及负荷的大小；
④ 继续增大负荷为原来的 40%，记录此时系统的频率，发电机的出力以及负荷的大小。

(5) 根据表Ⅱ-1画出只考虑一次调频系统对应的功频静态特性曲线。
① 以功率为横坐标，系统频率为纵坐标画一个直角坐标系；
② 将表Ⅱ-1中记录得到的6个点(系统频率和发电机出力)画在图上，通过线性外推法做出系统对应的功频静态特性曲线。

(6) 返回，进入发电机界面，看到发电机内部原动机调速系统，找到调速器和同步器。
① 辨识原动机调速系统的4个组成部分：转速测量元件-离心飞摆及其附件，放大元件-错油门(或称配压阀)，执行机构-油动机(或称接力器)，转速控制机构或称同步器；
② 与小组成员交流讨论每个组成部分的作用和工作原理，并做记录。

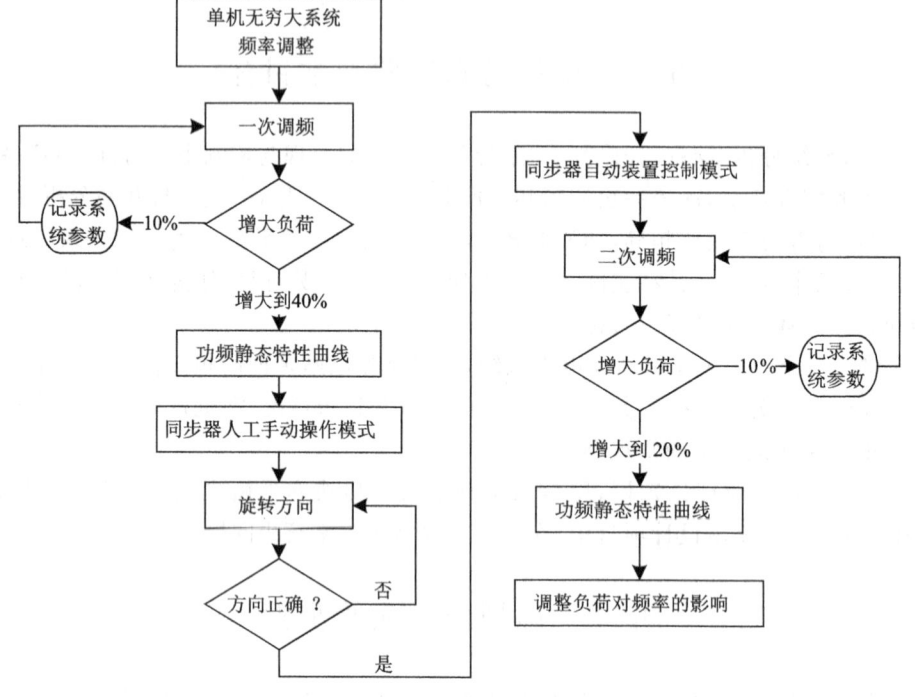

图Ⅱ-1 虚拟仿真实验流程图

表Ⅱ-1 一次调频对应的系统参数

	原始负荷	增大10%	增大20%	增大25%	增大30%	增大40%
系统频率						
发电机出力						
负荷大小						

(7) 打开发电机同步器调频功能，选择人工手动操作模式，思考伺服电动机的旋转方向，应该增大还是减小进汽(水)量。

①点击发电机同步器,打开同步器调频功能,选择人工手动操作模式;

②与小组人员讨论,确定应该增大还是减小进汽(水)量。然后调整伺服电动机的旋转方向。

(8)手动调整发电机同步器旋转方向,改变系统负荷,将"负荷增量"设置为25%,选择二次调频,输入"发电机功率增发量",观察系统频率变化,理解系统二次调频。

(9)打开发电机同步器调频功能,选择自动装置控制模式,改变系统负荷,记录系统的频率,发电机的出力以及负荷的大小,并填写表格。

在基础实验结束之后,根据操作提示,完成多机系统的频率调整实验(10机39节点和互联系统),研究小扰动和大扰动对系统频率调整的影响。

实验操作步骤

附录Ⅲ 短路电流周期分量计算曲线数字表

汽轮发电机计算曲线数字表($X_{js}=0.12\sim0.95$)

X_{js}	0s	0.01s	0.06s	0.1s	0.2s	0.4s	0.5s	0.6s	1s	2s	4s
0.12	8.963	8.603	7.186	6.400	5.220	4.252	4.006	3.821	3.344	2.795	2.512
0.14	7.718	7.467	6.441	5.839	4.878	4.040	3.829	3.673	3.280	2.808	2.526
0.16	6.763	6.545	5.660	5.146	4.336	3.649	3.481	3.359	3.060	2.706	2.490
0.18	6.020	5.844	5.122	4.697	4.016	3.429	3.288	3.186	2.944	2.659	2.476
0.20	5.432	5.280	4.661	4.297	3.715	3.217	3.099	3.016	2.825	2.607	2.462
0.22	4.938	4.813	4.296	3.988	3.487	3.052	2.951	2.882	2.729	2.561	2.444
0.24	4.526	4.421	3.984	3.721	3.286	2.904	2.816	2.758	2.638	2.515	2.425
0.26	4.178	4.088	3.714	3.486	3.106	2.769	2.693	2.644	2.551	2.467	2.404
0.28	3.872	3.705	3.472	3.274	2.939	2.641	2.575	2.534	2.464	2.415	2.378
0.30	3.603	3.536	3.255	3.081	2.785	2.520	2.463	2.429	2.379	2.360	2.347
0.32	3.368	3.310	3.063	2.909	2.646	2.410	2.360	2.332	2.299	2.306	2.316
0.34	3.159	3.108	2.891	2.754	2.519	2.308	2.264	2.241	2.222	2.252	2.283
0.36	2.975	2.930	2.736	2.614	2.403	2.213	2.175	2.156	2.149	2.109	2.250
0.38	2.811	2.770	2.597	2.487	2.297	2.126	2.093	2.077	2.081	2.148	2.217
0.40	2.664	2.628	2.471	2.372	2.199	2.045	2.017	2.004	2.017	2.099	2.184
0.42	2.531	2.499	2.357	2.267	2.110	1.970	1.946	1.936	1.956	2.052	2.151
0.44	2.411	2.382	2.253	2.170	2.027	1.900	1.879	1.872	1.899	2.006	2.119
0.46	2.302	2.275	2.157	2.082	1.950	1.835	1.817	1.812	1.845	1.963	2.088
0.48	2.203	2.178	2.069	2.000	1.879	1.774	1.759	1.756	1.794	1.921	2.057
0.50	2.111	2.088	1.988	1.924	1.813	1.717	1.704	1.703	1.746	1.880	2.027
0.55	1.913	1.894	1.810	1.757	1.665	1.589	1.581	1.583	1.635	1.785	1.953
0.60	1.748	1.732	1.662	1.617	1.539	1.478	1.474	1.479	1.538	1.699	1.884
0.65	1.610	1.596	1.535	1.497	1.431	1.382	1.381	1.388	1.452	1.621	1.819
0.70	1.492	1.479	1.426	1.393	1.336	1.297	1.298	1.307	1.375	1.549	1.734
0.75	1.390	1.379	1.332	1.302	1.253	1.221	1.225	1.235	1.305	1.484	1.596
0.80	1.301	1.291	1.249	1.223	1.179	1.154	1.159	1.171	1.243	1.424	1.474
0.85	1.222	1.214	1.176	1.152	1.114	1.094	1.100	1.112	1.186	1.358	1.370
0.90	1.153	1.145	1.110	1.089	1.055	1.039	1.047	1.060	1.134	1.279	1.279
0.95	1.091	1.084	1.052	1.032	1.002	0.990	0.998	1.012	1.087	1.200	1.200

汽轮发电机计算曲线数字表（$X_{js}=1.00\sim 3.45$）

X_{js}	0s	0.01s	0.06s	0.1s	0.2s	0.4s	0.5s	0.6s	1s	2s	4s
1.00	1.035	1.028	0.999	0.981	0.954	0.945	0.954	0.968	1.043	1.129	1.129
1.05	0.985	0.979	0.952	0.935	0.910	0.904	0.914	0.928	1.003	1.067	1.067
1.10	0.940	0.934	0.908	0.893	0.870	0.866	0.876	0.891	0.966	1.011	1.011
1.15	0.898	0.892	0.869	0.854	0.833	0.832	0.842	0.857	0.932	0.961	0.961
1.20	0.860	0.855	0.832	0.819	0.800	0.800	0.811	0.825	0.898	0.915	0.915
1.25	0.825	0.820	0.799	0.786	0.769	0.770	0.781	0.796	0.864	0.874	0.874
1.30	0.793	0.788	0.768	0.756	0.740	0.743	0.754	0.769	0.831	0.836	0.836
1.35	0.763	0.758	0.739	0.728	0.713	0.717	0.728	0.743	0.800	0.802	0.802
1.40	0.735	0.731	0.713	0.703	0.688	0.693	0.705	0.720	0.769	0.770	0.770
1.45	0.710	0.705	0.688	0.678	0.665	0.671	0.682	0.697	0.740	0.740	0.740
1.50	0.686	0.682	0.665	0.656	0.644	0.650	0.662	0.676	0.713	0.713	0.713
1.55	0.663	0.659	0.644	0.635	0.623	0.630	0.642	0.657	0.687	0.687	0.687
1.60	0.642	0.639	0.623	0.615	0.604	0.612	0.624	0.638	0.664	0.664	0.664
1.65	0.622	0.619	0.605	0.596	0.586	0.594	0.606	0.621	0.642	0.642	0.642
1.70	0.604	0.601	0.587	0.579	0.570	0.578	0.590	0.604	0.621	0.621	0.621
1.75	0.586	0.583	0.570	0.562	0.554	0.562	0.574	0.589	0.602	0.602	0.602
1.80	0.570	0.567	0.554	0.547	0.539	0.548	0.559	0.573	0.584	0.584	0.584
1.85	0.554	0.551	0.539	0.532	0.524	0.534	0.545	0.559	0.566	0.566	0.566
1.90	0.540	0.537	0.525	0.518	0.511	0.521	0.532	0.544	0.550	0.550	0.550
1.95	0.526	0.523	0.511	0.505	0.498	0.508	0.520	0.530	0.535	0.535	0.535
2.00	0.512	0.510	0.498	0.492	0.486	0.496	0.508	0.517	0.521	0.521	0.521
2.05	0.500	0.497	0.486	0.480	0.474	0.485	0.496	0.504	0.507	0.507	0.507
2.10	0.488	0.485	0.475	0.469	0.463	0.474	0.485	0.492	0.494	0.494	0.494
2.15	0.476	0.474	0.464	0.458	0.453	0.463	0.474	0.481	0.482	0.482	0.482
2.20	0.465	0.463	0.453	0.448	0.443	0.453	0.464	0.470	0.470	0.470	0.470
2.25	0.455	0.453	0.443	0.438	0.433	0.444	0.454	0.459	0.459	0.459	0.459
2.30	0.445	0.443	0.433	0.428	0.424	0.435	0.444	0.448	0.448	0.448	0.448
2.35	0.435	0.433	0.424	0.419	0.415	0.426	0.435	0.438	0.438	0.438	0.438
2.40	0.426	0.424	0.415	0.411	0.407	0.418	0.426	0.428	0.428	0.428	0.428
2.45	0.417	0.415	0.407	0.402	0.399	0.410	0.417	0.419	0.419	0.419	0.419
2.50	0.409	0.407	0.399	0.394	0.391	0.402	0.409	0.410	0.410	0.410	0.410
2.55	0.400	0.399	0.391	0.387	0.383	0.394	0.401	0.402	0.402	0.402	0.402
2.60	0.392	0.391	0.383	0.379	0.376	0.387	0.393	0.393	0.393	0.393	0.393
2.65	0.385	0.384	0.376	0.372	0.369	0.380	0.385	0.386	0.386	0.386	0.386
2.70	0.377	0.377	0.369	0.365	0.362	0.373	0.378	0.378	0.378	0.378	0.378
2.75	0.370	0.370	0.362	0.359	0.356	0.367	0.371	0.371	0.371	0.371	0.371
2.80	0.363	0.363	0.356	0.352	0.350	0.361	0.364	0.364	0.364	0.364	0.364
2.85	0.357	0.356	0.350	0.346	0.344	0.354	0.357	0.357	0.357	0.357	0.357
2.90	0.350	0.350	0.344	0.340	0.338	0.348	0.351	0.351	0.351	0.351	0.351
2.95	0.344	0.344	0.338	0.335	0.333	0.343	0.344	0.344	0.344	0.344	0.344
3.00	0.338	0.338	0.332	0.329	0.327	0.337	0.338	0.338	0.338	0.338	0.338
3.05	0.332	0.332	0.327	0.324	0.322	0.331	0.332	0.332	0.332	0.332	0.332
3.10	0.327	0.326	0.322	0.319	0.317	0.326	0.327	0.327	0.327	0.327	0.327
3.15	0.321	0.321	0.317	0.314	0.312	0.321	0.321	0.321	0.321	0.321	0.321
3.20	0.316	0.316	0.312	0.309	0.307	0.316	0.316	0.316	0.316	0.316	0.316
3.25	0.311	0.311	0.307	0.304	0.303	0.311	0.311	0.311	0.311	0.311	0.311
3.30	0.306	0.306	0.302	0.300	0.298	0.306	0.306	0.306	0.306	0.306	0.306
3.35	0.301	0.301	0.298	0.295	0.294	0.301	0.301	0.301	0.301	0.301	0.301
3.40	0.297	0.297	0.293	0.291	0.290	0.297	0.297	0.297	0.297	0.297	0.297
3.45	0.292	0.292	0.289	0.287	0.286	0.292	0.292	0.292	0.292	0.292	0.292

水轮发电机计算曲线数字表（$X_{js}=0.18\sim0.95$）

X_{js}	0s	0.01s	0.06s	0.1s	0.2s	0.4s	0.5s	0.6s	1s	2s	4s
0.18	6.127	5.695	4.623	4.331	4.100	3.933	3.867	3.807	3.605	3.300	3.081
0.20	5.526	5.184	4.297	4.045	3.856	3.754	3.716	3.681	3.563	3.378	3.234
0.22	5.055	4.767	4.026	3.806	3.633	3.556	3.531	3.508	3.430	3.302	3.191
0.24	4.647	4.402	3.764	3.575	3.433	3.378	3.363	3.348	3.300	3.220	3.151
0.26	4.290	4.083	3.538	3.375	3.253	3.216	3.208	3.200	3.174	3.133	3.098
0.28	3.993	3.816	3.343	3.200	3.096	3.073	3.070	3.067	3.060	3.049	3.043
0.30	3.727	3.574	3.163	3.039	2.950	2.938	2.941	2.943	2.952	2.970	2.993
0.32	3.494	3.360	3.001	3.892	2.817	2.815	2.822	2.828	2.851	2.895	2.943
0.34	3.285	3.168	2.851	2.755	2.692	2.699	2.709	2.719	2.754	2.820	2.891
0.36	3.095	2.991	2.712	2.627	2.574	2.589	2.602	2.614	2.660	2.745	2.837
0.38	2.922	2.831	2.583	2.508	2.464	2.484	2.500	2.515	2.569	2.671	2.782
0.40	2.767	2.685	2.464	2.398	3.361	2.388	2.405	2.422	2.484	2.600	2.728
0.42	2.627	2.554	2.356	2.297	2.267	2.297	2.317	2.336	2.404	2.532	2.675
0.44	2.500	2.434	2.256	2.204	2.179	2.214	2.235	2.255	2.329	2.467	2.624
0.46	2.385	2.325	2.164	2.117	2.098	2.136	2.158	2.180	2.258	2.406	2.575
0.48	2.280	2.225	2.079	2.038	2.023	2.064	2.087	2.110	2.192	2.348	2.527
0.50	2.183	2.134	2.001	1.964	1.953	1.996	2.021	2.044	2.130	2.293	2.482
0.52	2.095	2.050	1.928	1.895	1.887	1.933	1.958	1.983	2.071	2.241	2.438
0.54	2.013	1.972	1.861	1.831	1.826	1.874	1.900	1.925	2.015	2.191	2.396
0.56	1.938	1.899	1.798	1.771	1.769	1.818	1.845	1.870	1.963	2.143	2.355
0.60	1.802	1.770	1.683	1.662	1.665	1.717	1.744	1.770	1.866	2.054	2.263
0.65	1.658	1.630	1.559	1.543	1.550	1.605	1.633	1.660	1.759	1.950	2.137
0.70	1.534	1.511	1.452	1.440	1.451	1.507	1.535	1.562	1.663	1.846	1.964
0.75	1.428	1.408	1.358	1.349	1.363	1.420	1.449	1.476	1.578	1.741	1.794
0.80	1.336	1.318	1.276	1.270	1.286	1.343	1.372	1.400	1.498	1.620	1.642
0.85	1.254	1.239	1.203	1.199	1.217	1.274	1.303	1.331	1.423	1.507	1.513
0.90	1.182	1.169	1.138	1.135	1.155	1.212	1.241	1.268	1.352	1.403	1.403
0.95	1.118	1.106	1.080	1.078	1.099	1.156	1.185	1.210	1.282	1.308	1.308

水轮发电机计算曲线数字表（$X_{js}=1.00\sim3.45$）

X_{js}	0s	0.01s	0.06s	0.1s	0.2s	0.4s	0.5s	0.6s	1s	2s	4s
1.00	1.061	1.050	1.027	1.027	1.048	1.105	1.132	1.156	1.211	1.225	1.225
1.05	1.009	0.999	0.979	0.980	1.002	1.058	1.084	1.105	1.146	1.152	1.152
1.10	0.962	0.953	0.936	0.937	0.959	1.015	1.038	1.057	1.085	1.087	1.087
1.15	0.919	0.911	0.896	0.898	0.920	0.974	0.995	1.011	1.029	1.029	1.029
1.20	0.880	0.872	0.859	0.862	0.885	0.936	0.955	0.966	0.977	0.977	0.977
1.25	0.843	0.837	0.825	0.829	0.852	0.900	0.916	0.923	0.930	0.930	0.930
1.30	0.810	0.804	0.794	0.798	0.821	0.866	0.878	0.884	0.888	0.888	0.888
1.35	0.780	0.774	0.765	0.769	0.792	0.834	0.843	0.847	0.849	0.849	0.849
1.40	0.751	0.746	0.738	0.743	0.766	0.803	0.810	0.812	0.813	0.813	0.813
1.45	0.725	0.720	0.713	0.718	0.740	0.774	0.778	0.780	0.780	0.780	0.780
1.50	0.700	0.696	0.690	0.695	0.717	0.746	0.749	0.750	0.750	0.750	0.750
1.55	0.677	0.673	0.668	0.673	0.694	0.719	0.722	0.722	0.722	0.722	0.722
1.60	0.655	0.652	0.647	0.652	0.673	0.694	0.696	0.696	0.696	0.696	0.696
1.65	0.635	0.632	0.628	0.633	0.653	0.671	0.672	0.672	0.672	0.672	0.672
1.70	0.616	0.613	0.610	0.615	0.634	0.649	0.649	0.649	0.649	0.649	0.649
1.75	0.598	0.595	0.592	0.598	0.616	0.628	0.628	0.628	0.628	0.628	0.628
1.80	0.581	0.578	0.576	0.582	0.599	0.608	0.608	0.608	0.608	0.608	0.608
1.85	0.565	0.563	0.561	0.566	0.582	0.590	0.590	0.590	0.590	0.590	0.590
1.90	0.550	0.548	0.546	0.552	0.566	0.572	0.572	0.572	0.572	0.572	0.572
1.95	0.536	0.533	0.532	0.538	0.551	0.556	0.556	0.556	0.556	0.556	0.556
2.00	0.522	0.520	0.519	0.524	0.537	0.540	0.540	0.540	0.540	0.540	0.540
2.05	0.509	0.507	0.507	0.512	0.523	0.525	0.525	0.525	0.525	0.525	0.525
2.10	0.497	0.495	0.495	0.500	0.510	0.512	0.512	0.512	0.512	0.512	0.512
2.15	0.485	0.483	0.483	0.488	0.497	0.498	0.498	0.498	0.498	0.498	0.498
2.20	0.474	0.472	0.472	0.477	0.485	0.486	0.486	0.486	0.486	0.486	0.486
2.25	0.463	0.462	0.462	0.466	0.473	0.474	0.474	0.474	0.474	0.474	0.474
2.30	0.453	0.452	0.452	0.456	0.462	0.462	0.462	0.462	0.462	0.462	0.462
2.35	0.443	0.442	0.442	0.446	0.452	0.452	0.452	0.452	0.452	0.452	0.452
2.40	0.434	0.433	0.433	0.436	0.441	0.441	0.441	0.441	0.441	0.441	0.441
2.45	0.425	0.424	0.424	0.427	0.431	0.431	0.431	0.431	0.431	0.431	0.431
2.50	0.416	0.415	0.415	0.419	0.422	0.422	0.422	0.422	0.422	0.422	0.422
2.55	0.408	0.407	0.407	0.410	0.413	0.413	0.413	0.413	0.413	0.413	0.413
2.60	0.400	0.399	0.399	0.402	0.404	0.404	0.404	0.404	0.404	0.404	0.404
2.65	0.392	0.391	0.392	0.394	0.396	0.396	0.396	0.396	0.396	0.396	0.396
2.70	0.385	0.384	0.384	0.387	0.388	0.388	0.388	0.388	0.388	0.388	0.388
2.75	0.378	0.377	0.377	0.379	0.380	0.380	0.380	0.380	0.380	0.380	0.380
2.80	0.371	0.370	0.370	0.372	0.373	0.373	0.373	0.373	0.373	0.373	0.373
2.85	0.364	0.363	0.364	0.365	0.366	0.366	0.366	0.366	0.366	0.366	0.366
2.90	0.358	0.357	0.357	0.359	0.359	0.359	0.359	0.359	0.359	0.359	0.359
2.95	0.351	0.351	0.351	0.352	0.353	0.353	0.353	0.353	0.353	0.353	0.353
3.00	0.345	0.345	0.345	0.346	0.346	0.346	0.346	0.346	0.346	0.346	0.346
3.05	0.339	0.339	0.339	0.340	0.340	0.340	0.340	0.340	0.340	0.340	0.340
3.10	0.334	0.333	0.333	0.334	0.334	0.334	0.334	0.334	0.334	0.334	0.334
3.15	0.328	0.328	0.328	0.329	0.329	0.329	0.329	0.329	0.329	0.329	0.329
3.20	0.323	0.322	0.322	0.323	0.323	0.323	0.323	0.323	0.323	0.323	0.323
3.25	0.317	0.317	0.317	0.318	0.318	0.318	0.318	0.318	0.318	0.318	0.318
3.30	0.312	0.312	0.312	0.313	0.313	0.313	0.313	0.313	0.313	0.313	0.313
3.35	0.307	0.307	0.307	0.308	0.308	0.308	0.308	0.308	0.308	0.308	0.308
3.40	0.303	0.302	0.302	0.303	0.303	0.303	0.303	0.303	0.303	0.303	0.303
3.45	0.298	0.298	0.298	0.298	0.298	0.298	0.298	0.298	0.298	0.298	0.298